普通高等教育机械工程专业规划教材

Construction Machinery
工程机械

李战慧　郑淑丽　主编
李自光　主审

人民交通出版社

内 容 提 要

本书在系统总结作者多年的教学经验和已有科研成果基础上，针对国内外土木工程施工特点，介绍国内外有关最新典型工程机械设备与装备。全书共11章，内容包括工程机械发动机、工程机械底盘和工程机械产品，主要讲述涉及设备和装备的定义、功用、分类、施工方法、总体构造、工作原理、工作过程、型号编制，及其主要工作装置的结构等方面。

本书可作为高等学校机械工程、土木工程、工程力学、交通运输专业师生教材，也可作为高职、专科、职大和成人教育同类专业的教材或自学考试用书，还可作为相关专业工程技术人员和研究人员的参考书。

本书配有教学课件，如有需要，请于人民交通出版社网站(http://www.ccpress.com.cn/Service/index.aspx)下载。

图书在版编目(CIP)数据

工程机械/李战慧，郑淑丽主编.—北京：人民交通出版社，2014.4

ISBN 978-7-114-11330-7

Ⅰ.①工… Ⅱ.①李… ②郑… Ⅲ.①工程机械 Ⅳ.①TU6

中国版本图书馆CIP数据核字(2014)第061791号

普通高等教育机械工程专业规划教材

书　　名：工程机械
著 作 者：李战慧　郑淑丽
责任编辑：孙　玺　王文华　牛家鸣
出版发行：人民交通出版社
地　　址：(100011) 北京市朝阳区安定门外外馆斜街3号
网　　址：http://www.ccpress.com.cn
销售电话：(010) 59757973
总 经 销：人民交通出版社发行部
经　　销：各地新华书店
印　　刷：北京武英文博科技有限公司
开　　本：787 x 1092　1/16
印　　张：18.75
字　　数：468千
版　　次：2014年6月　第1版
印　　次：2022年12月　第4次印刷
书　　号：ISBN 978-7-114-11330-7
定　　价：45.00元
(有印刷、装订质量问题的图书由本社负责调换)

前　言

工程机械行业是国民经济发展的支柱产业，在国民经济各行业中占有举足轻重的地位，同时也是衡量一个国家综合经济实力和一个产业技术装备水平的重要标志，其发展水平直接影响和制约着交通基础设施建设、能源资源开发等各个领域。

工程机械行业作为装备制造业的重要组成部分，经历了从无到有、由弱到强的发展过程，经过多年的发展，取得了令人瞩目的成就，形成了门类齐全、具有相当规模和一定水平的产业体系。

2012年，全国工程机械行业完成工业总产值6 018.34亿元，已成为全球工程机械产品产销量最大的国家之一。近年来，中国工程机械领军企业不断加大海外推进力度，对全球资源的掌控及运用能力不断提升。通过收购、整合国外企业，中国企业在全球尤其是欧美市场迅速搭建起研发、制造、营销平台，完善在全球的业务布局，切入产业最核心区域，全面提高了中国品牌在世界范围的影响力。在大型、超大型以及智能化产品与技术上，中国已经接近甚至达到世界最领先水平。

中国工程机械行业的核心竞争力，已经实现实质性提高，尤其是国际化竞争力持续提升。

为了适应我国高等教育对工程机械专业人才的需求，结合多年理论教学经验和企业实践经验，对工程机械课程教学体系和教学方式进行了有益的探索和实践，编写了这部教材。

本教材从工程机械组成的三个部分——工程机械发动机、工程机械底盘和工程机械产品分别进行讲解，围绕工程机械的定义、分类、施工方法、构造及应用等方面进行了详细介绍。

全书由长沙理工大学李战慧、长沙职业技术学院郑淑丽同志担任主编，由长沙理工大学李战慧进行统稿。

感谢长沙理工大学李自光教授对全书的审稿，感谢人民交通出版社王文华编辑对本书出版所做出的努力。

限于编者的水平有限，教材中难免存在缺点和错误，恳请广大读者批评指正。

编　者

2014年4月于长沙

目　　录

绪　　论

工程机械是指土石方工程、流动式起重装卸工程、人货升降输送工程、市政环卫及各种建设工程、综合机械化施工，以及同上述工程相关的生产过程机械化所应用的机械设备[1]。

工程机械分为20大类，具体内容如表0.1所示。

工 程 机 械 分 类　　表0.1

类	组	型
挖掘机械	间歇式挖掘机	机械式挖掘机、液压式挖掘机、挖掘装载机
	连续式挖掘机	斗轮挖掘机、滚切式挖掘机、铣切式挖掘机、多斗挖沟机、链斗挖掘机
	其他挖掘机械	
铲土运输机械	装载机	履带式装载机、轮胎式装载机、滑移转向式装载机、特殊用途装载机
	铲运机	自行铲运机、拖式铲运机
	推土机	履带式推土机、轮胎式推土机、通井机、推耙机
	叉装机	叉装机
	平地机	自行式平地机、拖式平地机
	非公路自卸车	刚性自卸车、铰接式自卸车、地下刚性自卸车、地下铰接式自卸车、回转式自卸车、重力翻斗车
	作业准备机械	除荆机、除根机
	其他铲土运输机械	
起重机械	流动式起重机	轮胎式起重机、履带式起重机、专用流动式起重机、清障车
	建筑起重机械	塔式起重机、施工升降机、建筑卷扬机
	其他起重机械	
工业车辆	机动工业车辆	固定平台搬运车、牵引车和推顶车、堆垛用车辆、非堆垛用车辆、伸缩臂式叉车、拣选车、无人驾驶车辆
	非机动工业车辆	步行式堆垛车、步行式托盘堆垛车、步行式托盘搬运车、步行剪叉式升降托盘搬运车、其他工业车辆
压实机械	静作用压路机	拖式压路机、自行式压路机
	振动压路机	光轮式压路机、轮胎驱动式压路机、拖式压路机、手扶式压路机
	振荡压路机	光轮式压路机、轮胎驱动式压路机
	轮胎压路机	自行式压路机
	冲击压路机	拖式压路机、自行式压路机
	组合式压路机	振动轮胎组合式压路机、振动振荡式压路机
	振动平板夯	电动式平板夯、内燃式平板夯

续上表

类	组	型
压实机械	振动冲击夯	电动式冲击夯、内燃式冲击夯
	爆炸式夯实机	爆炸式夯实机
	蛙式夯实机	蛙式夯实机
	垃圾填埋压实机	静碾式压实机、振动式压实机
	其他压实机械	
路面施工与养护机械	沥青路面施工机械	沥青混合料搅拌设备、沥青混合料摊铺机、沥青混合料转运机、沥青洒布机(车)、碎石撒布机(车)、液态沥青运输车、沥青泵、沥青阀、沥青储罐、沥青加热熔化设备、沥青灌装设备、沥青脱桶装置、沥青改性设备、沥青乳化设备
	水泥路面施工机械	水泥混凝土摊铺机、多功能路缘石铺筑机、切缝机、水泥混凝土路面振动梁、水泥混凝土路面抹光机、水泥混凝土路面脱水装置、水泥混凝土边沟铺筑机、路面灌缝机
	路面基层施工机械	稳定土拌和机、稳定土拌和设备、稳定土摊铺机
	路面附属设施施工机械	护栏施工机械、标线标志施工机械、边沟与护坡施工机械
	路面养护机械	多功能养护机、沥青路面坑槽修补机、沥青路面加热修补机、喷射式坑槽修补机、再生修补机、扩缝机、坑槽切边机、小型罩面机、路面切割机、洒水车、路面铣刨机、沥青路面养护车、水泥混凝土路面养护车、水泥混凝土路面破碎机、稀浆封层机、回砂机、路面开槽机、路面灌缝机、沥青路面加热机、沥青路面热再生机、沥青路面冷再生机、乳化沥青再生设备、泡沫沥青再生设备、碎石封层机、就地再生搅拌列车、路面加热机、路面加热复拌机、割草机、树木修剪机、路面清扫机、护栏清洗机、施工安全指示牌车、边沟修理机、夜间照明设备、透水路面恢复机、除冰雪机械
	其他路面施工与养护机械	
混凝土机械	搅拌机	锥形反转出料式搅拌机、锥形倾翻出料式搅拌机、涡桨式搅拌机、行星式搅拌机、单卧轴式搅拌机、双卧轴式搅拌机、连续式搅拌机
	混凝土搅拌楼	锥形反转出料式搅拌楼、锥形倾翻出料式搅拌楼、涡桨式搅拌楼、行星式搅拌楼、单卧轴式搅拌楼、双卧轴式搅拌楼、连续式搅拌楼
	混凝土搅拌站	锥形反转出料式搅拌站、锥形倾翻出料式搅拌站、涡桨式搅拌站、行星式搅拌站、单卧轴式搅拌站、双卧轴式搅拌站、连续式搅拌站
	混凝土搅拌运输车	自行式搅拌运输车、拖式搅拌运输车
	混凝土泵	固定式泵、拖式泵、车载式泵
	混凝土布料杆	卷折式布料杆、“Z”形折叠式布料杆、伸缩式布料杆、组合式布料杆
	臂架式混凝土泵车	整体式泵车、半挂式泵车、全挂式泵车
	混凝土喷射机	缸罐式喷射机、螺旋式喷射机、转子式喷射机
	混凝土喷射机械手	混凝土喷射机械手
	混凝土喷射台车	混凝土喷射台车
	混凝土浇注机	轨道式浇注机、轮胎式浇注机、固定式浇注机
	混凝土振动器	内部振动式振动器、外部振动式振动器
	混凝土振动台	混凝土振动台
	气卸散装水泥运输车	气卸散装水泥运输车
	混凝土清洗回收站	混凝土清洗回收站
	混凝土配料站	混凝土配料站
	其他混凝土机械	

续上表

类	组	型
掘进机械	全断面隧道掘进机	盾构机、硬岩掘进机(TBM)、组合式掘进机
	非开挖设备	水平定向钻、顶管机
	巷道掘进机	悬臂式岩巷掘进机
	其他掘进机械	
桩工机械	柴油打桩锤	筒式打桩锤、导杆式打桩锤
	液压锤	液压锤
	振动桩锤	机械式桩锤、液压马达式桩锤、液压式桩锤
	桩架	走管式桩架、轨道式桩架、履带式桩架、步履式桩架、悬挂式桩架
	压桩机	机械式压桩机、液压式压桩机
	成孔机	螺旋式成孔机、潜水式成孔机、正反回转式成孔机、冲抓式成孔机、全套管式成孔机、锚杆式成孔机、步履式成孔机、履带式成孔机、车载式成孔机、多轴式成孔机
	地下连续墙成槽机	钢丝绳式成槽机、导杆式成槽机、半导杆式成槽机、铣削式成槽机、搅拌式成槽机、潜水式成槽机
	落锤打桩机	机械式打桩机、法兰克式打桩机
	软地基加固机械	振冲式加固机械、插板式加固机械、强夯式加固机械、振动式加固机械、旋喷式加固机械、注浆深层搅拌式加固机械、粉体喷射深层搅拌式加固机械
	取土器	厚壁式取土器、敞口薄壁式取土器、自由活塞薄壁取土器、固定活塞薄壁取土器、水压固定活塞取土器、束节式取土器、黄土取土器、三重管回转式取土器、取沙器
	其他桩工机械	
市政与环卫机械	环卫机械	扫路车(机)、吸尘车、洗扫车、清洗车、洒水车、吸粪车、厕所车、垃圾车、垃圾处理设备
	市政机械	管道疏通机械、电杆埋架机械、管道铺设机械
	停车洗车设备	垂直循环式停车设备、多层循环式停车设备、水平循环式停车设备、升降机式停车设备、升降移动式停车设备、平面往复式停车设备、两层式停车设备、多层式停车设备、汽车用回转盘停车设备、汽车用升降机停车设备、旋转平台停车设备、洗车场机械设备
	园林机械	植树挖穴机、树木移植机、运树机、绿化喷洒多用车、剪草机
	娱乐设备	车式娱乐设备、水上娱乐设备、地面娱乐设备、腾空娱乐设备、其他娱乐设备
	其他市政与环卫机械	
混凝土制品机械	混凝土砌块成型机	移动式、固定式、叠层式、分层布料式
	混凝土砌块生产成套设备	全自动、半自动、简易式
	加气混凝土砌块成套设备	加气混凝土砌块成套设备
	泡沫混凝土砌块成套设备	泡沫混凝土砌块成套设备

续上表

类	组	型
混凝土制品机械	混凝土空心板成型机	挤压式、推压式、拉模式
	混凝土构件成型机	振动台式成型机、盘转压制式成型机、杠杆压制式成型机、长线台座式、平模联动式、机组联动式
	混凝土管成型机	离心式、挤压式
	水泥瓦成型机	水泥瓦成型机
	墙板成型设备	墙板成型机
	混凝土构件整修机	真空吸水装置、切割机、表面抹光机、磨口机
	模板及配件机械	钢模板轧机、钢模板清理机、钢模板校形机、钢模板配件
	其他混凝土制品机械	
高空作业机械	高空作业车	普通型高空作业车、高树剪枝车、高空绝缘车、桥梁检修设备、高空摄影车、航空地面支持车、飞机除冰防冰车、消防救援车
	高空作业平台	剪叉式高空作业平台、臂架式高空作业平台、套筒油缸式高空作业平台、桅柱式高空作业平台、导架式高空作业平台
	其他高空作业机械	
装修机械	砂浆制备及喷涂机械	筛砂机、砂浆搅拌机、砂浆输送泵、砂浆联合机、淋灰机、麻刀灰拌和机
	涂料喷刷机械	喷浆泵、无气喷涂机、有气喷涂机、喷塑机、石膏喷涂机
	油漆制备及喷涂机械	油漆喷涂机、油漆搅拌机
	地面修整机械	地面抹光机、地板磨光机、踢脚线磨光机、地面水磨石机、地板刨平机、打蜡机、地面清除机、地板砖切割机
	屋面装修机械	涂沥青机、铺毡机
	高处作业吊篮	手动式高处作业吊篮、气动式高处作业吊篮、电动式高处作业吊篮
	擦窗机	轮载式擦窗机、屋面轨道式擦窗机、悬挂轨道式擦窗机、插杆式擦窗机、滑梯式擦窗机
	建筑装修机具	射钉机、铲刮机、开槽机、石材切割机、型材切割机、剥离机、角向磨光机、混凝土切割机、混凝土切缝机、混凝土钻孔机、水磨石磨光机、电镐
	其他装修机械	贴墙纸机、螺旋洁石机、穿孔机、孔道压浆机、弯管机、管子套丝切断机、管材弯曲套丝机、坡口机、弹涂机、滚涂机
钢筋及预应力机械	钢筋强化机械	钢筋冷拉机、钢筋冷拔机、冷轧带肋钢筋成型机、冷轧扭钢筋成型机、冷拔螺旋钢筋成型机
	单件钢筋成型机械	钢筋切断机、钢筋切断生产线、钢筋调直切断机、钢筋弯曲机、钢筋弯曲生产线、钢筋弯弧机、钢筋弯箍机、钢筋螺纹成型机、钢筋螺纹生产线、钢筋镦头机
	组合钢筋成型机械	钢筋网成型机、钢筋笼成型机、钢筋桁架成型机
	钢筋连接机械	钢筋对焊机、钢筋电渣压力焊机、钢筋气压焊机、钢筋套筒挤压机
	预应力机械	预应力钢筋镦头器、预应力钢筋张拉机、预应力钢筋穿束机、预应力千斤顶
	预应力机具	预应力筋用锚具、预应力筋用夹具、预应力筋用连接器
	其他钢筋及预应力机械	

续上表

类	组	型
凿岩机械	凿岩机	气动手持式凿岩机、气动凿岩机、内燃手持式凿岩机、液压凿岩机、电动凿岩机
	露天钻车钻机	气动、半液压履带式露天钻机，气动、半液压轨轮式露天钻车，液压履带式钻机，液压钻车
	井下钻车钻机	气动、半液压履带式钻机，气动、半液压式钻车，全液压履带式钻机，全液压钻车
	气动潜孔冲击器	低气压潜孔冲击器，中、高气压潜孔冲击器
	凿岩辅助设备	支腿、柱式钻架、圆盘式钻架
	其他凿岩机械	
气动工具	回转式气动工具	雕刻笔、气钻、攻丝机、砂轮机、抛光机、磨光机、铣刀、气锯、剪刀、气螺刀、气扳机、振动器
	冲击式气动工具	铆钉机、打钉机、订合机、折弯机、打印器、钳、劈裂机、扩张器、液压剪、搅拌机、捆扎机、封口机、破碎锤、镐、气铲、捣固机、锉刀、刮刀、雕刻机、凿毛机、振动器
	其他气动机械	气动马达、气动泵、气动吊、气动绞车/绞盘、气动桩机
	其他气动工具	
军用工程机械	道路机械	装甲工程车、多用工程车、推土机、装载机、平地机、压路机、除雪机
	野战筑城机械	挖壕机、挖坑机、挖掘机、野战工事作业机械、钻孔机具、冻土作业机械
	永备筑城机械	凿岩机、空压机、坑道通风机、坑道联合掘进机、坑道装岩机、坑道被覆机械、碎石机、筛分机、混凝土搅拌机、钢筋加工机械、木材加工机械
	布、探、扫雷机械	布雷机械、探雷机械、扫雷机械
	架桥机械	架桥作业机械、机械化桥、打桩机械
	野战给水机械	水源侦察车、钻井机、汲水机械、净水机械
	伪装机械	伪装勘测车、伪装作业车
	保障作业车辆	移动式电站、金木工程作业车、起重机械、液压检修车、工程机械修理车、专用牵引车、电源车、气源车
	其他军用工程机械	
电梯及扶梯	电梯	乘客电梯、载货电梯、客货电梯、病床电梯、住宅电梯、杂物电梯、观光电梯、船用电梯、车辆用电梯、防爆电梯
	自动扶梯	普通型自动扶梯、公共交通型自动扶梯、螺旋型自动扶梯
	自动人行道	普通型自动人行道、公共交通型自动人行道
	其他电梯及扶梯	

续上表

类	组	型
工程机械配套件	动力系统	内燃机、动力蓄电池、附属装置
	传动系统	离合器、变矩器、变速器、驱动电机、传动轴装置、驱动桥、减速器
	液压密封装置	油缸、液压泵、液压马达、液压阀、液压减速机、蓄能器、中央回转体、液压管件、液压系统附件、密封装置
	制动系统	储气筒、气动阀、加力泵总成、气制动管件、油水分离器、制动泵、制动器
	行走装置	轮胎总成、轮辋总成、轮胎防滑链、履带总成、四轮、履带张紧装置总成
	转向系统	转向器总成、转向桥、转向操作装置
	车架及工作装置	车架、工作装置、配重、门架系统、吊装装置、振动装置
	电器装置	电控系统总成、组合仪表总成、监控器总成、仪表、报警器、车灯、空调器、暖风机、电风扇、刮水器、蓄电池
	专用属具	液压锤、液压剪、液压钳、松土器、夹木叉、叉车专用属具、其他属具
	其他配套件	
其他专用工程机械	电站专用工程机械	扳起式塔式起重机、自升式塔式起重机、锅炉炉顶起重机、门座起重机、履带式起重机、龙门式起重机、缆索起重机、提升装置、施工升降机、混凝土搅拌楼、混凝土搅拌站、塔带机
	轨道交通施工与养护工程机械	架桥机、运梁车、梁场用提梁机、轨道上部结构制运铺设备、道砟设备养护用设备系列、电气化线路施工与养护用设备
	水利专用工程机械	水利专用工程机械
	矿山用工程机械	矿山用工程机械
	其他工程机械	

近年来,我国工程机械行业在发展方式转变、经济结构调整方面取得了明显成效,综合实力迅速增强,国际竞争力和产业地位大大提升。我国工程机械行业各类产品的技术水平及可靠性大多已达到甚至超过了国际先进水平。中国工程机械行业经过长时间的发展,已能生产20大类、4 500多种规格型号的产品,基本能满足国内市场的需求,已成为具有相当规模和蓬勃发展活力的重要行业。

第一章　工程机械发动机

第一节　工程机械发动机概述

一、定义及分类

1. 定义

发动机是将某一种形式的能量转变为机械能的机器。

将热能转变为机械能的发动机称为热力发动机(简称热机),其中的热能是由燃料燃烧所产生的。内燃机是热力发动机的一种,其特点是液体或气体燃料和空气混合后直接输入机器内部燃烧而产生热能,然后再转变为机械能。另一种热机是外燃机,如蒸汽机,其特点是燃料在机器外部的锅炉中燃烧,将锅炉内的水加热,使之变为高温、高压的水蒸气,送至机器内部,使所含的热能转变为机械能。

2. 分类

内燃机按使用的燃料不同,可分为柴油机和汽油机等。

按冷却方式不同,可分为水冷式和风冷式两种。

按其汽缸数分类,仅有一个汽缸的称为单缸发动机,有两个或两个以上汽缸的称为多缸发动机。

按发动机进气压力,可分为非增压发动机和增压发动机。发动机的汽缸进气压力一般低于周围大气压力,但也有利用专门装置(增压器)使进气压力增高到周围大气压力以上的,后者称为增压发动机;相应地,前者称为非增压发动机。

按工作循环过程的行程数不同,有四冲程和二冲程之分。

二、内燃机型号的编制

为了便于内燃机的生产管理和使用,我国于2008年对内燃机名称和型号的编制颁布了国家标准《内燃机产品名称和型号编制规则》(GB/T 725—2008)。该标准的主要内容如下。

(1)内燃机产品名称均按所采用的燃料命名,如柴油机、汽油机等。

(2)内燃机的型号由阿拉伯数码和汉语拼音字母组成。

(3)内燃机型号由下列四部分组成。

第一部分:由制造商代号或系列代号组成。

第二部分:由汽缸数、汽缸布置形式符号、冲程形式符号、缸径符号组成。冲程形式为四冲程时符号省略,二冲程用E表示;缸径符号一般用缸径或缸径/行程数字表示,亦可用发动机排量或功率表示。

第三部分:由结构特征符号、用途特征符号组成。

第四部分:区分符号。同系列产品需要区分时,允许制造商选用适当符号表示。第三部分与第四部分之间可用“-”分隔。

内燃机型号的排列顺序及符号所代表的意义规定见图1.1。

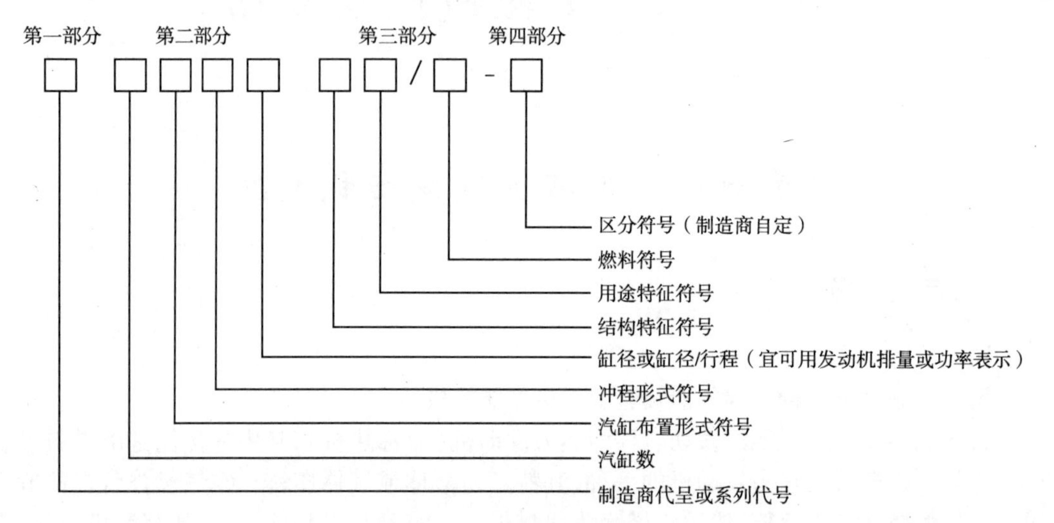

图1.1 内燃机型号编制

例如,D6114发动机型号的编制规则见图1.2。

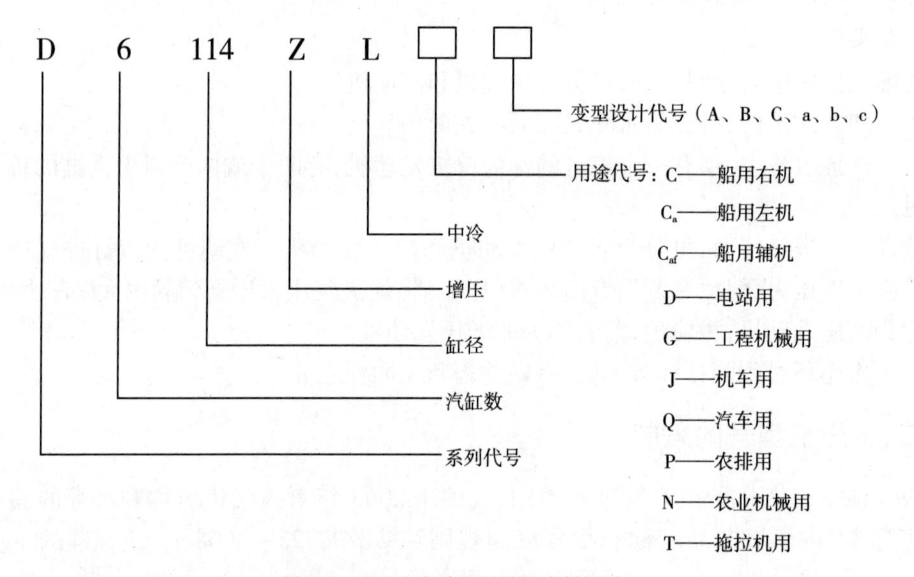

图1.2 D6114发动机型号的编制规则

三、内燃机的常用术语及其定义

在往复式内燃机中,由燃料燃烧后产生的热能转变为机械能,是依靠曲轴连杆机构的作用,将活塞的往复运动变为曲轴的旋转运动。内燃机曲轴连杆机构示意图见图1.3。它是由活塞、连杆和曲轴等组成,活塞在汽缸中作直线往复运动。

工作时,连杆随活塞移动,并随曲轴的旋转而摆动,内燃机工作时的基本名词如下:

上止点：活塞移动能达到的最上端位置。

下止点：活塞移动能达到的最下端位置。

活塞行程：活塞上止点与下止点之间的距离。

燃烧室容积：活塞位于上止点时，活塞顶面以上的空间容积称为燃烧室的容积。

汽缸工作容积：活塞从上止点移动到下止点所扫过的空间容积，称为汽缸工作容积或汽缸排量。

汽缸总容积：活塞位于下止点时，汽缸内所有空间。它等于燃烧室容积与汽缸工作容积之和。

压缩比：汽缸总容积与燃烧室容积之比，即压缩比 = 汽缸总容积/燃烧室容积。

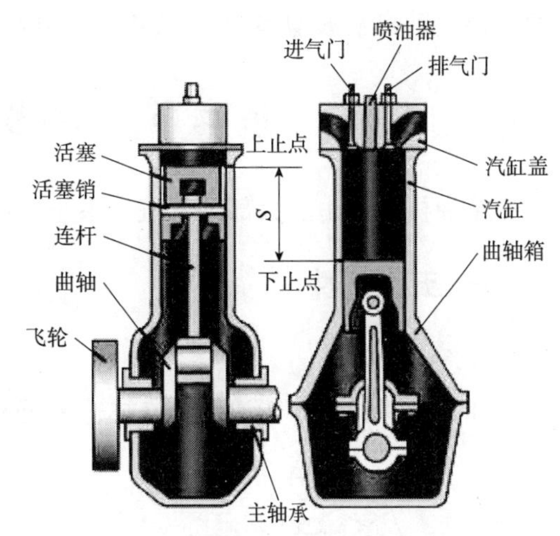

图 1.3　内燃机曲轴连杆机构示意图

压缩比表示活塞从下止点移动到上止点时，气体在汽缸中被压缩的程度，压缩比越大，在压缩终了时，混合气的压力和温度越高，因而发动机发出的功率越大，经济性越好。压缩比是内燃机的一个重要参数，不同形式的内燃机有不同的压缩比。一般柴油机的压缩比为 12 ~ 20，汽油机的压缩比为 6.5 ~ 10。

空燃比：1kg 燃油燃烧所需要的空气量。实际测得 1kg 燃油与 15kg 空气是最佳混合比。

多缸内燃机所有汽缸的工作容积，称为汽缸总排量，又称为内燃机的工作容积。

工程机械发动机常用柴油机作为动力，所以本书以柴油机为例讲述。

四、发动机的工作原理

对于往复活塞式发动机，凡活塞往复四次而完成一次工作循环的发动机称为四冲程发动机。

四冲程发动机的工作循环包括四个活塞行程，即进气行程、压缩行程、膨胀行程（作功行程）和排气行程。

（1）进气行程：进气门打开，排气门关闭。活塞从上止点下行，汽缸内随着活塞下行而空间增大，形成负压（真空），当外界气压高于汽缸内压力时，外界空气被吸入。直到活塞下移到下止点。

（2）压缩行程：进气门关闭，排气门关闭。活塞由下止点上行，在上行过程中，汽缸容积愈来愈小，空气渐渐被压缩，在压缩终了时，汽缸内空气的压力可达 3.5 ~ 4.5MPa，温度高达 750 ~ 1 000K，大大超过柴油的自燃温度。

（3）膨胀行程（作功行程）：在这个行程中，进、排气门仍然关闭。当活塞在接近上止点时，喷油嘴提前喷油，并开始燃烧。燃烧后产生大量的热能使气体膨胀，冲击活塞下行，此时的爆发温度为 1 700 ~ 1 800℃，压力高达 6 ~ 9MPa，高温高压的燃气推动活塞从上止点向下止点运动，直到排气门打开为止。

（4）排气行程：当膨胀接近终了时，排气门开启，靠废气的压力进行排气，活塞到达下止点后再向上止点移动时，继续将废气强制排到大气中。活塞到上止点附近时，排气行程结束。

采用多缸的发动机可以使飞轮的质量和尺寸做得小一些。多缸四冲程发动机的每一个汽缸内，所有的工作过程是相同的，并按上述同样的次序进行，但所有汽缸的作功行程并不同时发生。例如四汽缸发动机内，曲轴每转半周便有一个汽缸在作功，在八缸发动机内，曲轴每转四分之一周便有一个汽缸处于作功行程的状态。汽缸数越多，发动机的工作便越平稳。但发动机缸数增多时，一般将使其结构复杂、尺寸和质量增加。

第二节　工程机械发动机组成

柴油机一般由五大部件和五大系统组成。

一、五大部件

1. 汽缸盖

如图1.4所示。柴油机的汽缸盖根据缸径的大小和汽缸数的多少，分为整体式和组合式。一般缸径在100mm以上，缸数在六缸以上的多数采用组合式汽缸盖，便于修理拆装。小缸径的多缸机大多采用整体式。

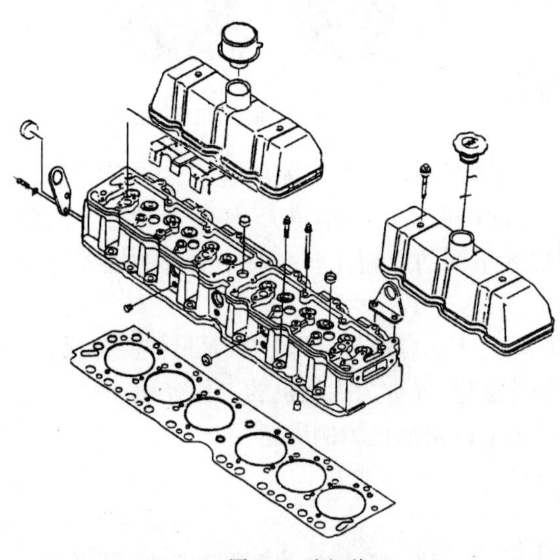

图1.4　汽缸盖

汽缸盖是柴油机的主要部件之一，由其上面安装的气门座、气门、气门导管、喷油器总成以及组铸在缸头上的进气管道、排气管道和冷却水道、油道等组成。它又是燃烧室的组成部件之一。

2. 汽缸体

如图1.5所示，水冷发动机的汽缸体和曲轴箱常铸成一体，可称为汽缸体—曲轴箱，也可简称为汽缸体。汽缸体上半部有一个或若干个为活塞在其中运动导向的圆柱形空腔，称为汽缸。下半部为支承曲轴的曲轴箱，其内腔为曲轴运动的空间。作为发动机各个机构和系统的装配基体，汽缸体本身应具有足够的刚度和强度，通过螺栓和其他连接方式，将其他零部件固定在汽缸体上。

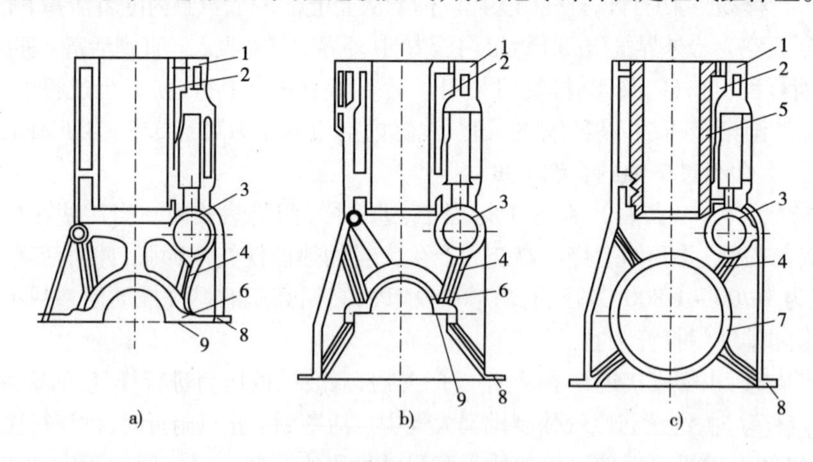

图1.5　汽缸体

a）一般式汽缸体；b）龙门式汽缸体；c）隧道式汽缸体

1-汽缸体；2-水套；3-凸轮轴孔座；4-加强筋；5-湿缸套；6-主轴承座；7-主轴承座孔；8-安装油底壳的加工面；9-安装主轴承盖的加工面

3. 活塞连杆组

如图 1.6 所示，活塞连杆组由活塞、活塞环、活塞销、连杆等机件组成。活塞的主要作用是承受汽缸中气体压力所造成的作用力，并将此力通过活塞销传给连杆，以推动曲轴旋转。活塞顶部还与汽缸盖、汽缸壁共同组成燃烧室。

(1)活塞的基本构造可分顶部、头部和裙部三部分，见图 1.7。

柴油机的活塞顶部常常设有各种各样的凹坑，见图 1.8。其具体形状、位置和大小都必须与柴油机混合气的形成或燃烧室要求相适应。

活塞头部是活塞环槽以上的部分。其主要作用有：①承受气体压力，并传给连杆；②与活塞环一起实现汽缸的封闭；③将活塞顶所吸收的热量通过活塞环传导到汽缸壁上。头部切有若干道用以安装活塞环的环槽。一般柴油机有三道或四道活塞环槽。

活塞裙部是指自油环槽下端面起至活塞底面的部分。其作用是为活塞在汽缸内作往复运动导向和承受侧压力。

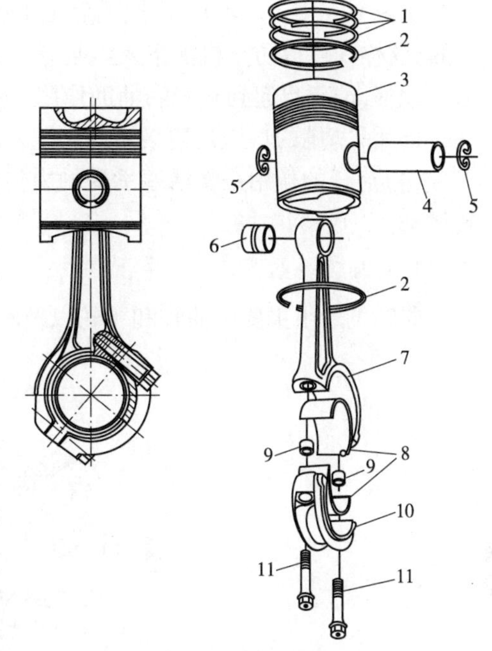

图 1.6 活塞连杆组

1-气环；2-油环；3-活塞；4-活塞销；5-锁簧；6-连杆衬套；7-连杆杆身；8-轴瓦；9-定位套；10-连杆盖；11-连杆螺钉

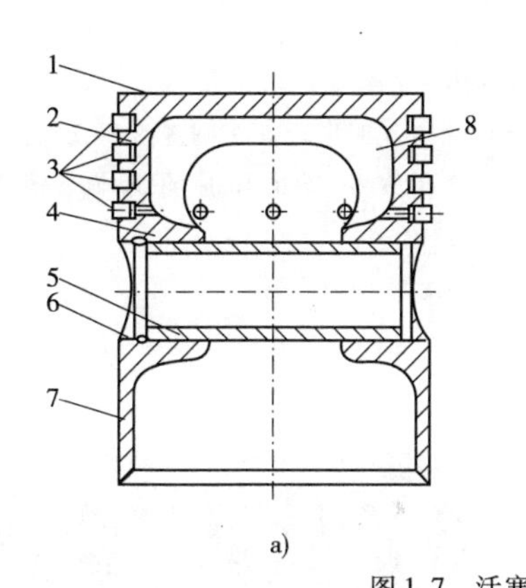

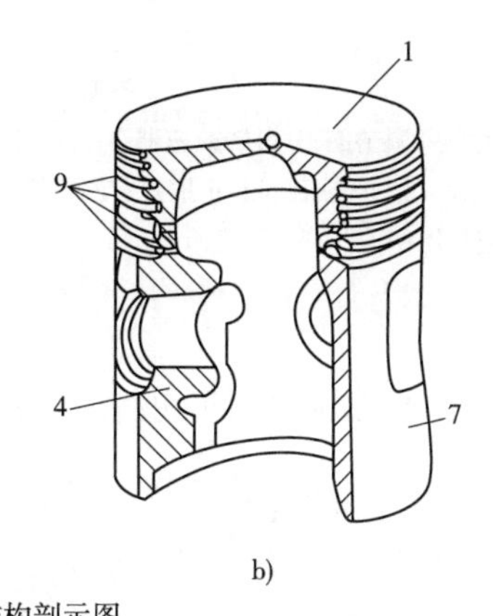

图 1.7 活塞结构剖示图

a)全剖面图；b)部分剖面图

1-活塞顶；2-活塞头；3-活塞环；4-活塞销座；5-活塞销；6-活塞销锁环；7-活塞裙；8-加强筋；9-环槽

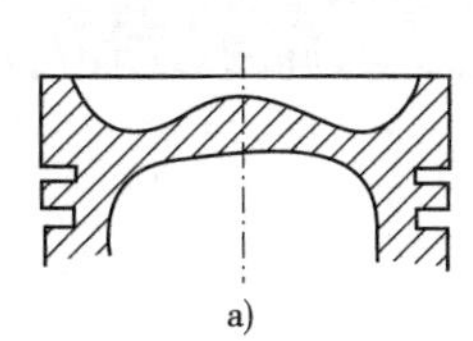

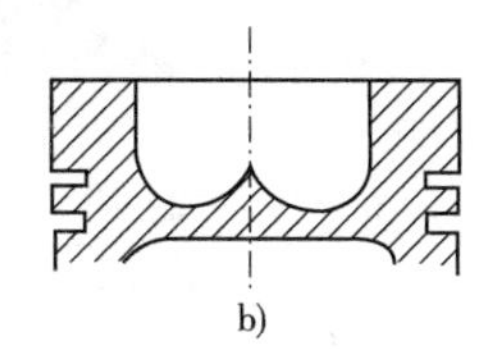

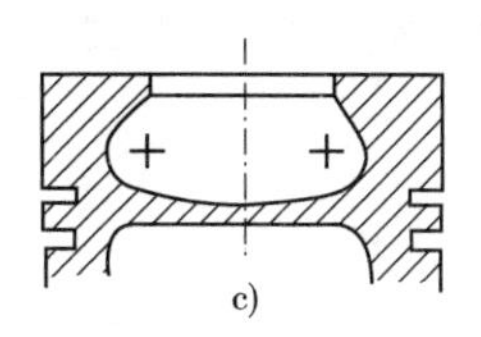

图 1.8 活塞顶部凹坑形状

(2)活塞环包括气环和油环两种。气环的作用是保证活塞与汽缸壁间的密封，防止汽缸中的高温和高压燃气大量漏入曲轴箱，同时还将活塞顶部的大部分热能传导到汽缸壁，再由冷却水或空气带走。油环用来刮除汽缸壁上多余的机油,并在汽缸壁上铺涂一层均匀的机油膜,这样既可以防止机油窜入汽缸燃烧,又可以减小活塞、活塞环与汽缸的磨损和摩擦阻力。此外,油环也起到封气的辅助作用。

(3)活塞销的功用是连接活塞和连杆小头,将活塞承受的气体作用力传给连杆。

(4)连杆的作用是将活塞承受的力传给曲轴,从而使得活塞的往复运动转变为曲轴的旋转运动。

4. 曲轴飞轮组

曲轴飞轮组主要由曲轴和飞轮以及其他不同作用的零件和附件组成,见图 1.9。

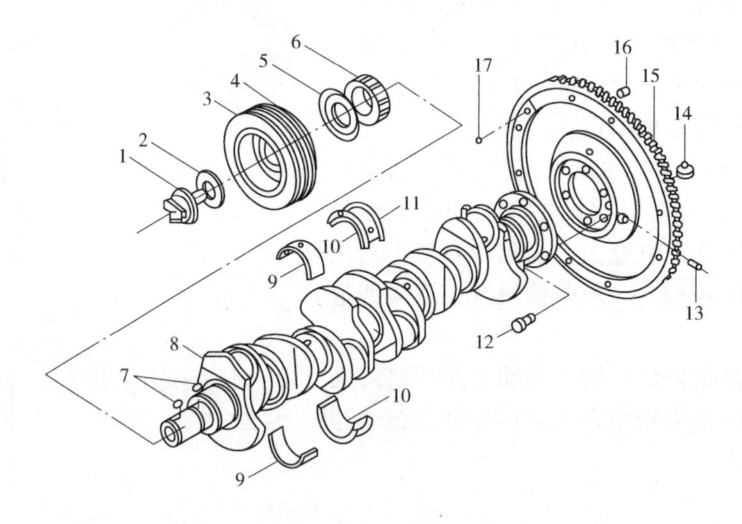

图 1.9　曲轴飞轮组分解图

1-起动爪;2-起动爪锁紧垫圈;3-扭转减速器;4-皮带轮;5-挡油片;6-正时齿轮;7-半圆键;8-平衡重;9-主轴承上、下轴瓦;10-中间主轴承上、下轴瓦;11-止推片;12-螺柱;13-直通滑脂嘴;14-螺母;15-齿环;16-圆柱销;17-第一、六缸活塞压缩上止记号用钢球

5. 油底壳

油底壳有铸件与冲压件两种,见图 1.10。

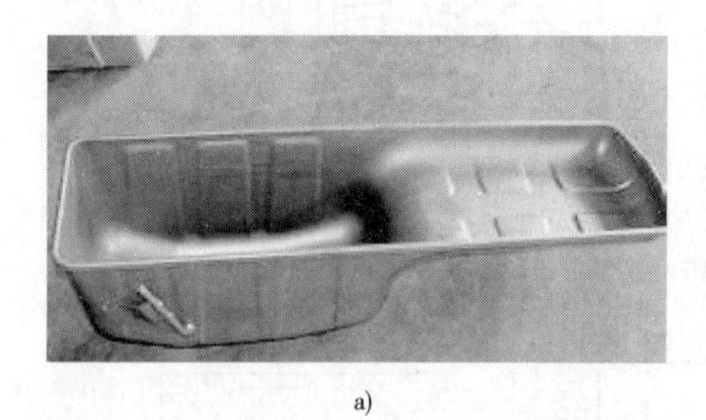

a)

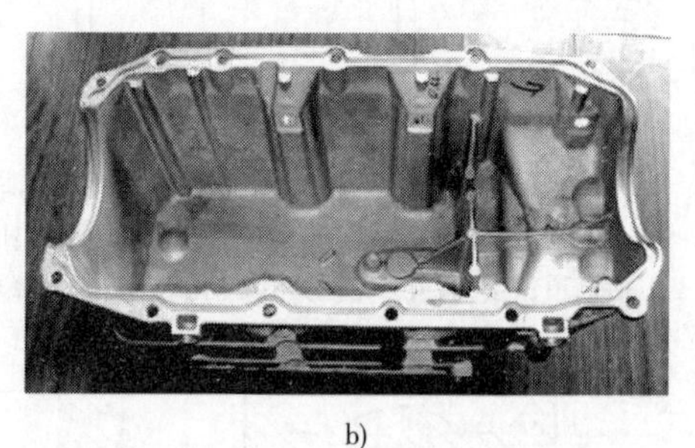

b)

图 1.10　油底壳

a)冲压制成的油底壳;b)铸造制成的油底壳

油底壳的主要功用是储存机油并封闭曲轴箱。为了保证在发动机纵向倾斜时机油泵能经常吸到机油,油底壳后部一般做得较深。油底壳底部装有放油塞。有的放油塞是磁性的,能吸集机油中的金属屑,以减少发动机运动零件的磨损。

二、五大系统

五大系统包括:燃油系统,起动系统,冷却系统,润滑系统,配气系统。

1. 燃油系统

该系统由柴油箱、输油泵、低压油管、调速器、柴油滤清器、喷油泵、高压油管、喷油器和回油管路组成。

1)柴油滤清器(图 1.11、图 1.12)

柴油在运输和储存过程中,不可避免地会混入尘土和水分。为了保证喷油器和喷油泵工作可靠并延长其使用寿命,除使用前将柴油沉淀过滤外,在柴油机供油系统工作过程中,还采用柴油滤清器,以便仔细清除柴油中的机械杂质和水分。很多柴油机中设有粗、细两级滤清器,有的只用单级滤清器。

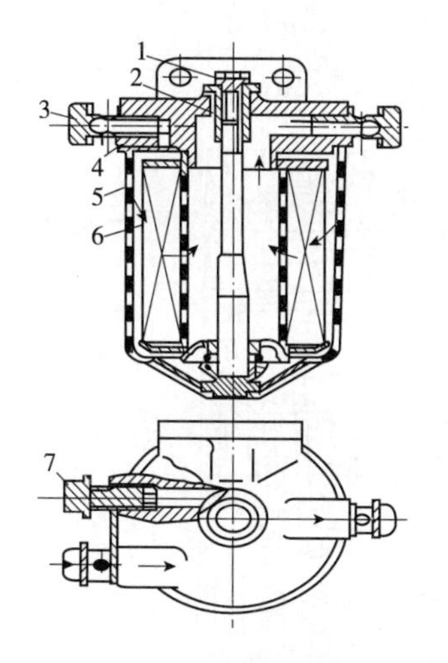

图 1.11　单级柴油滤清器

1-放气螺钉;2-拉杆螺母;3-油管接头;4-盖;5-壳体;6-纸质滤芯;7-溢流阀

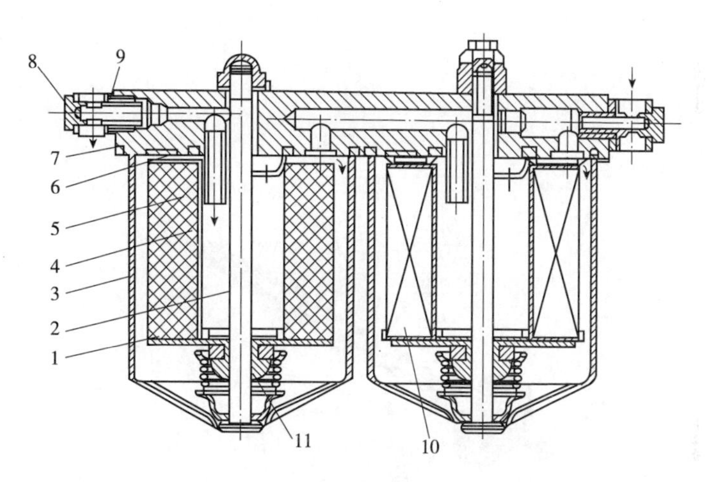

图 1.12　两级柴油滤清器

1-绸滤布;2-紧固螺杆;3-外壳;4-滤油筒;5-毛毡滤芯;6-毛毡密封圈;7-橡胶密封圈;8-油管接头螺钉;9-油管接头衬套;10-纸滤芯;11-滤芯衬垫

2)喷油泵

喷油泵的功用是定时、定量地向喷油器输送高压燃油。多缸柴油机的喷油泵应保证:①各缸的供油次序符合所要求的发动机发火次序;②各缸供油量均匀,不均匀度在标定工况下不大于 3% ~4%;③各缸提前角一致,相差不大于 0.5°曲轴转角。

喷油泵的结构形式很多,大体可分为三类:柱塞式喷油泵、喷油泵—喷油器和转子分配式喷油泵。

3)调速器

调速器的功用是控制发动机在需要的转速范围内作等速或接近等速的运动。按调速器的功能可分为两速调速器、全速调速器、定速调速器和综合调速器四类。①两速调速器:此类调速器只控制最低及最高转速。在最低与最高转速之间,调速器不起作用。此时柴油机的工作转速是由驾驶员通过加速踏板直接操纵喷油泵油量调节机构来实现的。②全速调速器:此类调速器不仅能控制柴油机的最低与最高转速,而且能控制从怠速到最高限制转速范围内任何转速下的喷油量,以维持柴油机在任一给定转速下稳定运转。③定速调速器:控制发动机的工作转速固定不变，多用于工业发动机，如驱动发电机的柴油机等。④综合调速器：此类调速器构造与全速调速器相似，调速器只控制最低与最高转速，但亦兼备全速调速器的功能。

4）喷油器

喷油器的功用是定时、定量地向汽缸喷射燃油，并形成雾状体。

2. 配气系统

配气系统的功用是按照发动机每一汽缸内所进行的工作循环和发火次序的要求，定时开启和关闭各汽缸的进、排气门，使新鲜空气得以及时进入汽缸，废气得以及时从汽缸排出。气门式配气机构由气门传动组和气门组组成。配气系统按气门的布置形式主要有气门顶置式（图1.13）和气门侧置式（图1.14）；按曲轴和凸轮轴传动方式可分为齿轮传动式、链条传动式和齿带传动式等。

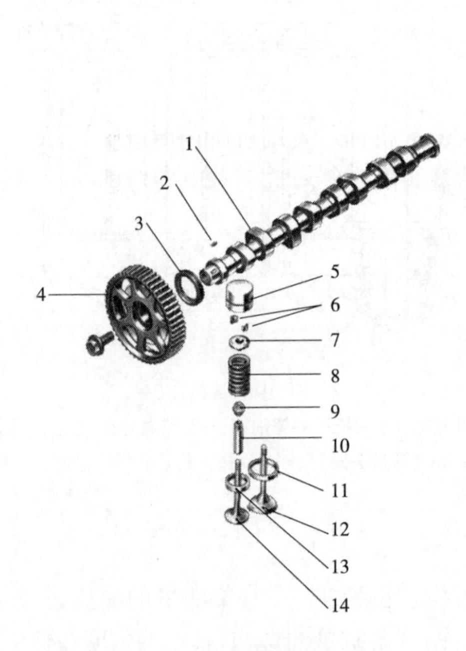

图1.13　气门顶置式配气机构

1-凸轮轴；2-半圆键；3-凸轮轴油封；4-凸轮轴正时齿形带轮；5-挺柱体；6-气门锁片；7-上气门弹簧座；8-气门弹簧；9-气门油封；10-气门导管；11-进气门座；12-进气门；13-排气门座；14-排气门

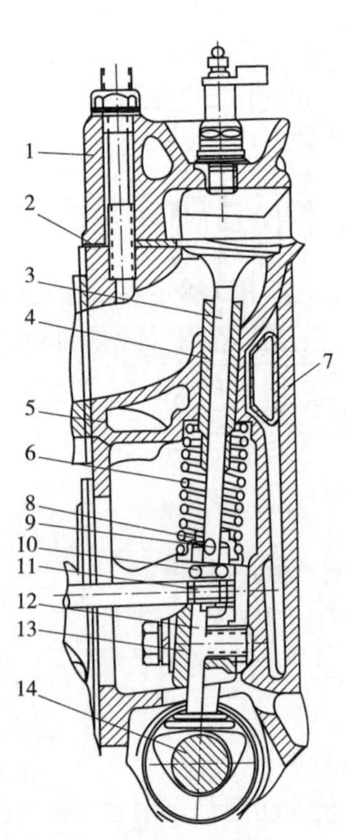

图1.14　气门侧置式配气机构

1-汽缸盖；2-汽缸垫；3-气门；4-气门导管；5-汽缸体；6-气门弹簧；7-汽缸壁；8-气门弹簧座；9-锁销；10-调整螺钉臂；11-锁紧螺母；12-挺柱；13-挺柱导管；14-凸轮轴

3. 润滑系统

柴油机的润滑是由润滑系统来实现的。润滑系统的基本任务就是将机油不断地供给各零部件的摩擦表面，减少零件的摩擦和磨损。流动的机油不仅可以清除摩擦表面上的磨屑等杂质，而且还可以冷却摩擦表面。汽缸壁和活塞环上的油膜还能提高汽缸的密封性。此外，机油还可以防止零件生锈。

1)润滑系统的组成和润滑剂的选择

发动机运转时,由于发动机各运动零件的工作条件不同,所要求的润滑强度也不同,因而要相应地采取不同的润滑方式。曲轴主轴承、连杆轴承及凸轮轴轴承等处承受的载荷及相对运动速度较大,需要以一定压力将机油输送到摩擦面间隙中,方能形成油膜保证润滑,这种润滑方式称为压力润滑。另一种润滑方式是利用发动机工作时运动零件飞溅起来的油滴或油雾润滑摩擦表面,称为飞溅润滑。这种润滑方式可润滑裸露在外面的载荷较轻的汽缸壁、相对滑动速度较小的活塞销,以及配气机构的凸轮表面、挺柱等。在发动机辅助系统中有些零件,如水泵及发电机的轴承,则只须定期加注润滑脂(黄油)。有部分发动机上采用了含有耐磨润滑材料(如尼龙、二硫化钼等)的轴承来代替加注润滑脂的轴承。

发动机润滑系统所用的润滑剂有机油和润滑脂两种。机油品种应根据季节气温的变化来选择。机油的黏度是评价机油品质的主要指标,通常以运动黏度来表示。机油的黏度是随温度变化而变化的,温度高则黏度小,温度低则黏度大。因此,夏季气温高时要用黏度大的机油,否则将因机油过稀而不能使发动机得到可靠的润滑。冬季气温低时则要用黏度小的机油,否则将因机油黏度过大,流动性差而不能输送到零件摩擦表面的间隙中。D6114 系列 B 型发动机必须使用 CD 级机油。对于大多数气候,推荐使用 15W ~ 40W 机油,当环境温度低于 -5℃时,为了便于启动和能供应足够的机油,可选用 10W ~ 30W 机油,在寒冷地区,如果柴油机一直在环境温度低于 -23℃以下运行,同时在柴油机停止运行时又无保暖措施的情况下,应选用具有足够低温度特性的 5W ~ 30W 机油。发动机所用润滑脂,常用的有钙基润滑脂、铝基润滑脂、钙钠基润滑脂及合成钙基润滑脂等。选用时也要考虑冬、夏季不同气温的特点和工作条件。

2)润滑系统的主要部件

从润滑线路就可以知道润滑系统的组成。

(1)机油泵

机油泵的形式通常采用齿轮式和转子式两种。

①齿轮式机油泵

齿轮式机油泵的工作原理见图 1.15。在油泵壳体内装有一个主动齿轮和一个从动齿轮。齿轮与壳体内壁之间的间隙很小。壳体上有进油口。发动机工作时,齿轮按图中所示箭头方向旋转,进油腔 1 的容积由于轮齿向脱离方向运动而增大,腔内产生一定的真空度,机油便从进油口被吸入并充满油腔。齿轮旋转时把齿间所存的机油带到出油腔 2 内。由于出油腔 2 一侧轮齿进入啮合,出油腔 2 容积减小,油压升高,机油便经出油口送到发动机油道中。机油泵通常由凸轮轴上的斜齿轮或曲轴前端齿轮驱动。在发动机工作时,机油泵不断工作,从而保证机油在润滑油路中不断循环。

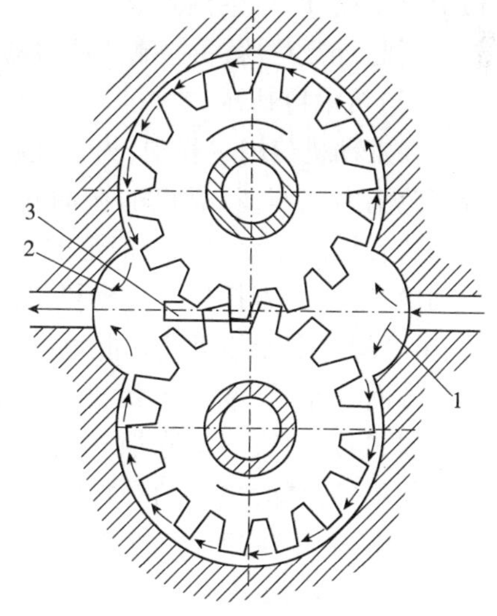

图 1.15 齿轮式机油泵工作原理

1-进油腔;2-出油腔;3-卸压槽

②转子式机油泵

转子式机油泵的工作原理见图 1.16。主动的内转子 2 和从动的外转子 3 都装在油泵壳体 4 内。内转子 2 固定在主动轴 1 上,外转子 3 在油泵壳体 4 内可自由转动,二者之间有一定偏心距。当内转子 2 旋转时,带动外转子 3 旋转。转子齿形齿廓设计得使转子转到任何

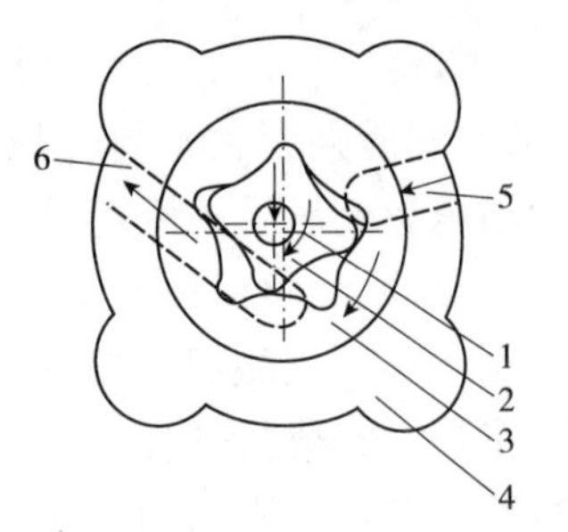

图 1.16　转子式机油泵工作原理
1-主动轴;2-内转子;3-外转子;
4-油泵壳体;5-进油孔;6-出油孔

角度时,内转子 2、外转子 3 每个齿的齿形齿廓线上总能互相成点接触。这样,内、外转子间便形成四个工作腔。某一工作腔从进油孔 5 转过时,容积增大,产生真空,机油便经进油孔 5 吸入。转子继续旋转,当该工作腔与出油孔 6 相通时,腔内容积减小,油压升高,机油经出油孔 6 压出。转子式机油泵结构紧凑,吸油真空度较高,泵油量较大,且供油均匀。但在使用中,当调换内、外转子后重新装配时,用手转动主轴不得有卡住现象。必要时定位销与销孔应重新配校。

(2)机油滤清器

机油在流到摩擦面之前,所经过的滤清器滤芯越细密,滤清次数越多,将使机油流动阻力越大,为此在润滑系统中一般装有几个不同滤清能力的滤清器——集滤器、粗滤器和精滤器,分别并联和串联在主油道中,这样既能使机油得到较好的滤清,而又不至于造成很大的流动阻力。

集滤器:集滤器一般是滤网式的,装在机油泵之前,防止粒度大的杂质进入机油泵。

粗滤器:粗滤器用以滤去机油中粒度较大(直径为 0.05~0.1mm 以上)的杂质。它对机油的流动阻力较小,故可串联于机油与主油道之间,属于全流式滤清器。图 1.17 为常用的纸质滤芯机油粗滤清器结构图。

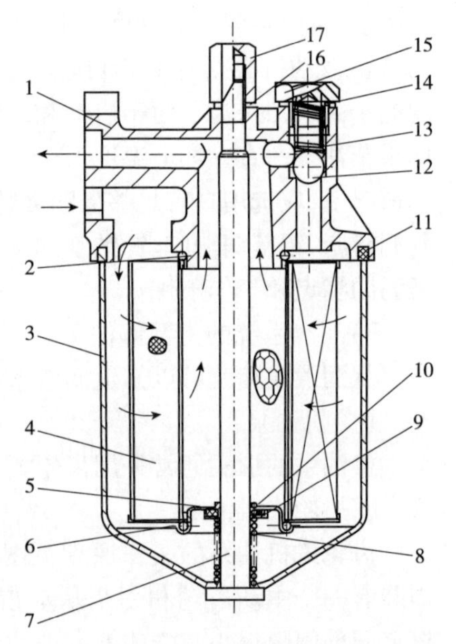

图 1.17　纸质滤芯机油粗滤清器
1-上盖;2、6-滤芯密封圈;3-外壳;4-纸质滤芯;5-托板;7-拉杆;8-滤芯压紧弹簧;9-压紧弹簧垫圈;10-拉杆密封圈;11-外壳密封圈;12-球阀;13-旁通阀弹簧;14、16-密垫圈封;15-阀座;17-螺母

精滤器:精滤器用以清除直径在 0.001mm 以上的细小杂质。由于这种滤清器对机油的流动阻力较大,故多做成分流式,即与主油道并联,只有少量机油通过精滤器。因此,精滤器属于分流式滤清器。

(3)机油冷却器

在发动机使用过程中,为了使机油保持在最有利的温度范围内工作,除靠机油在油底壳内的自然冷却外,还另装有机油冷却器。一般情况下,发动机本身就带有机油冷却器,并直接接入发动机机体的冷却水循环系统中,由冷却水来冷却机油。但也有的发动机由于结构或其他方面的原因,本身不带机油冷却器,而是外接机油散热器,与发动机冷却水散热器安装在一起,利用风扇风力使机油冷却,也有的是将机油散热器安装在冷却水散热器中,利用冷却水使机油降温而达到冷却的目的。

4.起动系统

1)起动系统的作用

发动机必须依靠外力带动曲轴旋转后,才能进入正常工作状态,通常把汽车发动机曲轴在外力作用下从开始转动到怠速运转的全过程,称为发动机的启动。起动系统的作用就是供给发动机曲轴足够的起动转矩,以便使发动机曲轴达到必需的起动转速,使发动机进入自行运转状态。当发动机进入自行运转状态后,便结束任务立即停止工作。

发动机常用的启动方式,有人力启动、辅助汽油机启动和电力起动机启动。人力启动是用手摇或绳拉，属于最简单的一种，部分工程机械将人力手摇启动作为后备方式保留，有些机型则已取消。辅助汽油机启动方式只在少数重型工程机械上采用。电力起动机启动是由直流电动机通过传动机构将发动机启动，它具有操作简单、启动迅速可靠、重复启动能力强等优点。现代工程机械柴油机大多数采用这种方式，电力起动机简称为起动机，均安装在发动机飞轮壳前端的座孔上，用螺栓紧固。

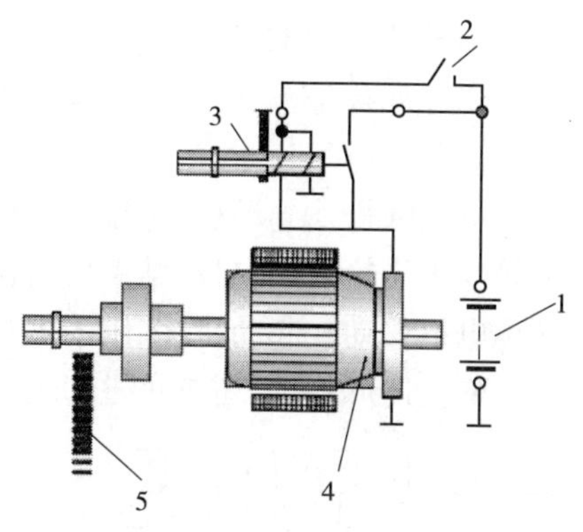

图 1.18　电力起动系统组成

1-蓄电池；2-起动开关；3-起动继电器；4-起动机；5-飞轮

2）起动系统的组成

电力起动系统简称起动系统，由蓄电池、起动机和起动控制电路等组成，如图 1.18 所示，起动控制电路包括起动按钮或开关、起动继电器等。

起动机在点火开关或起动按钮控制下，将蓄电池的电能转化为机械能，通过飞轮齿圈带动发动机曲轴转动。为增大转矩，便于启动，起动机与曲轴的传动比：汽油机一般为 13 ~ 17，柴油机一般为 8 ~ 10。

3）起动机的组成及其分类

起动机俗称“马达”，由直流电动机、传动机构和控制装置三大部分组成，如图 1.19 所示。

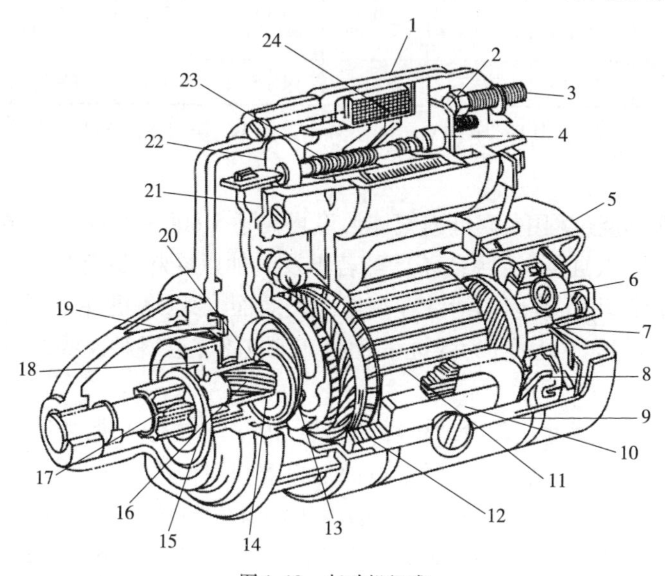

图 1.19　起动机组成

1、24-电磁开关；2-触点；3-蓄电池接线柱；4-动触点；5-前端盖；6-电刷弹簧；7-换向器；8-电刷；9-机壳；10-磁极；11-电枢；12-磁场绕组；13-导向环；14-止推环；15-单向离合器；16-电枢轴；17-驱动齿轮；18-传动机构；19-制动盘；20-啮合弹簧；21-拨叉；22-活动铁心；23-复位弹簧

直流电动机的作用是将蓄电池输入的电能转换为机械能，产生电磁转矩。

传动机构的作用是利用驱动齿轮啮入发动机飞轮齿圈，将直流转矩传给曲轴，并及时切断曲轴与反拖电动机之间的动力传递。

控制机构的作用是接通或切断起动机与蓄电池之间的主电路，并使驱动小齿轮进入或退出啮合。有些起动机控制机构还有副开关，能在启动时将点火线圈附加电阻短路，以增大启动时起动力矩。

强制啮合式起动机，是靠人力或电磁力经拨叉推移离合器，强制性地使驱动齿轮啮入和退出飞轮齿圈。因其具有结构简单、动作可靠、操纵方便等优点，被现代工程机械普遍采用。

电磁啮合式起动机，是靠电动机内部辅助磁极的电磁力，吸引电枢作轴向移动，将驱动齿轮啮入飞轮齿圈，启动结束后再由复位弹簧使电枢复位，让驱动齿轮退出飞轮齿圈，所以又称电枢移动式起动机，多用于大功率的工程机械上。

除上述形式外，还有永磁起动机、减速式起动机等。

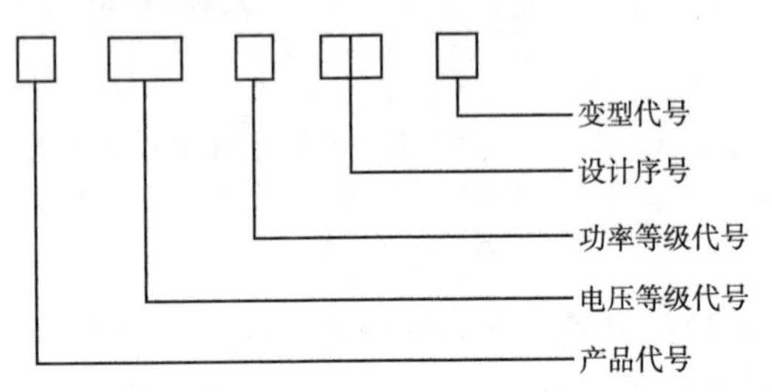

图 1.20　起动机型号编制

4）起动机的型号

根据《汽车电气设备产品型号编制方法》（QC/T 73—93）的规定，起动机的型号由五部分组成，如图 1.20 所示。

产品代号：QD、QDJ 和 QDY 分别表示起动机、减速型起动机和永磁型起动机。

电压等级代号：1-12V；2-24V。

功率等级代号：含义如表 1.1 所示。

起动机的功率等级代号　　表 1.1

功率等级代号	1	2	3	4	5	6	7	8	9
功率（kW）	0 ~ 1	1 ~ 2	2 ~ 3	3 ~ 4	4 ~ 5	5 ~ 6	6 ~ 7	7 ~ 8	8 ~ 9

例如：QD124 表示额定电压为 12V，功率为 1 ~ 2kW，第 4 次设计的起动机。

5. *冷却系统*

可燃混合气在燃烧过程中，汽缸内气体温度可高达 1 800 ~ 2 000℃。直接与高温气体接触的机件（如汽缸体、汽缸盖、活塞、气门等）若不及时加以冷却，则其中的运动机件将可能因受热膨胀而破坏正常间隙，或因润滑油在高温下失效而卡死；各机件也可能因高温而导致其机械强度降低，甚至损坏。因此，为保证发动机正常工作，必须对这些在高温条件下工作的机件加以冷却。

发动机的冷却必须适度。若发动机冷却不足，由于汽缸充气量减少和燃烧不正常，发动机功率下降，且发动机零件也会因润滑不良而加速磨损。但冷却过度，一方面由于热量散失过多，使转变成有用功的热量减少；另一方面由于混合气与冷汽缸壁接触，使其中原已汽化的燃油又凝结并流到曲轴箱内，不仅增加了燃油消耗，且使机油变稀而影响润滑，结果也将使发动机功率下降，磨损加剧。因此，冷却系的任务就是使工作中的发动机得到适度的冷却，从而保证在最适宜的温度范围内工作。

发动机中使高温零件的热量直接散入大气而进行冷却的一系列装置，称为风冷系；而使这些热量先传导给水，然后再散入大气而进行冷却的一系列装置，则称为水冷系。

目前在发动机上采用的冷却系大都是用水泵强制地使水（或冷却液）在冷却系统中进行循环流动的，故称为强制循环式水冷系。其一般组成及水路见图 1.21。

发动机在工作中要保持 75 ~ 85℃为宜，为保持适宜的温度，冷却水循环过程中，如果未达到该温度时，冷却水进行小循环，超过规定温度则进行大循环，如图 1.22 所示。因此，冷却水的温度是通过节温器来控制的。

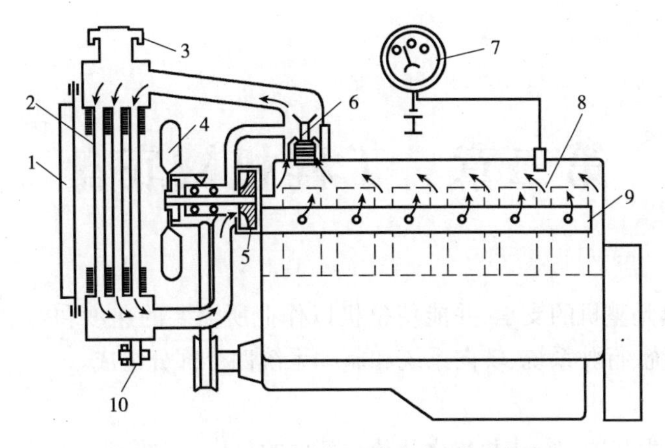

图 1.21　发动机强制循环式水冷系统示意图

1-百叶窗;2-散热器;3-散热器盖;4-风扇;5-水泵;6-节温器;7-水温表;8-水套;9-分水管;10-放水阀

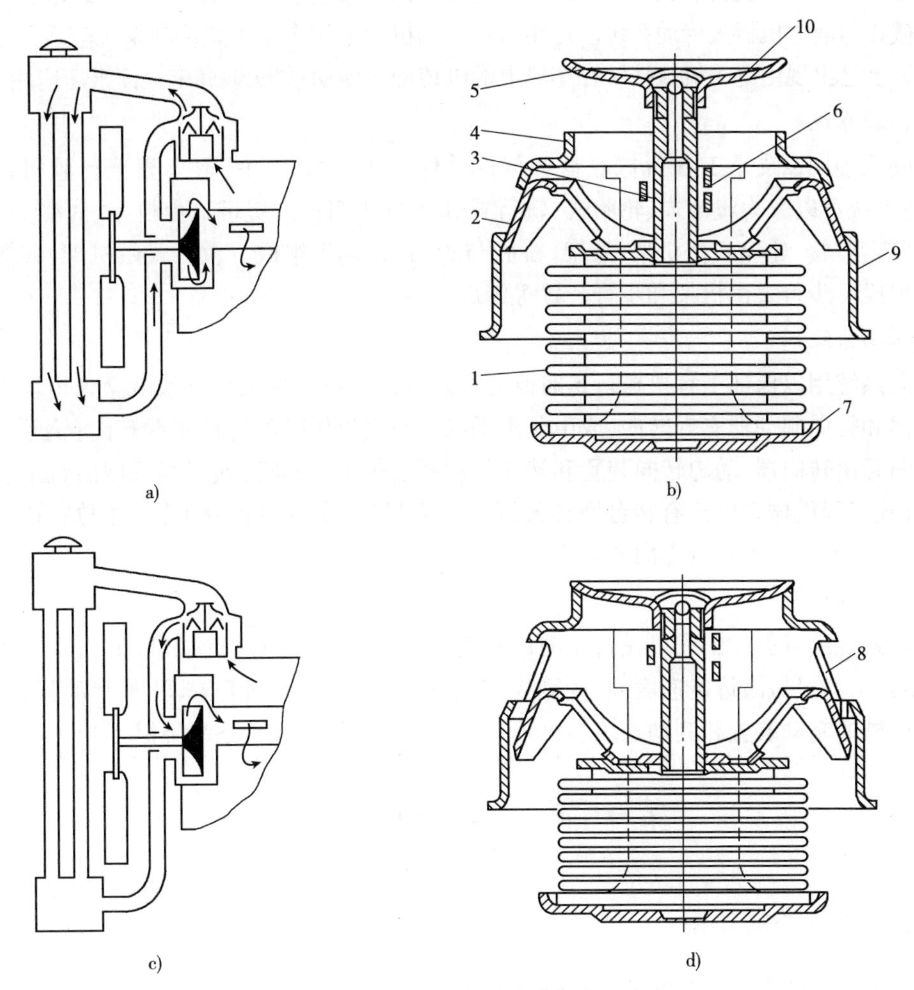

图 1.22　折叠式双阀节温器

a)、b)大循环(节温器上阀门开启,侧阀门关闭);c)、d)小循环(节温器上阀门关闭,侧阀门开启)

1-折叠式圆筒;2-侧阀门;3-杆;4-阀座;5-上阀门;6-导向支架;7-支架;8-旁通阀;9-外壳;10-通气孔

第二章　工程机械底盘

工程机械底盘是整机的支承，并能使整机以作业所需要的速度和牵引力沿规定方向行驶，一般由传动系统、行驶系统、转向系统和制动系统四个部分组成。

1. 传动系统

传动系统是动力装置和行走机构之间传动部件的总称。它将动力装置输出功率传给驱动轮，并改变动力装置的功率输出特性，以满足工程机械作业行驶要求。传动系统根据动力传动形式分为机械式、液力机械式、全液压式和电传动式四种传动系统类型。在铲土运输机械中多数为机械式与液力机械式传动系统。近年来在挖掘机上采用全液压式传动系统较多。在大型工程机械上已出现由电动机直接装在车轮上的电传动式传动系统，但尚未全面推广应用。

2. 行驶系统

行驶系统用以支承工程机械底盘各部件并保证工程机械的行驶。根据行驶机构的不同，行驶系统可以分为履带式、轮胎式、轨行式和步行式四种。履带式由机架、履带架和“四轮一带”等组成。轮胎式由机架、悬架、桥壳与轮胎、轮辋等组成。轨行式由机架、转向架和轮对等组成。步行式由机架和步行装置等组成。

3. 转向系统

转向系统用以保证工程机械行走时改变行走方向。履带式工程机械由操纵传动系中转向离合器和转向制动器实现转向，或由分别操纵左右两侧履带的传动实现转向；轮胎式工程机械转向系由转向器、动力转向装置和转向传动系统等组成；轨行式工程机械由轨道引导转向；步行式工程机械多用于有转台回转装置的工程机械，步行装置置于转台两侧，转台相对于底架回转，就可实现步行方向的改变。

4. 制动系统

制动系统用以保证工程机械行走时减速、停车。履带式工程机械由行走制动器实现制动；轮胎式工程机械因行走速度高，为确保安全，故设有行车制动装置、驻车制动装置；轨行式工程机械的制动装置和制动系统与机车车辆的制动装置和制动系统类似。

第一节　传动系统

一、传动系统的功用

工程机械的动力装置和驱动轮之间的传动部件总称为传动系统。工程机械之所以需要传动系统而不能把柴油机或汽油机与驱动轮直接相连接，是由于柴油机或汽油机的输出特性具有转矩小、转速高和转矩、转速变化范围小的特点，这与工程机械运行或作业时所需的大转矩、低速度以及转矩、速度变化范围大之间存在矛盾。为此，传动系统的功用就是将发动机的动力按需要适当降低转速、增加转矩后传到驱动轮上,使之适应工程机械运行或作业的需要。此外,传动系统还具有切断动力的功能,以满足发动机不能有载启动和作业中换挡时切断动力,以及实现机械前进与后退的要求。

二、传动系统的组成

1. 机械式传动系统的组成

图 2. 1 所示为轮胎式工程机械使用机械式传动系统的传动简图。其中主传动器、差速器和半轴(装在同一壳体内)形成一个整体,称为驱动桥。

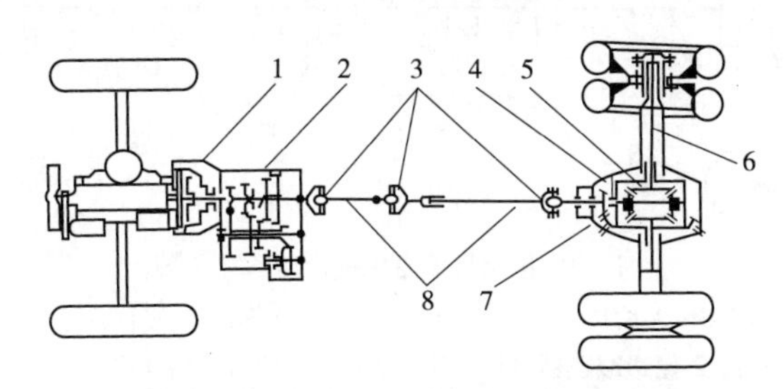

图 2. 1 轮胎式工程机械传动系统简图

1-离合器;2-变速器;3-万向节;4-驱动桥;5-差速器;6-半轴;7-主传动器;8-传动轴

图 2. 2 所示为履带式工程机械传动系统简图。

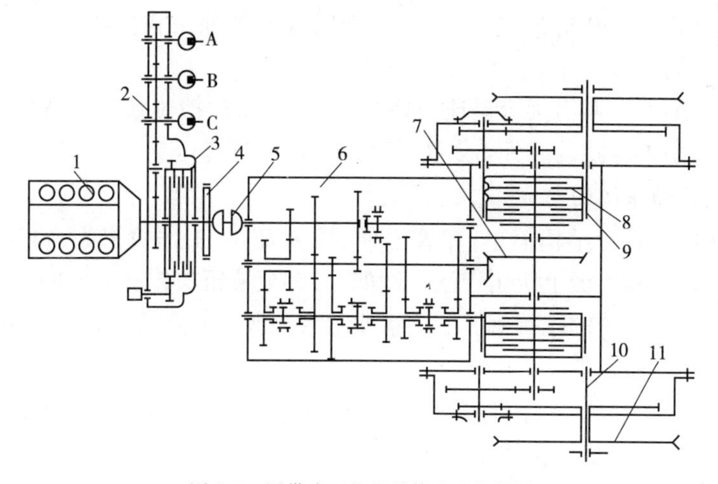

图 2. 2 履带式工程机械传动系统简图

1-内燃机;2-齿轮箱;3-主离合器;4-小制动器;5-联轴器;6-变速器;7-中央传动装置;8-转向离合器;9-转向制动器;10-终传动装置;11-驱动链轮;A-工作装置液压油泵;B-离合器液压油泵;C-转向离合器液压油泵

机械传动系统中,履带式与轮式的转向方式不同,履带式工程机械在驱动桥内设置了转向离合器,在动力传至驱动链轮之前,为进一步减速增扭,增设了终传动装置,以满足履带式机械较大牵引力的需求。

2. 液力机械式传动系统的组成

液力机械式传动系统越来越广泛地用在工程机械上。图 2. 3 所示为推土机液力机械传动系统。

这种液力机械式传动系统与机械式传动系统相比,主要有以下几个优点:

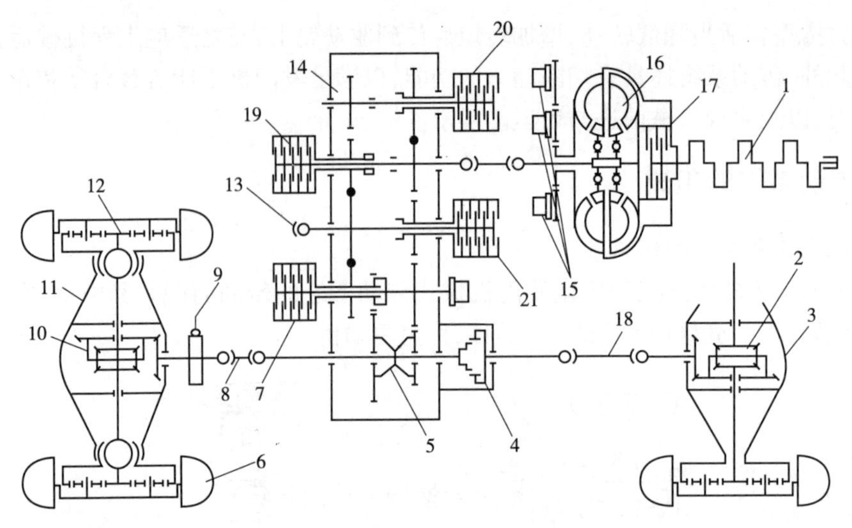

图 2.3　推土机液力机械传动系统简图

1-柴油机;2、10-差速器;3-后驱动桥;4-后桥脱开机构;5-高低挡变换器;6-车轮;7、21-变速离合器;8、18-前、后传动轴;9-手动制动器;11-前驱动桥;12-轮边减速器;13-绞盘传动轴;14-动力换挡变速器;15-油泵;16-液力变矩器;17-锁紧离合器;19、20-换向离合器

(1)能自动适应外阻力的变化,使机械能在一定范围内无级地变更其输出轴转矩与转速,当阻力增加时,则自动降低转速,增加转矩,从而提高机械的平均速度与生产率。

(2)因液力传动的工作介质是液体,所以能吸收并消除来自内燃机及外部的冲击和振动,从而提高机械的寿命。

(3)因液力装置自身具有无级调速的特点,故变速器的挡位数可以减少,并且因采用动力换挡变速器,减小了驾驶员的劳动强度,简化了机械的操纵。

3. 全液压式传动系统的组成

由于全液压传动具有结构简单、布置方便、操纵轻便、工作效率高、容易改型换代等优点,近年来,在公路工程机械上应用广泛。例如,具有全液压式传动系统的挖掘机,目前已基本取代了机械式传动系统的挖掘机。图 2.4 所示为挖掘机的全液压式传动系统简图。

4. 电传动系统的组成

由于动力装置与车轮间无刚性联系,具有方便总体布置和维修、无级变速、功率利用率好等优点,所以电传动系统在大型和重型机械中广泛应用。电传动系统主要由发电机、电动机、控制器等组成,如图 2.5 所示。

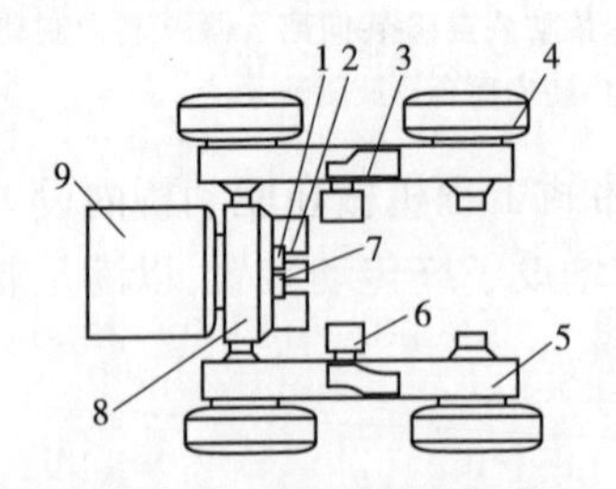

图 2.4　全液压式传动系统简图

1-辅助齿轮泵;2-柱塞泵;3-齿轮箱;4-行走轮;5-减速器;6-柱塞式液压马达;7-液压泵;8-分动箱;9-柴油机

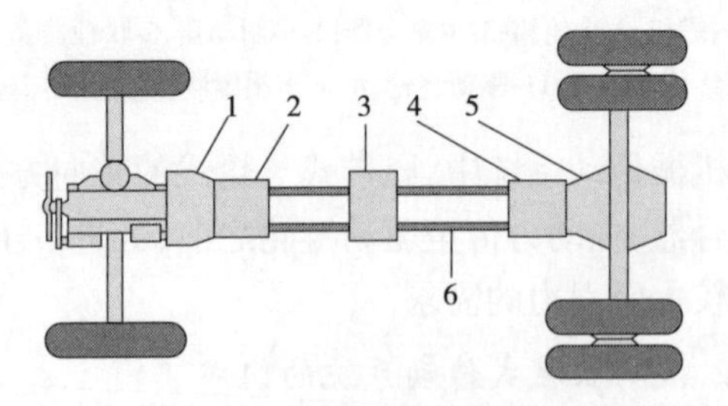

图 2.5　电传动系统简图

1-离合器;2-发电机;3-控制器;4-电动机;5-驱动桥;6-导线

电传动是由发动机驱动发电机发电,再由电动机驱动驱动桥或由电动机直接驱动带有减速器的驱动轮完成动力传动。

三、主离合器

离合器的作用是按工作需要随时将两轴连接或分开。按其安装位置的不同,可分为主离合器和分离合器两种。主离合器安装在发动机和变速器之间的飞轮上,它是传动系力流的枢纽,其主要用途是临时切断动力,使变速器能顺利挂挡和换挡。

离合器按主、从动元件接合情况的不同,可分为凸爪式、齿轮式、摩擦式和液力式四种。

1. 凸爪式离合器

凸爪式离合器又称牙嵌式离合器,当离合器啮合时,连接两轴而传递动力;而当离合器分离时,分开两轴而切断动力(图2.6)。这种离合器大多用于转速不高且不经常进行离合动作之处,常用于分离合器。

2. 齿轮式离合器

图2.7为齿轮式离合器。这种离合器通常用于变速器的换挡齿轮上,一般称为啮合套或同步器。汽车变速器换挡采用这种同步器。

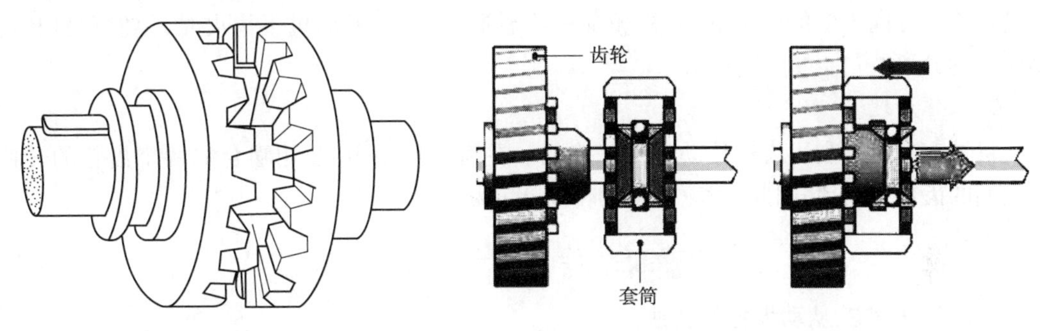

图2.6　凸爪式离合器　　　　图2.7　齿轮式离合器

上述两种离合器的缺点:接合动作应在两轴同时不回转或两轴的转速差很小时才能进行,并在接合时会产生冲击。

3. 摩擦式离合器

摩擦式离合器是通过传动件的摩擦力来连接两轴的,接合动作平稳,同时可以在两轴不停转和不减速的情况下进行接合或分离动作。因此,在传动中使用较广泛。在施工机械上使用较普遍的摩擦式离合器有单片式和多片式两种。

1)单片式摩擦离合器

单片式摩擦离合器多用作主离合器,它是连接于发动机的第一道传动装置,如图2.8所示。

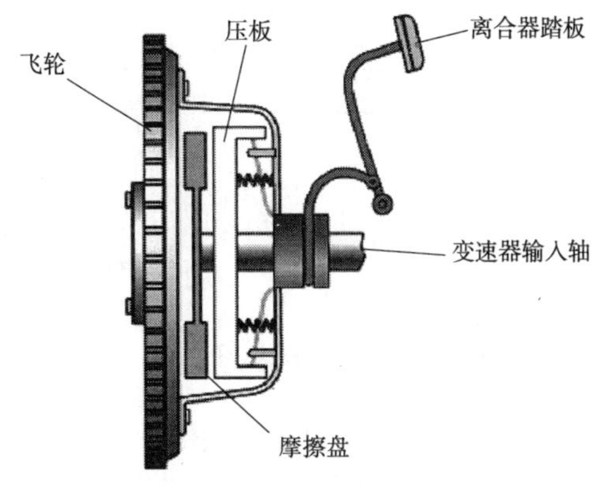

图2.8　单片式摩擦离合器工作原理

2)多片式摩擦离合器

多片式摩擦离合器由数量较多的摩擦片

和钢片组成,由于摩擦面较多,故传递的转矩较大。履带式拖拉机上所使用的转向离合器就属于这种类型的离合器,如图 2.9 所示。

图 2.9　多片式摩擦离合器

四、机械变速器

1. 作用

变速器的主要作用是改变机械的牵引力和行驶速度,以适应其外界负荷变化的要求;在发动机旋转方向不变的情况下,使机械前进或后退行驶;在发动机不熄火时,使发动机和传动系保持分离。

2. 工作原理

机械变速器是利用齿轮传动进行工作的。在齿轮传动中,互相啮合的两个齿轮的转速与它们的齿数成反比,因此,齿轮传动的传动比 i 为:

$$i=\frac{n_1}{n_2}=\frac{z_2}{z_1} \tag{2.1}$$

式中:n_1、n_2——主、从动齿轮的转速;

z_1、z_2——主、从动齿轮的齿数。

为了增加齿轮传动的传动比,通常采用多级齿轮传动。在多级齿轮传动中,其总传动比等于各从动齿轮齿数的连乘积和各主动齿轮齿数的连乘积之比。这是多级齿轮传动中的一个基本概念,它适用于任何级的齿轮传动。

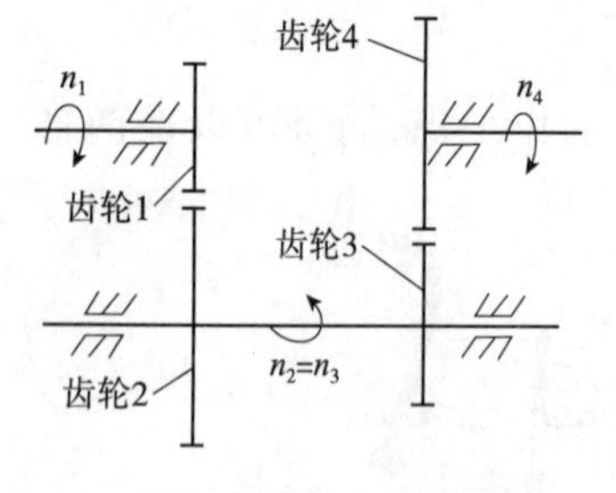

图 2.10　两级齿轮传动

如图 2.10 所示的两级齿轮传动中,其总传动比 i 为:

$$i=\frac{z_2\cdot z_4}{z_1\cdot z_3} \tag{2.2}$$

在齿轮传动中,所传递的转矩是随着传动比的增大而提高,而转速则是随着传动比的增大而降低。变速器工作时,利用齿数不同的齿轮啮合,来改变其传动比,从而达到变速和变矩的目的,这就是变速器工作的基本原理。

五、液力机械变速系统

液力机械传动相对于机械传动系统,具有如下优点:

(1)变矩器输出转速和转矩范围广,操作简单。

(2)发动机不易熄火。

(3)变速器结构简单。

(4)吸收和减少振动及冲击,故起停平稳,工作舒适。

(5)随着外界负荷的变化,可以自动调节其转矩。

目前使用较多的液力传动元件有液力耦合器和液力变矩器两种。

1. 液力耦合器

液力耦合器是由固定在主动轴上的泵轮(主动轮)和固定在从动轴上的涡轮(从动轮)两大部分组成(图2.11)。两轮成碗状,其径向排列有许多叶片,两轮面对面地连接安装,并有3~4mm的间隙。液力耦合器的基本工作原理如下:

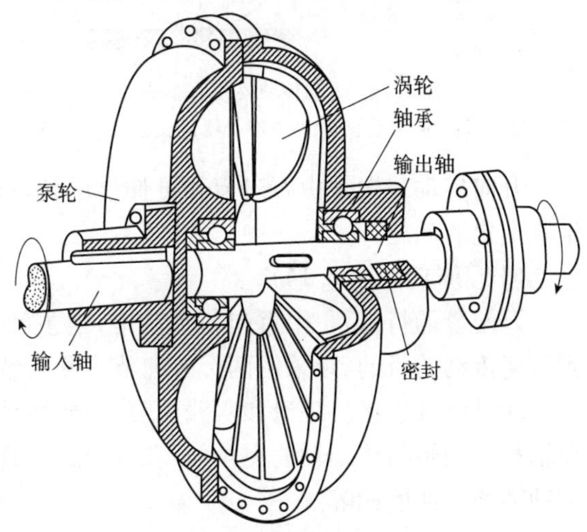

图2.11　液力耦合器

当主动轴带着泵轮旋转时,充满在泵轮内的工作液体随泵轮一起旋转,并在离心力的作用下,沿叶片之间的通道流向外缘,再由外缘流入涡轮中,冲击涡轮的叶片使涡轮带动从动轴一起旋转。

液力耦合器只能用来传递转矩,不能改变转矩的大小,故目前施工机械的传动系中应用很少。

2. 液力变矩器

液力变矩器就是在液力耦合器的泵轮与涡轮之间另外增加一个固定不动的导向轮,由三个轮的内腔共同构成一个液体循环路线(图2.12)。

液力变矩器工作时,工作液在三个轮内作环形运动。在环形运动中,由于导向轮的影响,使涡轮输出的转矩大于泵轮输入的转矩,以实现变矩作用。涡轮的总转矩等于泵轮转矩和导向轮反作用转矩之和。液力变矩器输出的转矩与输入的转矩之比称为变矩系数,通常用K来表示。

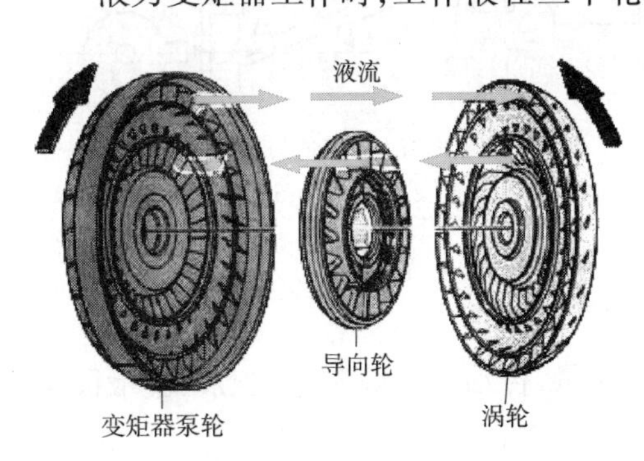

图2.12　液力变矩器简图

$$K = \frac{M_w}{M_b} \tag{2.3}$$

式中:K——液力变矩器变矩系数;

M_w——涡轮的转矩;

M_b——泵轮的转矩。

目前使用的液力变矩器的变矩系数通常为3。变矩器适用于转速低而转矩大的施工机械的传动系中。

六、驱动桥

驱动桥由万向传动装置、主传动器、差速器和半轴等组成。

1. 万向传动装置

1)万向传动装置的作用及组成

变速器都被固定在车架上。主传动器的后桥是通过钢板弹簧与车架连接的(图 2.13)。变速器 1 的第二轴与主传动器 3 主动轴不在同一轴线上,而有一定的交角,由于钢板弹簧的弹性变形,这个交角及变速器与主传动器之间的距离还要经常变化。如果变速器与主传动器之间用一根整体轴刚性连接,显然是不行的。因此,必须采用万向传动装置。

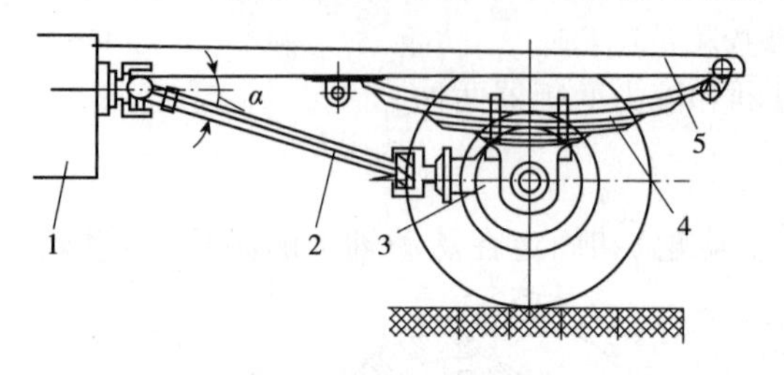

图 2.13 万向传动装置示意图

1-变速器;2-万向传动装置;3-主传动器;4-后悬架;5-车架

2)万向传动装置的构造及工作原理

万向传动装置是由万向节和可伸缩的传动轴组成。前者解决角变化的问题,后者解决轴距变化的问题。

(1)万向节(图 2.14)

万向节的特点:一个万向节传动中,当主动叉等速旋转时,从动叉是不等速的。为了达到等速传动的目的,可采用两个万向节串联安装(图 2.15)的方法,在两个万向节 2 和 3 之间用传动轴将其连接。理论和实践证明:只要传动轴两端的万向节叉位于同一个平面,并且主动轴和从动轴与传动轴的夹角 α_1 和 α_2 相等,那么经过两个万向节传动就可以使从动轴和主动轴的角速度相等。

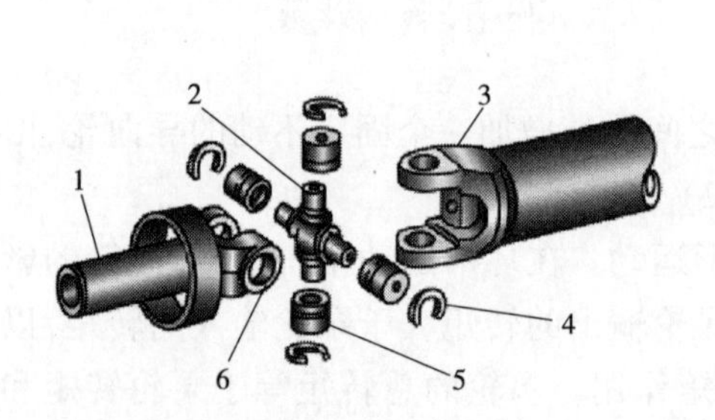

图 2.14 万向节结构图

1-套筒;2-十字轴;3-传动轴叉;4-卡环;5-轴承外圈;6-套筒叉

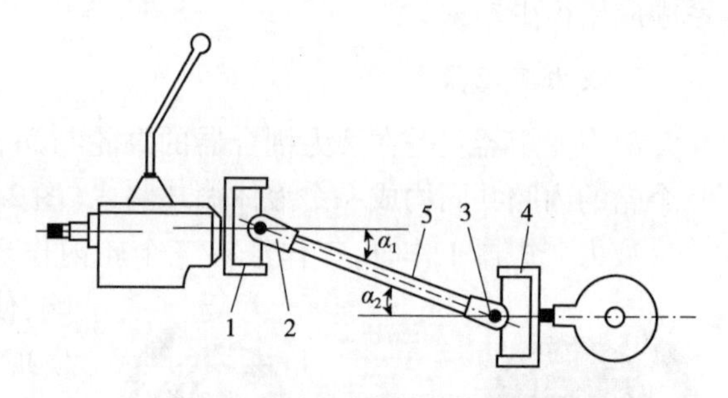

图 2.15 双向万向节等速传动布置图

1、3-主动叉;2、4-从动叉;5-传动轴

(2)传动轴

传动轴是一根转速相当高的长轴。为了减轻其质量,传动轴一般制成空心的。最简单的传动轴总成是由一根可伸缩的传动轴和两个万向节组成(图 2.16)。

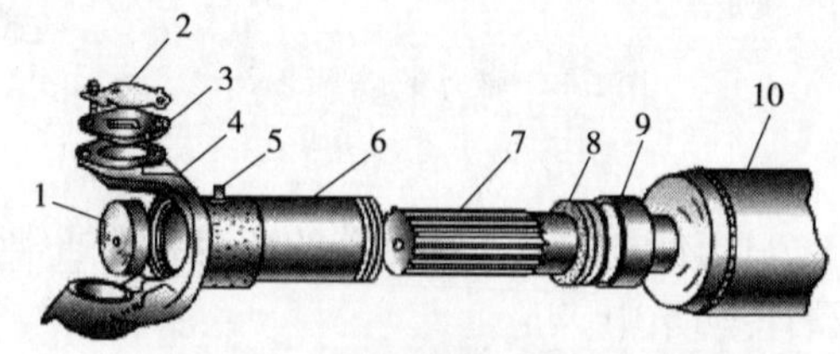

图 2.16 工程机械的传动轴总成

1-盖子;2-盖板;3-盖垫;4-万向节叉;5-加油嘴;6-伸缩套;7-滑动花键套;8-油封;9-油封盖;10-传动轴管

2. 主传动器

主传动器的作用是降低转速、增大转矩(即传动比)及改变旋转轴线的方向。

由万向传动装置输入驱动桥(图 2.17)的动力,首先传给主传动器,然后经差速器分配给左、右两根半轴,最终传至轮毂,使安装在轮毂上的驱动轮行驶。主传动器的结构如图 2.18 所示。

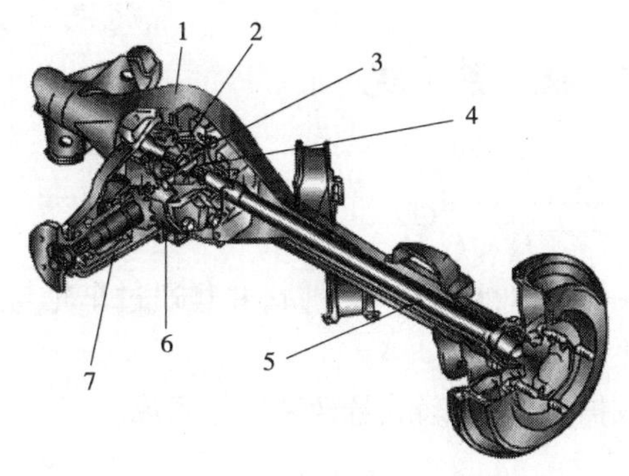

图 2.17 驱动桥示意图

1-桥壳;2-差速器壳;3-行星齿轮;4-半轴齿轮;5-半轴;

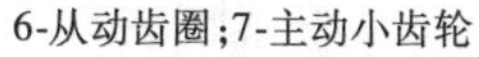
6-从动齿圈;7-主动小齿轮

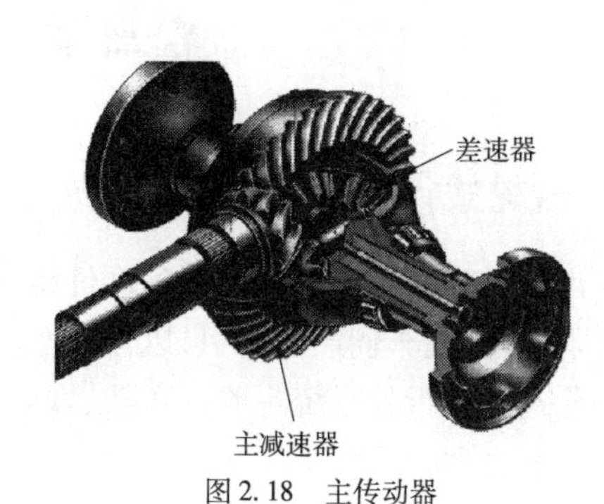

图 2.18 主传动器

3. 差速器

1)差速器的作用

轮式机械在行驶过程中,经常需要使左、右两侧驱动轮以不同的速度旋转。例如在转弯时,同一时间内,外侧车轮所滚动的距离要比内侧车轮大。若两侧的驱动轮固定在一根轴上,则由于两轮的旋转速度相同,行驶的距离必然相等,这就不可避免地要引起车轮在路面上的滑动。这样就会使轮胎的磨损加剧,转向困难,燃料消耗增加。

另外,当轮式机械在不平的道路上行驶,或左、右驱动轮因气压不等、磨损程度不同以及负荷不等时,也会发生类似的车轮滑移现象。

为了消除滑移现象,必须要在轮式机械左、右驱动轮两根半轴之间安装差速器。

差速器的作用是向两半轴传递相同的转矩,并允许两半轴以不同的转速旋转。

2)差速器的构造

目前应用最多的差速器是锥形行星齿轮式差速器(图 2.19),差速器壳 2、8 用螺栓 10 与主传动器从动锥形齿轮 7 连接成一体,差速器壳 2、8 内装有行星齿轮 6(两个或四个)、行星齿轮轴 9、半轴齿轮 4,它们可以随差速器壳 2、8 一起旋转。行星齿轮 6 与左右两个半轴齿轮 4 啮合,而半轴齿轮 4 则分别安装在左右半轴的花键部位上。

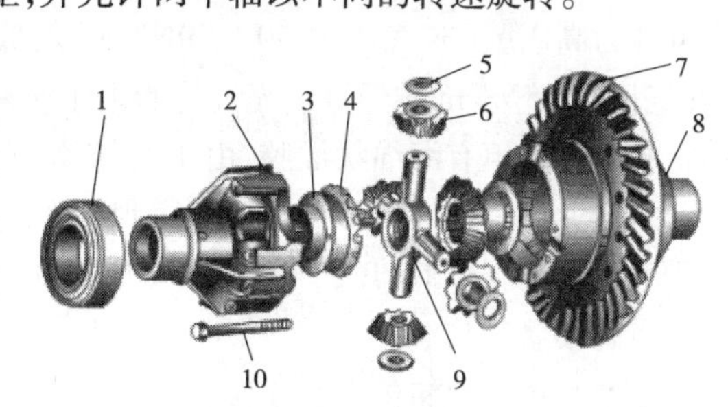

图 2.19 锥形行星齿轮式差速器

1-轴承;2、8-差速器壳;3、5-调整垫片;4-半轴齿轮;6-行星齿轮;7-从动锥形齿轮;9-行星齿轮轴;10-螺栓

3)差速器的工作原理

(1)当轮式机械沿平路直线行驶时,两驱动轮在同一时间内驶过相同的路程。这时,差速器壳 2、8 与两个半轴齿轮 4 以及两驱动车轮同速旋转。

(2)当机械转弯时,内侧的驱动车轮阻力较大,因而与其相连的半轴齿轮 4 就旋转得比差速器壳 2、8 慢。这时行星齿轮 6 不但随差速器壳 2、8 作圆周运动(公转),而且还绕其自身的行星齿轮轴 9 转动(自转),于是就加速了另一个半轴齿轮 4 的转速,从而使两侧的驱动轮转速不等(外侧大于内侧),保证了机械的顺利转弯。

(3)当一侧的驱动轮由于附着力不足而打滑时,它就飞快空转,另一侧的驱动轮就停转,这时机械便停驶。打滑一侧的半轴齿轮其转速为差速器壳2、8转速的两倍。

第二节　行驶系统

一、轮式行驶系统

行驶系统的功用是将车辆各部件组合成一个整体,承担车辆重量,并且通过车轮与路面间的附着力,使车辆产生牵引,以保证车辆正常行驶。

轮式车辆行驶系统一般由车架、驾驶室(或护顶架)、车轮、悬架装置等组成。

1. 车架、驾驶室

车架是全车的装配基体,它将车辆各相关总成连接成一个整体。工厂企业常用的起重运输车辆和各类工程机械的车架,一般都由型钢和板材经铆焊而成,有些车辆还装有铸铁等组成的平衡块。

驾驶室对驾驶员起重要的安全保护作用。

2. 车轮

车轮是轮式车辆行驶系中的重要部件,其功用是支承整车重量,缓和路面传来的冲击力,并通过它与路面的附着力来产生驱动力和制动力。

车轮由轮毂、轮辋和轮胎构成。

轮毂常用铸钢、锻钢或球墨铸铁等材料制成,用以安装轮辋,并通过半轴将轮胎与传动系联系起来。轮辋俗称钢圈,起轮胎支承架的作用。

机动车辆轮胎由橡胶制成,橡胶中间夹有棉线、尼龙线或钢丝编织成的帘布,以增加强度。轮胎从构造上可分为充气轮胎、实心轮胎和半实心轮胎三类。充气轮胎按充气压力大小可分为高压胎(充气压力50~70N/cm^2)、低压胎(充气压力15~45N/cm^2)及超低压胎(充气压力15N/cm^{2}以下)。充气轮胎由于缓冲性能好,在机动车辆上得到广泛应用。半实心轮胎内部充填有海绵状橡胶,由于有较高的承载能力,不怕扎且有相当弹性,因而在某些特殊的作业场所工作的工程机械上得到相当广的应用。至于实心轮胎,由于缓冲性能较差,一般应用在速度较低的机动车辆或人力车辆上。

3. 悬架装置

车架与车桥之间传力的连接装置总称为悬架装置。它的功用是把路面作用于车轮上的力传到车架上,以保证车辆正常行驶。

机动车辆悬架装置有刚性和弹性两类。对叉车、装载机等低速作业车辆,一般都采用刚性连接的悬架结构,而对于以运输作业为主的汽车等速度较高的车辆,一般都采用弹性悬架装置。

二、履带式行驶系统

行走部分一般由“四轮一带”和车架等组成。

行驶装置按其与机架的连接方式不同,可分为单台车架式和多台车架式两种。

单台车架式行驶装置的支重轮、托带轮、导向轮和履带都安装在一个车架上,构成一个大履带台车。工业用履带推土机多采用这种形式,如T100、T120和TY180推土机等。

多台车架式行驶装置,系将支重轮成对地分别装在几个台车架上,然后同其他各轮和张紧装置一起再分别装在机架上。如 T60 推土机每侧有两架台车。

T60 推土机的多台车架,当一支重轮遇障碍时,该轮可以抬高而压缩弹簧,遇小障碍时,轮轴高低位置可以不变,以保证机体平稳行驶。

履带式行驶装置的功用是支承机件、张紧并引导履带的运动方向,以及保证履带式机械的行驶。

1. 车架

车架有全梁架式和半梁架式。全梁架式是一种完整的框架,一般用槽钢为主体的箱形断面作纵梁,以 U 形和 L 形横板连接成矩形框架。一部分是梁架,另一部分是传动系壳体所组成的车架,叫半梁式车架。

履带式悬架有刚性、半刚性和弹性三种。机体与支重轮完全刚性连接的,称刚性悬架;机体重量全部经弹性元件传递给支重轮的叫弹性悬架;部分重量经弹性元件和刚性元件传递给支重轮的叫半刚性悬架。

2. 履带

履带用以将机械的重量传给地面,并保证机械发出足够的驱动力。履带经常在泥水中工作,条件恶劣,极易磨损,因此除了要求它有良好的附着性能外,还要求它有足够的强度、刚度和耐磨性,重量应尽可能轻。每条履带都由几十块履带板组成。

由几部分零件组合而成的履带板,通常叫做组合式履带板;由高锰钢整块铸成的履带板,通常叫做整体式履带板,如图 2.20 所示。

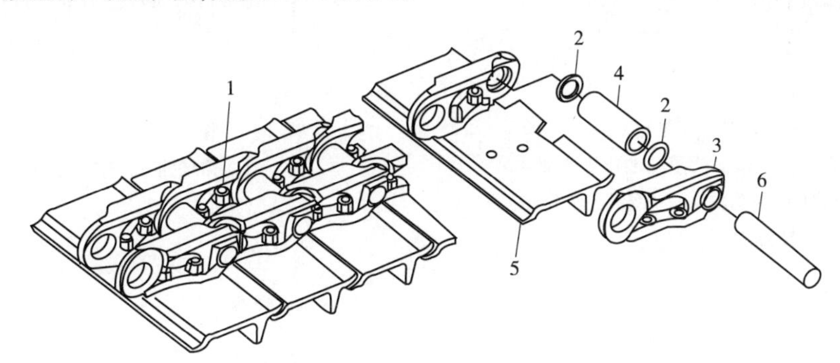

图 2.20　180 马力推土机的履带

1-履带螺栓;2-防尘圈;3-轨链节;4-销套;5-履带板;6-履带销

注:1 马力 = 735.499 瓦(W)

3. 驱动轮

驱动轮用来卷绕履带,以保证机械行驶,它安装在最终传动的主动轴或主动轮毂上。典型结构的履带式机械,驱动轮一般都位于机械的后部。

驱动轮一般用中碳钢铸成(如 40 号铸钢),经过热处理齿面布氏硬度(HB)达 300 ~ 400 或更高一些,热处理后齿面不再加工。它与履带的啮合有两种方式。一种是驱动轮轮齿与履带板的节销进行啮合,叫作节销式啮合。另一种啮合方式为节齿式啮合,即驱动轮轮齿与履带板上的节齿啮合,挖掘起重机械多采用这种节齿啮合式,由于土方工程机械工作条件差,驱动轮的轮齿磨损很快。当磨损超过限度需要更换时,必须拆开履带、取下驱动轮才能更换,这种拆装工序在工地是很难进行的。也有驱动轮采用拼合式驱动轮轮圈,拆装工作就简便得多。

同样,履带销和销套之间,由于是干摩擦,其间又落入很多尘土,磨损也是很快的。过去认为这一对运动副是无法润滑的。随着密封装置的不断改进,美国研究成功了密封润滑式履带,并已被应用。实践表明,它除了延长履带运动副的寿命外,还显著减少了履带噪声。

4. 支重轮

支重轮用来支承机械的重量,同时在履带的导轨(轨链节)或履带板面上滚动;它还用来限制履带,防止横向滑脱。当机械转向时支重轮迫使履带在地面上滑移。

支重轮常在泥水尘土中工作,且承受强烈冲击,因此要求它密封可靠、轮圈耐磨。

180 马力履带式推土机每侧有 6 个支重轮,如图 2. 21 所示。支重轮一般由含锰中碳钢(如 50Mn)铸成,加工后进行火焰表面淬火,表面硬度不得低于 HRC50。

5. 托带轮

托带轮用来托住履带的上方部分,防止履带下垂过大,减少履带运动时的振跳现象和防止履带侧向滑落。

托带轮的个数一般每边两个。它与支重轮相比,受力较小,工作条件较好,所以结构比较简单,尺寸较小,对材质等要求也较低,如图 2. 22 所示。

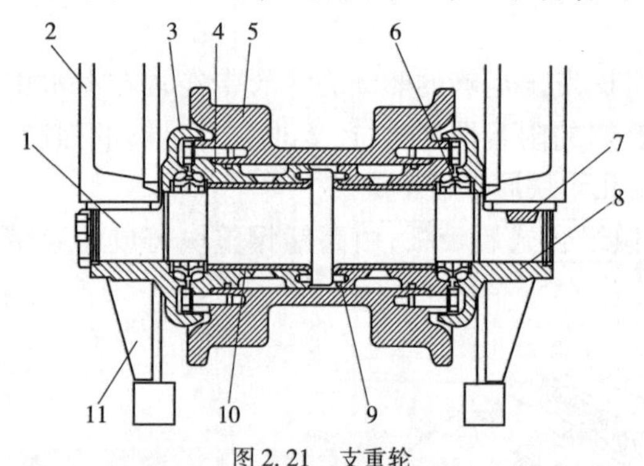

图 2. 21　支重轮

1-支重轮;2-台车架;3、8-支重轮轴托架;4-轴承座;5-支重轮轮圈;6-浮动轴封;7-定位键;9-定位销;10-轴瓦;11-引导器

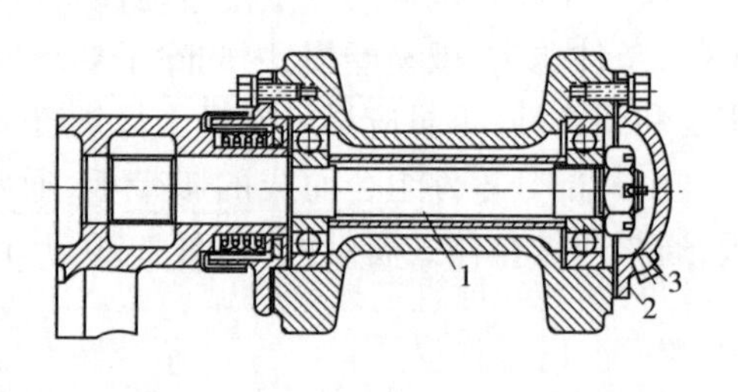

图 2. 22　托带轮

1-托带轮轴;2-盖;3-油塞

6. 张紧装置

张紧装置的作用是使履带保持合适的张紧度,从而可以减少履带运动中的振跳现象。履带的振跳会导致冲击载荷额外地消耗功率,加快履带销和销孔间的磨损。履带张紧后,还可以防止在工作过程中脱落。

导向轮的功用除了引导履带正确、均匀卷绕之外,它还是张紧装置的组成部分,如图 2. 23 所示。

在结构上,通过调节张紧螺杆 13 的工作长度可以使导向轮随着拐轴 25 的摆动而前后移动。这样,根据需要,它可以使导向轮前移而使履带张紧,又可以使它后移

图 2. 23　导向轮和张紧装置

1-轮毂;2-密封护罩;3-防护罩;4-挡泥板;5-插入耳环;6-成形叉;7-车架前梁;8-润滑脂嘴;9-张紧弹簧;10-支承压圈;11、24-螺母;12-张紧装置调整螺母;13-张紧螺杆;14-顶架;15-密封套;16-密封壳;17-圆锥滚柱轴承;18-油孔螺塞;19-轮盖;20-平垫圈;21-锁紧垫片;22-螺塞;23-导向轮缘;25-拐轴

放松履带而便于拆装履带。

当导向轮前方遇到障碍或履带与驱动轮之间卡入石块等硬物而使履带张紧时,导向轮又可以通过拐轴25迫使张紧弹簧9压缩而后移,从而起缓冲作用。

常见张紧装置还有滑块式、液压调整滑块式张紧装置等。

第三节　转　向　系　统

一、轮式转向系统

机动车在行驶过程中,经常需要改变行驶方向,因而机动车辆均设置有一套为改变车辆行驶方向并便于驾驶员操纵的机构,这就是车辆的转向系统。转向系统由转向操纵系统和转向梯形机构组成。

1. 轮式车辆转向方式

轮式车辆转向方式大致有以下几种:

(1)偏转车轮转向。转向时,转向轮绕主销转动一个角度,依靠转向轮的偏转达到车辆(例如,汽车、叉车)转向目的的转向方式称为偏转车轮转向。

(2)铰接转向。有些车辆车架分前后两段,中间铰接,使前后两段车架产生角位移而产生转向的转向方式称为铰接转向。装载机的转向方式即为铰接转向。

(3)差速转向。有些小型工程机械依靠改变左、右侧车轮的转速及其转动方向来改变行驶方向,其转向原理与履带机械相似。随着控制技术的进步,出现一些左、右驱动轮单独驱动的车辆,使用这样的转向方式可以简化底盘并获得较小的转弯半径。

2. 转向操纵机构

车辆转向操纵机构可分为机械式转向操纵机构和动力转向操纵机构两大类。

机械式转向操纵机构由方向盘、机械式转向器、转向器垂臂和纵向拉杆等组成,结构见图2.24。由于机械式转向操纵系统全靠驾驶员体力操作,故驾驶员劳动强度较大,在重型车辆上,更是如此。

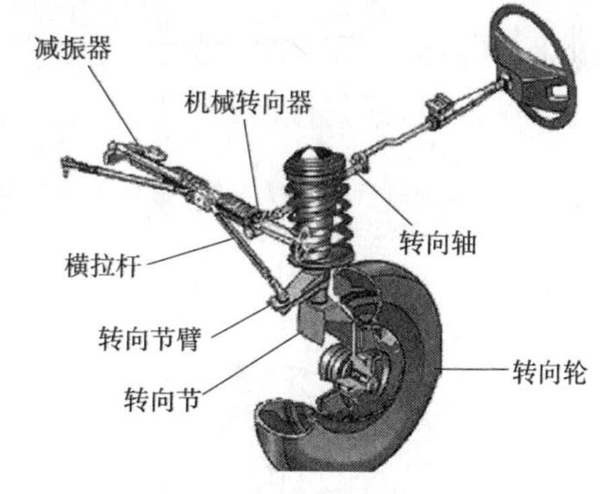

图2.24　机械式转向操纵机构

机械式转向器的结构形式很多,常用的有球面蜗杆滚轮式、蜗杆曲柄销式、循环球式、蜗杆蜗轮式等,结构分别见图2.25～图2.27。

动力转向操纵机构与机械式转向操纵机构不同之处在于推动转向轮偏转或车架偏转的元件不是机械式转向器和一套杠杆传力系统,而是液压油缸;转向动力源不是驾驶员的体力,而是由发动机或其他动力带动的油泵输出的压力油;而液压转向器只起液压阀的作用,因而结构上两者之间有较大差别。

动力转向的转向器,目前常用如图2.28所示的转阀式全液压转向器。它实际上是一只带有行星摆线针齿轮马达(图2.29)的转阀。

在发动机正常工作时,摆线马达起计量作用(控制转向缸供油量);在发动机熄火转向时,它又成了起计量作用的手动泵,转动方向盘,能将工作油按一定规律泵入转向油缸,推动转向轮偏转。

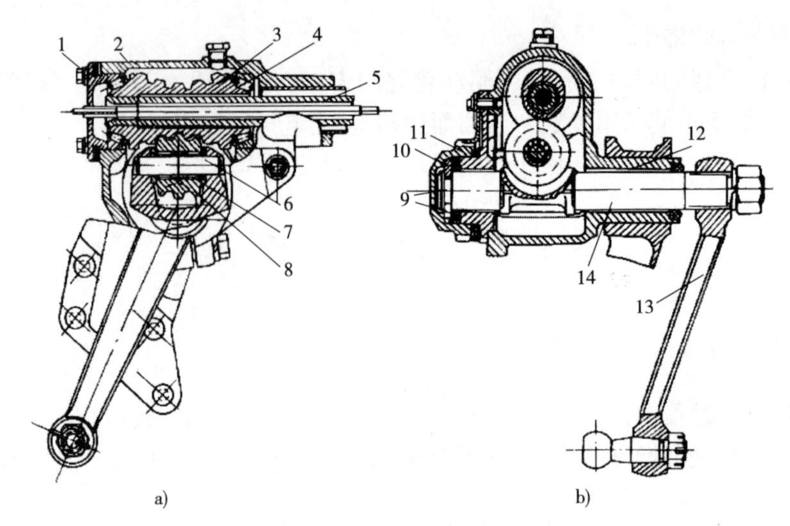

图 2.25　球面蜗杆滚轮式转向器

1-下盖;2-壳体;3-球面蜗杆;4-锥轴承;5-转向轴;6-滚轮轴;7-滚针;8-三齿滚轮;9-调整垫片;10-U 形垫圈;11-螺母;12-铜套;13-摇臂;14-摇臂轴

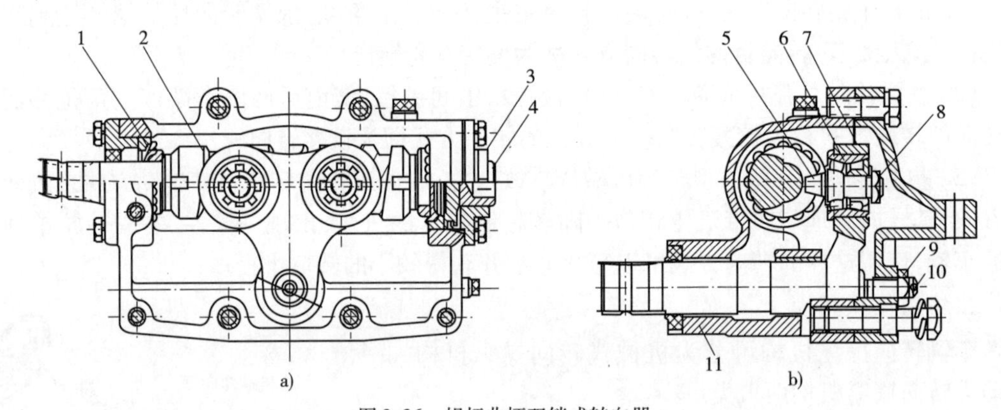

图 2.26　蜗杆曲柄双销式转向器

1-球轴承;2-蜗杆;3、8、9-螺母;4-调整螺塞;5-销;6-双列圆锥滚子轴承;7-曲柄;10-调整螺钉;11-衬套

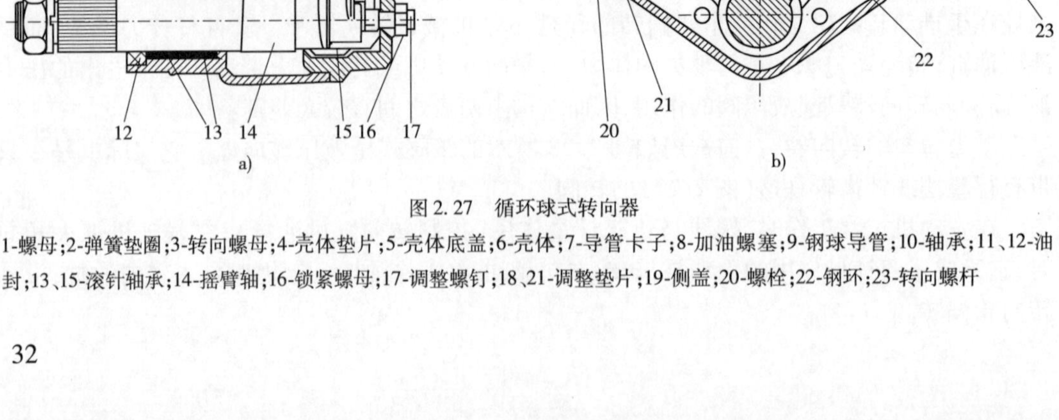

图 2.27　循环球式转向器

1-螺母;2-弹簧垫圈;3-转向螺母;4-壳体垫片;5-壳体底盖;6-壳体;7-导管卡子;8-加油螺塞;9-钢球导管;10-轴承;11、12-油封;13、15-滚针轴承;14-摇臂轴;16-锁紧螺母;17-调整螺钉;18、21-调整垫片;19-侧盖;20-螺栓;22-钢环;23-转向螺杆

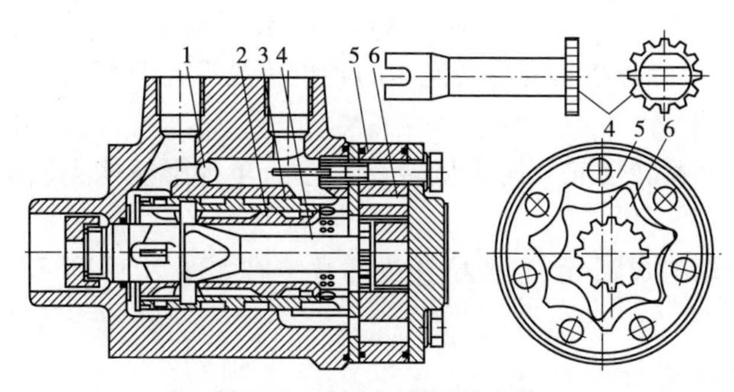

图 2.28　转阀式全液压转向器

1-单向阀;2-阀芯;3-阀套;4-万向轴;5-定子;6-转子

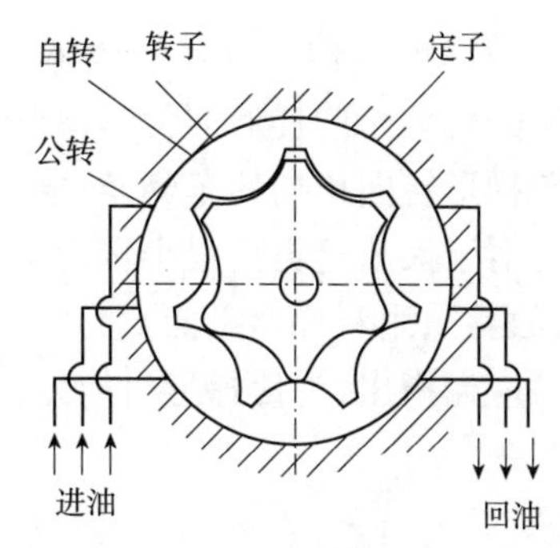

图 2.29　行星摆线针齿轮马达作用原理

3. 转向梯形机构

车轮在地面上滚动时要比在地面上滑动时磨损小,为此,车辆转弯时各车轮应尽量接近纯滚动而不出现滑动。为达到此目的,所有过车轮中心线的作用力垂线必须交于一点,并且使内外转向轮偏转的角度符合如下几何关系(图 2.30)。

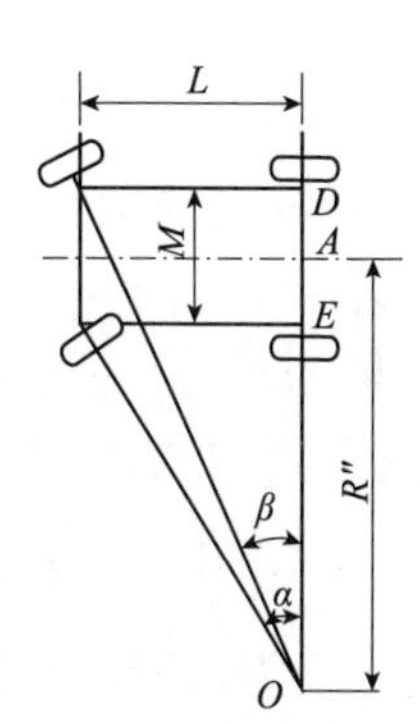

图 2.30　内外转向轮偏转的角度

$$\cot\beta - \cot\alpha = \frac{M}{L} \tag{2.4}$$

机械上,在轮距和前后轴距确定以后,能始终保证转向时内、外转向轮偏转角符合上述几何关系的结构,称之为转向梯形机构。车辆的转向梯形机构,一般分为单梯形机构和双梯形机构两种。

梯形机构示意图如图 2.31 和图 2.32 所示。

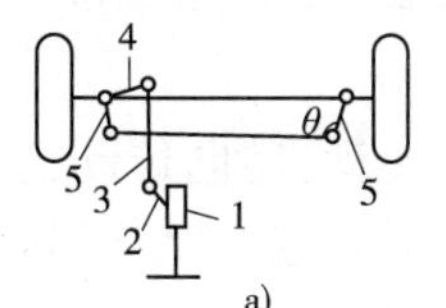

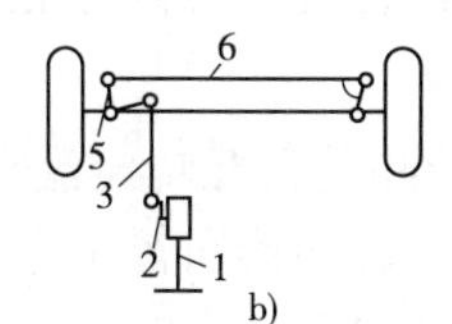

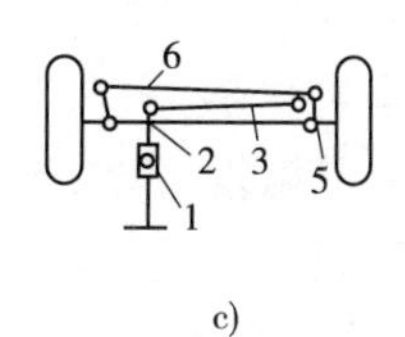

图 2.31　转向单梯形机构

a)后置式;b)前置式;c)横向摆动式

1-转向器;2-转向摇臂;3-转向直拉杆;4-转向节臂;5-转向梯形臂;6-转向横拉杆

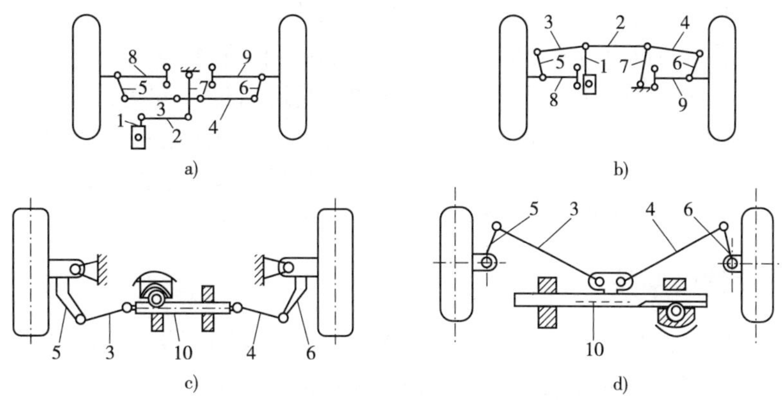

图 2.32　转向双梯形机构

a)内置式循环球式转向器;b)外置式循环球式转向器;c)、d)齿轮齿条式转向器

1-转向摇臂;2-转向直拉杆;3-左转向横拉杆;4-右转向横拉杆;5-左梯形臂;6-右梯形臂;7-摇杆;8-悬架左摆臂;9-悬架右摆臂;10-齿轮齿条式转向器

单梯形机构是以转向桥体作固定杆件,加上两个转向节臂(梯形臂)和横拉杆构成的。常见的机械转向梯形即为单梯形机构。单梯形机构允许转向轮的转角一般不大于45°,故使用单梯形转向机构的车辆,转弯半径较大。

对于叉车这类需很小转弯半径的车辆,转向轮有时需偏转80°左右,单梯形机构无法满足,故常采用双梯形机构。

应当指出,为使梯形机构元件在转动时灵活无卡滞,拉杆头部常装有如图2.33所示的球头销。

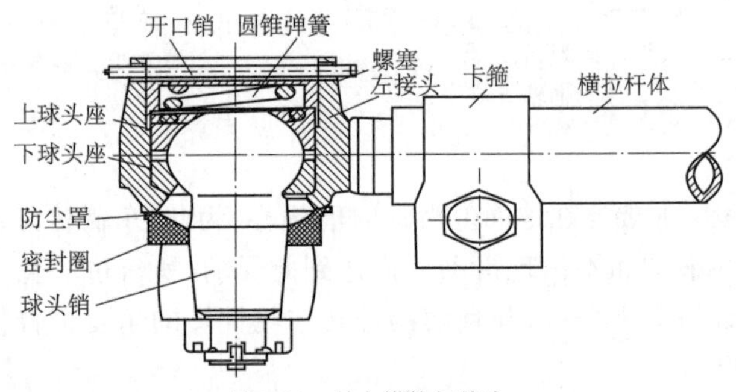

图2.33　转向横拉杆接头

4. 转向轮定位

为保证机动车辆稳定地直线行驶,应使转向轮具有自动回正的作用。就是当转向轮偶然遇到外力作用发生偏转时,在外力消失后能自动回到直线行驶位置。为达到这个要求,对像汽车这样前轮转向的车辆,通常采用使转向主销既有小小的后倾角,又带一点内倾;而转向轮胎则有一点外倾和前束。这些措施统称为转向轮定位。

5. 转向盘自由行程

从转向操纵灵敏性考虑,当然最好是只要转向盘刚一转动,转向传动机构就立即响应,转向轮马上能够偏转。但实际上由于转向器和转向传动机构中各传力零件间存在着装配间隙,并且随着零件的磨损,该间隙会逐渐增大。另一方面,转向系各零件因受力而产生弹性变形,也将使转向轮偏转稍滞后于转向盘转动。事实上,如果转向盘一动,转向轮立即响应的话也易引起驾驶员精神高度紧张,故"立即响应"也未必是最好的。为此,一般轮式车辆转向盘都会有一定的空行程。转向盘的这一空转角度,称之为自由行程。

转向盘具有适当的自由行程,对缓和反冲、使操纵柔和、避免驾驶员过度紧张是有利的。一般规定转向盘从相当于车辆直线行驶时的中间位置,向任一方向的自由行程应不超过10°~15°。当磨损严重,转向盘自由行程超过25°~30°时,则必须进行调整。

调整转向盘自由行程,主要是调整转向器传动副的啮合间隙。此外,还必须检查转向传动机构各结点磨损情况。如发现球头销有损坏,必须及时更换。

二、履带式转向系统

履带式机械的转向方式和轮胎式机械不同,它不是靠行走机构相对于机体的偏转来实现转向,而是靠转向离合器的分离与结合来改变两侧驱动轮上的驱动力矩来实现转向的。

当机械直线行驶时,两个转向离合器处于完全接合的状态,于是均等地向左、右两侧的驱动轮传递转矩;当向一侧转向时,将该侧的转向离合器彻底分离,即切断该侧的动力输入,使该侧的驱动力为零,则机械就会沿较大的转向半径缓慢转向;若将一侧转向离合器彻底分离，并将该侧的制动器加以制动，使该侧的驱动轮完全不转动，则机械以较小的转向半径转向，甚至以一侧履带的接地中心为圆心作原地转向。

改变传到两侧驱动轮上的驱动转矩的机构就是转向机构。现在履带式工程机械上采用的转向机构有离合器式、行星齿轮式和双差速器式三种。对于多机驱动的工程机械，左右履带由可逆转的液压马达或电动机分别驱动，达到转向的目的。

1. 转向离合器

履带式工程机械的转向离合器几乎都是采用片式摩擦离合器。由于经过变速器、中央传动两次减速增扭，同时又要满足发动机的全部转矩经过一个转向离合器传给一侧的履带来考虑离合器的设计容量，还有某些机械的转向离合器允许的径向尺寸又没有主离合器大(有的机械是一样大，如 TY-180 型推土机)，因此，它不能采用单片或双片，而需要采用多片式结构。

国内各种履带式工程机械的转向离合器多采用干式结构，如上海-120 等；TY-180 型推土机采用了湿式结构。

2. 行星齿轮式转向机构

传给中央传动的转矩，经两套行星齿轮机构再传到驱动轮上去，也能够改变驱动转矩。

行星齿轮机构的特点：只有当固定件完全制动时，从动件才可以传递全部转矩。当固定件完全放松而允许它可以空转时，从动件就完全不传递转矩。如果固定件只是部分制动，则从动件只能传递部分转矩。行星齿轮机构的这个特点与转向离合器的工作情况相类似。将行星机构制动器逐步放松，相当于逐渐分离转向离合器；将半轴制动器逐渐制动，相当于逐渐制动转向离合器的从动鼓。

3. 双差速器式转向机构

双差速器的特点是它的行星齿轮是双层的。如图 2.34 所示，内行星齿轮 6 跟两侧的半轴齿轮 7 啮合，与普通的单差速器相同；外行星齿轮 3 与两侧的制动齿轮 1 啮合，制动齿轮 1 是与制动器的制动鼓 2 连在一起的，形成制动齿轮。内行星齿轮 6 与外行星齿轮 3 用平键连在一起。

转向时，需要对一侧制动齿轮形成制动齿轮施加制动。这时，外行星齿轮 3 除随差速器壳 5 一起转动外，还沿制动齿轮 1 滚动而产生自转，同时也连带着内行星齿轮 6 一起自转，从而使该侧驱动轮转速减小，另一侧驱动轮转速增大。与此同时，外行星齿轮 3 将一部分转矩传给制动齿轮 1 而消耗在制动器上，这样就使这一侧驱动轮的转矩小于另一侧，从而使机械在两边履带的驱动力不同的情况下实现转向。

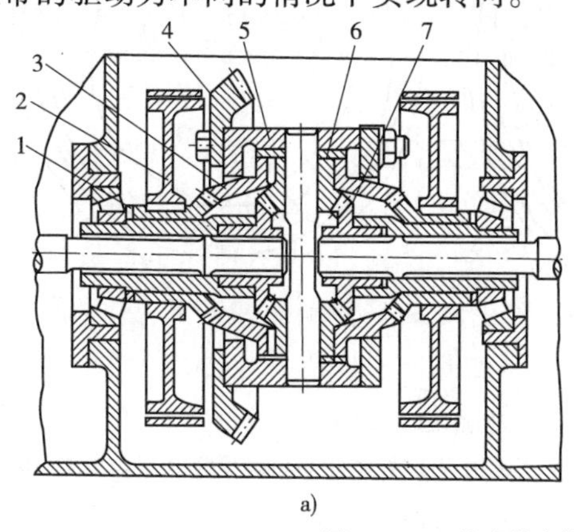

a)

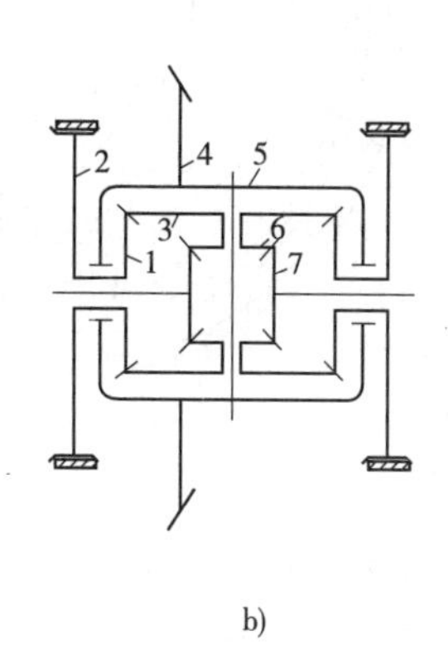

b)

图 2.34　双差速器式转向机构

1-制动齿轮；2-制动鼓；3-外行星齿轮；4-中央传动大锥齿轮；5-差速器壳；6-内行星齿轮；7-半轴齿轮

第四节　制　动　系　统

尽可能地提高机动车行驶速度，是提高运输作业生产率的主要技术措施之一，但必须以保证行驶安全为前提。因此，机动车辆必须具有灵敏、可靠的制动系统。强制使行驶中的机动车减速甚至停车，使下坡行驶的机动车的速度保持稳定，以及使已停驶的机动车保持稳定不动，这些作用统称为制动。

车辆的制动方法很多，比较常见的办法是利用机械摩擦来消耗车辆行驶中的动能而产生制动。使机动车辆产生制动作用的一系列装置称为制动系统。制动系统按组成部分的作用分成两大部分，即用来直接产生制动作用的制动器和供驾驶员操纵制动器的操纵机构。

应当指出，一般机动车辆均具有两套制动装置：行车制动器和驻车制动器。行车制动器用于行车过程中减速及紧急情况下安全制动，由脚操纵；驻车制动器主要用于停车时防止车辆溜坡，俗称手刹。在有些车辆上，行车制动与驻车制动使用同一套制动器，只是采用两套操纵机构而已。

一、制动器

目前车辆上所用的机械摩擦式制动器大致可分为鼓式和盘式两类。鼓式制动器又有带式和蹄式之分。

1）鼓式制动器

带式制动器结构较为简单，在机动车辆上一般较少用于行车制动。目前主要作为某些机动车辆的停车制动器使用，在此不作介绍。

蹄式制动器是轮式机动车辆最常用的制动器。常见的有：①简单非平衡式蹄式制动器；②自动增力式制动器，结构见图2.35。

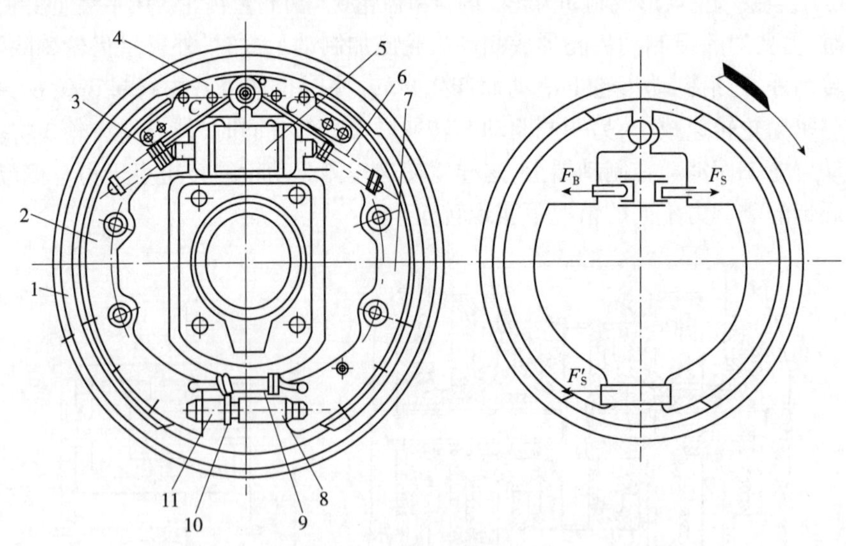

图2.35　自动增力式制动器

1-制动底板；2-夹板；3-制动轮缸；4、6-复位弹簧；5-支承销；7-拉紧弹簧；8-可调顶杆；9-复位弹簧；10-调整螺钉；11-可调顶杆套

与简单非平衡式蹄式制动器不同，自动增力式制动器的左、右制动蹄片端部并不铰接在

支承销 5 上，而仅以半圆面靠在支承销 5 的圆柱面上，即蹄片是浮动的。当在前进中制动时［图 2. 35b)］，旋转的制动鼓对两蹄作用的摩擦力，使图中左蹄上端圆弧面紧靠在支承销 5 上，而右蹄则离开支承销 5 随制动鼓旋转一个不大的角度，并将制动鼓对它的作用力通过浮动的可调顶杆 8 完全传到左蹄，于是左蹄产生了比右蹄更大的制动力矩。因而在同样尺寸情况下，自动增力式制动器的制动效果要比简单非平衡式蹄式制动器要好得多。

2) 盘式制动器

盘式制动器有全盘式和钳盘式之分，它们的旋转元件都是以端面为工作表面的圆盘，称为制动盘。

图 2. 36 为全盘式制动器结构图，为湿式结构。由图 2. 36 可见，带内花键的摩擦材料组成的内盘 3 与轴套 2 一同旋转。在未制动时，与摩擦盘 4 间存在间隙，并通过外花键与壳体 1 连成一体。而壳体 1 用螺栓与驱动桥体固定在一起。制动时，压缩空气充入气囊 8，将内盘 3 与摩擦盘 4 紧紧压在制动器壳体 1 内平面上。各旋转盘片和固定盘片间的摩擦力随着压缩空气压力的增高而迅速增大，迫使轮毂带着轮胎停止转动。

图 2. 37 为一种液压控制的钳盘式制动器结构图。制动盘用螺钉固定在轮毂上，为旋转元件。内制动钳和外制动钳对称地安装在制动盘外缘外，并固定于不旋转的桥体上。制动钳内侧安装有摩擦材料制成的摩擦衬块，其内表面在不制动时与制动盘平面留有适当间隙。

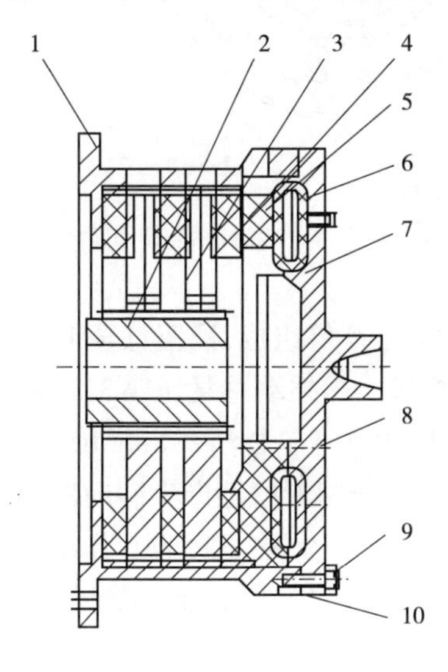

图 2. 36 湿式全盘式制动器

1-壳体；2-轴套；3-内盘；4-摩擦盘；5-压板；6-气囊；7-端盖；8-弹簧；9-螺钉；10-垫片

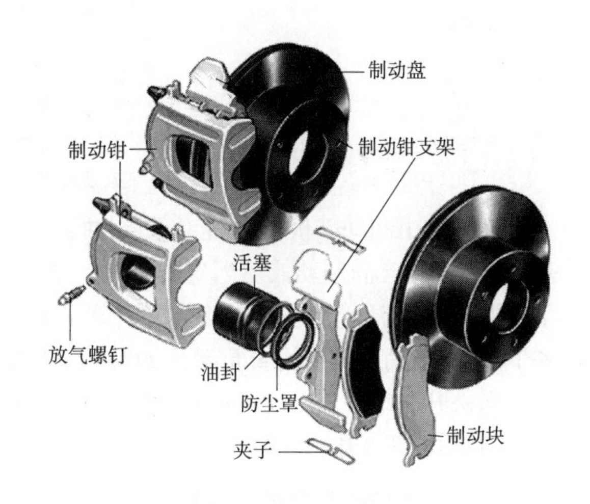

图 2. 37 钳盘式制动器

制动时，制动油液推动连接在活塞上的制动衬块压向制动盘，两者间的摩擦力迫使制动盘连带车轮停止旋转。

二、制动操纵机构

制动操纵机构是将驾驶员的操纵力或其他力源（压力油或压缩空气）传给制动器，并用来控制制动器力矩大小及作用时间的一套机构。只靠驾驶员施于制动踏板或制动手柄上的力，通过一系列杠杆机构或简单液压装置，使制动器产生制动力矩的称为人力制动操纵机构。而利用车辆动力作为制动力源，驾驶员通过制动踏板或制动手柄，只控制传至制动器力源大小的一类制动操纵机构称为动力制动操纵机构，有液压式、气压式和油气综合式（空气增力、真空增力、真空助力）等多种形式。下面介绍两种机动工业车辆常用的制动操纵机构。

1. 人力液压式制动操纵机构

人力液压式制动操纵机构如图 2.38 所示。

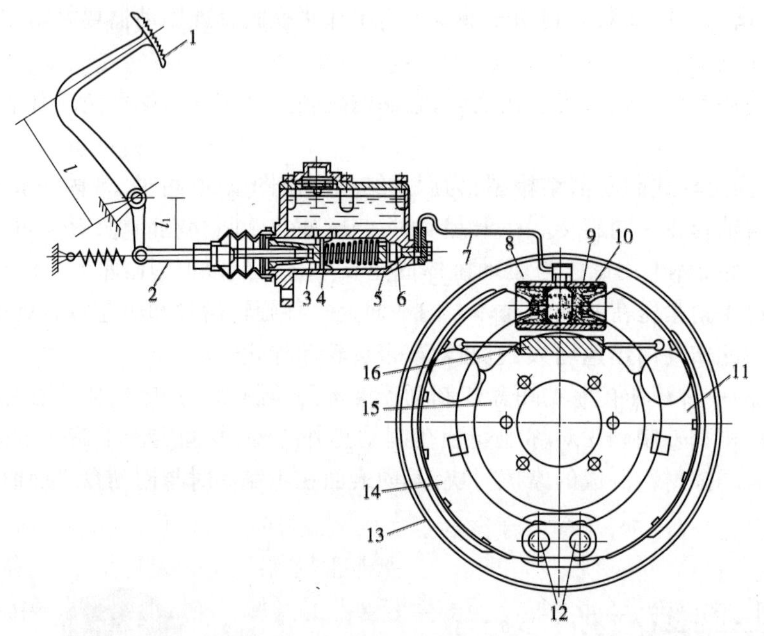

图 2.38　人力液压式制动操纵机构

1-制动踏板；2-推杆；3-总泵活塞；4-液压总泵；5-回油阀；6-出油阀；7-油管；8、10-轮缸活塞；9-制动分泵；11、14-蹄片；12-支承销；13-制动鼓；15-制动底板；16-复位弹簧

该机构由制动踏板 1、液压总泵 4、油管 7 以及制动分泵 9 等组成，液压总泵 4、制动分泵 9 及油管 7 内充满制动液。当驾驶员踩下制动踏板 1，推杆 2 即推动总泵活塞 3，油液推开总泵出油阀 6，经油管 7 进入制动分泵 9，在油液作用下向两边推开轮缸活塞 8 和 10，使蹄片 11 和 14 绕支承销 12 转动，直至蹄片 11 和 14 紧压制动鼓 13，靠两者摩擦产生制动作用。

当松开制动踏板 1 时，管路中油压迅速下降，蹄片 11 和 14 在复位弹簧 16 作用下被拉回原位，制动分泵 9 中多余的制动液经回油阀 5 迅速流回液压总泵 4，此时制动解除。

2. 真空增压式制动操纵机构

图 2.39 是真空增压式制动操纵机构管路示意图。

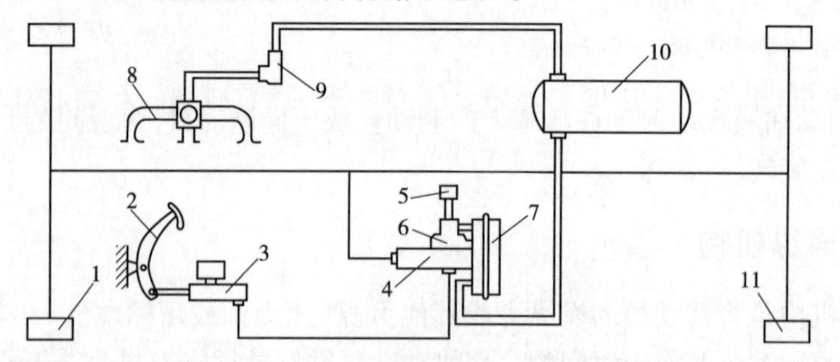

图 2.39　真空增压式制动操纵机构管路示意图

1-前制动轮缸；2-制动踏板；3-制动主缸；4-辅助缸；5-空气滤清器；6-控制阀；7-真空加力气室；8-发动机进气管；9-真空单向阀；10-真空筒；11-后制动轮缸

真空增压式与人力液压式制动操纵机构的最大不同在于,真空增压式多了一套真空加力装置——真空增压器、真空筒和真空泵。其中真空泵由发动机带动,只要发动机一工作,真空泵就工作并使真空筒产生一定的真空度。

图 2.40 是某型号真空增压器结构图。真空增压器基本结构由三大部分构成:第一部分为内装加力气室膜片 22 和复位弹簧 25 的加力气室(由前壳体 20 和后壳体 23 构成);第二部分为由真空阀 15 和空气阀 16 组成的控制阀;第三部分为带有球阀 5 的辅助缸体 3。加力气室前腔与真空筒相通,而后腔通过通气管 28 与控制阀 A 腔连通。在不制动时,空气阀 16 是关闭着的,而加力气室前腔 C 由阀体孔道与控制阀 B 腔相连,因而 A、B、C、D 四腔相通且具有相同的真空度。加力气室膜片复位弹簧 25 将膜片 22 压向右方。

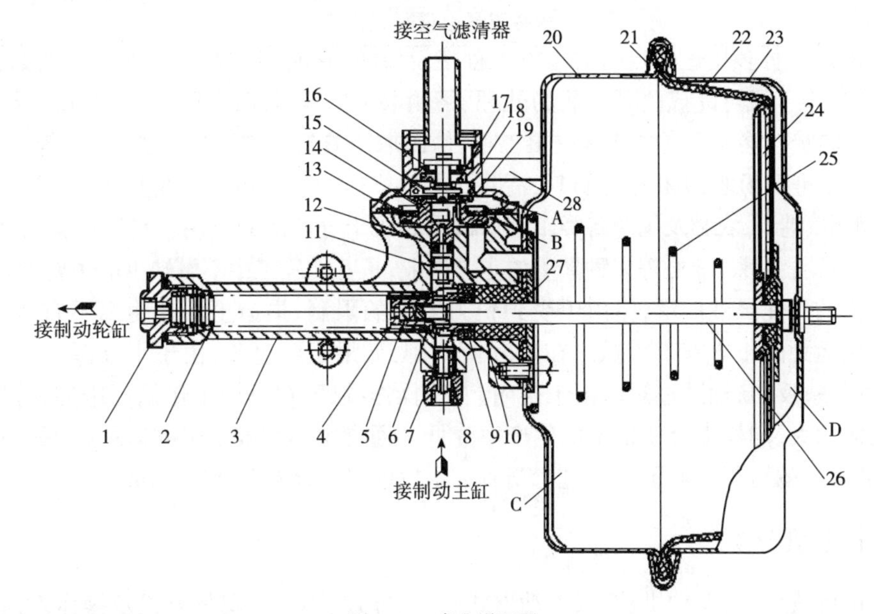

图 2.40　真空增压器

1-出油接头;2-辅助缸活塞复位弹簧;3-辅助缸体;4-辅助缸活塞;5-球阀;6、12-皮圈;7-活塞限位座;8-进油接头;9-双口密封圈;10-密封圈座;11-控制阀活塞;13-控制阀膜片;14-膜片座;15-真空阀;16-空气阀;17-阀门弹簧;18-控制阀体;19-控制阀膜片复位弹簧;20-加力气室前壳体;21-卡箍;22-加力气室膜片;23-加力气室后壳体;24-膜片托盘;25-加力气室膜片复位弹簧;26-推杆;27-连接块;28-通气管;A-控制阀上腔;B-控制阀下腔;C-加力气室前腔;D-加力气室后腔

当驾驶员踩下制动踏板,制动主缸 3 的油液经管路进入辅助缸体 3(图 2.39)。因为此时球阀 5 是打开着的,故油液一面通过辅助缸体 3 进入制动分泵,一面推动控制阀活塞 11 向上运动,首先关闭真空阀 15,随后打开空气阀 16。此时,空气滤清器的空气就进入了加力气室的后腔,而前腔真空度没有改变。由于加力气室前后腔真空度不同,空气的压力将加力气室膜片 22 压向左边。推杆 26 随加力气室膜片 22 左移,并在球阀 5 关闭后继续左推辅助缸活塞 4。此时辅助缸活塞 4 上作用有两股推力,一是总泵来油的推力,另一个是加力气室膜片 22 两面气压差形成的推杆 26 的推力。由于加力气室膜片 22 面积较大,故使推杆 26 产生的推力十分可观,作用结果大大提高了辅助缸中的油压,即进入分泵的油压,分泵活塞推力也相应增大很大。

从以上原理可见,使用真空增压式制动操纵系统可以使驾驶员用较小的操作力达到较好的制动效果,这是动力制动的最大优点。

第三章　铲土运输机械

第一节　推　土　机

推土机是一种多用途的自行式土方工程建设机械,它能铲挖并移运土壤。例如,在道路建设施工中,推土机可完成路基基底的处理、路侧取土横向填筑高度不大于1m的路堤、沿道路中心线方向铲挖移运土壤的路基挖填工程、傍山取土修筑半堤半堑的路基,等等。此外,推土机还可用于平整场地、堆积松散材料、清除作业地段内的障碍物等。推土机在建筑、筑路、采矿、油田、水电、港口、农林及国防各类工程中都得到了十分广泛的应用。它担负着切削、推运、开挖、堆积、回填、平整、疏松等多种繁重的土方作业,是各类施工中不可缺少的主要设备。

推土机的用途虽然广泛,但由于受到铲刀容量的限制,推运土壤的距离不宜太长,因此它是一种短运距的土方施工机械。在实际使用中,如果运距过长,由于土壤漏失的影响,会降低其生产率;反之,运距过短时由于换向、变速操作频繁,在每个工作循环中这些操作所用时间占比例增大,同样也会使推土机生产率降低。通常中小型推土机的运距在30~100m为宜;大型推土机的运距一般不应超过150m;推土机的经济运距为50~80m。

一、推土机分类

推土机可按用途、发动机功率、传动方式、行走方式、推土铲安装方式及操作方式等进行分类。

(1)按用途可分为:通用型推土机和专用型推土机两类。

①通用型推土机:这种推土机通用性好,广泛应用于各类土方工程的施工作业,通用型推土机是目前施工作业中广为采用的推土机机种。

②专用型推土机:该类推土机包括浮体推土机、水陆两用推土机、深水推土机、湿地推土机、爆破推土机、低噪声推土机、军用高速推土机等。它们均属于特殊条件下使用的专用推土施工机械。

(2)按发动机的功率可分为:

小型推土机(功率<59kW);

中型推土机(功率为59~118kW);

大型推土机(功率为118~235kW);

特大型推土机(功率>235kW)。

(3)按传动方式可分为:

①机械传动式推土机。它具有设计制造简单,工作可靠,传动效率高,维修方便等优点,但操作费力,对负荷的适应性差,使推土机的作业效率受到一定影响。目前只有小型推土机采用机械传动。

②液力机械传动式推土机。采用液力变矩器与动力换挡器组合的液力机械传动，优点是：自动无级变速变矩，具有适应负荷变化的能力，且可自动换挡，减少换挡次数，操纵轻巧灵活，使推土机作业效率高等。缺点是：液力变矩在工作过程中容易发热，降低了传递效率；同时传递装置结构复杂，制造精度高，提高了制造成本，维修较困难。目前大中型推土机用这种传动方式较为普遍。

③全液压传动式推土机。它自带泵源，由液压马达直接驱动其行走。因为取消了主离合器、变速器、后桥等总成，所以结构简单，整机质量减轻，操纵轻便，并可原地转向。全液压传动式推土机制造成本较高，且耐用度和可靠性差，维修较困难。目前只在中等功率的推土机上采用全液压传动。

④电传动式推土机。它由柴油机带动发动机—电动组，进而驱动其行走装置。电传动总体布置方便，操纵轻便，且能实现原地转向。行驶速度和牵引力可无级调节，对外界阻力有良好的适应性，作业效率高。但由于质量大、结构复杂、制造成本高，目前只在大功率推土机使用，且以轮胎式推土机为主。另一类电传动推土机是采用动力电网的电力，可称为电气传动，该推土机一般用于矿山开采和井下作业，因受电力和电缆的限制，它的使用范围受到很大制约。但此类推土机结构简单，工作可靠，不污染环境，作业效率高。

(4)按行走方式可分为：

①履带式推土机。它耐用性好，牵引力大，接地比压大，爬坡能力强，能适应恶劣的工作环境，故具有优越的作业能力，但机械质量大，制造成本高。

②轮胎式推土机。它行驶速度快，机动性好，转移迅速方便且不损坏路面，作业循环时间短，适合城市建设和道路维修工程中使用。制造成本低，维修方便。但它的附着性能差，在松软、潮湿的场地上施工时，生产效率低，甚至无法施工。若遇到坚硬、锐利的岩石，轮胎容易磨损，因此轮胎式推土机的使用受到一定限制。

(5)按铲刀安装方式可分为：

①固定式铲刀推土机。其推土铲在水平面内与推土机纵向轴线固定为直角，也称为直铲式推土机。一般来说，从铲刀的坚固性和经济性考虑，小型及经常重载作业的推土机都采用这种铲刀安装方式。

②回转式推土机。其推土铲在水平面能回转一定角度(也可成为直角)。作业范围较广，可以直线行驶，向一侧排土，适宜平地作业，也宜于横坡铲土侧移。该推土机又称活动式铲刀推土机或角铲式推土机。

目前绝大多数推土机用柴油机是由蓄电池——电动机启动的，故柴油机操纵机构大为简化，其生产制造、技术使用及维修等日趋成熟。由于液压控制技术的迅速发展，使现代推土机工作装置的控制已实现液压化，它具有切土力强、平整质量好、生产效率高等优点，可满足工程建设对施工质量的要求。

二、推土机总体结构

推土机主要由基础车(包括发动机、操纵系统)、铲刀升降油缸、铲刀、推架、履带总成(履带、驱动轮、支重轮、引导轮、托带轮，即“四轮一带”)、松土器(松土齿、升降油缸、倾斜油缸)等组成。根据发动机功率的大小，一般小型推土机不带松土器(图3.1)；大中型推土机带松土器，而且为了提高推土机效率，减小驱动轮磨损，采用驱动轮安装位置高置(图3.2)。发动机的动力经传动系统传到行走装置(履带总成)，依靠履带与地面之间产生的附着牵引力向前或向侧面推移土石方，从而实现路堤的填筑和路堑的开挖。驾驶员通过操作系统可操纵铲刀、松土齿升降或倾斜，以适应不同的取土环境，提高作业效率。

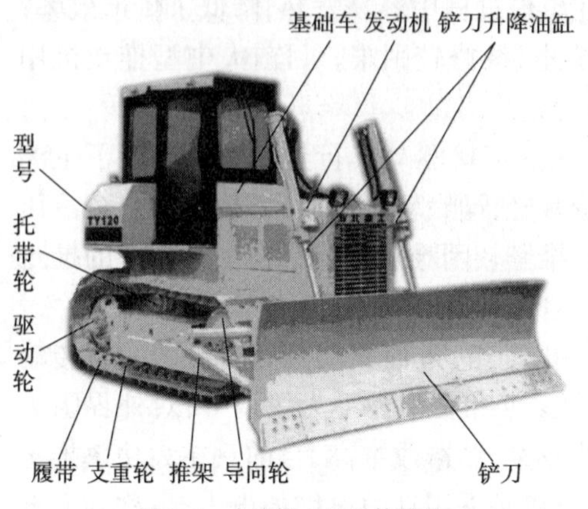

图 3.1　小型推土机总体结构

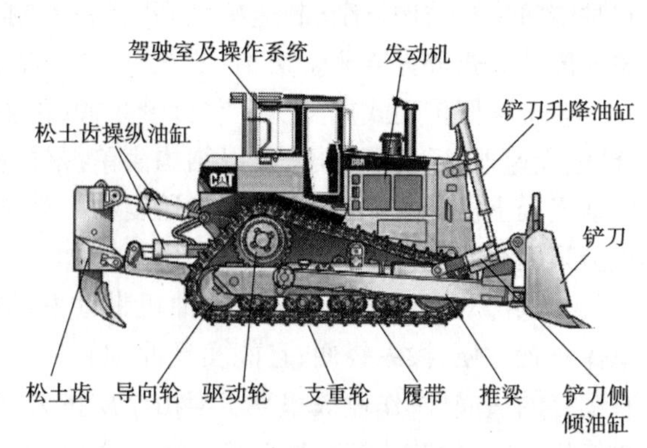

图 3.2　大中型推土机总体结构

三、推土机型号及参数

国产推土机的型号一般按表 3.1 编制。

推土机型号及其含义　　　　表 3.1

组	型	代号	代号含义	主要参数	
				名称	单位
推土机	履带式	T	机械操纵式推土机	功率	马力
		TY	液压操纵式推土机	功率	马力
		TSY	湿地液压操纵式推土机	功率	马力
		TMY	沙漠液压式推土机	功率	马力
		TQY	全液压式推土机	功率	马力
	轮式	TL	轮胎式液压操纵式推土机	功率	马力

现在多数生产厂家把自己单位的特殊拼音代号加入，以示区别于其他生产厂家，见表 3.2。

各企业推土机型号　　　　表 3.2

组	生产厂家	代号	代号含义	主参数
推土机	山东推土机总厂	SD16E	S-山东，D-推土机，E-变形机型	发动机功率(马力)
	上海彭浦	PD220Y	P-彭浦，D-推土机，Y-液压驱动	发动机功率(马力)
	三一重工	S(Q)Y160	S-三一，Q-全，Y-液压驱动	发动机功率(马力)

四、工作装置组成及特点

1. 直铲式推土机推土装置

如图 3.3 所示，直铲式推土机推土装置主要由铲刀（推土板）、推梁、上撑杆（侧倾油缸）、升降油缸、横拉杆等组成；这类推土机铲刀始终与机身纵轴线（推土机行驶方向）垂直，铲刀在升降油缸作用下可上下动作，这样可以调整切入土壤的深度，从而调整切削阻力大小。也可在侧倾油缸作用下，左右倾斜，这样适合于挖边沟、在横坡上进行推铲作业、平整坡面,或对硬质土壤进行预松。

直铲作业是推土机最常用的作业方法。固定式直铲铲刀较回转式直铲铲刀自重小、使用经济性好、坚固耐用、承载能力强,一般在小型推土机和承受重载作业的大型履带推土机上采用。

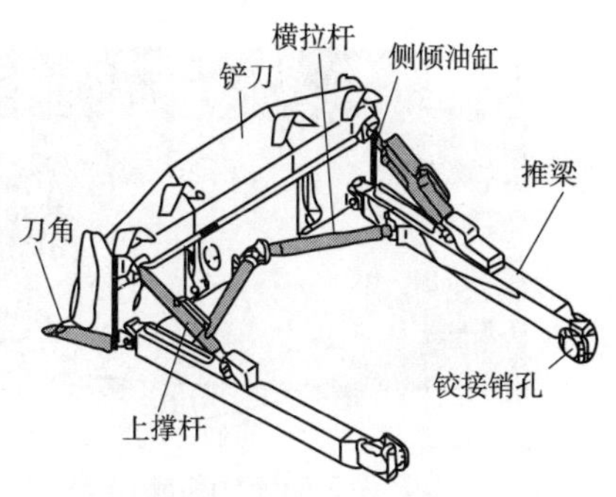

图 3.3　直铲式推土机推土装置结构形式

2. 回转式推土机推土装置

回转式推土机推土装置主要由铲刀(推土板)、推梁、升降油缸、上撑杆、下撑杆等组成,如图 3.4 所示。上、下撑杆在推梁上左右两侧各有几个铰接位置,改变上、下撑杆在推梁一侧(另一侧固定)的铰接位置或两侧铰接位置反向调整,可改变铲刀与机身纵轴线之间的夹角,从而满足不同的施工需要,如图 3.5 所示,将上侧撑杆铰接点前移,下端铰接点后移,铲刀移至虚线位置,与机身纵轴线夹角发生变化,当推土机向前行驶时,铲刀上端切取土壤,然后沿铲刀身向下端移动,从而实现半挖半填、回填沟渠等的土石方推移工程。

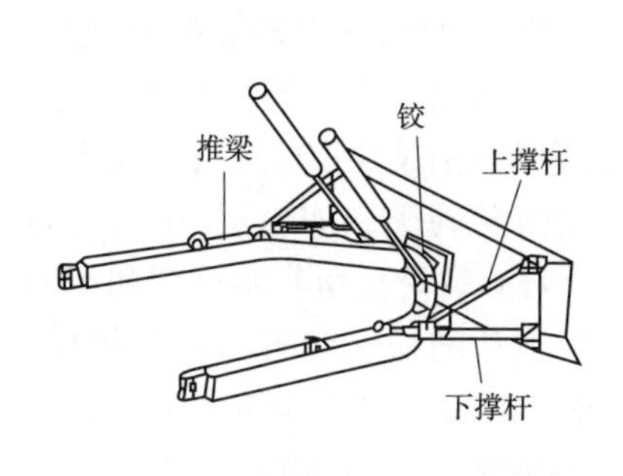

图 3.4　回转式推土机推土装置结构形式

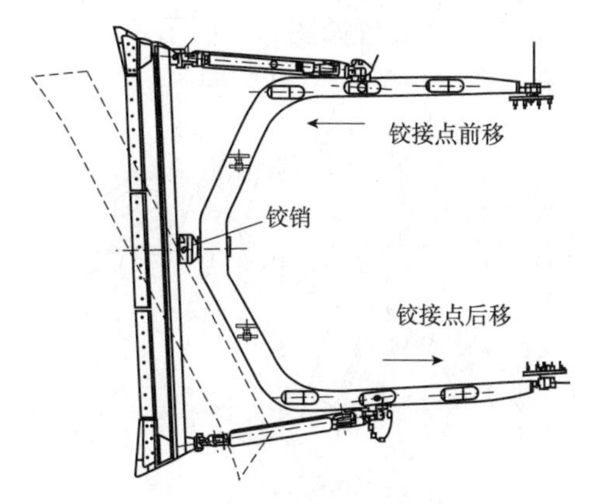

图 3.5　改变一侧撑杆的铰接位置(铲刀绕铰销转动)

当一侧上撑杆伸长,另一侧上撑杆缩短时,即可改变铲刀在垂直面内的侧倾角,铲刀则呈侧倾状态,同时调整两侧上撑杆的长度,可改变铲刀的切削角。

3. 铲刀组成及结构形式

推土机是依靠底盘的牵引动力,利用不同的工作装置来完成物料切削和推运作业的,因此,工作装置是推土机的重要组成部分。不同功率及同功率不同用途的推土机的工作装置多样化,可灵活选用,主要品种有:铲刀、松土器、绞车等。

铲刀主要由曲面板和可卸式刀片组成,如图 3.6 所示。曲面板由矩形钢板制成,由于直铲主要用于中、短距离的推运作业,所以其铲刀制成特殊曲线形状,其上部呈弧线,下部为向后倾斜的平面,下缘与停机面形成一定的铲土角(约 60°),这样铲刀在切削过程中,切下的土层沿铲刀的下部平面上升,从上部弧线部分向前翻滚,这样既可减小切削阻力,又易使铲刀前积满土。上部弧线通常采用抛物线或渐开线曲面作为铲刀的积土面,这类积土面的物料灌入性好,可提高物料的积聚能力和铲刀的容量,降低能量消耗。因抛物线曲面与圆弧曲面的形状及其积土特性十分相似,而圆弧曲面的工艺性好,容易加工,故现代铲刀多采用圆弧曲面。

铲刀的断面形状结构有开式、半开式、闭式三种,如图 3.7 所示。

图 3.6　铲刀组成

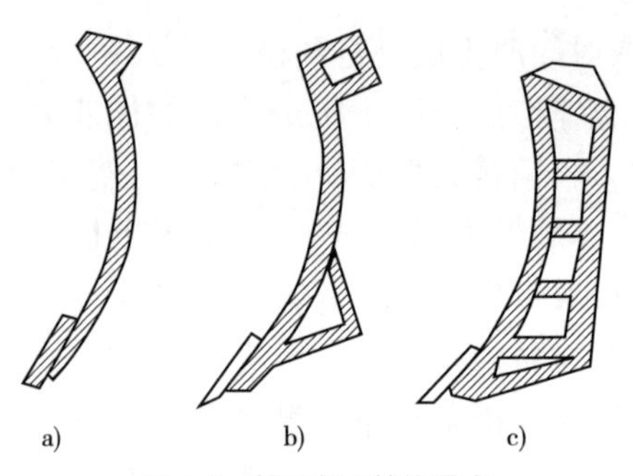

图 3.7　铲刀断面结构形式
a)开式;b)半开式;c)闭式

小型推土机推土板采用结构简单的开式推土板;大型推土机作业条件恶劣,为保证足够的强度和刚度,采用闭式推土板。闭式推土板为封闭的箱形结构,其背面和端面均用钢板焊接而成,用以加强推土板的刚度。

4.松土装置

松土装置是大、中型推土机的附属工作装置,它安装在推土机的尾部,有单齿和多齿之分。多齿松土装置如图 3.8 所示。

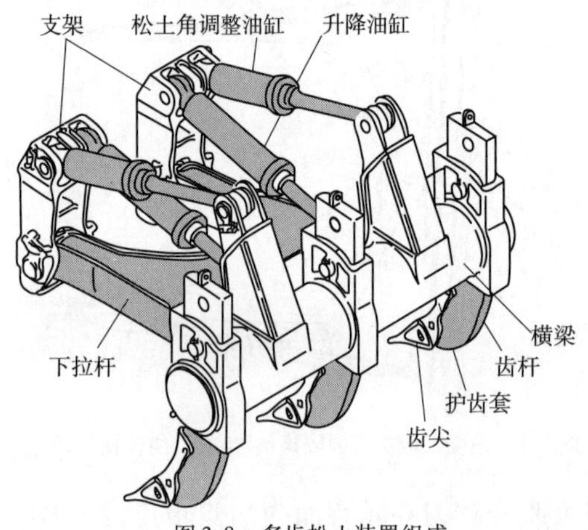

图 3.8　多齿松土装置组成

单齿松土器开挖力大,既能松散硬土、冻土层,又可开挖软石、风化岩石和有裂隙的岩层,还可拔除树根,为推土作业扫除障碍;多齿松土器主要用来预松薄层硬土和冻土层,用以提高推土机等的作业效率。松土角有不可调和可调两种。不可调松土角的松土装置由拉杆组成;可调松土角的松土装置用松土角调整油缸代替上拉杆,当松土角调整油缸伸缩时,松土角发生改变。松土角不可调的松土装置杆件受力比较均衡,整体结构强度较高,松土时齿尖镶块前面磨损小,可延长齿尖镶块的使用寿命,但齿尖镶块后面易磨损,磨损后的切削面更锋利,也有利于降低切削阻力。这种松土装置在一般土质条件下具有良好的凿入性能,但不能满足凿裂坚硬岩层需要不断改变切削角度的要求,所以其使用范围受到一定限制。因为在实际使用中,不同的土质、不同的地质岩层、或者相同土质的不同结构和密实度,都有不同的最佳凿入角和松土切削角,因此作业时,应根据不同的作业对象选择不同的凿入角,根据不同的作业时间适时调整松土切削角,以调整松土阻力,改善松土器的牵引切削性能,从而提高松土器的效率。为此现代大多数推土机的松土器采用松土角可调式松土器。

松土器悬挂在推土机后部的支撑架上,松土齿销轴固定在横梁松土齿架的齿套内,松土齿杆上设有多个销孔,改变销孔的固定位置,即可改变松土齿杆的工作长度,调节松土器的深度。

松土齿由齿杆、护齿套、齿尖镶块及弹性固定销、刚性销轴等组成,如图 3.9 所示。齿杆是主要的受力杆件,承受着巨大的切削载荷。

齿杆形状有直形和弯形两种基本结构,如图 3.10 所示。其中弯形齿杆又有曲齿和折齿之分。直齿齿杆在松裂致密分层的土壤时,具有良好的剥离表层的能力,同时具有凿裂块状和板状岩层的效能；弯齿齿杆提高了齿杆的抗弯阻力，裂土阻力较小，适合松裂非均质的土壤，松土护齿套用以保护齿杆，防止齿杆剧烈磨损，延长齿杆的使用寿命。松土齿的齿尖镶块和护齿套是直接松土、裂土的零件，工作条件恶劣，容易磨损，使用寿命短，需经常更换。齿尖镶块和护齿套应采用高耐磨性材料，在结构上应尽可能拆装方便，连接可靠。

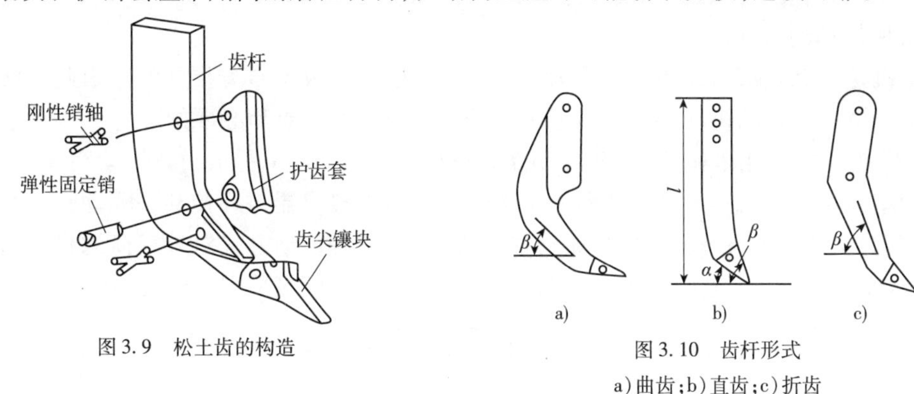

图 3.9　松土齿的构造

图 3.10　齿杆形式

a）曲齿；b）直齿；c）折齿

五、行走装置

履带式行走机械的全部重量经支重轮压在履带的接地段上，附着重量等于整机重量，履带与地面之间的附着力由履带与地面之间的摩擦力和切入土壤的履齿所受的土壤剪切变形抗力构成，因此附着性能好。

1. 普通行走装置组成

普通行走装置基本构造，如图 3.11 所示。它由驱动轮、履带、支重轮、导向轮、托带轮、台车架等组成。这种行走装置结构简单，但整机离地间隙小，通过性差，驱动轮易磨损；支重轮安装在台车架上，不能单个更换支重轮，必须单边履带的支重轮整副更换，这样就加大了施工单位成本。

2. 高置式驱动轮和终传动行走装置

高置式驱动轮和终传动行走装置是在普通行走装置的基础上经过改进设计的，其基本构造如图 3.12 所示，由驱动轮、履带、支重轮、导向轮、托带轮、台车架、张紧油缸（履带张紧装置）等组成。这种行走装置的驱动轮仅传递力矩驱动履带，使机械行走，不受地面石块与崎岖不平引起的附加力与冲击力的作用，另外驱动轮与台车架分离改善了台车架的浮动性；还有，驱动轮受工地灰尘与污泥的影响小而使使用寿命延长；同时增大了整机的离地间隙，从而改善了整机的通过性，但这种行走装置的结构相对复杂些。

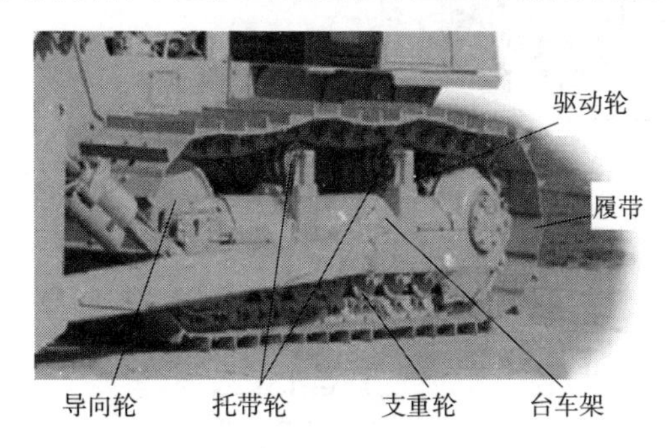

图 3.11　普通行走装置（履带）的基本构造

图 3.12　高置式驱动轮和终传动行走装置组成

3. 传动系统

推土机完成土石方推移是依靠履带与地面之间的附着牵引力驱动履带并带动整机前进实现的,发动机动力通过机械传动、液力机械传动、液压传动将动力传至履带,现在多采用液力机械传动,因为液压传动中泵或马达泄漏,会降低推土机的效率。

1)机械传动的传动系统

推土机是依靠履带与地面的摩擦力——附着牵引力完成土石方推移的。因此了解附着牵引力的产生——发动机动力传递到履带驱动轮的方式及特点是必要的。

TY180 推土机采用机械传动,其传动系统的组成如图 3.13 所示。其传动路线为:发动机→分动箱→主离合器→齿轮变速器→中央传动→转向离合器→终传动→驱动轮。其特点是传动可靠、制造简单、传动效率高、维修简单方便,但这种传动方式对外载荷的自动适应性差,易导致发动机熄火,且操作费力。国内中小型推土机还较多采用,国外已基本淘汰。

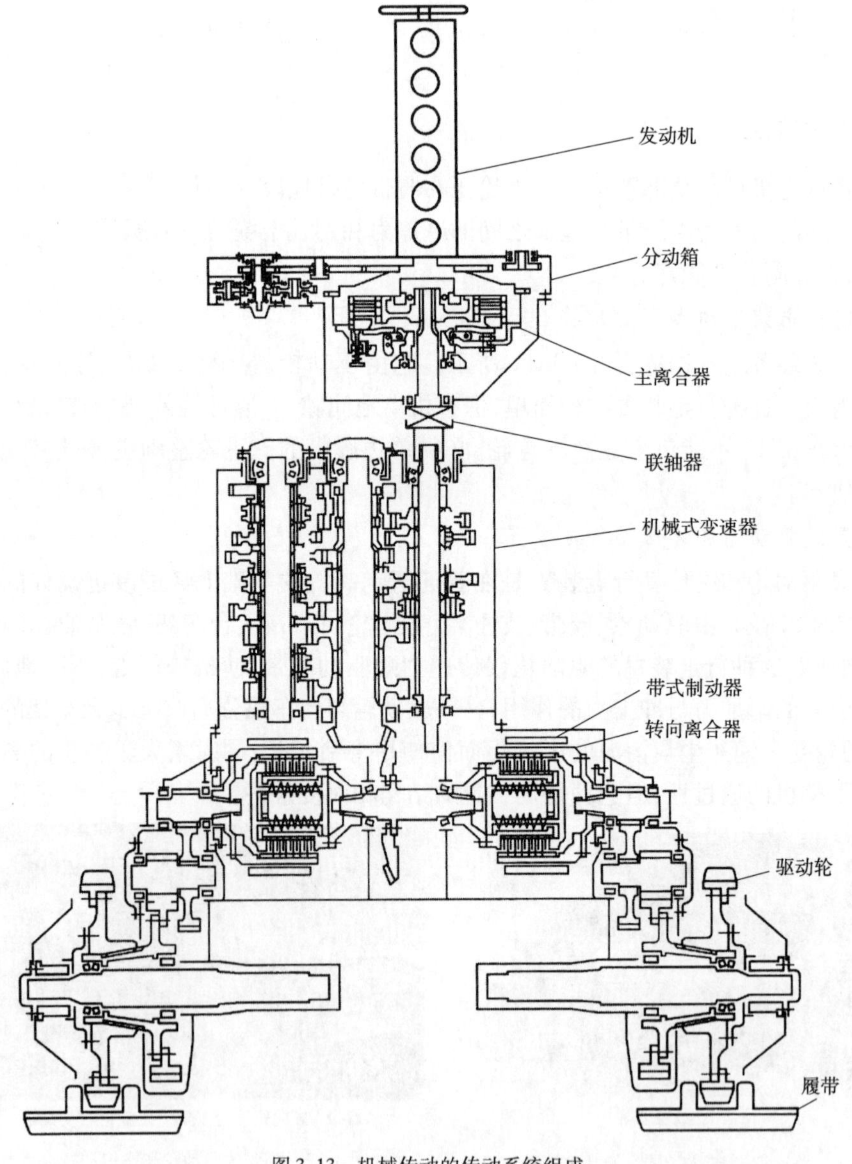

图 3.13　机械传动的传动系统组成

主离合器的功用是换挡时切断发动机动力，并对传动系起过载保护作用；变速器通过变换挡位使机械前进、倒退行驶并获取合适的行驶速度；中央传动是一对锥齿轮，用来改变传动轴的旋转方向，并将动力传给两侧履带；转向离合器和制动器用来实现推土机转向、控制转向半径大小和减速停车；终传动用来进一步减速增扭，以保证推土机有合适的行驶速度和牵引力。

2）液力机械传动的传动系统

TY220推土机采用液力机械传动，其传动系统组成如图3.14所示。传动路线为：发动机→分动箱→液力变矩器→动力换挡变速器→中央传动→转向离合器→终传动→驱动轮。其传动特点是无级变速、对外载荷的适应性强、不易导致发动机熄火、可带载换挡、减少了换挡频率、操纵轻便灵活、作业效率高，但液力变矩器在使用过程中易发热，会导致效率下降，且结构复杂、制造精度高、制造成本高、维修成本高。目前中型以上推土机基本采用这种传动方式。

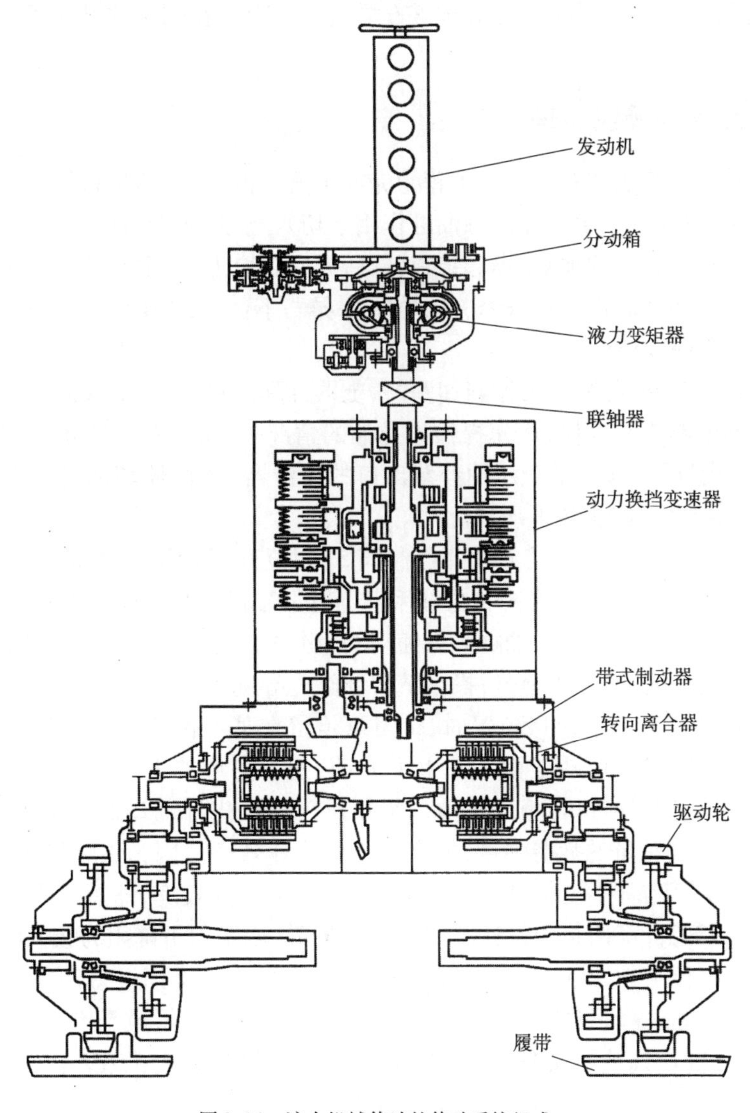

图3.14　液力机械传动的传动系统组成

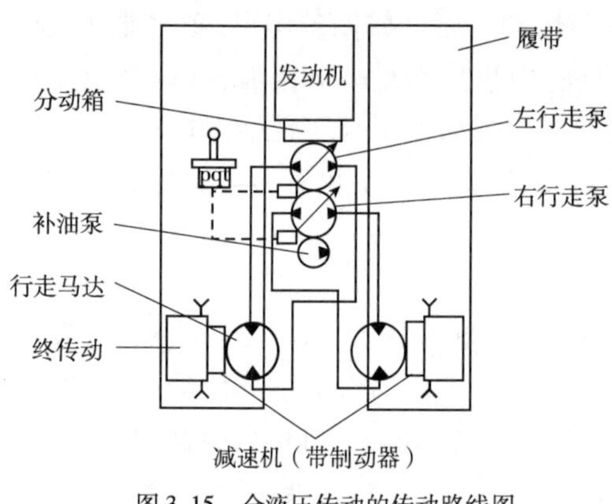

图 3.15　全液压传动的传动路线图

3）全液压推土机的传动系统

TQ230 推土机的工作和行走装置均采用液压驱动，故称为全液压推土机。其传动系统组成如图 3.15 所示。传动路线为：发动机→泵→马达→减速机（带制动器）→终传动→驱动轮。它的传动特点是结构紧凑、重量轻、操纵轻便、可实现原地转向、转向轨迹圆滑、行走速度无级调节、对外界载荷的适应性好、作业效率高。由于泵和马达使推土机成本加大，且泵和马达泄漏会导致效率迅速下降，因此大功率推土机上无法应用。

还有直接采用动力电网电力驱动或电动机驱动的电传动推土机，其特点是工作可靠、结构简单、不污染环境，但因受电力和电缆的限制，一般只在露天矿山开采和井下作业中使用。

六、工作装置的操纵原理

推土机要在路堤填筑和路堑开挖工程中完成土石方推移，必须进行铲土、运土、卸土、返回四个过程。铲土过程中，铲刀在升降油缸作用下切入土壤，使铲刀前堆满土，推土机前进，将切下的土壤移送到相应的地点，提起铲刀，然后返回到取土场，重复这样的过程，从而完成土石方推移。不同类型的推土机操纵方式略有差异。下面介绍 D155 推土机工作装置的操纵系统原理，如图 3.16 所示。

该系统由铲刀升降回路、铲刀倾斜回路、松土器升降回路、松土器倾斜回路、先导油路组成。只有当先导油路正常工作，优先提供先导油的情况下，主油路才能正常工作。变矩器、变速器油泵 25（先导泵）输出的液压油经泵出口的滤清器（滤清器堵塞时经旁通阀）为先导阀 26、28、27、17、拉销回路提供低压油。

铲刀升降回路包括油泵 2、铲刀升降控制阀 5（四位五通）、铲刀油缸先导随动阀 26（铲刀升降先导手动伺服阀）、铲刀升降油缸 9 和快速下降阀 8（大型推土机特有）。启动发动机，油泵 2 输出液压油，操纵铲刀油缸先导随动阀 26（铲刀升降先导手动伺服阀），使铲刀升降控制阀 5 处于左位时，使铲刀上升；操纵铲刀油缸先导随动阀 26（铲刀升降先导手动伺服阀），使铲刀升降油缸 9 处于保持位置时，铲刀可停留在某一位置；同样可使铲刀下降或浮动，铲刀处于浮动状态时，可随地面不平上下波动，便于仿形推土，但会加大峰谷之间的距离，还可以在推土机倒行时进行拖平作业。采用铲刀油缸先导随动阀 26（铲刀升降先导手动伺服阀），可减轻驾驶员的疲劳强度，提高推土机作业效率。因为大型推土机最大上升高度可达 2m 以上，铲刀在下降过程中空载，为了提高推土机的效率，缩短下降过程的时间，所以大型推土机在铲刀升降回路中设计有快速下降阀 8。当铲刀下降阻力较大时，液压力使快速下降阀 8 处于上位工作，此时铲刀升降油缸 9 两腔接通，升降油缸差动连接，从而加速铲刀下降。铲刀的加速下降，可能导致升降油缸无杆腔供油不足，形成真空，溢出气体，产生气穴，严重时导致气蚀。气蚀不仅缩短油缸使用寿命，而且降低推土机效率。为了避免气蚀的产生，在铲刀升降回路中设有单向补油阀 7，当铲刀下降过快，形成真空时，单向补油阀 7 向铲刀升降油缸 9 的无杆腔补油。

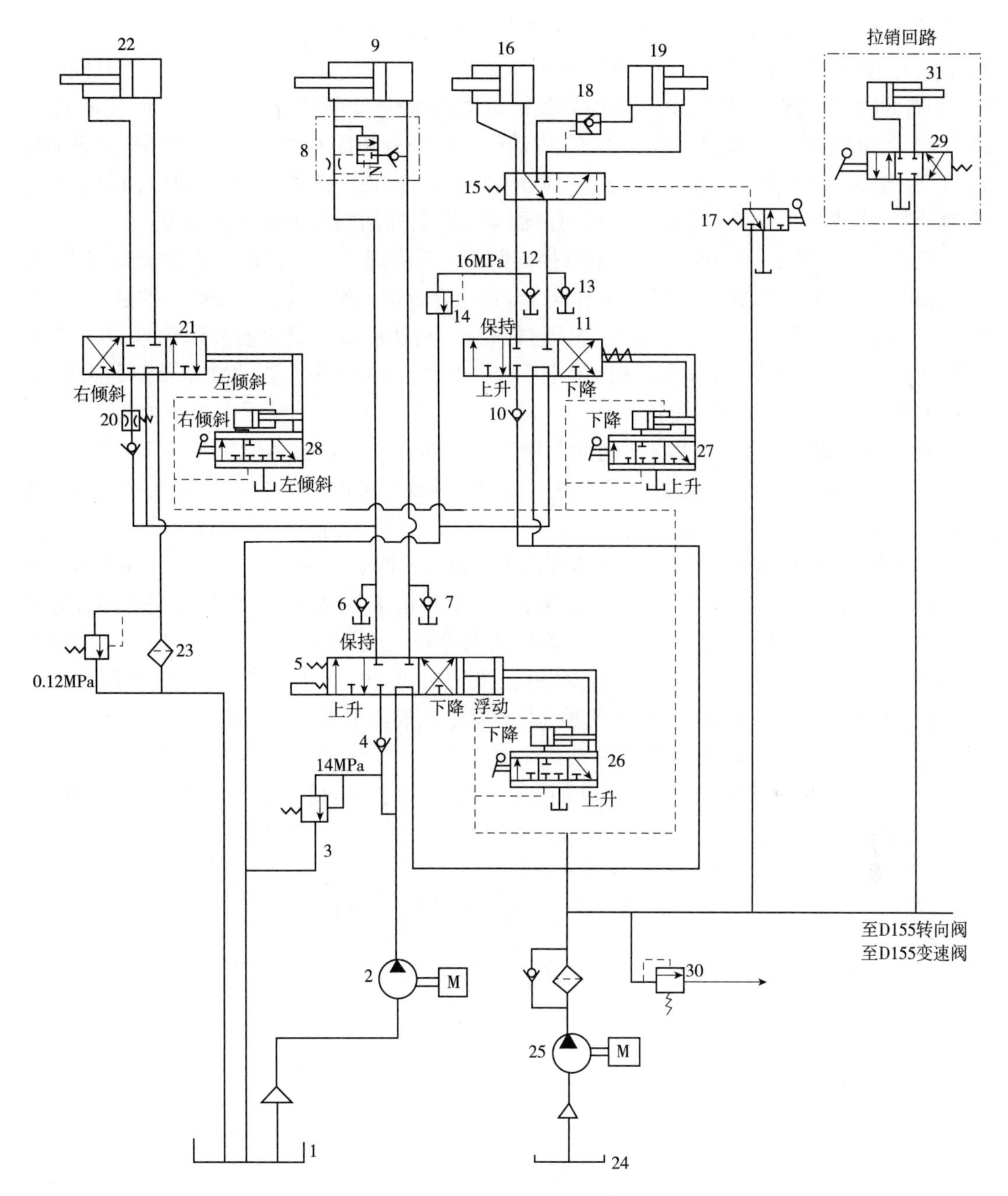

图 3.16　D155 推土机液压操纵系统

1、24-油箱；2-油泵；3-主溢流阀；4、10-单向阀；5-铲刀升降控制阀；6、7-吸入阀（补油阀）；8-快速下降阀；9-铲刀升降油缸；11-松土器换向阀；12、13-补油单向阀；14-过载保护阀；15-选择阀；16-松土器升降油缸；17-先导阀；18-液压锁紧阀；19-松土器倾斜油缸；20-单向节流阀；21-铲刀倾斜油缸换向阀；22-铲刀倾斜油缸；23-滤清器；25-变矩器、变速器油泵；26-铲刀油缸先导随动阀；27-松土器油缸先导随动阀；28-铲刀倾斜油缸先导随动阀；29-拉销换向阀；30-变矩器、变速器溢流阀；31-拉销油缸

铲刀倾斜回路包括油泵 2、铲刀升降控制阀 5 及其铲刀油缸先导随动阀 26、单向节流阀 20、铲刀倾斜油缸先导随动阀 28 铲刀倾斜油缸先导随动阀 28、铲刀倾斜油缸换向阀 21、铲刀倾斜油缸 22。由原理图分析可知，在铲刀上升或下降过程中才可以倾斜铲刀，同样操纵铲

刀倾斜油缸先导随动阀28左位工作时，铲刀向右倾斜；操纵铲刀倾斜油缸先导随动阀28右位工作时，铲刀向左倾斜，单向节流阀20限制铲刀倾斜油缸22的倾斜速度，当铲刀倾斜油缸22右倾时，铲刀在自重作用下，可能导致铲刀倾斜油缸22无杆腔供油不足，形成真空，导致气穴，产生气蚀，为了避免产生气蚀，在进油路上安装有单向补油阀6，一旦倾斜油缸右倾过快，单向补油阀6则从油缸吸油向铲刀倾斜油缸22补油。滤清器23过滤回油路上的液压油杂质，滤清器23并联旁通阀，一旦滤清器23堵塞，回油则经旁通阀回油箱。

松土器工作回路包括油泵2、松土器换向阀11（升降阀）、松土器油缸先导随动阀27、单向补油阀12和13、过载保护阀14、选择阀15、松土器升降油缸16、松土器倾斜油缸19、液压锁紧阀18。松土器工作过程中，首先要调整好松土角，然后操纵松土器升降油缸16控制松土深度。松土角的调整：操纵先导阀17处于右位不动，再操纵松土器油缸先导随动阀27处于左位或右位工作，则松土器倾斜油缸19伸出或收回，从而减小或增大松土器的切削角，改变松土器的切削阻力，以适应不同的土壤和切削深度。当松土器倾斜油缸19伸出过快时，单向补油阀12向系统补油，以避免出现真空，导致气蚀的产生。为了防止松土角在松土过程中发生改变，回路中设有液压锁紧阀18。送土深度的控制：铲刀不工作时，液压油经铲刀升降控制阀5中位到松土器换向阀11，操纵先导阀17处于左位工作，再操纵松土器油缸先导随动阀27左位工作，松土器换向阀11左位工作，则液压油进入松土器升降油缸16的有杆腔，提升松土器；操纵松土器油缸先导随动阀27右位工作时，松土器换向阀11右位工作，则液压油进入松土器升降油缸16无杆腔，松土器下降，一旦松土器下降过快，可能使液压系统形成真空，产生气蚀，为了避免此现象的发生，在回路中设有单向补油阀13，此时，单向补油阀13向系统补油。

只有当推土机无法用铲刀切取土壤时，才用松土器凿裂，所以铲刀与松土器不同时作业，因此系统中只采用一个油泵2向铲刀工作回路和松土器工作回路供油。

第二节　铲　运　机

一、铲运机的用途

铲运机是一种利用装在前后轮轴或左右履带之间的铲运斗，在行进中依次进行铲装、运载和铺卸等作业的工程机械。其主要特点如下。

（1）多功能。可以用来进行铲挖和装载，在土方工程中可直接铲挖Ⅰ、Ⅱ级较软的土，对Ⅲ、Ⅳ级较硬的土，需先把土耙松才能铲挖。

（2）高速、长距离、大容量运土能力。铲运机的车速比自卸汽车稍低，它可以把大量的土运送到几公里外的弃土场。

铲运机主要用于大规模的土方工程中。它的经济运距在100～1 500m，最大运距可达几公里。拖式铲运机的最佳运距为200～400m；自行式铲运机的合理运距为500～5 000m。当运距小于100m时，采用推土机施工较有利；当运距大于5 000m时，采用挖掘机或装载机与自卸汽车配合的施工方法较经济。

二、铲运机分类

常用铲运机的分类如表3.3所示。

铲运机的分类 表3.3

分 类	类型及特点	分 类	类型及特点
按斗容量分	小型:铲斗容量小于$5m^3$ 中型:铲斗容量为$5\sim15m^3$ 大型:铲斗容量为$15\sim30m^3$ 特大型:铲斗容量大于$30m^3$	按卸土方式分	自由卸土式 半强制卸土式 强制卸土式
按行走方式分	拖式 自行式	按传动方式分	机械传动式 液力机械传动式 电传动式 液压传动式
按行走装置分	轮胎式 履带式	按工作装置的操纵方式分	机械式 液压式

三、铲运机编号

铲运机的型号用字母C表示,L表示轮胎式,无L表示履带式,T表示拖式,后面的数字表示铲运机的铲斗几何容量,单位为立方米(m^3)。如CL7表示铲斗几何容量为$7m^3$的轮胎式铲运机。

四、铲运机的构造与工作原理

拖式铲运机本身不带动力,工作时由履带式或轮胎式牵引车牵引。这种铲运机的特点是牵引车的利用率高,接地比压小,附着能力大和爬坡能力强,在短距离和松软潮湿地带的工程中普遍使用,工作效率低于自行式铲运机。

拖式铲运机的结构如图3.17所示,由拖杆1、辕架4、工作油缸5、机架8、前轮2、后轮9和铲斗7等组成。铲斗7由斗体、斗门6和卸土板组成。斗体底部的前面装有刀片,用于切土。斗体可以升降,斗门6可以相对斗体转动,即打开或关闭斗门6,以适应铲土、运土和卸土等不同作业的要求。

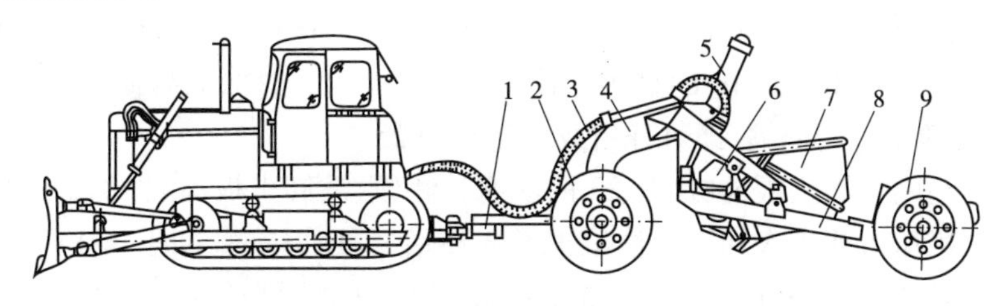

图3.17 拖式铲运机的构造简图

1-拖杆;2-前轮;3-油管;4-辕架;5-工作油缸;6-斗门;7-铲斗;8-机架;9-后轮

自行式铲运机多为轮胎式,一般由单轴牵引车和单轴铲斗两部分组成,如图3.18所示。有的在单轴铲斗后还装有一台发动机,铲土工作时可采用两台发动机同时驱动。采用单轴牵引车驱动铲土工作时,有时需要推土机助铲。轮胎式自行式铲运机均采用低压宽基轮胎,以改善机器的通过性能。自行式铲运机本身具有动力,结构紧凑,附着力大,行驶速度高,机动性好,通过性好,在中距离土方转移施工中应用较多,效率比拖式铲运机高。

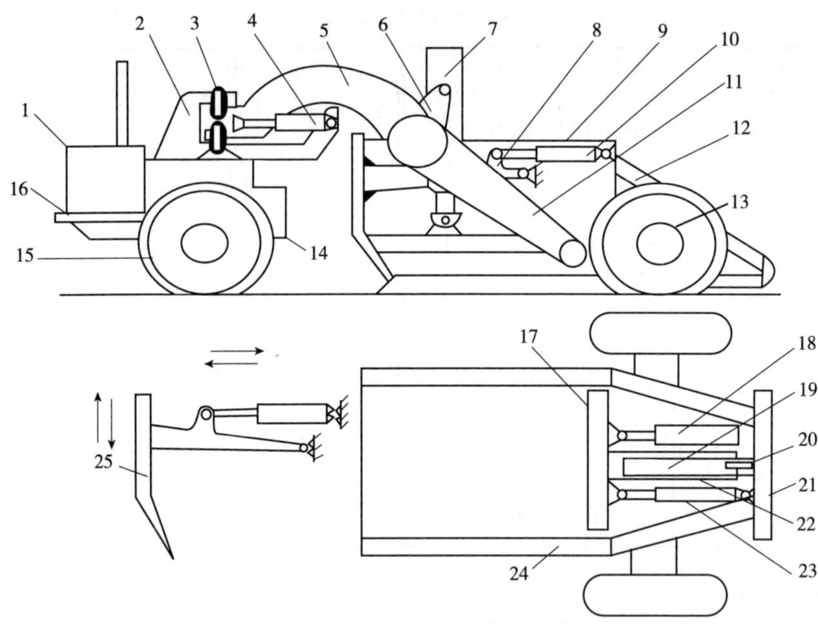

图 3.18　液压操纵自行式铲运机的构造简图

1-柴油机；2-支架；3-主销；4-转向油缸；5、11-辕架；6-支臂；7-铲斗升降油缸；8-斗门杠杆；9-铲斗；10-斗门开闭油缸；12-尾架；13-后轮；14-传动箱；15-前驱动轮；16-机架；17-卸土板；18、23-卸土板油缸；19-矩形导向杆；20-滚轮；21-顶杆；22-套管；24-铲斗侧壁；25-斗门

图 3.18 为一典型液压操纵自行式铲运机的构造简图。柴油机 1 和传动箱 14 均安装在机架 16 上，柴油机的动力经传动箱 14（变速器）传给主传动器后再经差速器和半轴传给轮边减速器和驱动轮。当驱动轮转动时，地面给予驱动轮的力使牵引车产生运动，从而为牵引其后的铲斗提供了动力，与此同时传动箱 14（变速器）还带动液压泵工作，为铲运机各液压油缸提供压力油。

铲斗 9 的后部利用尾架 12 与后轮 13 的桥壳相连，使铲斗 9 可以绕后轮 13 的轴线转动。铲斗 9 的前部通过两侧的两个铲斗升降油缸 7 吊挂在辕架的支臂 6 上。辕架 5 与支架 2 用两根垂直布置的主销 3 铰接，用两个转向油缸 4 来控制单轴牵引车相对铲斗 9 的偏转，以实现铲运机的转向。

斗门 25 通过两侧的斗门杠杆 8 铰接在铲斗 9 上，斗门杠杆 8 的短臂和斗门开闭油缸 10 的活塞杆铰接，斗门开闭油缸 10 的缸体则铰接在铲斗 9 上，这样，只要使压力油进入斗门开闭油缸 10，随着活塞杆的伸缩，即可开启或关闭斗门 25。

卸土板 17 与两个卸土板油缸 18、23 的活塞杆相铰接，卸土板油缸 18、23 的缸体则铰接在顶杆 21 上。当压力油进入卸土板油缸 18、23 使活塞杆伸长时，卸土板 17 即沿着斗底前移而进行卸土；若使压力油进入卸土板油缸 18、23 的另一腔，则活塞杆的收缩将使卸土板 17 回位。为了引导卸土板 17 作纵向移动，在尾架 12 上固定有矩形导向杆 19，卸土板 17 上固定有与矩形导向杆 19 相配合的套管 22，套管上装有滚轮 20，当卸土板 17 作纵向移动时，套管 22 便带着滚轮 20 沿着矩形导向杆 19 滚动。

五、铲运机的工作过程

1. 作业过程

（1）铲装。将铲运机驶至装土处，挂上低速挡，放下铲斗，同时开启斗门。铲斗靠自重或油缸作用力切入土壤，在牵引力（由牵引车和助铲机产生）作用下铲斗进行充填，铲斗充满后，提起铲斗离开地面，关闭斗门，铲装结束。

(2)装载运输。关闭斗门，提升铲斗至运输位置，挂高速挡驶向卸土处。

(3)卸土。驶至卸土处，挂上低速挡，将斗体置于某一高度，按厚度要求边走边卸土。

(4)空车回驶。卸完土后，挂上高速挡驶回装土处。

2. 卸土方式

1)强制式卸土[图3.19a)]

铲斗的后壁为一块可沿水平导轨移动的推板（即卸土板），当卸土时，后壁在动力作用下，由后向前强制地将斗内的土推出。这种卸土方式的优点是能够彻底清除斗底与斗壁上所黏附的土壤，卸土干净，特别适于黏土和较湿的土作业。但卸土时消耗功率大。

2)半强制式卸土[图3.19b)]

铲斗的后壁与斗底为一个整体，并且与斗体铰接在前面的刀片座板上。卸土时后壁连同斗底绕铰接轴向前倾翻。土开始时被强制向前推移、上升，当升到一定角度时，借助自重倒出。这种卸土方式可使黏附在两侧壁的土壤部分地被清除，消耗的功率较强制式的小。

3)自由式卸土[图3.19c)]

铲斗是一个整体，卸土时依靠动力驱动使铲斗倾翻，使土完全借助自重倒出。这种方式可用来卸干燥松散的土，若为黏土和潮湿的土则效果较差，因土黏附在斗底及侧壁后不易清除，这种卸土方式仅用于小容量的铲斗。

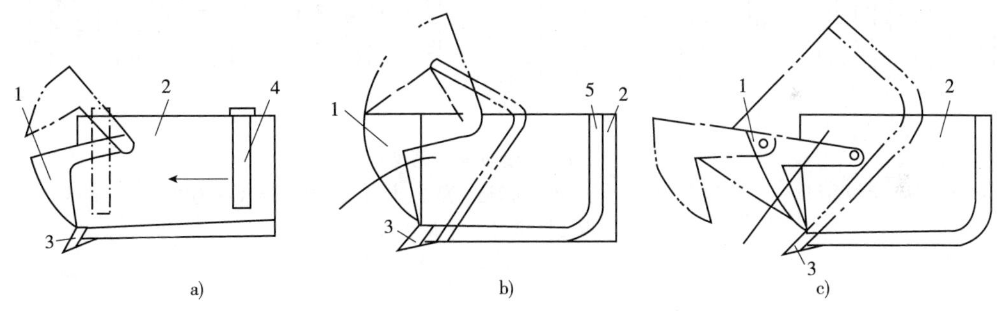

图3.19 铲斗卸土示意图

a)强制式卸土；b)半强制式卸土；c)自由式卸土

1-斗门；2-铲斗；3-刀片；4-后壁；5-斗底与后壁

3. 施工运行路线规划

规划铲运机施工运行路线时，要综合考虑施工效率、地形条件、机械磨损等因素，以达到运距短、坡道平缓和修筑通道的工作量小等要求。在填筑路堤和开挖路堑工程中，常用的运行路线有以下五种。

1)环形运行路线[图3.20a)]

铲运机自路线外的单侧或两侧的取土坑取土填筑路堤，或挖掘路堑弃土于路堑两侧时可按环形路线运行。完成一个循环的铲土、运土、卸土、回驶四个过程中，有两次转向。这种运行路线，大多用于工作地段狭小、运距短而高度不大的填堤或挖堑工作。

2)“8”字形运行路线[图3.20b)]

它由两个环形连接而成，省去了两个急转弯。此运行路线中重载上坡的坡道较缓，重载与空载行驶路程较短。一次循环运行中，可完成两次铲土和卸土工作，效率高。机械左、右交替转弯,可减少机械的磨损。其缺点是要有较大的施工工作面,地形要平坦,多机同时施工时容易互相干扰。一般施工中较少采用。

3)“之”字形运行路线[图3.20c)]

它呈锯齿状,无急转弯,效率高。这种运行路线适用于工作地段较长的施工对象,并适宜于机群工作。其主要缺点在于循环太大(填挖到尽头后再转弯反向运行),施工面太长;多雨季节难以施工,因而停工时间多,必须要有周密的施工组织才行。

4)穿梭式运行路线[图3.20d)]

它较上述几种运行路线的优点是全程长度短,空载路程少,一个循环运行中有两次装土和卸土作业,效率高。其缺点是只适用于两侧取土,转弯时间多。

5)螺旋形运行路线[图3.20e)]

它是穿梭式的变形。按此路线运行一圈有两次铲土与卸土,运距短,效率高。

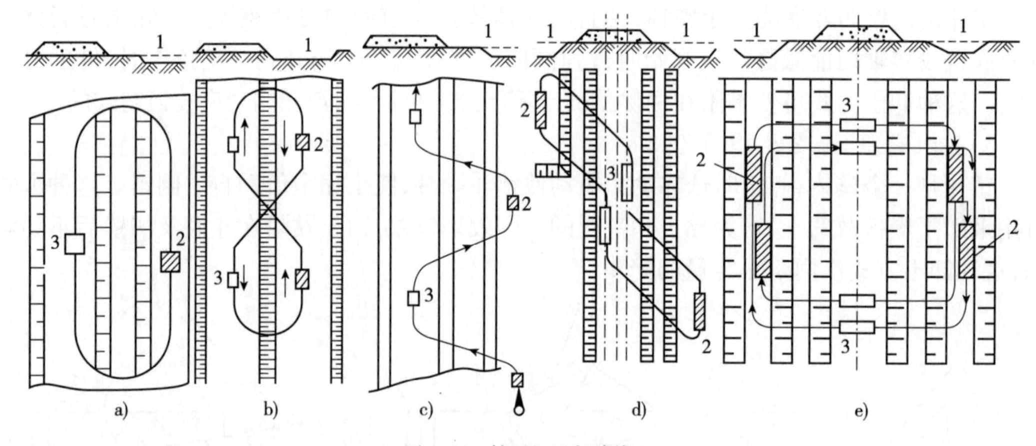

图3.20 铲运机运行路线

a)环形运行路线;b)“8”字形运行路线;c)“之”字形运行路线;d)穿梭式运行路线;e)螺旋形运行路线

1-取土坑;2-装土;3-卸土

4. 作业方法

1)平整场地

作业时应先在挖填区高差大的地段进行,以便铲高填低。待整个区域高程与设计高程差在20~30cm以后,再沿平整区域中部(或一侧)平整出一条标准带,然后由此向外逐步扩展,直到整个区域达标为止。施工面较大时,可分块进行平整。

2)填筑路堤

(1)纵向填筑路堤

纵向填筑时应从路堤两侧开始,铺卸成层,逐渐向路堤中线靠近,并始终保持两侧高于中部,以保证作业质量和安全。

填筑路堤高度在2m以下时,多采用环形运行路线;如运行地段较长时也可采用“之”字形运行路线;当填筑高度在2m以上时,多采用“8”字形运行路线,这样可使进出口的坡道平缓些。

填筑路堤两侧边时,应使铲斗沿路堤边线行驶,并留20~30cm的距离卸土。卸土时尽量放低铲斗,使卸下的土向边线推挤,从而保证两侧高、中间低的状况,如图3.21所示。

卸土时应将土均匀分布在路堤上,以便轮胎压实土方,保证路基的压实质量。

当路基填筑到1m以上高度时，应修筑进出口上下堤通道，间距一般在100m以下，宽度不小于工地上最宽施工机械的行驶宽度。

(2)横向填筑路堤

可选用螺旋形运行路线施工，作业方法同纵向填筑路堤的施工方法。

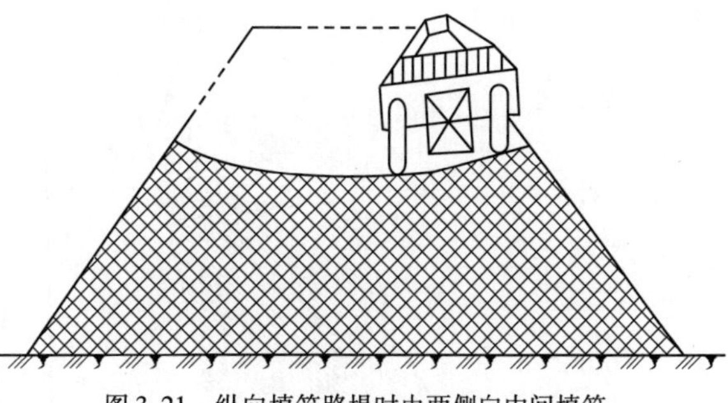

图3.21　纵向填筑路堤时由两侧向中间填筑

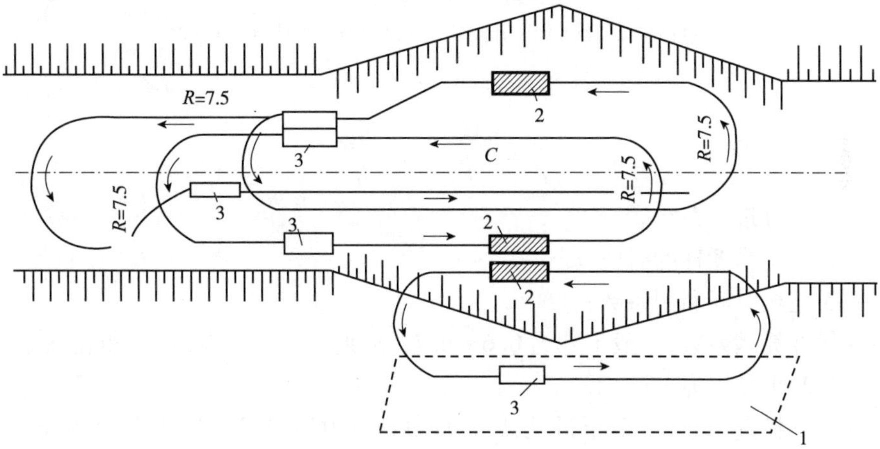

3)开挖路堑

开挖路堑的作业方式有移挖作填、挖土弃掉及综合施工等。图3.22为综合作业方式的运行路线。

图3.22　综合作业方式的运行路线(尺寸单位:m)

1-弃土堆;2-铲土;3-卸土

铲运机开挖路堑，应先从路堑两边开始，如图3.23所示，以保证边坡的质量，防止超挖和欠挖。否则，将增加边坡修整作业量。

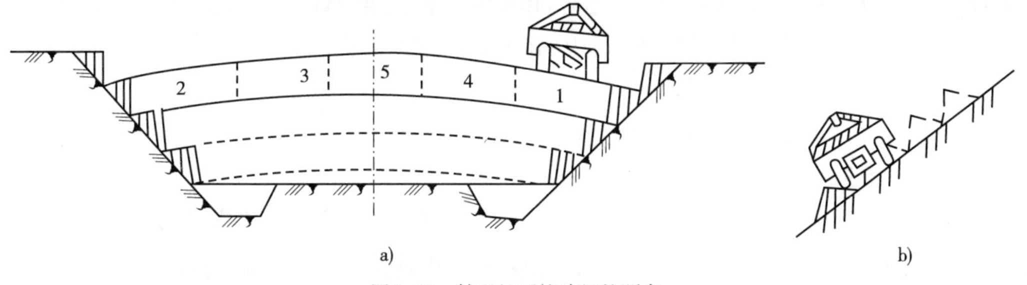

图3.23　铲运机开挖路堑的顺序

4)傍山挖土(多用推土机和挖掘机进行)

如图3.24所示，它是修筑山区道路的挖土方法，施工前先用推土机推出坡顶线，并修出铲运机作业的上下坡通道，作业应按边坡线分层进行，保持里低外高的作业断面，如图3.24a)所示。若施工作业断面里高外低时，可先在里面铲装几斗，形成一土坎，并使一侧轮胎位于土坎上，使铲运机向里倾斜，便可形成外高里低的作业断面，如图3.24b)所示。

5.铲运机生产率的计算

铲运机生产率Q(m^3/h)是指铲运机每小时(h)完成的土方量(m^3)(实方)，计算公式

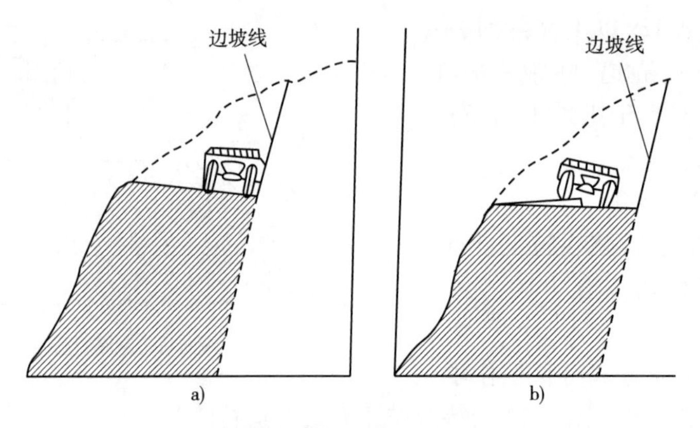

图 3.24 铲运机傍山挖土法

a)外高里低的作业断面;b)利用土坎形成外高里低的作业断面

如下:

$$Q = \frac{60K_{sh}}{T} \cdot q \cdot \frac{K_m}{K_s} \tag{3.1}$$

式中:q——铲斗容量,m^3;

T——每一工作循环的时间,min;

K_{sh}——铲运机时间利用系数;

K_m——铲斗充满系数,一般干砂为 0.6 ~ 0.7,湿砂为 0.7 ~ 0.9,砂土和黏性土为 1.1 ~ 1.2,干黏土为 1.0 ~ 1.1;

K_s——土壤松散系数,一般干砂为 1.1,湿砂为 1.05 ~ 1.20,砂土和黏性土为 1.20 ~ 1.40,干黏土为 1.2 ~ 1.3。

铲运机每一工作循环的时间 T,由下式计算:

$$T = \frac{L_c}{v_c} + \frac{L_y}{v_y} + \frac{L_x}{v_x} + \frac{L_h}{v_h} + t_d + 2t_w \tag{3.2}$$

式中:L_c、L_y、L_x、L_h——铲运机的铲土、运土、卸土和回程长度,m;

v_c、v_y、v_x、v_h——铲运机的铲土、运土、卸土和回程速度,m/min;

t_d——换挡时间,min;

t_w——换向时间,min。

6. 提高铲运机生产率的措施

从计算公式看出,影响铲运机生产率的主要因素有铲斗充满系数 K_m,每一工作循环的时间 T 和时间利用系数 K_{sh}。影响 K_m 的因素除土壤性质、施工条件和自然条件外,还有驾驶员的操作熟练程度、操作方法和其他施工辅助措施。影响 T 的因素主要是铲运机施工运行路线和驾驶员对基本作业操作方法的合理运用程度。为了提高铲运机的生产率,一般可采用下列措施。

1)起伏式铲土法

开始铲土时,切土较深以充分利用发动机的功率,随着铲土前进,发动机负荷增大,其转速渐趋降低,这时逐渐提斗以减小切土深度,使发动机转速复原,之后再降斗切土(深度比第一次要浅些),如此反复进行几次直至装满铲斗。此法可缩短铲土长度和铲土时间。

2)跨铲铲土法

如图3.25所示,先在取土场的第一排铲土道取土,在两铲土道之间留出铲运机一半宽度的一条土埂;第二排铲土道的起点与第一排铲土道的起点相距约半个铲土长度,其铲土方向对准第一排取土后留下的土埂。以后每排取土的方法,比照第一排、第二排的关系进行。这种铲土法,从第二排起,每次铲土的后半段由于减小了切土宽度,使铲土阻力随着斗内土量的增加而减小,使发动机的负荷比较均衡。所以在发动机功率不变的情况下,既缩短了铲装时间,又提高了铲装效率。在土质较坚硬的取土场中采用此法,可提高效率10%左右。

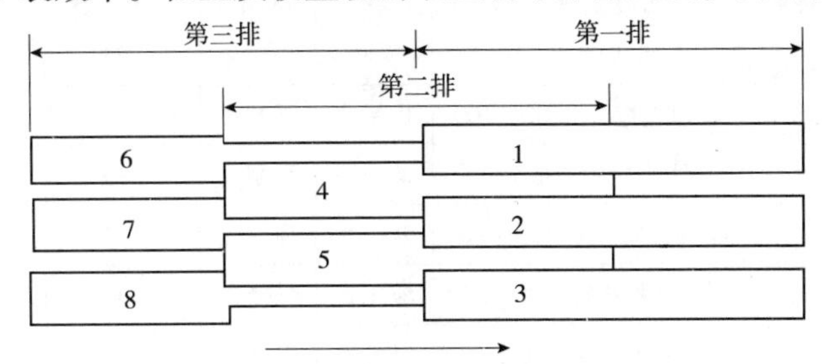

图3.25　跨铲铲土法铲土次序示意图

3)快速铲土法

当铲运机以较高速度返回而进入铲土位置时,立即放斗切土,利用惯性铲装一部分土,待发动机负荷激增而转速降低时,再换一挡继续铲装,这样也可缩短铲装时间。

4)硬土预松

对坚硬的土壤,用松土机预先进行疏松。松土机必须配合铲运机的铲装作业逐层疏松,并使松土层深度与铲运机切土深度相一致,以免因疏松过深而影响铲运机的牵引力。

5)下坡铲土法

利用铲运机下坡行驶时重力分力的作用,加大切土深度,缩短铲土时间。此法不仅适用于有坡度的地形,就是在平坦地段也可铲成下坡地形,铲土坡度一般为3°~15°。

6)助铲法

在工程施工中,由于土质、地形多变,铲运机的机况也难以保持一致,往往出现铲运机自身的动力满足不了铲土的需要,致使效率严重受到影响,尤其在硬土地段刀片往往不易切入土层,造成铲斗装不满的“刮地皮”现象。为了解决这一问题,施工中往往用一台或多台机械采用前拖或后推或两者兼而有之的方法来帮助铲运机进行铲土作业,我们将这一方法称为助铲法,且以推土机后推助铲最为常见,如图3.26所示。

图3.26　用推土机为铲运机助铲

7. 铲运机的选用

根据工程施工的自然条件以及铲运机的性能和特点进行合理选型是取得铲运机施工最高经济效益并获得最大生产率的关键因素之一。

1)按运距选用

铲运机的经济运距是选用铲运机的基本依据。在100~2 500m范围内,土方工程最佳的装运设备是铲运机。

一般情况下，小斗容量($6m^3$)铲运机的最小运距应大于100m为宜，而最大运距应小于350m，其最经济的运距为200～350m；大斗容量($10m^3$以上)铲运机的最小运距为800m，而最大运距可达到2 000m以上。铲运机的经济运距一般与其斗容成正比，可参考表3.4和表3.5选取铲运机的机型。

几种国产铲运机的使用条件表 表3.4

类别	型号	铲斗容量(m^3)	牵引方式及功率(kW)	操纵方式	卸土方式	切土深度(mm)	卸土厚度(mm)	适用运距(m)
拖式铲运机	CT6	6～8	履带式拖拉机，80～100	机械式	强制式	300	380	100～700
	CTY7	7～9	履带式拖拉机，120	液压式	强制式	300	380	100～700
	CTY9	9～12.5	履带式拖拉机，180～220	液压式	强制式	300	350	100～700
	CTY10	10～12	履带式拖拉机，180～200	液压式	强制式	300	300	100～700
自行式铲运机	C6	6	单轴牵引车，120	机械式	强制式	300	380	800～1 500
	CL7	7～9	单轴牵引车，180	液压式	强制式	300	400	800～1 500

各种铲运机的适用范围 表3.5

类别			推装斗容量(m^3)		适用运距(m)		道路坡度
			一般	最大	一般	最佳	
拖式铲运机			2.5～18	24	100～1 000	100～300	15%～30%
自行式铲运机	单发动机	普通装载式	10～30	50	200～2 000	200～1 500	5%～8%
		链板装载式	10～30	35	200～1 000	200～600	5%～8%
	双发动机	普通装载式	10～30	50	200～2 000	200～1 500	10%～15%
		链板装载式	9.5～16	34	200～1 000	200～600	10%～15%

2)按铲装材料的性质选用

普通装载式的铲运机适合于在Ⅱ级及以下土质中使用，若遇Ⅲ、Ⅳ级土时，应对其进行预先翻松。铲运机最适宜在含水率为25%以下的松散砂土和黏性土中施工，而不适合在干燥的粉砂土和潮湿的黏性土中施工，更不适合在地下水位高的潮湿地带、沼泽地带以及岩石类地带作业。带松土齿的铲运机可铲装较硬的土质。

3)按施工地形选用

利用下坡铲装和运输可提高铲运机的生产率，适用铲运机作业的最佳坡度为7°～8°，坡度过大不利于装斗。因此，铲运机适用于从路旁两侧取土坑取土填筑高为3～8m的路堤或两侧弃土挖深为3～8m路堑的作业。纵向运土路面应平整。

铲运机适用于大面积场地的平整作业、铲平大土堆以及填挖大型管道沟槽和装运河道土方等工程。

4)按机种选用

铲运机类型主要根据使用条件选择，如土的性质、运距、道路条件、坡度等。

双发动机式铲运机具有加速性能好、牵引力大、运输速度快、爬坡能力强、可在较恶劣地面条件下施工等优点，但其投资大。所以，只有在单发动机式铲运机难以胜任的工程条件下，双发动机式铲运机才具有较好的经济效果。

第三节　平　地　机

一、平地机概述

平地机是利用刮刀平整地面的土方机械,它可以完成公路、机场、农田等大面积的地面平整和挖沟、刮坡、推土、排雪、疏松、压实、布料、拌和、助装、开荒等工作。是国防工程、矿山建设、道路修筑、水利建设和农田改良等施工中的重要设备。

平地机的起源可以追溯到19世纪末的美国。平地机经历了低速到高速、小型到大型、机械操纵到液压操纵、机械换挡到动力换挡、机械转向到液压助力转向再到全液压转向以及整体机架到铰接机架的发展过程。整机的可靠性、耐久性、安全性和舒适性都有了很大的提高。今天随着高新技术的发展、机械制造和液压技术的发展与应用以及它们组合式地在工程机械产品上的应用,以现代微电子技术为代表的高科技正越来越普遍地用来改造工程机械产品的传统结构。成熟技术的移植应用已大大促进了平地机综合技术水平的进一步提高。平地机已经发展至自行平地的水平,自动化已经成为平地机的发展趋势,因此平地机也得以广泛的使用。

二、平地机分类

(1)按操纵方式分,平地机可分为:

①机械操纵式平地机;

②液压操纵式平地机。

(2)按机架结构形式分,平地机可分为:

①整体机架式平地机;

②铰接机架式平地机。

(3)按车轮对数、驱动轮对数和转向轮对数分,平地机可分为以下两种类型。

①四轮平地机,包括以下两类。

2×1×1 型——前轮转向,后轮驱动;

2×2×2 型——全轮转向,全轮驱动。

②六轮平地机,包括以下三类。

3×2×1 型——前轮转向,中、后轮驱动;

3×3×1 型——前轮转向,全轮驱动;

3×3×3 型——全轮转向,全轮驱动。

三、平地机的工作原理及结构简介

1. 平地机总体结构

平地机主要组成部分有:发动机、传动系统、机架、行走装置、工作装置和操纵控制系统。如图3.27所示。

发动机一般采用柴油机,多数柴油机都采用了废气涡轮增压技术。

2. 整体式机架

机架是一个支持在前桥与后桥上的弓形梁架。在机架上装着发动机、主传动装置、驾驶

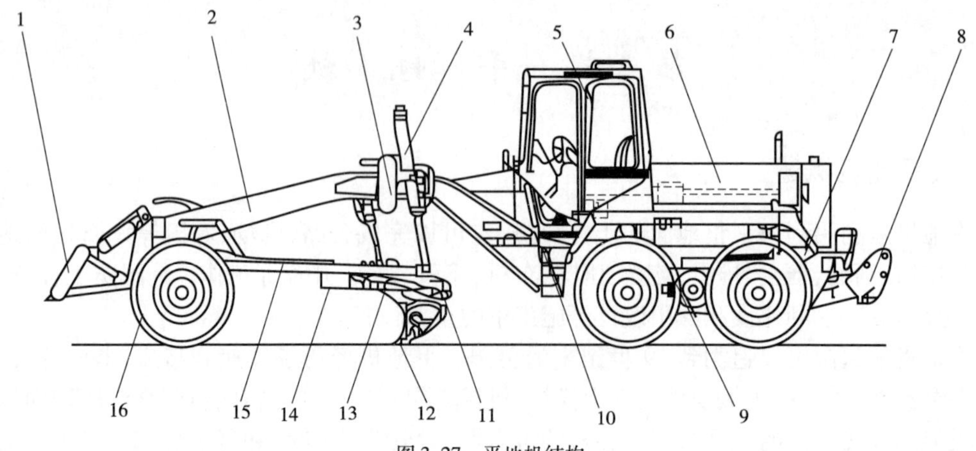

图 3.27 平地机结构

1-前推土板；2-前机架；3-摆架；4-刮刀升降油缸；5-驾驶室；6-发动机罩；7-后机架；8-后松土器；9-后桥；10-铰接转向油缸；11-松土耙；12-刮刀；13-铲土角变换油缸；14-转盘齿圈；15-牵引架；16-转向轮

室和工作装置等。如图 3.28 所示。

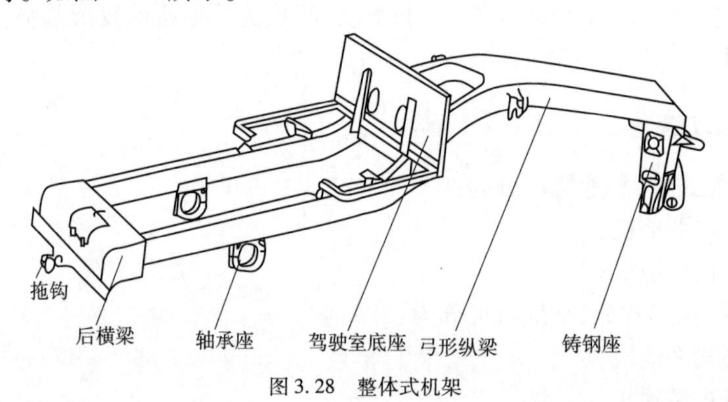

图 3.28 整体式机架

在机架中间的弓背处装有油缸支架，上面安装刮刀升降油缸和牵引架引起油缸。铰接机架设有左右铰接转向油缸，用以改变或固定前后机架的相对位置。

3. 平地机动力传动系统

如图 3.29 所示，平地机传动系统一般由主离合器或液力变矩器、变速器、后桥传动、平衡箱串联传动装置等组成（此处以 PY180 型平地机为例）。

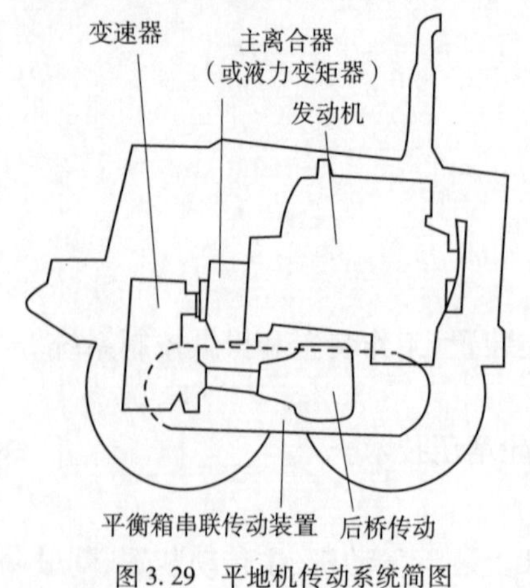

图 3.29 平地机传动系统简图

液力变矩器为单级向心式变矩器，具有一定的正透性。变矩器泵轮通过弹性连接盘（非金属材料）与发动机飞轮直接相连。

采用定轴式动力换挡变速器，涡轮轴为定轴式动力换挡变速器的输入轴。由变速油泵向液压换挡离合器提供压力油，以实现动力换挡。变速泵由泵轮轴驱动，安装在变速器内的后上方。除向换挡离合器提供压力油外，同时向液力变矩器供油，然后经冷却器冷却，再供给变速器的压力润滑系统。

PY180 型平地机传动系统采用发动机—液力变矩器—动力换挡变速器的传动形式。它的传动原理如

图 3. 30所示。发动机输出的动力经液力变矩器,进入动力换挡变速器,由变速器输出,经万向节和传动轴输入三段型驱动桥的中央传动。中央传动设有自动闭锁差速器,左右半轴分别与左右行星减速装置的太阳轮相连,动力由齿圈输出,然后输入左右平衡箱轮边减速装置通过重型滚子链轮减速增扭,再经车轮轴输出到左右驱动轮。

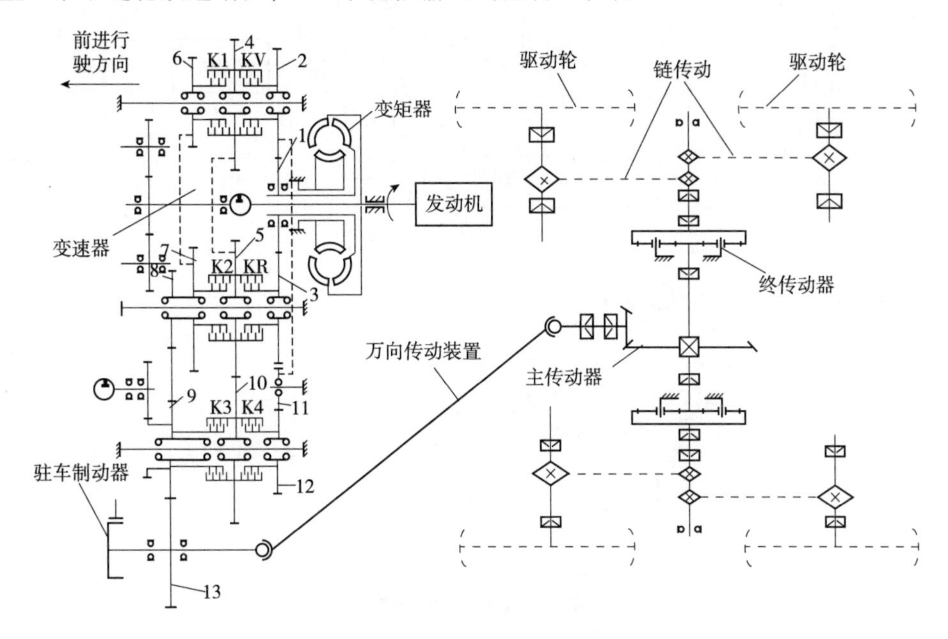

图 3. 30　PY180 平地机传动系统

1-涡轮轴齿轮;2 ~ 13-常啮合传动齿轮

KV、K1、K2、K3、K4-换挡离合器;KR-换向离合器

PY180 型自行式平地机采用 ZF 液力变矩器—变速器或采用 Clack 液力变矩器—变速器与发动机共同工作。液力变矩器与动力换挡变速器共壳体,前端与发动机飞轮壳体用螺栓连接;ZF 液力变矩器—变速器由主、副变速器串联组成,前者采用高低挡副变速器,具有 6 个前进挡和 3 个倒退挡。

液力变矩器为电极向心式变矩器,具有一定的正透性。变矩器泵轮通过弹性盘与发动机飞轮连接,涡轮为变速器的动力输入轴。

变速器为定轴式动力换挡变速器,如图 3. 31 所示。变速齿轮均为常啮合传动齿轮,操纵换挡离合器换挡,则变速油泵供给压力油。变速齿轮油泵安装在变速器内的后上方。除向换挡离合器提供压力油外,变速泵也同时向液力变矩器供油,然后经冷却器冷却,再向变速器的压力润滑系统供油。

变速器设有 K1、K2、K3、K4、KV 等 5 个换挡离合器和 1 个换向离合器(KR),换挡离合器为多片式双离合器机构,“KV - K1”、“KV - K2”和“KV - K3”换挡离合器均为单作用双离合器,即左、右离合器可以单独接合,也可以同时接合传递动力。左、右离合器公用一个油缸,分别有各自的压紧活塞。

在变速器后端伸出的泵轮轴上,装有平地机工作装置的驱动油泵。变速器输出的动力用于驱动转向油泵和紧急转向油泵。变速器输出轴前端装有驻车制动器,后端通过传动轴将动力传至后桥行走驱动装置。

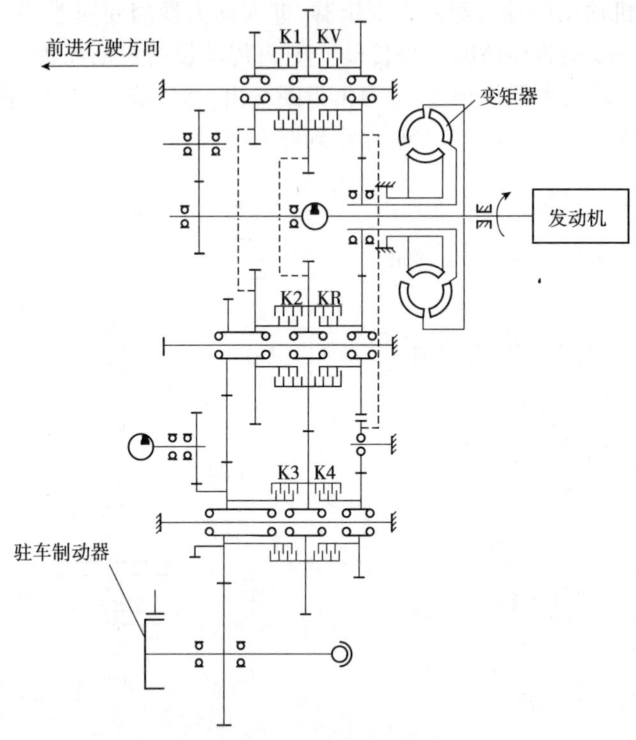

图 3.31　定轴式动力换挡变速器

变速器采用电液系统控制换挡。电液控制系统由变速泵、换挡压力控制阀、电磁换挡液压信号阀、液压换挡阀、换挡离合器组机滤清器、安全阀、油箱等液压元件和挡位选择器等电气元件所组成。

在电液换挡控制系统中,变速泵主油路提供电磁换挡信号阀所需的信号油压和通过液压换挡阀进入换挡离合器的接合油压,换挡时,手动操纵电控挡位选择挡位,即接通与选择器相关的电磁信号阀,并通过电磁信号阀输出信号油压,再控制液压换挡阀实现换挡。平地机换向时,应将挡位降至 1 挡进行。

液控液压换挡换向阀设有缓冲装置,可使换挡离合器接合平稳、换挡无冲击。另外,变速器的电液换挡电气线路中设有空挡保险装置,只有在变速器处于低挡位时,才能启动发电机,这样可以避免发动机负载启动。

4. 平地机转向系统

如图 3.32 所示,PY180 型平地机的转向液压回路由转向泵 14、紧急转向泵 15、转向阀 22、液压转向器 23、前轮转向油缸 4、冷却器 28、旁通指示阀 21 和压力油箱 24 等主要液压元件组成。平地机转向时由转向泵 14 提供的压力油经流量控制阀和转向阀 22,以稳定的流量进入液压转向器 23,然后进入前桥左、右转向油缸的反向工作腔,推动左、右前轮的转向节臂,偏转车轮,实现向左或向右转向。转向器内的安全阀可保护转向液压回路的安全,即回路过载(工作压力超过 15MPa)时安全阀开启、卸荷。

当转向泵 14 出现故障、无法提供压力油时,转向阀 22 即自动接通由变速器输出轴驱动的紧急转向泵 15,由该泵提供的压力油即可进入转向回路,确保转向运动正常进行。当转向泵 14 或紧急转向泵 15 发生故障时,旁通指示阀 21 接通,监控指示灯显示故障,以提醒驾驶员注意。

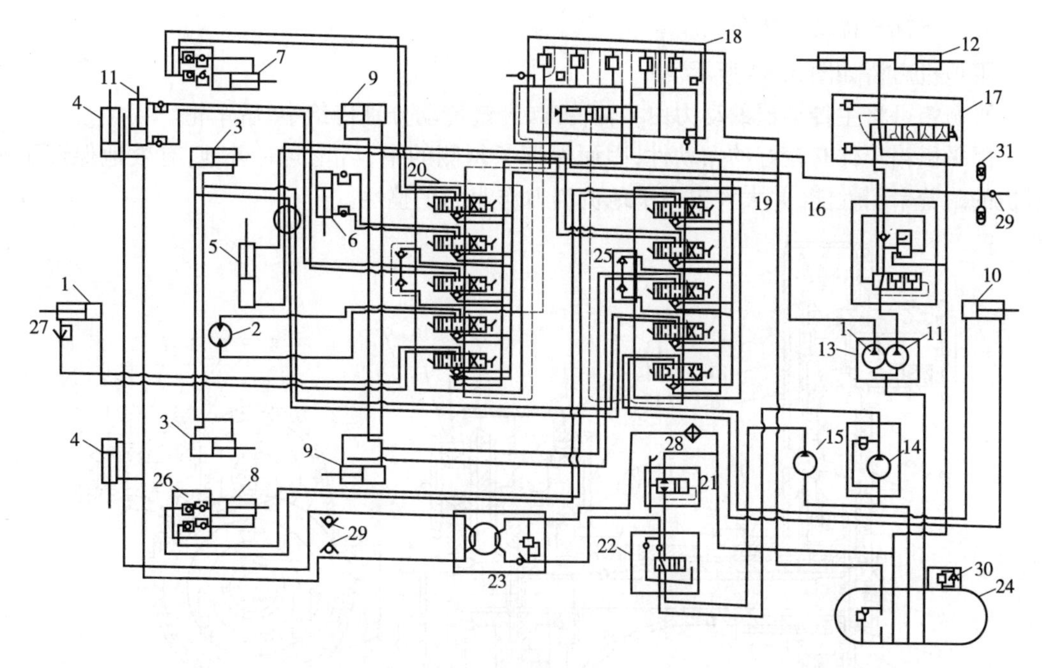

图 3.32　PY180 型平地机的转向液压回路

1-推土铲升降油缸；2-刮刀回转液压马达；3-铲土角变换油缸；4-前轮转向油缸；5-刮刀引出油缸；6-刮刀摆动油缸；7、8-刮刀左、右升降油缸；9-铰接转向油缸；10-松土器升降油缸；11-前轮倾斜油缸；12-制动分泵；13-双联泵（Ⅰ、Ⅱ）；14-转向泵；15-紧急转向泵；16-限压阀；17-制动阀；18-油路转换阀；19、20-上、下多路操纵阀；21-旁通指示阀；22-转向阀；23-液压转向器；24-压力油箱；25-补油阀；26-双向液压锁；27-单向节流阀；28-冷却器；29-微型测量接头；30-进、排气阀；31-蓄能器

平地机前桥如图 3.33 所示。平地机转向时，左右车轮可通过转向油缸推动左右转向节偏转，实现平地机转向，此时将前轮向转向内侧倾斜，可进一步减小平地机的转弯半径。

平地机在横坡上作业时，倾斜前轮使其处于垂直地面的状态，有利于提高前轮的附着力和平地机的作业稳定性。

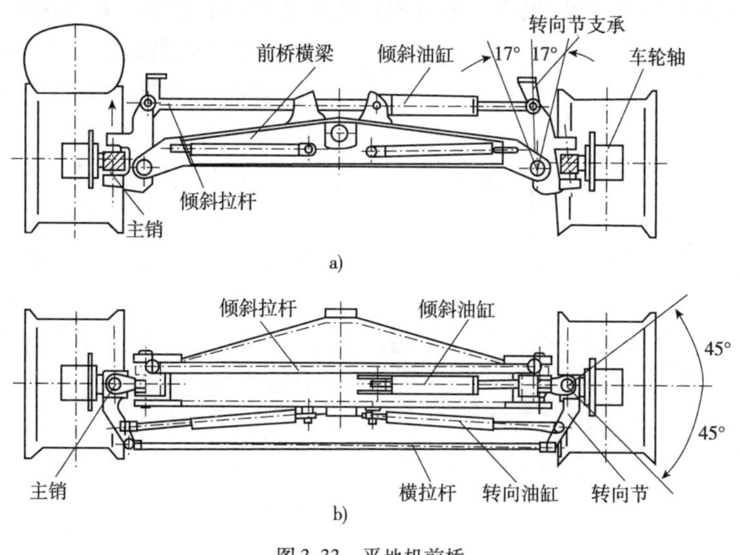

图 3.33　平地机前桥

a）平视图；b）俯视图

5. 平地机后桥及平衡箱

平地机后桥如图 3. 34 所示。

平衡箱可将主传动器的动力由半轴传出，经链传动分别传给中、后车轮。

因平衡箱箱体有较好的摆动性，因而保证了每侧的中、后轮同时着地，有效地保证了平地机的附着牵引性能，并大大提高平地机刮刀作业的平整性。

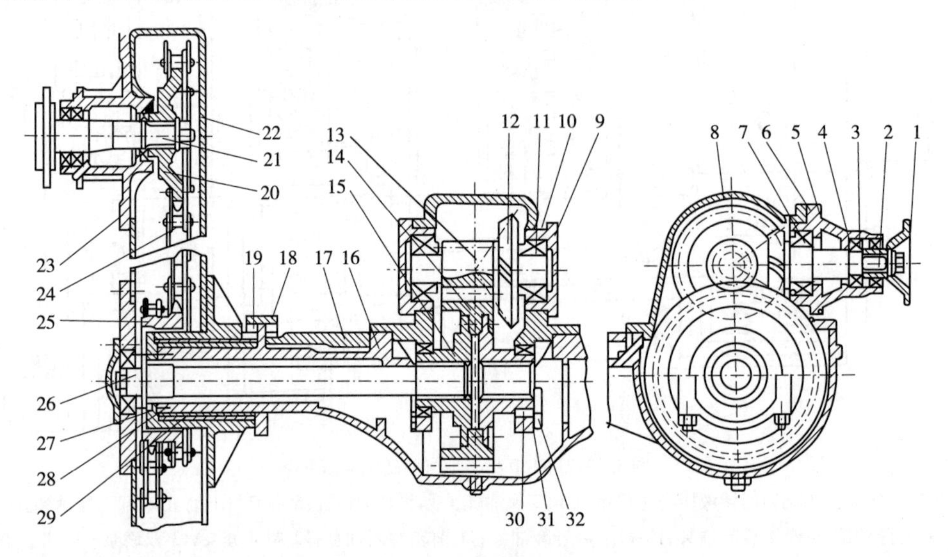

图 3. 34　平地机后桥

1-连接盘；2-主动锥齿轮轴；3、7、11、30-轴承；4、6、10、19、28、31-垫片；5-主动锥齿轮座；8-齿轮箱体；9-轴承盖；12-从动锥齿轮；13-直齿圆柱齿轮；14-从动直齿圆柱齿轮；15-轮毂；16-壳体；17-托架；18-导板；20-链轮；21-车轮轴；22-平衡箱体；23-轴承座；24-链条；25-主动链轮；26-半轴；27-端盖；29-钢套；32-压板

6. PY180 型平地机的工作装置

平地机工作装置分为主要工作装置和附加工作装置；前者为刮刀，如图 3. 35 所示，后者有耙土器、松土器和推土铲等，生产厂家可根据用户要求加装其中一种或两种。

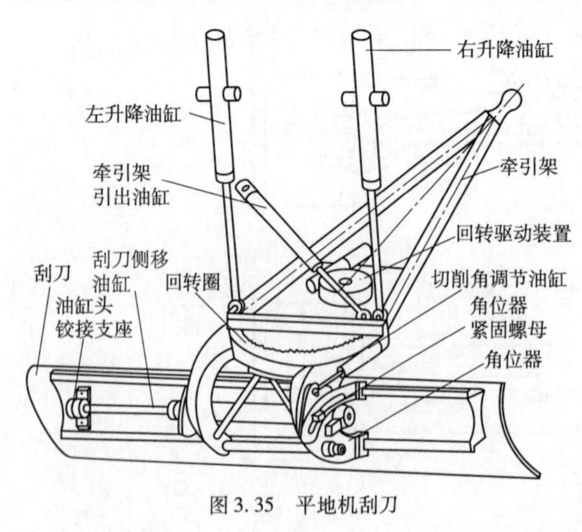

图 3. 35　平地机刮刀

多数平地机将耙土器装在刮刀与前轮之间，用来帮助清除杂物和疏松表层土壤；松土器安装在平地机的尾部；推土铲安装在平地机前面，用来配合刮刀作业。

(1)牵引架前端的球铰，与车架前端铰接，因而牵引架可绕球铰在任意方向转动和摆动。

(2)支承在牵引架上的回转圈在回转驱动装置的驱动下绕牵引架转动，从而带动刮刀回转。

(3)刮刀切削角的改变由角位器及角位器紧固螺母、切削角调节油缸共同完成。

(4)刮刀侧移。刮刀侧移油缸活塞杆通过滑轨带动刮刀侧移。

(5)刮刀移出机身由牵引架引出油缸、刮刀侧移油缸及回转驱动装置同时动作实现。

1)PY180 型平地机牵引架

分为 A 型和 T 型两种,如图 3.36 所示。前者为箱形截面三角形钢架。

A 型牵引架前端球铰与弓形前机架前端铰接,后端横梁两端球头与刮刀提升油缸活塞杆铰接。牵引架前端和后端下部焊有底板,前底板中部伸出部分可安装转盘驱动小齿轮。

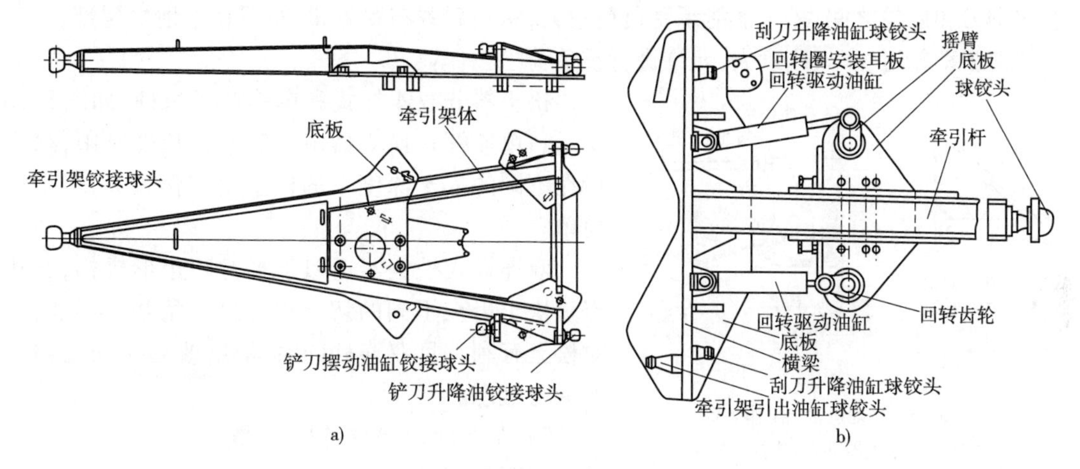

图 3.36 PY180 型平地机牵引架

a)A 型牵引架;b)T 型牵引架

2)PY180 型平地机回转圈及支承装置

回转圈由齿圈、耳板、拉杆等焊接而成,如图 3.37 所示。耳板应有足够的强度以免破坏。回转圈属于不经常使用的传动件,所以齿圈制造及配合面的配合精度可不高,并且暴露在外。

回转圈在牵引架的滑道上回转,滑道与回转圈之间为间隙配合,便于调节,并且因回转支承装置的滑动性能和耐磨性能都较好,不需要更换支承垫块。

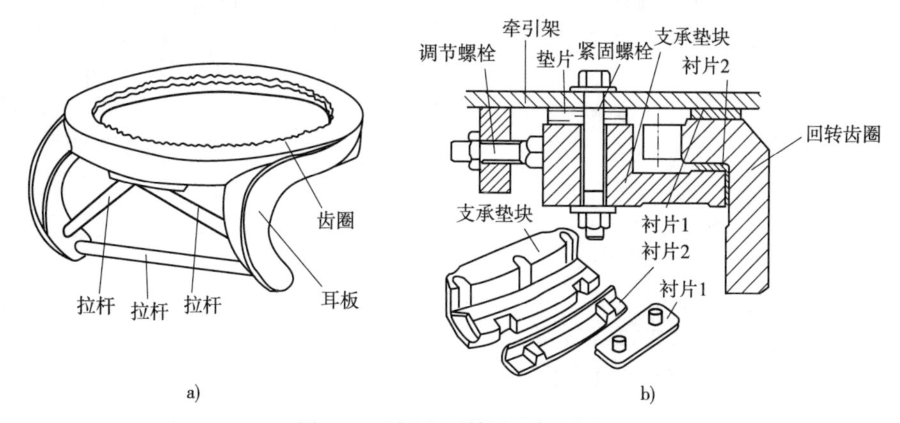

图 3.37 平地机回转圈及支承装置

3)PY180 型平地机的刮刀

刀身为一块钢板制成的长方形曲面弧形板,其下缘和两端用螺栓装有切削刀片。

刀片由耐磨抗冲击的高合金钢制成。其切削刃是上下对称的,刀口磨钝或磨损后可上下换边或左右对换使用。

为提高刮刀抗扭、抗弯刚度和强度,在刀身的背面焊有加固横条,在某些平地机上,此加固横条就是上下两条供刮刀侧伸时使用的滑轨。

4)PY180 型平地机松土工作装置

用于疏松不能用刮刀直接切削的坚硬土壤。

可以分为耙土器和松土器。耙土器能承受的负荷比较小,一般采用前置布置方式,即布置在刮刀和前轮之间;松土器能承受负荷较大,采用后置布置方式,布置在平地机尾部,安装位置离驱动轮近,车架刚度大,允许进行重负荷松土作业。

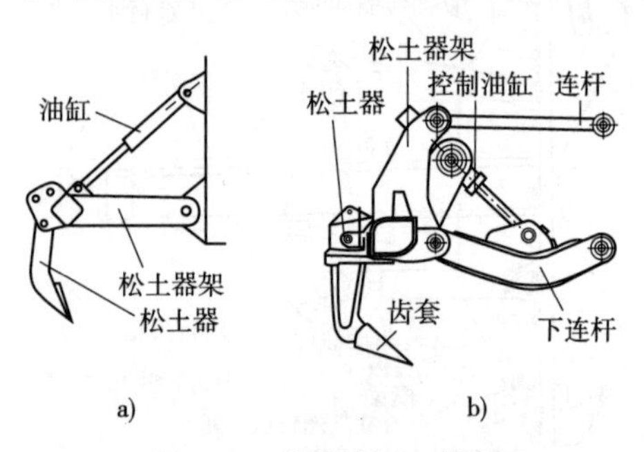

图 3.38 平地机松土工作装置

a)单连杆式松土器;b)双连杆式松土器

松土器分双连杆式和单连杆式两种,如图 3.38 所示。单连杆式松土器由于其连杆长度有限,松土齿在不同的入土深度下的松土角变化较大,但结构简单。

双连杆式松土器近似于平行四边形机构,其优点是松土齿在不同的切土深度松土角基本不变,故对松土有利。且双连杆同时承载,改善了松土器架的受力状态。

5)PY180 型平地机耙土装置

如图 3.39 所示。

6)PY180 型平地机自动调平装置

平地机自动调平装置由控制箱 1、横向斜度控制装置 3、纵向斜度控制装置 4、液压伺服装置 2 等组成,如图 3.40 所示。

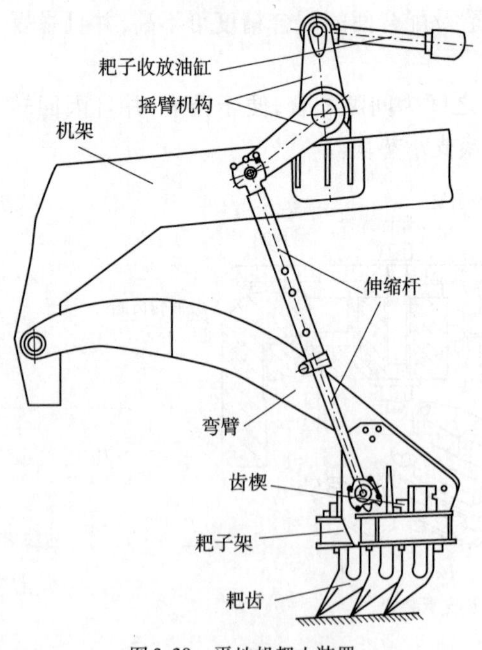

图 3.39 平地机耙土装置

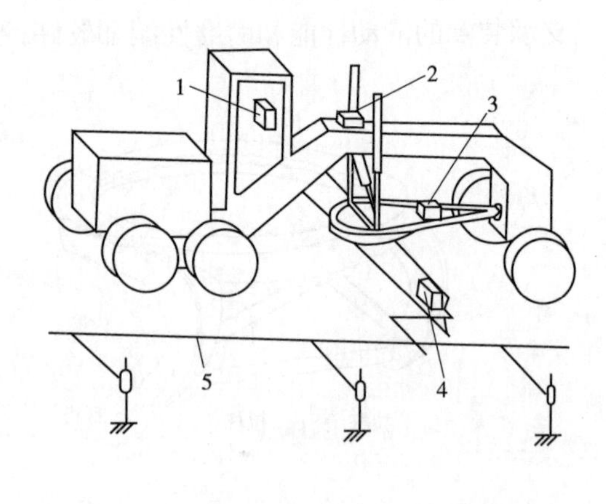

图 3.40 平地机自动调平装置

1-控制箱;2-液压伺服装置;3-横向斜度控制装置;4-纵向斜度控制装置;5-基准绳

轮式随动装置的刮平控制装置，如图 3.41 所示。方形连接套装在刮刀一侧的背面，连接整个装置的方形杆可插入套内，然后固定住。整个装置可以从刮刀的一端换到另一端，拆装方便。

工作时，随动轮在基准路面上被刮刀拖着滚动，轮子相对于刮刀上下跳动量直接传给刮平传感器测得。转动角的大小反映了刮刀高度的变化。传感器上的摆杆，使之绕摆轴转动，转动角由高度传感器测得。

如果测得的高度与驾驶员在控制箱上设置的高度存在偏差，通过信号立即传到液压伺服装置，控制升降油缸调节刮刀高度至设置高度为止。轮式随动装置常用于以比较硬的地面（如沥青路面等）为基准时的作业。

滑靴式随动装置如图 3.42 所示。滑靴由连杆带动，连杆与刮刀背面的接块铰接，可相对于刮刀作上下摆动，摆动量通过连杆上的支杆拨动摆杆传给传感器。

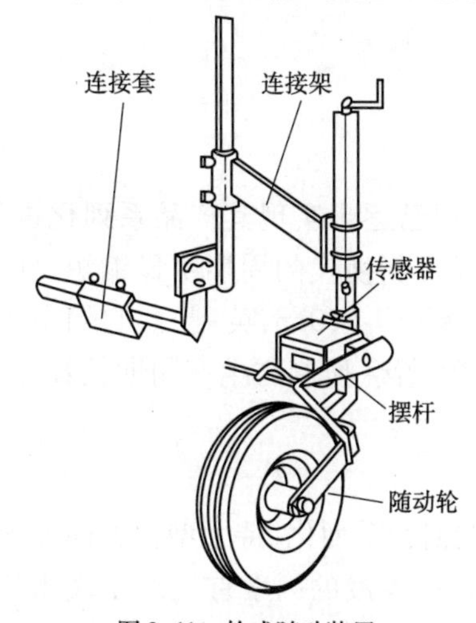

图 3.41　轮式随动装置

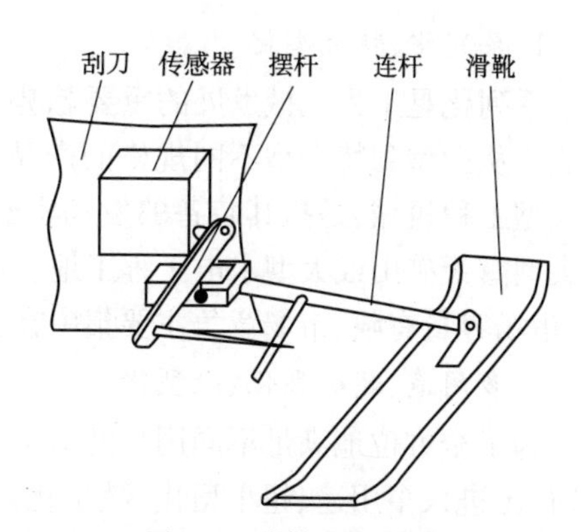

图 3.42　滑靴式随动装置

基准绳控制刮平，如图 3.43 所示。当没有可参照的基准路面时，基准绳的设置为：套着横杆的桩杆钉入土内，横杆在桩杆上下滑动，以调节基准绳的高度，并用固定螺钉定位。

工作中传感器上的摆杆在弹簧拉力作用下抵在基准绳的下面，弹簧拉力可以起到补偿绳子下垂的作用。随着摆杆绕传感器轴转动，将跳动量传递到传感器。

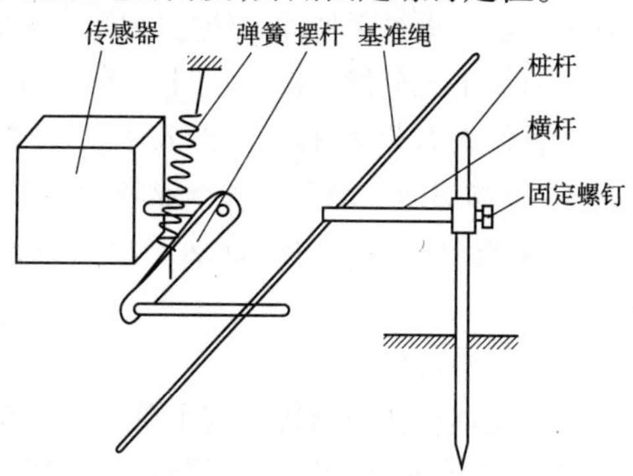

图 3.43　基准绳控制刮平

激光调平与电子调节结合型，如图 3.44 所示。刮刀纵向刮平采用激光调平方式控制，而横向斜度控制采用倾斜仪测量控制，激光接收机只装在纵向刮平控制一侧的牵引架上，以激光束为基准调节这一侧刮刀的高度。倾斜仪装在牵引架上，可以检测刮刀的横向斜度，按照设置的斜度要求控制另一侧升降油缸。

控制箱装在驾驶室内，刮刀高度和倾斜度均可在控制箱上设置，实现“自动控制”和“人工控制”的相互转换。此外还有一个优先设计，即当自动调节作业时，如果刮刀的负荷过大，则可用手动优先操纵各操纵杆。

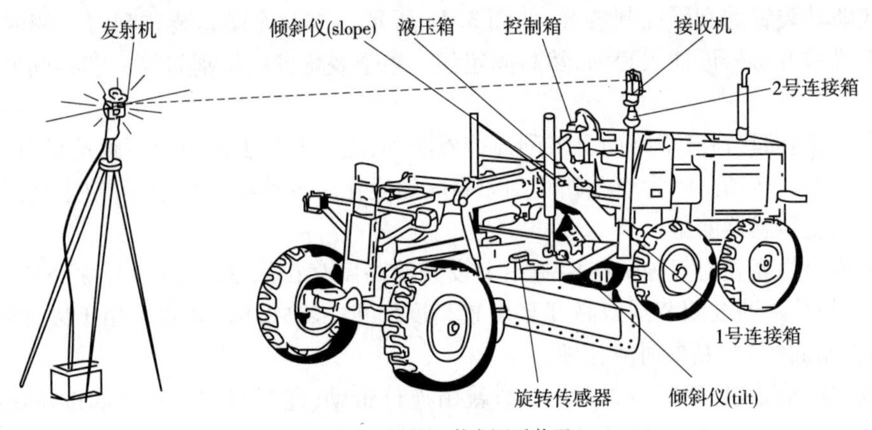

图 3.44　平地机激光调平装置

四、技术发展前景

1. 系列化、特大型化

系列化是工程机械发展的重要趋势。国外著名大公司已逐步实现其产品系列化进程，形成了从微型到特大型不同规格的产品。与此同时，产品更新换代的周期明显缩短。所谓特大型工程机械，是指其装备的发动机额定功率超过 746kW（1 000hp，英制）。它们主要用于大型露天矿山或大型水电工程工地。产品特点是科技含量高、研制与生产周期较长、投资大、市场容量有限、市场竞争主要集中在少数几家公司。

2. 多用途、超小型化、微型化

为了全方位地满足不同用户的需求，国外工程机械在朝着系列化、特大型化方向发展的同时，已进入多用途、超小型化、微型化发展阶段。推动这一发展的因素首先源于液压技术的发展——通过对液压系统的合理设计，使得工作装置能够完成多种作业功能；其次，快速可更换连接装置的诞生——安装在工作装置上的液压快速可更换连接器，能在作业现场完成各种附属作业装置的快速装卸及液压软管的自动连接，使得更换附属作业装置的工作在驾驶室通过操纵手柄即可快速完成。一方面，工程机械通用性的提高，可使用户在不增加投资的前提下充分发挥设备本身的效能，能完成更多的工作；另一方面，为了尽可能地用机器作业替代人力劳动，提高生产效率，适应城市狭窄施工场所以及在货栈、码头、仓库、舱位、农舍、建筑物层内和地下工程作业环境的使用要求，小型及微型工程机械有了用武之地，并得到了较快的发展。为占领这一市场，各生产厂商都相继推出了多用途、小型和微型工程机械。

3. 多功能化

多功能化作业装置改变了单一作业功能，多种作业已从中、大型工程机械应用的局限中解脱出来，在小型和微型工程机械上也开始了应用。

4. 节能与环保

为提高产品的节能效果和满足日益苛刻的环保要求，国外工程机械公司主要从降低发动机排放、提高液压系统效率和减振、降噪等方面着手。

5. 计算机管理及故障诊断、远程监控系统及整机智能化

在以微电子、互联网为重要标志的信息时代，不断研制出集液压、微电子及信息技术于

一体的智能系统，并广泛应用于工程机械的产品设计之中，进一步提高了产品的性能及高科技含量。

第四节　装　载　机

一、装载机的用途、分类与编号

装载机是一种用途十分广泛的工程机械，它可以用来铲装、搬运、卸载、平整散状物料，也可以对岩石、硬土等进行轻度的铲掘工作，如果换装相应的工作装置，还可以进行推土、起重、装卸木料及钢管等。因此，它被广泛应用于建筑、公路、铁路、国防等工程中，对加快工程建设速度、减轻劳动强度、提高工程质量、降低工程成本具有重要作用。

常用单斗装载机的分类、特点及适用范围如表3.6所示。

单斗装载机的分类、特点及适用范围　　表3.6

分　类	类　型	特点及适用范围
按发动机功率分	小型	功率小于74kW
	中型	功率为74～147kW
	大型	功率为147～515kW
	特大型	功率大于515kW
按传动方式分	机械传动式	结构简单、制造容易、成本低、使用维修较容易；传动系冲击振动大，功率利用差。仅小型装载机采用
	液力机械传动式	传动系冲击振动小、传动件寿命长、车速随外载荷自动调节、操作方便、减少驾驶员疲劳。大中型装载机多采用
	液压传动式	可无级调速、操作简单；启动性差、液压元件寿命较短。仅小型装载机采用
	电传动式	可无级调速、工作可靠、维修简单；设备质量大、费用高。大型装载机采用
按行走装置分	轮胎式装载机	质量轻、速度快、机动灵活、效率高、不易损坏路面；接地比压大、通过性差、稳定性差、对场地和物料块度有一定要求。应用范围广泛
	履带式装载机	接地比压小、通过性好、重心低、稳定性好、附着性能好、牵引力大、单位插入力大；速度低、机动灵活性差、制造成本高、行走时易损路面、转移场地时需拖运。用在工程量大、作业点集中、路面条件差的场合
按车架结构形式分	铰接式车架装载机	转弯半径小、纵向稳定性好、生产率高，不但适用路面，而且可用于井下物料的装载运输作业
	整体式车架装载机	车架是一个整体，转向方式有后轮转向、全轮转向、前轮转向及差速转向。仅小型全液压驱动和大型电动装载机采用
按装卸方式分	前卸式	前端铲装卸载，结构简单、工作可靠、视野好。适用于各种作业场地，应用广
	回转式	工作装置安装在可回转90°～360°的转台上，侧面卸载故无需调头，作业效率高；结构复杂、质量大、成本高、侧稳性差。适用于狭窄的场地作业
	后卸式	前端装料，向后端卸料，作业效率高；作业安全性差，应用不广

国产装载机的型号用字母 Z 表示,第二个字母 L 代表轮胎式装载机,无 L 代表履带式装载机,Z 或 L 后面的数字代表额定载质量。例如,ZL50 型装载机,表示额定载质量为 5t 的轮胎式装载机。

二、装载机的构造与工作原理

装载机一般由车架、动力装置、工作装置、传动系统、行走系统、转向制动系统、液压系统和操纵系统组成,图 3.45 所示为轮胎式装载机的总体构造示意图。

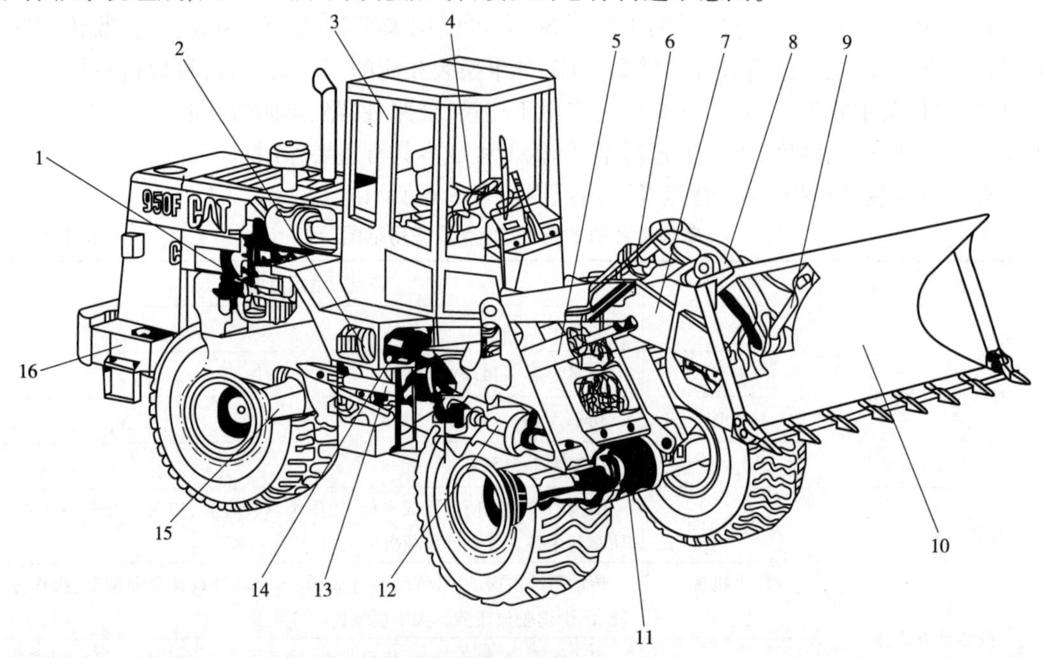

图 3.45　轮胎式装载机总体构造

1-发动机;2-液力变矩器;3-驾驶室;4-操纵系统;5-动臂油缸;6-转斗油缸;7-动臂;8-摇臂;9-连杆;10-铲斗;11-前驱动桥;12-传动轴;13-转向油缸;14-变速器;15-后驱动桥;16-车架

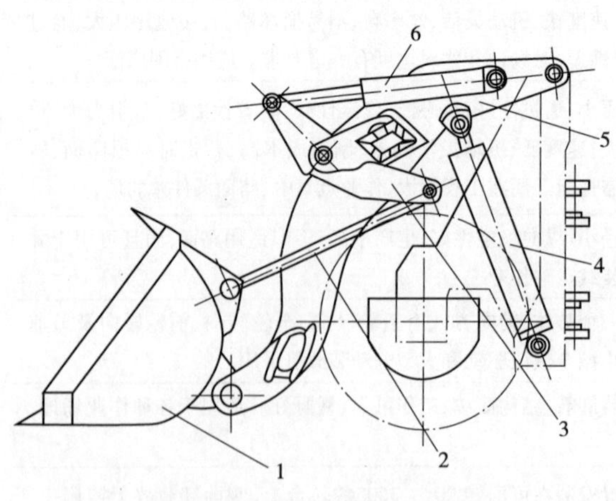

图 3.46　轮胎式装载机工作装置

1-铲斗;2-连杆;3-摇臂;4-动臂油缸;5-动臂;6-转斗油缸

发动机 1 的动力经液力变矩器 2 传给变速器 14,再由变速器 14 把动力经传动轴 12 传到前、后驱动桥 11 和 15 以驱动车轮转动。发动机动力还经分动箱驱动液压泵工作,为液压系统提供动力。轮胎式装载机工作装置(图 3.46)由动臂 5、铲斗 1、连杆 2、摇臂 3、动臂油缸 4 和转斗油缸 6 组成。动臂 5 一端铰接在车架上,另一端安装有铲斗 1,动臂 5 的升降由动臂油缸 4 的伸缩带动,铲斗 1 的翻转则由转斗油缸 6 的伸缩通过连杆机构来实现。装载机铲装物料就是通过操纵系统、液压系统使动臂 5、转斗油缸 6 按一定顺序和程度伸缩来实现的,当然,装载物料的过程中少不了整机的进、退动作。

铰接转向的装载机(图3.45)的车架由前、后两车架组成,中间用铰销连接。转向时,通过转动转向盘使转向液压系统的转向油缸伸缩,前、后车架便绕铰销作相对转动,以实现转向。

在每个车轮上都装有制动器,驾驶员踩下制动踏板,通过制动系统使制动器产生制动作用,可降低行驶速度或停车。

装载机液压系统包括工作装置液压控制系统和液压转向系统两部分。下面以ZL50装载机的液压系统为例进行分析。

ZL50装载机工作装置液压控制系统如图3.47所示。发动机驱动液压泵1,液压泵1输出的高压油通向换向阀4控制转斗油缸7,通向换向阀5控制动臂油缸6。图示位置为两换向阀4和5都处在中位,压力油通过两换向阀4和5后直接流回油箱。

换向阀4为三位六通阀,它可控制铲斗后倾、固定和前倾三个动作。换向阀5为四位六通阀,它控制动臂上升、固定、下降和浮动四个动作。动臂的浮动位置在装载机作业时,由工作装置的自重支于地面,铲料时随着地形的高低而浮动。两个换向阀4和5之间采用顺序回路组合,即两个阀只能单独动作而不能同时动作,保证液压缸推力大,以利于铲掘。

安全阀2的作用是限制系统工作压力,当系统压力超过额定值时安全阀2打开,高压油流回油箱,以免损坏其他液压元件。两个双作用溢流阀3并联在转斗油缸7的油路中,它们的作用是补偿由于工作装置不是平行四边形结构,而在运动中产生的不协调。

ZL50装载机转向系统如图3.48所示。该转向系统采用流量放大系统,油路由先导油路与主油路组成。所谓流量放大,是指通过全液压转向器7和流量放大阀2,可保证先导油

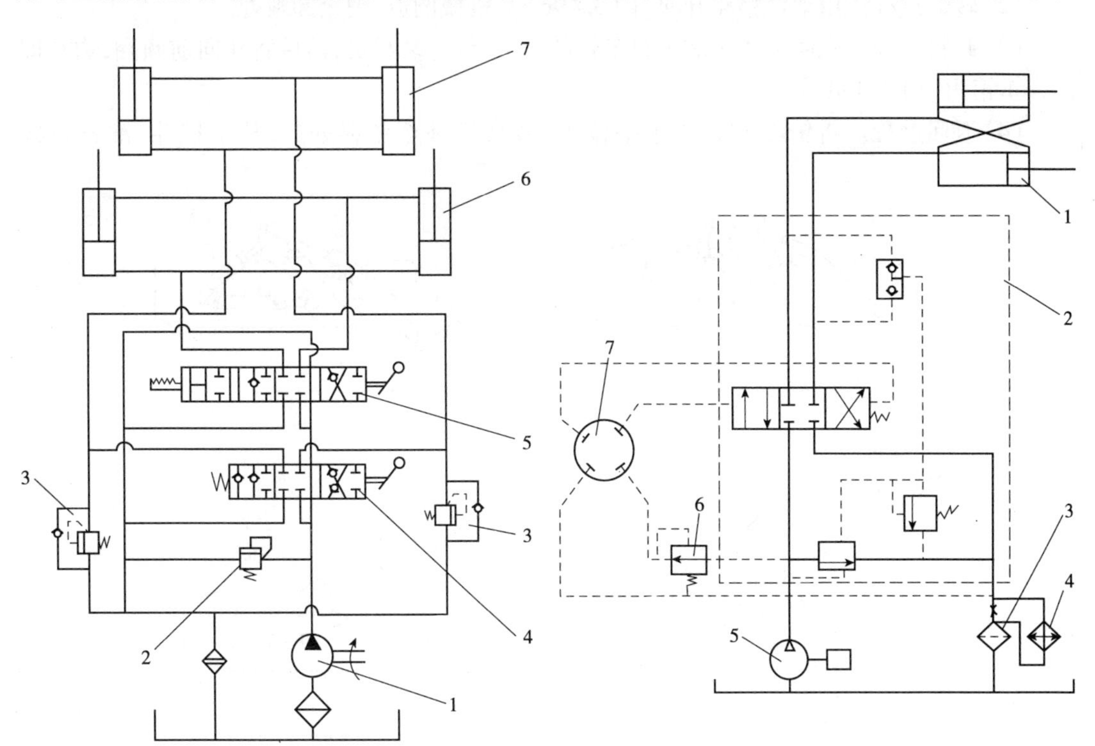

图3.47 轮胎式装载机工作装置液压系统原理图
1-液压泵;2-安全阀;3-溢流阀;4、5-换向阀;6-动臂油缸;7-转斗油缸

图3.48 ZL50轮胎式装载机转向系统液压原理图
1-转向油缸;2-流量放大阀;3-滤油器;4-散热器;5-转向泵;6-减压阀;7-全液压转向器

路的流量变化与主油路中进入转向油缸1的流量变化具有一定的比例关系,达到低压小流量控制高压大流量的目的。转向盘不转动时,全液压转向器7两出口关闭,流量放大阀2的主阀杆在复位弹簧作用下保持在中位,转向泵5与转向油缸1之间的油路被断开,主油路的液压油经过流量控制阀直接回油箱。转动转向盘时,全液压转向器7排出的油与转向盘的转角成正比,先导油进入流量放大阀2后,通过主阀杆上的计量小孔控制主阀杆位移,即控制开口的大小,从而控制进入转向油缸1的流量。由于流量放大阀2采用了压力补偿,使得进出口的压差基本上为一定值,因而进入转向油缸1的流量与负载无关,而只与主阀杆上开口的大小有关。停止转向后,主阀杆一端先导压力油经计量小孔卸压,两端油压趋于平衡,在复位弹簧的作用下,主阀杆回复到中位,从而切断通往油缸的主油路。

液压操纵转向所需的操纵力小,驾驶员不易疲劳,动作迅速,有利于提高生产率。故在大中型的轮式机械中多采用液压转向机构。

三、装载机的工作过程

1. 作业过程

装载机的作业过程由铲装、转运、卸料和返回四个过程组成,并习惯地称之为一个工作循环。

(1)铲装过程。首先将铲斗的斗口朝前,并平放到地面上[图3.49a)],机械前进,铲斗插入料堆,斗口装满物料。然后,将斗收起,使斗口朝上[图3.49b)],完成铲装过程。

(2)转运过程。用动臂将斗升起[图3.49c)],机械倒退,驶至卸料处。

(3)卸料过程。先使铲斗对准运料车箱的上空,停止装载机,然后将斗向前倾翻,物料即卸入车箱内[图3.49d)]。

(4)返回过程。将铲斗翻转成水平位置,装载机驶至装料处后,放下铲斗,准备再次铲装。

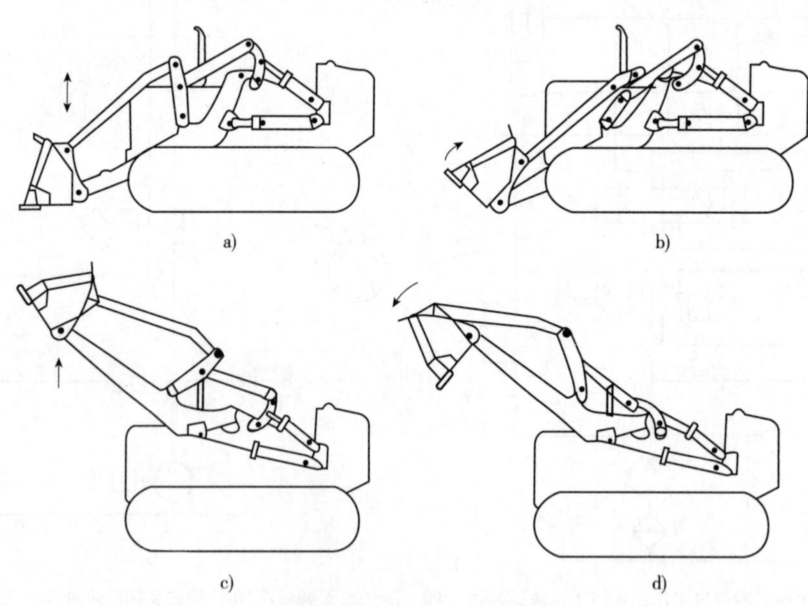

图3.49 单斗装载机的工作过程

a)铲装;b)收斗;c)升斗;d)卸料

2. 铲装方法

1)铲装松散物料

首先将铲斗放在水平位置,并下放至与地面接触,然后以一挡或二挡速度(视物料性质)前进,使铲斗斗齿插入料堆中。此后,边前进边收斗,待铲斗装满后,将动臂升到运输位置(离地面约0.5m),如图3.50a)、b)所示,再驶离工作面。若铲斗装满有困难,可操纵铲斗上下颤动或稍举动臂改变切土深度和切入角度,如图3.50c)所示。

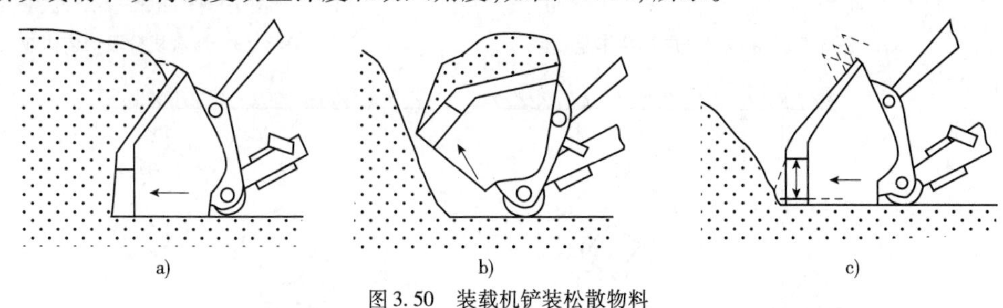

图3.50 装载机铲装松散物料

a)边前进边收斗;b)装满后举升至运输位置;c)操纵铲斗上下颤动

2)铲装停机面以下物料

铲装时应先放下铲斗并转动,使其与地面成一定的铲土角,然后前进,使铲斗切入土内,如图3.51所示。切土深度一般保持在150~200mm,直至铲斗装满。装满收斗后将铲斗举升到运输位置,再驶离工作面并运至卸料处。铲斗下切的铲土角为10°~30°(随土壤性质而定)。对于难铲的土壤,可操纵动臂使铲斗颤动,或者稍改变一下切入角度。

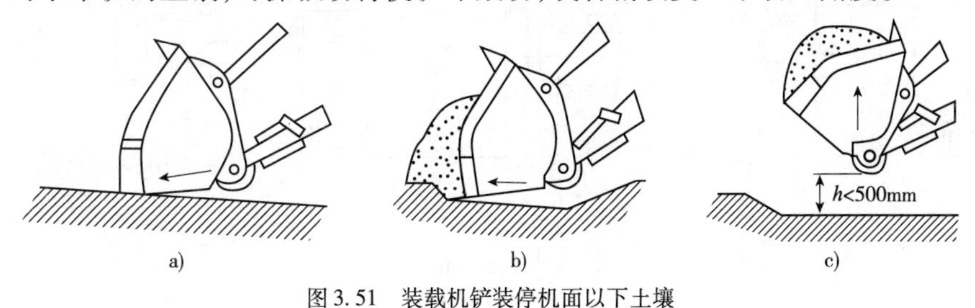

图3.51 装载机铲装停机面以下土壤

3)装载机铲装土丘

铲装土丘时,常采用分层铲装法或分段铲装法。

分层铲装时,装载机向工作面前进,随着铲斗插入工作面,逐渐提升铲斗,或者随后收斗直到装满,或者装满后收斗,然后驶离工作面。开始作业前,应使铲斗稍稍前倾,这种方法由于插入不深,而且插入后有提升动作的配合,所以插入阻力小,作业比较平稳。由于铲装面较长,可以得到较高的充满系数,如图3.52所示。

如果土壤较硬,也可采取分段铲装法,如图3.53所示。这种方法的特点是铲斗依次进行插入动作和提升动作。作业过程是铲斗稍稍前倾,从坡脚插入,待插进一定深度后,提升铲斗,当发动机转速降低时,切断行走动力,使发动机恢复转速。在恢复转速过程中,铲斗将继续上升并装进一部分土,转速恢复后,接着进行第二次插入,这样逐段反复,直至装满铲斗或升到高出工作面为止。

3. 作业方式

装载机作为装载设备向自卸汽车进行装载工作时,其技术经济指标在很大程度上与其施工作业方式有关,常用的施工作业方式有以下几种(图3.54)。

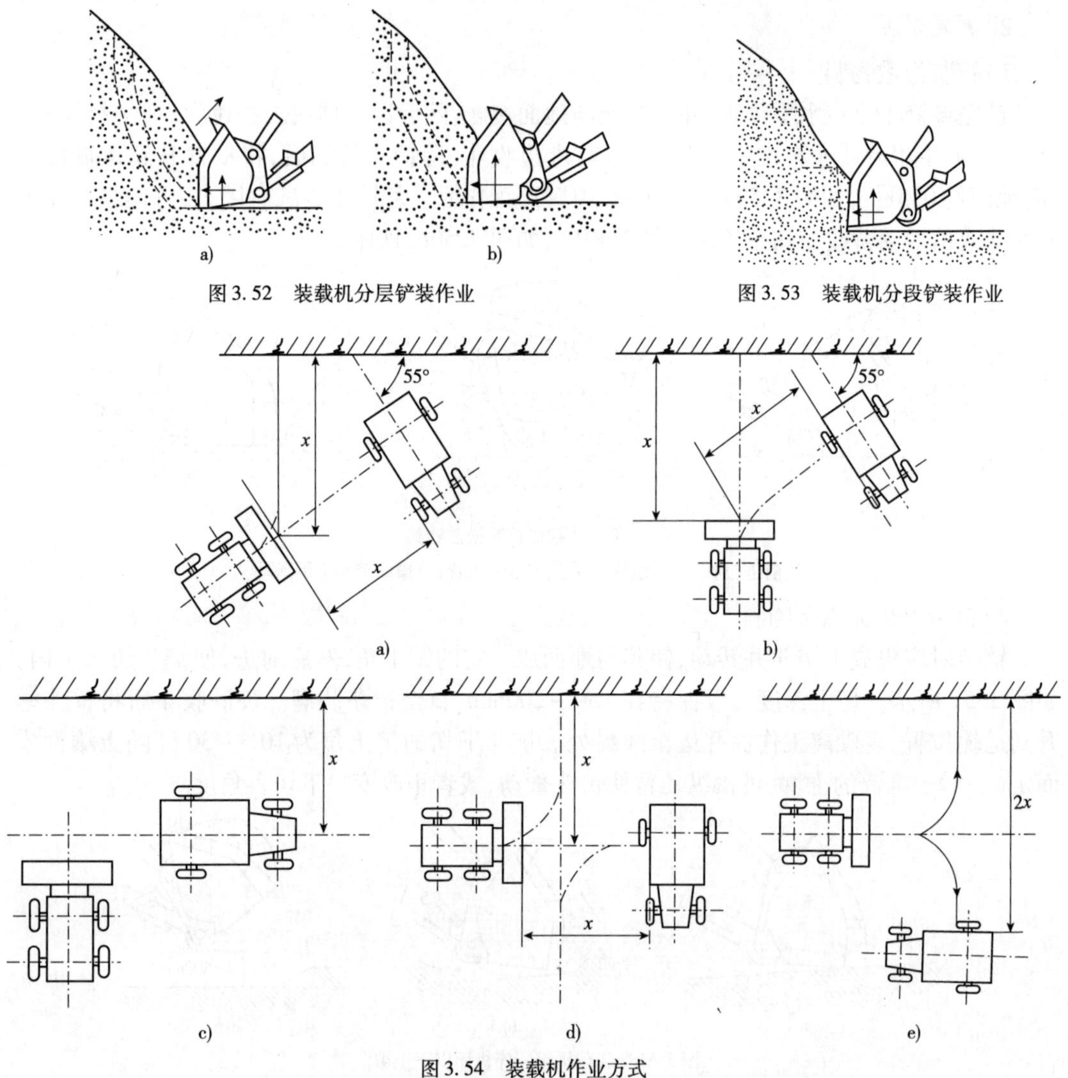

图 3.52　装载机分层铲装作业

图 3.53　装载机分段铲装作业

图 3.54　装载机作业方式

a)、b)“V”形作业法；c)“I”形作业法；d)“L”形作业法；e)“T”形作业法

1)“V”形作业法

自卸汽车与工作面布置呈 50°~55°角，而装载机的工作过程则根据本身结构和形式的不同而有所不同。

履带式装载机和整体车架后轮转向的轮胎式装载机，采用这种作业方式时[图 3.54a)]，装载机装满铲斗后，在倒车驶离工作面的过程中，调头 50°~55°，使装载机垂直于自卸汽车，然后再向前驶向自卸汽车并卸载。卸载后，装载机倒车驶离自卸汽车，然后调头驶向料堆，进行下一个作业循环。

带有铰接式车架的轮胎式装载机在采用这种作业方式时，其工作过程略有不同。装载机在工作面装满铲斗后，可直线倒车后退 3~5m，然后使前车架偏转 35°~45°，再前进驶向自卸汽车进行卸载[图 3.54b)]。“V”形作业法，工作循环时间短，在许多场合得到广泛的应用。

2)“I”形作业法

自卸汽车平行于工作面适时地往复前进和后退，而装载机则穿梭地垂直于工作面作前进和后退，所以亦称之为穿梭作业法[图 3.54c)]。

装载机装满铲斗后，直线后退，在装载机后退一定距离并把铲斗举升到卸载位置的过程中，自卸汽车后退到与装载机相垂直的位置，装载机向前驶向自卸汽车并进行卸载。卸载后自卸汽车向前行驶一段距离，以保证装载机可以自由地驶向工作面，进行下一个作业循环，如此反复，直到自卸汽车装满为止。这种作业方式省去了装载机的调头时间，对于不易转向的履带式和整体车架式装载机比较合适，但增加了自卸汽车前进和后退的次数，因此，采用这种作业方式，装载机的作业循环时间，取决于装载机和与其配合作业的自卸汽车驾驶员的熟练程度。

3）“L”形作业法

自卸汽车垂直于工作面，装载机装满物料后，倒退并调头90°，然后向前驶向自卸汽车卸载，空载的装载机后退并调头90°，然后向前驶向料堆，进行下一次的铲装作业[图3.54d)]。这种作业方式在运距较短而作业场地比较宽广时，装载机可同时与两台自卸汽车配合工作。

4）“T”形作业法

自卸汽车平行于工作面，但距离工作面较远，装载机装满物料后，倒退并调头90°，然后再向相反方向调头90°，并驶向自卸汽车卸料[图3.54e)]。

4.装载机生产率的计算

装载机的生产率是指其在特定的条件下每小时所能装卸或装运物料的重量。

装载机的生产率除取决于装载机本身的技术性能（如斗容大小、牵引力、作业速度等）外，还与物料种类、作业方式、作业场地、运输距离、路面条件以及驾驶员的操纵熟练程度有密切关系。由于其施工作业大致可分为向自卸汽车装载和本身装运两种情况，因此，下面分别给出其生产率的计算公式。

1）装载生产率

只在作业场地进行装卸，不担负远距离的运输任务。这时装载机的生产率按下式确定。

$$Q = \frac{3\,600 V_H \cdot r \cdot K_L \cdot K_m}{T} \tag{3.3}$$

式中：Q——装载生产率，t/h；

V_H——额定斗容量，m^3；

r——物料重度，t/m^3；

K_L——装载机时间利用系数，取 $K_L = 0.75 \sim 0.85$；

K_m——铲斗装满系数，它取决于所装物料的种类和状态、块度、铲斗的形状、装载机的结构和驾驶员的熟练程度，对于容易装载的物料，如松散的或成堆的、不需铲掘的、很易堆积在铲斗中的普通土和砂，取 $K_m = 1.0 \sim 1.25$；中等程度装载的物料，如松散的或堆积的砂、沙壤土，或由山地直接铲掘的松软沙土，取 $K_m = 0.75 \sim 1.0$；较困难装载的物料，如难以装满铲斗的硬黏质土、黏土、凝固的砾质土，取 $K_m = 0.65 \sim 0.75$；对困难装载的物料，如用爆破或松土机采掘的石块、砾石，取 $K_m = 0.45 \sim 0.65$；

T——装载机一个作业循环时间，s，它取决于作业方式和装载物料的种类及其状态，包括装载、卸载、往返、改变方向等所需的全部时间，“I”形作业法，取 $T = 10 + d + 1.6x$；“V”形作业法，取 $T = 11 + d + 1.6x$；“L”形作业法，取 $T = 12 + d + 1.6x$；“T”形作业法，取 $T = 13 + d + 1.6x$；一般地，在初步计算时可取 $T = 20s$；

d——考虑物料装载难易程度的量，普通成堆的砂，取 $d = 0$；碎石（20mm以下）、砂、小砂砾，取 $d=2$；碎石（50mm 以下）、天然状态的小砂砾、黏土，取 $d=4$；

x——距离，m。

2）装运生产率

除了要在作业场地进行铲装作业外，还要担负转运至其他场地进行卸载的任务，其生产率可按下式计算。

$$Q \approx \frac{3\,600 V_{\mathrm{H}} \cdot r \cdot K_{\mathrm{L}} \cdot K_{\mathrm{M}}}{T_{\mathrm{b}}} \tag{3.4}$$

$$T_{\mathrm{b}} = T + T_{\mathrm{r}}$$

$$T_{\mathrm{r}} \approx 3.6\left(\frac{S}{v_{\mathrm{m}}} + \frac{S}{v_0}\right)$$

式中：Q——装运生产率，t/h；

T_{b}——一个装运作业循环的总时间，s，它约等于装载作业所需要的基本时间 T 与运输时间 T_{r} 之和；

T_{r}——运输时间，s，它取决于车速和运输距离；

S——装载机运输距离，m；

v_{m}——装载机满载平均行驶速度，km/h，它与运输距离、路面状况有关，可参考图 3.55 选取；

v_0——装载机空载平均行驶速度，km/h，可参考图 3.55 选取。

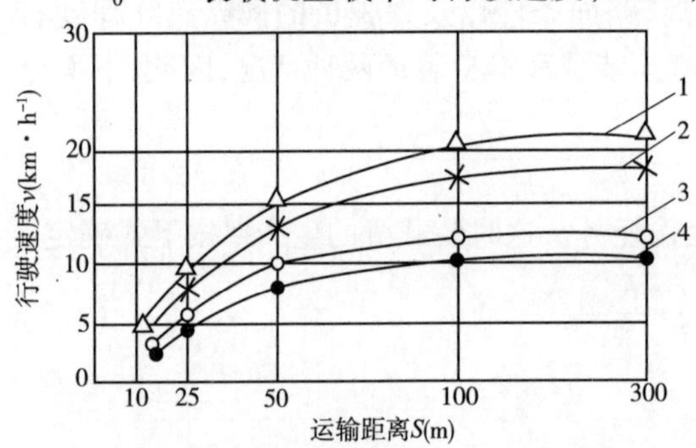

图 3.55　平均行驶速度与运距的关系

1-硬路面空载；2-硬路面满载；3-土路面空载；4-土路面满载

装载机装运周期 T_{b} 亦可按实际经验数据选取，其与运输距离 S 的关系如图 3.56 所示，装载机的平均生产率与斗容量之间的关系如图 3.57 所示。

5. 装载机的选用

选用装载机时应综合考虑如下因素。

1）根据工作环境选用装载机类型

如果铲装路面工况很差（多石渣、稀泥等），或者虽然铲装路面工况好，但石头较多，往往选用履带式而不选轮胎式装载机；如果工作场地平板拖车无法行进，往往选择轮胎式装载机。现代施工中，以选用单斗轮胎式装载机居多。

2）根据工作对象选用装载机型号

一般来说，装载机的额定载质量越大，其铲装硬土的能力越强，因此，如果是铲装松散物料且工期不受限制，往往选用小型装载机较经济；若铲装硬土，则往往选用中型以上装载机；有时为了赶工期或者充分利用全部施工机械（挖掘机紧缺时），往往先用推土机将土推松，然后再用装载机实施铲装，此时装载机的选用则应着重考虑它与自卸汽车和推土机的配套情况；如果是为了购买装载机而作的选择，则不但要考虑上面的因素，还要考虑该设备在今后工程中的使用率。

3）根据自卸汽车数量和装载机生产率确定装载机台数

一般而言，受道路和施工场地的限制，在施工中自卸汽车的数量和载质量受限。因此，与之配套的装载机的台数必须满足下列计算式。

$$n = \frac{X \cdot Y}{Q} \tag{3.5}$$

式中：X——自卸汽车台数；

Y——自卸汽车生产率，t/h；

Q——所选装载机生产率，t/h；

n——装载机台数。

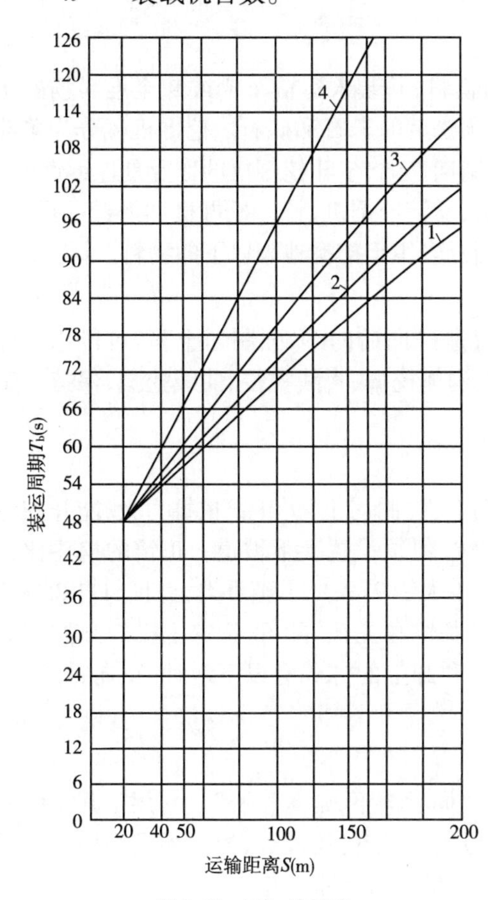

图 3.56　S-T_b 关系图

1-平坦的铺砌路；2-平坦的硬土路；3-凹凸不平的土路；4-松软的砂路、砾石路、泥泞路

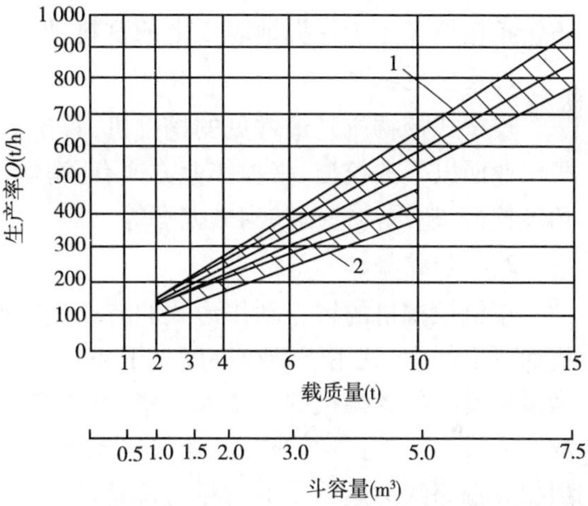

图 3.57　装载机实际平均生产率与斗容的关系

1-轮胎式；2-履带式

若自卸汽车行驶路程和施工场地不受限制，则装载机数量的确定主要根据工期和自卸汽车的拥有量来确定。

4）装载机与自卸汽车的匹配原则

（1）自卸汽车斗容应为装载机斗容的若干倍，以免造成不足一斗也要装一次车的情况，从而导致时间和动力的浪费，装载松散物料时，此点尤为重要。

（2）装载机装满自卸汽车所需的斗数，一般以 2～5 斗为宜。斗数过多，自卸汽车等待的时间过长，不经济，斗数过少，则装载机卸料时对汽车的冲击载荷过大，易损坏车辆，物料也易溢出车箱外。

（3）装载机的卸载高度和卸载距离要满足物料能卸到汽车车箱中心的要求。

第四章　挖 掘 机 械

挖掘机械是用铲斗挖掘高于或低于承机面的物料,并装入运输车辆或卸至堆料场的土方机械。挖掘的物料主要是土壤、煤、泥沙及经过预松后的岩石和矿石。挖掘机械分为单斗挖掘机和多斗挖掘机两类。单斗挖掘机的作业是周期性的,多斗挖掘机的作业是连续性的。

按照铲斗来分,挖掘机又可以分为正铲挖掘机、反铲挖掘机、拉铲挖掘机和抓铲挖掘机。正铲挖掘机多用于挖掘地表以上的物料,反铲挖掘机多用于挖掘地表以下的物料。

1.反铲挖掘机

反铲式挖掘机是最常见的挖掘机,其挖土特点是:“向后向下,强制切土”。可以用于停机作业面以下的挖掘,基本作业方式有:沟端挖掘、沟侧挖掘、直线挖掘、曲线挖掘、保持一定角度挖掘、超深沟挖掘和沟坡挖掘等。

2.正铲挖掘机

正铲挖掘机的铲土动作形式的特点是“前进向上,强制切土”。正铲挖掘力大,能开挖停机面以上的土,宜用于开挖高度大于2m的干燥基坑,但须设置上下坡道。正铲的挖斗比同当量的反铲的挖掘机的斗要大一些,可开挖含水率不大于27%的Ⅰ至Ⅲ类土,且与自卸汽车配合完成整个挖掘运输作业,还可以挖掘大型干燥基坑和土丘等。正铲挖土机的开挖方式根据开挖路线与运输车辆的相对位置的不同,挖土和卸土的方式有以下两种:正向挖土,侧向卸土;正向挖土,反向卸土。

3.拉铲挖掘机

拉铲挖掘机也叫索铲挖土机。其挖土特点是:“向后向下,自重切土”。宜用于开挖停机面以下的Ⅰ、Ⅱ类土。工作时,利用惯性力将铲斗甩出去,挖得比较远,挖土半径和挖土深度较大,但不如反铲灵活准确。尤其适用于开挖大而深的基坑或水下挖土。

4.抓铲挖掘机

抓铲挖掘机也叫抓斗挖土机。其挖土特点是:“直上直下,自重切土”。宜用于开挖停机面以下的Ⅰ、Ⅱ类土,在软土地区常用于开挖基坑、深井等。尤其适用于挖深而窄的基坑,疏通原有渠道以及挖取水中淤泥等,或用于装载碎石、矿渣等松散料等。开挖方式有沟侧开挖和定位开挖两种。如将抓斗做成栅条状,还可用于储木场装载矿石块、木片、木材等。

本章主要介绍单斗反铲挖掘机。

第一节　概　　述

一、挖掘机概念、用途与工作过程

1.定义

用铲斗从工作面铲装剥离物或矿产品并将其运至排卸地点卸载的自行式采掘机械,称之为挖掘机。

2. 工作过程

它是用铲斗上的斗齿切削土壤并装入斗内，装满土后提升铲斗并回转到卸土地点卸土，然后再使转台回转、铲斗下降到挖掘面，进行下一次挖掘。

3. 用途

挖掘机在建筑、筑路、水利、电力、采矿、石油、天然气管道铺设和军事工程中被广泛使用。

4. 主要作业对象

挖掘机主要用于筑路工程中的路基开挖，建筑工程中开挖基础，水利工程中开挖沟渠、运河和疏浚河道，在采石场、露天开采等工程中剥离和矿石的挖掘等。

二、挖掘机分类

(1)按机重 G 分类可分成：

微型(小型)，$G \leqslant 6t$；

中小型，$6t < G \leqslant 16t$；

中型，$16t < G \leqslant 40t$；

大型，$40t < G \leqslant 100t$；

特大型，$G > 100t$。

(2)按传动方式分类可分为：

机械传动挖掘机；

液压传动挖掘机；

机械式动力铲挖掘机。

(3)按作业方式分类可分为：

单斗挖掘机；

多斗挖掘机。

(4)按行走方式分类可分为：

履带式挖掘机；

轮胎式挖掘机；

汽车式挖掘机。

三、单斗液压挖掘机的总体结构

单斗液压挖掘机的总体结构包括动力装置、工作装置、回转机构、操纵机构、传动系统、行走机构和辅助设备等，如图 4.1 所示。

常用的全回转式液压挖掘机的动力装置、传动系统的主要部分、回转机构、辅助设备和驾驶室等都安装在可回转的平台上，通常称为上部转台。因此又可将单斗液压挖掘机概括成工作装置、上部转台和下部转台等三部分。

挖掘机是通过柴油机把柴油的化学能转化为机械能，由液压柱塞泵把机械能转换成液压能，通过液压系统将液压能分配到各执行元件(液压油缸、回转马达、行走马达)，由各执行元件再把液压能转化为机械能，实现工作装置的运动、回转平台的回转运动、整机的行走运动。

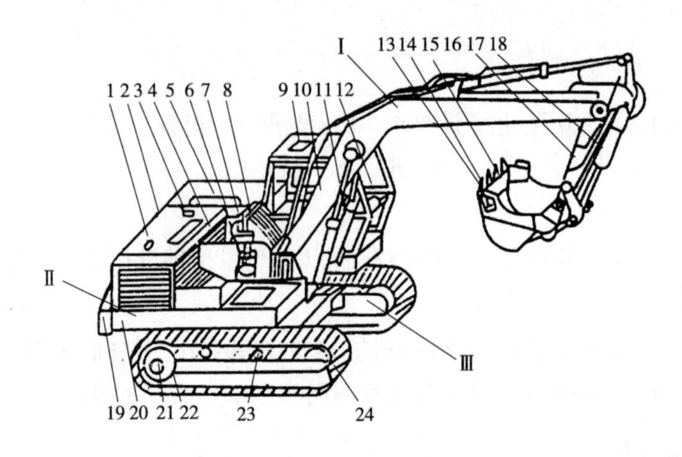

图 4.1　单斗液压挖掘机总体构造

1-柴油机;2-机罩;3-油泵;4-多路阀;5-油箱;6-回转减速机;7-回转马达;8-回转接头;9-驾驶室;10-动臂;11-动臂油缸;12-操纵台;13-边齿;14-斗齿;15-铲斗;16-斗杆油缸;17-斗杆;18-铲斗油缸;19-平衡重;20-转台;21-行走减速机;22-行走马达;23-托带轮;24-履带;Ⅰ-工作装置;Ⅱ-上部转台;Ⅲ-下部转台

四、挖掘机动力系统(图 4.2)

1.挖掘机动力传输路线

(1)行走动力传输路线:柴油机→联轴器→液压泵(机械能转化为液压能)→分配阀→中央回转接头→行走马达(液压能转化为机械能)→减速机→驱动轮→轨链履带→实现行走。

(2)回转运动传输路线:柴油机→联轴器→液压泵(机械能转化为液压能)→分配阀→回转马达(液压能转化为机械能)→减速机→回转支承→实现回转。

(3)动臂运动传输路线:柴油机→联轴器→液压泵(机械能转化为液压能)→分配阀→动臂油缸(液压能转化为机械能)→实现动臂运动。

(4)斗杆运动传输路线:柴油机→联轴器→液压泵(机械能转化为液压能)→分配阀→斗杆油缸(液压能转化为机械能)→实现斗杆运动。

(5)铲斗运动传输路线:柴油机→联轴器→液压泵(机械能转化为液压能)→分配阀→铲斗油缸(液压能转化为机械能)→实现铲斗运动。

2.传动系统

单斗液压挖掘机传动系统将柴油机的输出动力传递给工作装置、回转装置和行走机构等。单斗液压挖掘机用液压传动系统的类型很多,习惯上按主泵的数量、功率的调节方式和回路的数量来分类。有单泵或双泵单回路定量系统、双泵双回路定量系统、多泵多回路定量系统、双泵双回路分功率调节变量系统、双泵双回路全功率调节变量系统、多泵多回路定量或变量混合系统等六种。按油液循环方式分为开式系统和闭式系统。按供油方式分为串联系统和并联系统。

凡主泵输出的流量是定值的液压系统为定量液压系统;反之,主泵的流量可以通过调节系统进行改变的则称为变量系统。在定量系统中各执行元件在无溢流情况下是按油泵供给的固定流量工作,油泵的功率按固定流量和最大工作压力确定;在变量系统中,最常见的是双泵双回路恒功率变量系统,有分功率变量与全功率变量之分。分功率变量调节系统是在

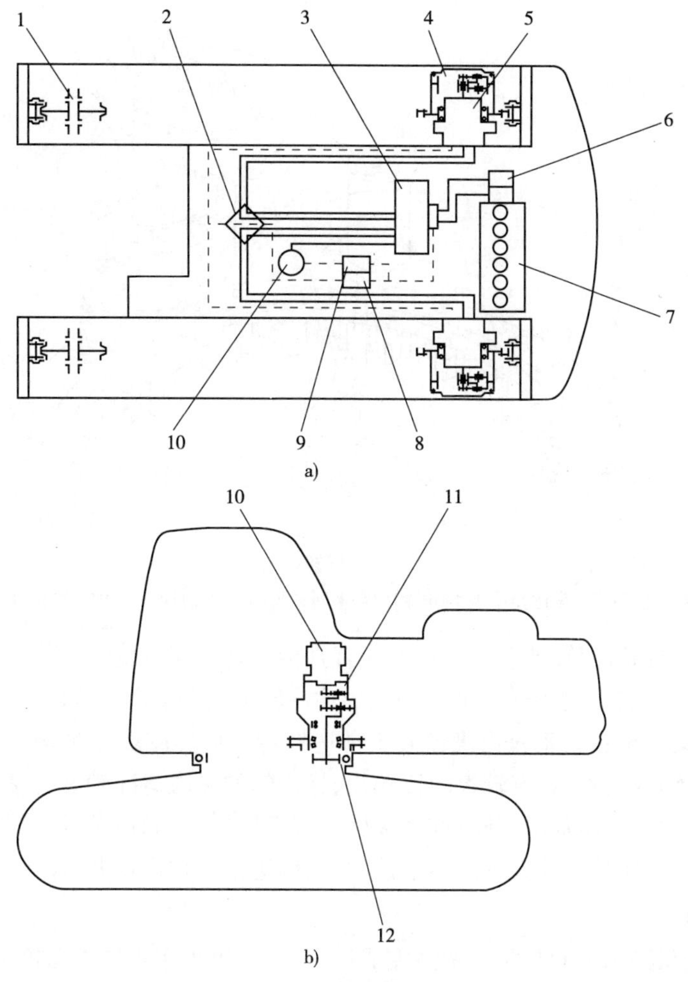

图 4.2　挖掘机动力系统

1-引导轮;2-中心回转接头;3-控制阀;4-终传动;5-行走马达;6-液压泵;7-发动机;8-行走速度电磁阀;9-回转制动电磁阀;10-回转马达;11-回转机构;12-回转支承

系统的每个回路上分别装一台恒功率变量泵和恒功率调节器,发动机的功率平均分配给各油泵;全功率调节系统是有一个恒功率调节器同时控制着系统中的所有油泵的流量变化,从而达到同步变量。

开式系统中执行元件的回油直接流回油箱,其特点是系统简单、散热效果好。但油箱容量大,低压油路与空气接触机会多,空气易渗入管路造成振动。单斗液压挖掘机的作业主要是油缸工作,而油缸大、小油腔的差异较大,工作频繁,发热量大,因此绝大多数单斗液压挖掘机采用开式系统;闭式回路中的执行元件的回油路是不直接回油箱的,其特点是结构紧凑,油箱容积小,进回油路中有一定的压力,空气不易进入管路,运转比较平稳,避免了换向时的冲击。但系统较复杂,散热条件差。单斗液压挖掘机的回转装置等局部系统中,有采用闭式回路的液压系统的。为补充因液压马达正反转的油液漏损,在闭式系统中往往还设有补油泵。

3. 回转机构

回转机构使工作装置及上部转台向左或向右回转,以便进行挖掘和卸料。单斗液压挖掘机的回转装置必须能把转台支承在机架上,使机架不能倾斜并使回转轻便灵活。为此单斗液压挖掘机都设有回转支承装置和回转传动装置,它们被称为回转机构,如图 4.3 所示。

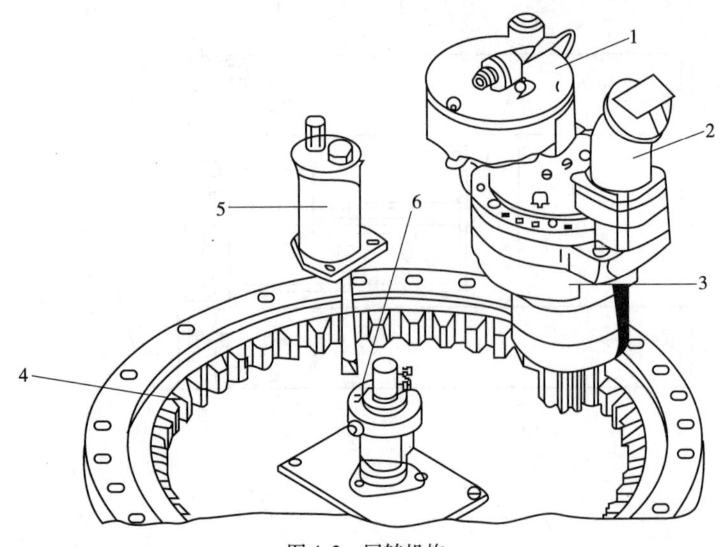

图 4.3　回转机构

1-制动器;2-液压马达;3-行星齿轮减速器;4-回转齿圈;5-润滑油杯;6-中央回转接头

全回转液压挖掘机回转装置的传动形式有直接传动和间接传动两种。

(1)直接传动。在低速大转矩液压马达的输出轴上安装驱动小齿轮,与回转齿轮啮合。

(2)间接传动。间接传动是由高速液压马达经行星齿轮减速器带动回转齿圈的间接传动结构形式。它结构紧凑,具有较大的传动比,且齿轮的受力情况较好。轴向柱塞液压马达与同类型的液压油泵结构基本相同,许多零件可以通用,便于制造及维修,从而降低了成本。但必须设制动器,以便吸收较大的回转惯性力矩,缩短挖掘机作业循环时间,提高生产效率。

4. 行走机构

行走机构支承挖掘机的整机质量并完成行走任务,多采用履带式和轮胎式。

1)履带式行走机构

单斗液压挖掘机的履带式行走机构的基本结构与其他履带式机构大致相同,但多采用两个液压马达各自驱动一个履带。与回转装置的传动相似可用高速小转矩液压马达或低速大转矩液压马达。两个液压马达同方向旋转使挖掘机将直线行驶;若只向一个液压马达供油,并将另一个液压马达制动,挖掘机将绕制动一侧的履带转向,若是左右两个液压马达反向旋转,挖掘机将进行原地转向,如图 4.4 所示。

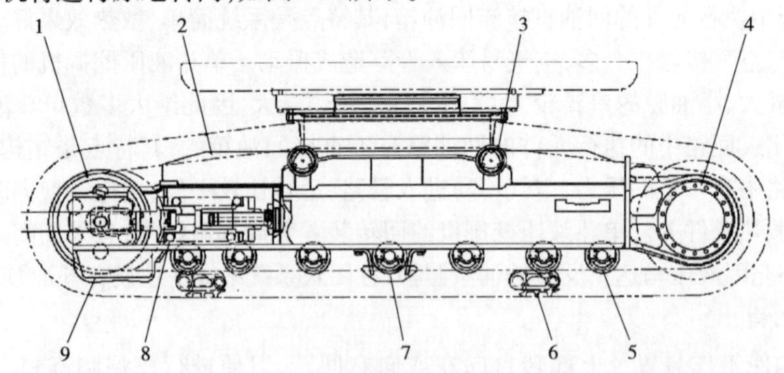

图 4.4　履带行走机构

1-引导轮;2-履带架;3-托链轮;4-终传动;5-支重轮;6-履带板;7-中心护板;8-张紧弹簧;9-前护板

行走机构的各零部件都安装在整体式行走架上。液压泵输入的压力油经多路换向阀和中央回转接头进入行走液压马达,将液压能转变为输出转矩后,通过齿轮减速器传给驱动轮,最终卷绕履带以实现挖掘机的行走。

单斗液压挖掘机大都采用组合式结构履带和平板型履带——没有明显履刺,虽附着性能差,但坚固耐用,对路面破坏性小适用于坚硬岩石地面作业,或经常转场的作业。也有采用三履刺型履带,接地面积较大履刺切入土壤深度较浅,适宜于挖掘机采石作业。实行标准化后规定挖掘机采用质量轻、强度高、结构简单、价格较低的轧制履带板。专用于沼泽地的三角形履带板可降低接地比压,提高挖掘机在松土地面上的通过能力。

单斗液压挖掘机的驱动轮均采用整体铸件,能与履带正确啮合,传动平稳。挖掘机行走时驱动轮应位于后部,履带的张紧段较短,减少履带的摩擦磨损和功率损耗。

每条履带都设有张紧装置,以调整履带的张紧度减少振动噪声,摩擦磨损和功率损失。目前单斗液压挖掘机都采用液压张紧结构。

2)轮胎式行走机构

轮胎式挖掘机的行走机构有机械传动和液压传动两种。其中的液压传动的轮胎式挖掘机的行走机构主要由车架、前桥、后桥、传动轴和液压马达等组成,如图4.5所示。

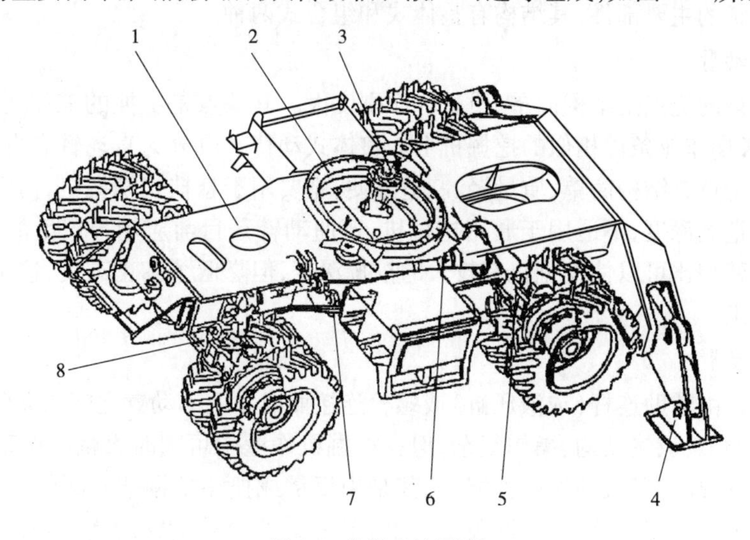

图4.5 轮胎式行走机构

1-车架;2-回转支承;3-中央回转接头;4-支腿;5-后桥;6-传动轴;7-液压马达及变速器;8-前桥

行走液压马达安装在固定于机架的变速器上,动力经变速器、传动轴传给前后驱动桥,有的挖掘机经轮边减速器驱动车轮。采用液压马达的高速传动方式使用可靠,省掉了机械传动中的上下传动箱垂直动轴,结构简单,布置方便。

第二节 挖掘机的工作装置

液压挖掘机工作装置的种类繁多,目前工程建设中应用最多的是反铲结构。

铰接式反铲式单斗液压挖掘机是最常用的结构形式,动臂、斗杆和铲斗等主要部件彼此铰接,在液压缸的作用下各部件绕铰接点摆动,完成挖掘提升和卸土等动作,如图4.6所示。

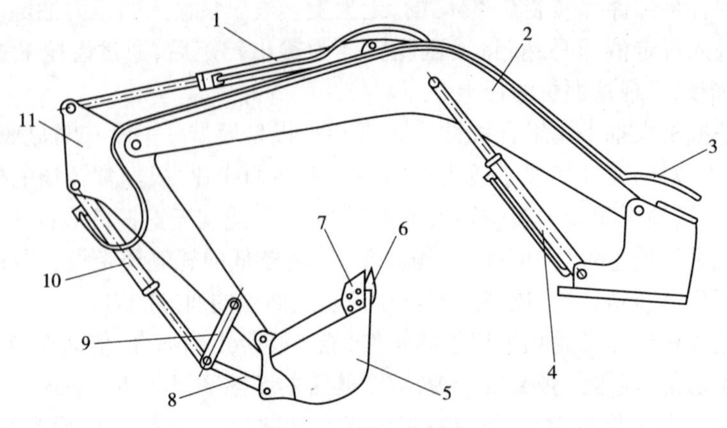

图 4.6　反铲工作装置

1-斗杆油缸;2-动臂;3-液压管路;4-动臂油缸;5-铲斗;6-斗齿;7-侧齿;8-连杆;9-摇杆;10-铲斗油缸;11-斗杆

一、动臂

动臂是反铲的主要部件,其结构有整体式和组合式两种。

1. 整体式动臂

整体式动臂的优点是结构简单、质量轻而刚度大。其缺点是更换的工作装置少、通用性较差、多用于长期作业条件相似的挖掘机上。整体式动臂又可分为直动臂和弯曲动臂两种。其中的直动臂特点是结构简单、质量轻、制造方便,主要用于悬挂式挖掘机,但它不能使挖掘机获得较大的挖掘深度,不适用于通用挖掘机;弯曲动臂是目前应用最广泛的结构形式,与同长度的直动臂相比可以使挖掘机有较大的挖掘深度,但降低了卸土高度,这正符合挖掘机反铲作业的要求。

2. 组合式动臂

组合式动臂由辅助连杆(或液压缸)或螺栓连接而成。上下动臂之间的夹角可用辅助连杆或液压缸来调节,虽然结构、操作复杂,但在挖掘机作业中可随时大幅度调整上下动臂之间的夹角,从而提高挖掘机的作业性能,尤其是用反铲或抓斗挖掘窄而深的基坑时,容易得到较大距离的垂直挖掘轨迹,提高挖掘质量和生产率。组合式动臂的优点是,可以根据作业条件随意调整挖掘机的作业尺寸和挖掘能力,且调整时间短。此外它的互换工作装置多,可以满足各种作业的需要,装车运输方便。其缺点是质量大、制造成本高,用于中小型挖掘机上,如图 4.7 所示。

二、铲斗

1. 基本要求

(1)铲斗的纵向剖面应适应挖掘过程各种物料在斗中的运动规律,有利于物料的流动,使装土阻力最小,有利于将铲斗充满。

(2)装设斗齿,以增大铲斗对挖掘物料的线压比,斗齿具有较小的单位切削阻力,便于切入及破碎土壤。斗齿应耐磨、易更换。

(3)为使装载铲斗的物料不易掉出,斗宽与直径之比应大于4∶1。

(4)物料易于卸净,缩短卸载时间,并提高铲斗的容积效率。

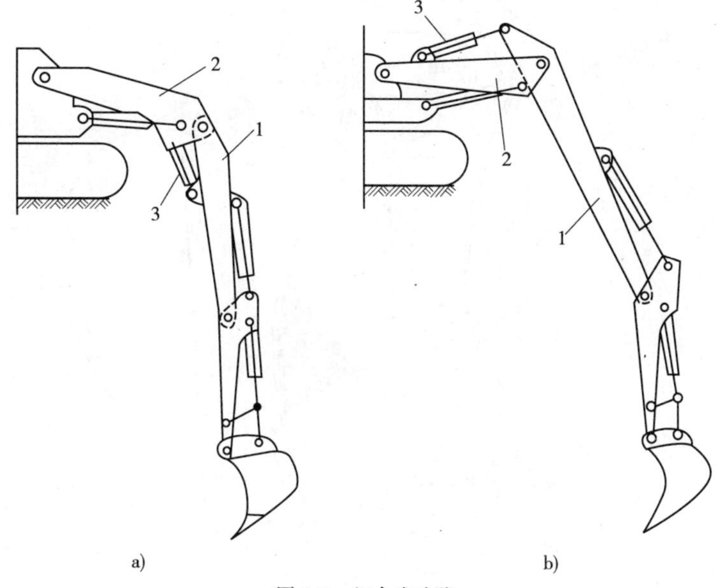

图4.7　组合式动臂

a)连杆下置;b)连杆上置

1-下动臂;2-上动臂;3-连杆或液压缸

2.铲斗形状

为了满足各种挖掘机作业的需要,在同一台挖掘机上可以配置多种形式的铲斗,图4.8、图4.9、图4.10分别为反铲挖掘机用铲斗的基本形式、反铲斗的常用形式、铲斗的斗齿采用的装配形式,其形式有橡胶卡销连接方式和螺栓连接方式。

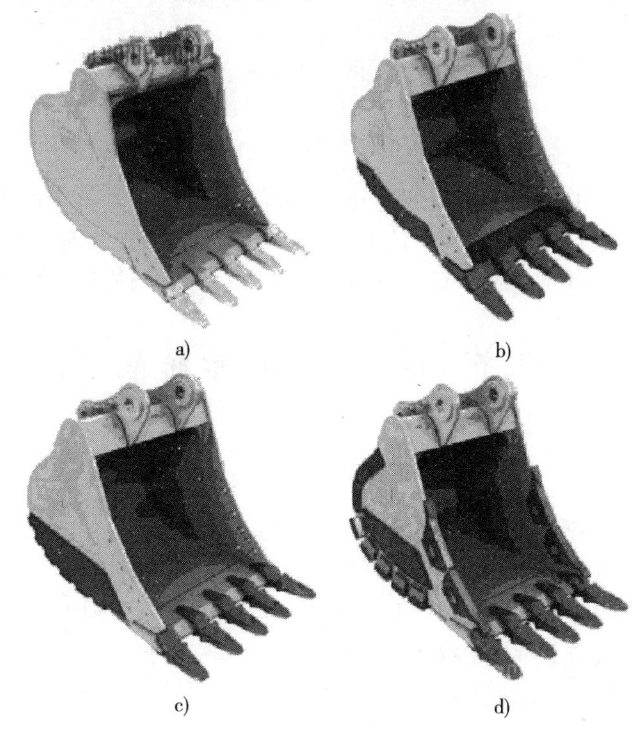

图4.8　铲斗基本形式

a)通用型;b)重型;c)超重型;d)岩石型

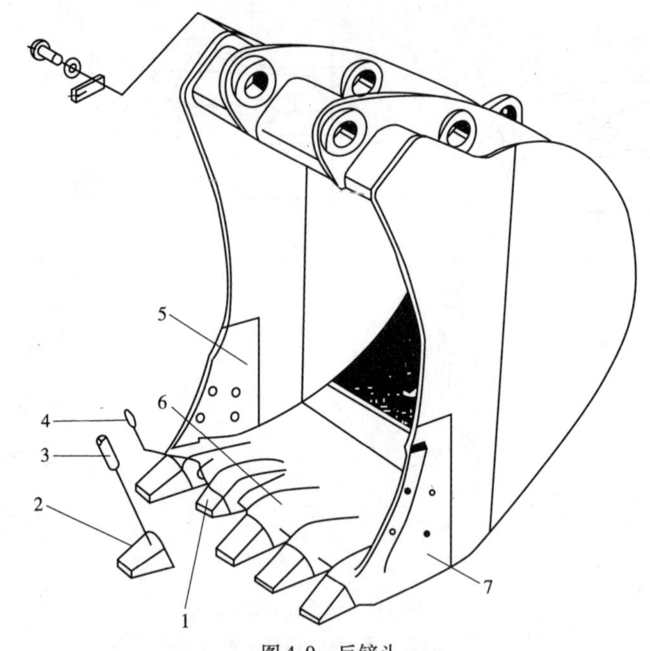

图 4.9　反铲斗

1-齿座;2-斗齿;3-橡胶卡销;4-卡销;5、6、7-斗口板

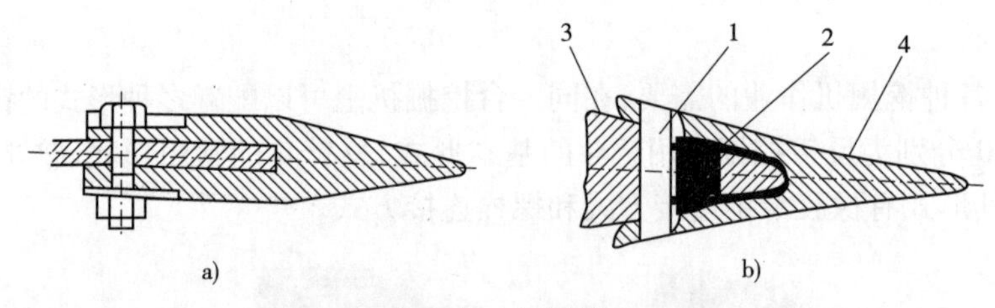

图 4.10　斗齿结构

a)螺栓连接方式;b)橡胶卡销连接方式

1-卡销;2-橡胶卡销;3-齿座;4-斗齿

铲斗与液压缸连接的结构形式有四连杆机构和六连杆机构。其中四连杆机构连接方式是铲斗直接铰接于液压缸,使铲斗转角较小,工作力矩变化较大;六连杆机构的特点是,在液压缸活塞行程相同的条件下,铲斗可以获得较大的转角,并改善机构的传动特性。

第三节　挖掘机的回转装置

一、回转装置

上部转台是液压挖掘机三大组成部分之一。在转台上除了有发动机、液压系统、驾驶室、平衡重、油箱等以外,还有一个很重要的部分——回转装置。液压挖掘机回转装置由转台、回转支承和回转机构组成,如图 4.11 所示,回转装置的外座圈用螺栓与转台连接,带齿的内座圈与底架用螺栓连接,内外圈之间设有滚动体。挖掘机工作装置作用在转台上的垂直载荷、水平载荷和倾覆力矩通过回转支承的外座圈、滚动体和内座圈传给底架。回转机构的壳体固定在转台上,用小齿轮与回转支承内座圈上的齿圈相啮合,小齿轮可绕自身轴线旋转,又可绕转台中心线公转,当回传机构工作时就像对底架进行回转。

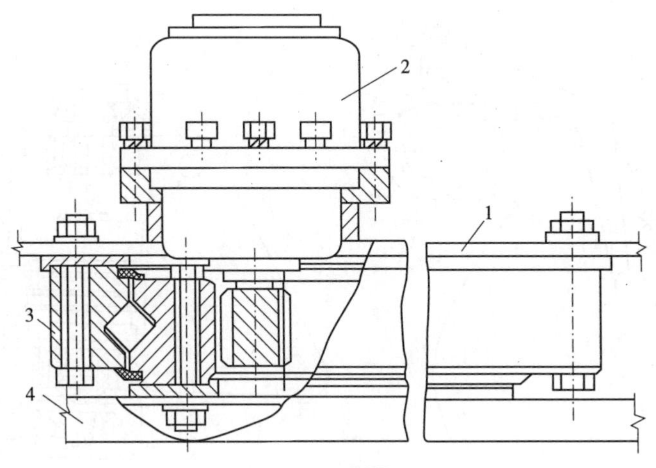

图 4.11　回转装置

1-转台;2-回转机构;3-回转支承;4-底架

液压挖掘机的回转装置必须能把转台支承在固定部分(下车)上。不能倾翻,并应使回转轻便灵活。为此,液压挖掘机都设置了回转支承装置(起支承作用)和回转传动装置(驱动转台回转),并统称为液压挖掘机的回转装置,回转支承装置如图 4.12、图 4.13 所示。

图 4.12　回转支承

二、回转支承的主要结构形式

1. 转柱式回转支承

摆动式液压马达驱动的转柱式支承由固定在回转体上的上、下支承轴和上、下轴承座组成(图 4.13)。轴承座用螺栓固定在机架上。回转体与支承轴组成转柱,插入轴承座的轴承中。外壳固定在机架上的摆动液压缸上,输出轴插入下支承轴内,驱动回转体相对于机架转动。回转体常做成"匚"形,以避免与回转机构碰撞。工作装置铰接在回转体上,与回转体一起回转。

2. 滚动轴承式回转支承

滚动轴承式回转支承实际上就是一个大直径的滚动轴承。它与普通轴承的最大区别是它的转速很慢。挖掘机的回转速度在 5 ~ 11r/min 之间。此外,一般轴承滚道中心直径和高度比为 4 ~ 5,而回转支承则达 10 ~ 15。所以,这种轴承的刚度较差,工作中要靠支承连接结构来保证。

滚动轴承式回转支承的典型构造如图 4.14 所示。内座圈或外座圈可加工成内齿圈或外齿圈。带齿圈的座圈为固定圈,用沿圆周分布的螺栓 4、5 固定在底座上。不带齿的座圈为回转圈,用螺栓与挖掘机转台连接。装配时可先把上、下座圈 1、3 和滚动体 8 装好,形成

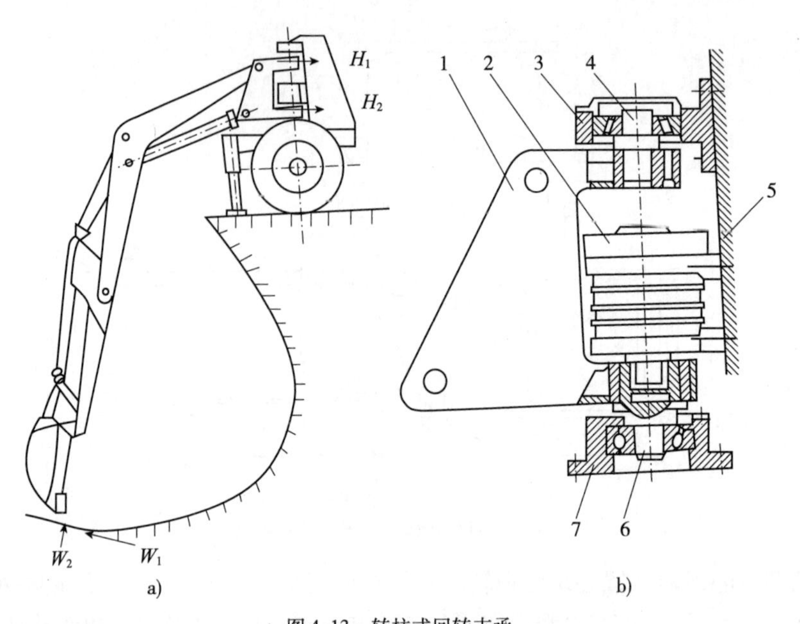

图 4.13　转柱式回转支承

1-回转体;2-摆动液压缸;3-上轴承座;4-上支承轴;5-机架;6-下支承轴;7-下轴承座

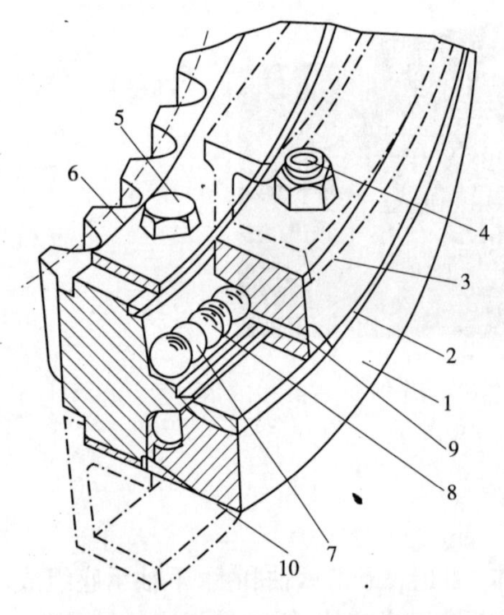

图 4.14　滚动轴承式回转支承

1-下座圈;2-调整垫片;3-上座圈;4、5-螺栓;6-内齿圈;7-隔离体;8-滚动体;9-油嘴;10-密封装置

一个完整的部件,然后再与挖掘机组装。为保证转动灵活,防止受热膨胀后产生卡死现象,回转支承应留有一定的轴向间隙。此间隙因加工误差和滚道与滚动体的磨损而变化。所以在两座圈之间设有调整垫片2,装配和修理时可以调整间隙。隔离体7用来防止相邻滚动体8间的挤压,减少滚动体的磨损,并起导向作用。滚动体8可以是滚珠或滚柱。

滚动轴承式回转支承机构广泛应用于全回转的液压挖掘机上,它是在普通滚动轴承的基础上发展起来的,结构上相当于放大了的滚动轴承。它与传统的滚动轴承相比,具有尺寸小、结构紧凑、承载能力大、回转摩擦阻力小、滚动体与轨道之间的间隙小、维护方便、使用寿命长。易于实现三化等一系列优点,它与普通滚动轴承相比,又有其特点:普通的滚动轴承的内外座圈之间的刚度依靠轴与轴承座之间的装配来保证,而它则由转台和底架来保证;回转支承的转速低,通常承受轴向载荷,因此轨道上的接触点的循环次数较少。

第四节　挖掘机的行走装置

因为行走装置兼有液压挖掘机支承和运行两大功能,因此液压挖掘机行走装置应尽量满足以下要求。

(1)应有较大的驱动力,使挖掘机在软湿或高低不平等不良地面上行走时具有良好的通过性能、爬坡性能和转向性能。

(2)在不增大行走装置高度的前提下,使挖掘机具有较大的离地间隙,以提高其在不平地面上的越野性能。

(3)行走装置具有较大的支承面积或较小的接地比压,以提高挖掘机的稳定性。

(4)挖掘机在斜坡下行时不发生下滑和超速溜坡现象,以提高挖掘机的安全性。

(5)行走装置的外形尺寸应符合道路运行要求。

液压挖掘机的行走装置,按结构可以分为履带式和轮胎式两大类。

履带式行走装置的特点是,驱动力大,接地比压小,因此越野性能和稳定性较好,爬坡能力大且转弯半径小,灵活好用。履带式行走装置在液压挖掘机上应用较普遍。

但履带式行走装置制造成本高,运行速度低,运行和转向时消耗功率大,零件磨损快,因此挖掘机长距离运行时需借助于其他运行车辆。

轮胎式行走装置与履带式的相比,优点是运行速度快、机动性能好,运行时不损坏路面,因而在城市建设中很受欢迎。缺点是接地比压大,爬坡能力差,挖掘机作业时需要用专门的支腿支撑,以确保挖掘机的稳定性和安全性。

一、履带式行走装置组成与工作原理

履带式行走装置由四轮一带(即驱动轮、引导轮、支重轮、托带轮以及履带)、张紧装置、行走机构、行走架(包括底架、横梁和履带架)等组成,如图4.15所示。

挖掘机运行时驱动轮在履带的紧边——驱动段及接地段产生一拉力,企图把履带从支重轮下拉出,由于支重轮下的履带与地面之间有足够的附着力,阻止履带的拉出,迫使驱动轮卷动履带,引导轮再把履带铺设在地面上,从而使挖掘机借助支重轮沿着履带轨道向前运行。

液压传动的履带行走装置,挖掘机转向时由安装在履带上的两台液压泵分别供油给行走马达,通过对油路的控制很方便地实现转向和就地转弯,以适应挖掘机在各种地面、场地上运动。图4.16为液压挖掘机的转弯情况,图4.16a)为两个行走马达旋转方向相反,挖掘机就地转向。图4.16b)为液压泵仅向一个行走马达供油,挖掘机则绕着一侧履带转向。

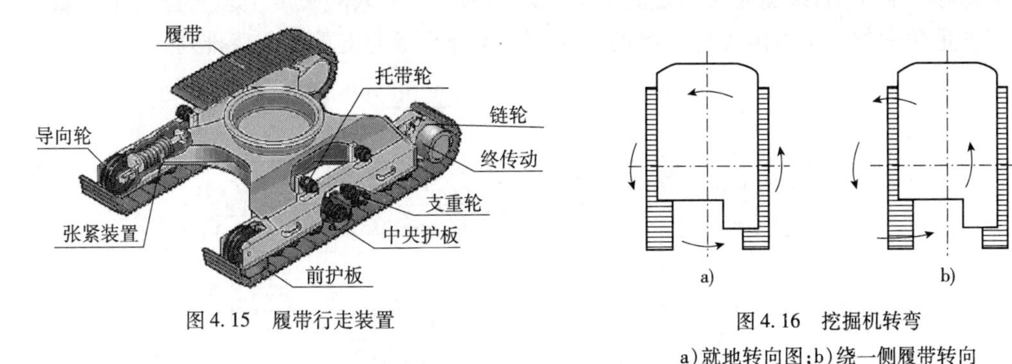

图4.15　履带行走装置

图4.16　挖掘机转弯

a)就地转向图;b)绕一侧履带转向

二、履带式行走装置结构

1. 行走结构

行走架是履带式行走装置的承重骨架,它有底架、横梁和履带架组成,通常用16Mn钢板焊接而成,底架的连接转台,承受挖掘机上部载荷,并通过横梁传给履带架。

行走架按结构形式可分为组合式和整体式两种。组合式行走架的底架为框架结构,横梁为工字钢或焊接的箱形梁,插入履带架孔中,履带架通常采用下部敞开的"Π"形截面,两端呈叉形以便安装驱动轮、引导轮和支重轮。

组合式行走架的优点是:当需要改变挖掘机的稳定性和降低接地比压时,不需要改变底架的结构就能换装加宽的横梁和加长的履带架,从而安装不同长度和宽度的履带。它的缺点是:履带架截面削弱较多,刚度较差,并且截面削弱处易产生裂缝。

为克服上述缺点,越来越多的液压挖掘机采用整体式行走架,它结构简单,自重轻,刚度大,制造成本低。支重轮直径较小,在行走装置的长度内,每侧可安装5~9个支重轮,这样可使挖掘机上部的荷载均匀地传至地面,便于在承载能力较低的地面使用,行走性能得以提高。

2. 四轮一带

由履带和驱动轮、引导轮、支重轮、托带轮组成的四轮一带,直接关系到挖掘机的工作性能和行走性能。

履带:挖掘机的履带有整体式和组合式两种。

整体式履带是履带板上带啮合齿,直接与驱动轮啮合,履带板本身成为支重轮等轮子的滚动轨道,整体式制造方便,连接履带板的销子容易拆装,但磨损较快。

目前液压挖掘机上广泛采用组合式履带。它由履带板、链轨节、履带销轴和销套等组成。左右链轨节与销套紧配合连接,履带销轴插入销套有一定的间隙,以便转动灵活,其两端与另两个轨节孔配合。锁紧履带销与链轨节孔为动配合,便于整个履带的拆装。组合式履带的节距小,绕转性好,使挖掘机行走速度较快,履带销轴和履带板硬度较高,耐磨,使用寿命长。

支重轮:支重轮将挖掘机的重量传给地面,挖掘机在不同地面上行驶时支重轮经常承受地面的冲击,因此支重轮所受的载荷较大。此外支重轮的工作条件也较恶劣,经常处于尘土中,有时还浸泡在泥水中,故要求其具有良好的密封性。支重轮常用35Mn或50Mn钢铸造而成,轮面淬火硬度为HRC48~57,以获得良好的耐磨性。支重轮多采用滑动轴承支承,并用浮动油封防尘,如图4.17、图4.18所示。

支重轮的结构如图4.17、图4.18所示,通过两端轴固定在履带架上。支重轮的轮边凸缘起支持履带的作用,以免履带行走时横向脱落。为了在有限的长度上多安排几个支重轮,往往把支重轮中的几个做成无外凸缘的,并把有、无外凸缘的支重轮交替排列。

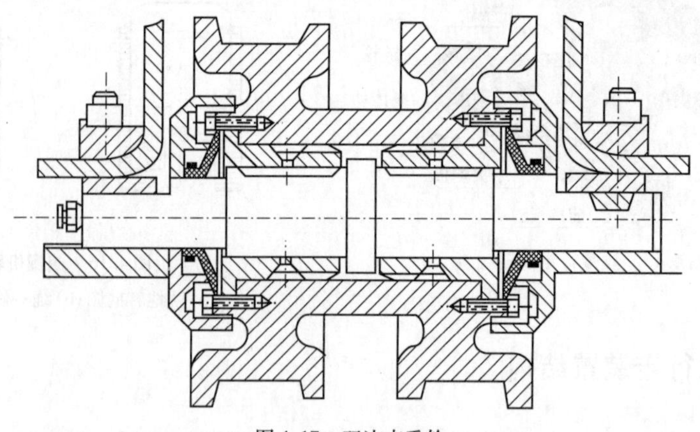

图4.17 双边支重轮

润滑滑动轴承及油封的润滑油脂从支重轮体中间的螺塞孔加入,通常在一个大修期内只加注一次,简化了挖掘机平时的保养工作。

托带轮与支重轮基本相同。

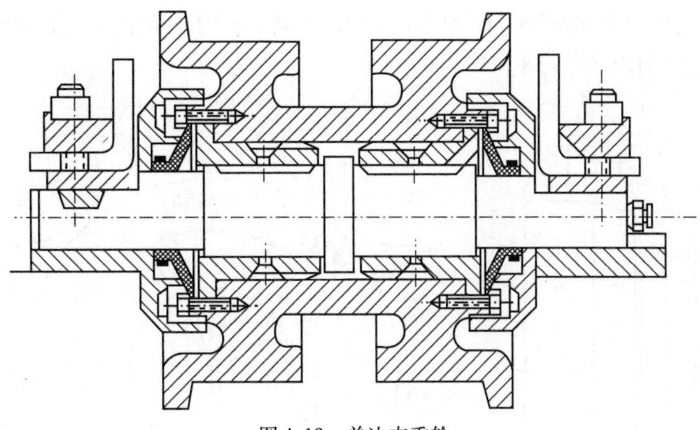

图 4.18 单边支重轮

引导轮:引导轮用来引导履带正确绕转,防止其跑偏和越轨。多数液压挖掘机的引导轮同时起到支重轮的作用,这样可增加履带对地面的接触面积,减小接地比压。引导轮的轮面制成光面,中间有挡肩环作为导向用,两侧的环面则支撑轨链。引导轮与最靠近的支重轮的距离越小,则导向性越好,如图 4.19 所示。

引导轮通常用 40 号钢、45 号钢或 35Mn 钢铸造、调质处理而成,硬度为 HB230 ~ 270。

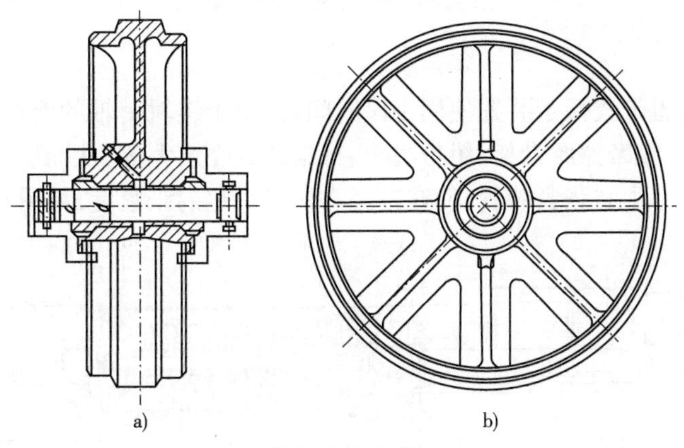

图 4.19 引导轮

为了使引导轮充分发挥其作用并延长其使用寿命,其轮面对中心孔的径向跳动要不大于 3mm,安装时要正确对中。

驱动轮:液压挖掘机发动机的动力是通过行走马达和驱动轮传给履带的,因此驱动轮应与履带的链轨啮合正确、传动平稳,并且当履带因销套磨损伸长时仍能很好地啮合。

驱动轮通常位于挖掘机行走装置的后部,使履带的张紧段较短,以减少其磨损和功率消耗。

驱动轮按轮体构造可分为整体式和分体式两种。分体式驱动轮的轮齿被分为 5 ~ 9 片齿圈,这样部分轮齿磨损时不必卸下履带便可更换,在施工现场修理方便,降低了挖掘机维修成本。

按齿轮节距的不同,齿轮有等节距和不等节距两种。其中等节距的齿轮使用较多,而不等节距的齿轮则是新型结构,它的齿数较少,且有两个齿的节距较小,其余齿的节距均相等,如图 4.20 所示,不等节距驱动轮在履带包角范围内只有两个轮齿同时啮合,并且驱动轮的轮面与链轨节踏面相接触,因此一部分驱动转矩便由驱动轮的轮面来传递,同时履带中最大的张紧力也由驱动轮的轮面承受,这样就减少了轮齿的受力,减少了磨损,提高了履带的使用寿命。

驱动轮工作时受履带销套反作用的弯曲压应力,并且轮齿与销套之间有磨料磨损,因此驱动轮应采用淬透性较好的钢材,如 50Mn、45SiMn 等,采用中频淬火、低温回火等热处理工艺处理,使其硬度达 HRC55 ~58。

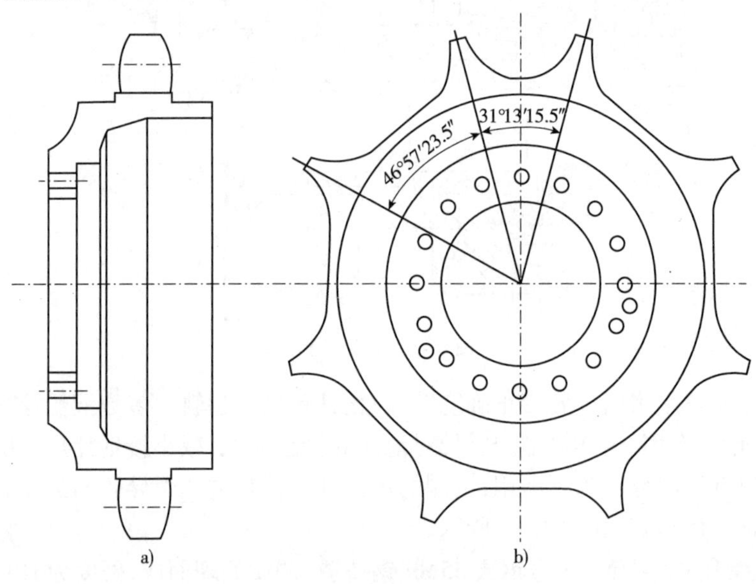

图 4.20　不等节距的驱动齿轮

3. 张紧装置

液压挖掘机的履带式行走装置使用一段时间后,由于链轨销轴的磨损会使节距增大,并使整个履带伸长,导致摩擦履带架、履带脱轨、行走装置噪声大等,从而影响挖掘机的行走性能。因此每条履带必须装张紧装置,使履带经常保持一定的张紧度,如图 4.21 所示。

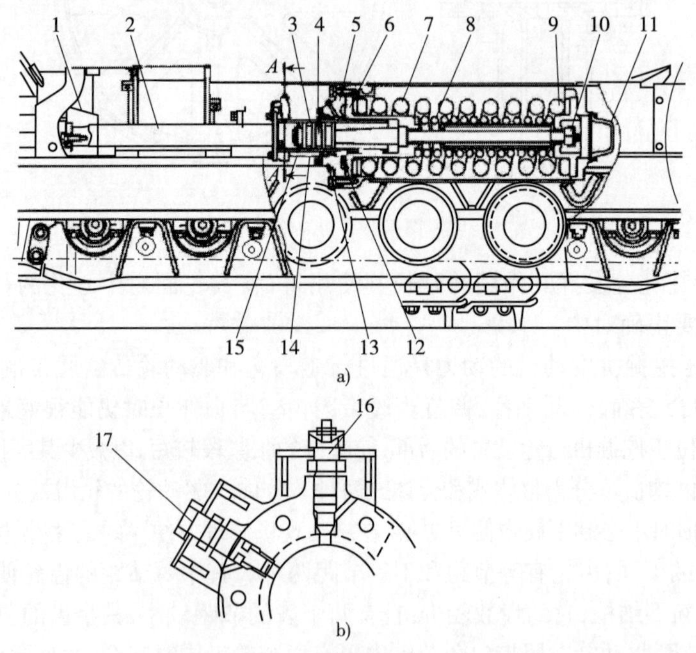

图 4.21　履带张紧装置

1-支座;2-轴;3-油缸;4-活塞;5-端盖;6-弹簧前座;7-大缓冲弹簧;8-小缓冲弹簧;9-弹簧后座;10-螺母;11-端盖;12-衬套;13、15-油封;14-耐磨环;16-注油嘴;17-油塞

油缸 3 和引导轮架的支座 1、轴 2，用螺栓连接成一体，以推动引导轮伸缩，活塞 4 装于油缸中，油封 15 封住活塞和油缸腔中的黄油，当从注油嘴 16 注入压力黄油时，则推压活塞右移，活塞推压推杆，推杆又推压弹簧前座 6、弹簧前座则压缩大、小缓冲弹簧 7 和 8，这样，在引导轮和弹簧之前就形成了一个弹性体，对履带施加的冲力进行缓冲，消除冲击负荷，减少冲击应力，提高使用寿命，螺塞 17 是放黄油使用的，当履带张紧度过大时，则慢慢旋转螺塞 17，使黄油慢慢挤出，不可一下旋松太多，以免黄油射出伤人。从注油嘴 16 注入黄油压力过大时，可将活动挖掘机作为辅助手段，以使黄油易于注入。

第五章　起 重 机 械

起重机械,是指用于垂直升降或者垂直升降并水平移动重物的机械设备。其范围规定为额定提升质量大于或者等于0.5t的升降机;额定提升质量大于或者等于1t,且提升高度大于或者等于2m的起重机和承重形式固定的设备。

按结构形式划分,起重机主要分为桥架型起重机和臂架型起重机两类。

1.桥架型起重机

可在长方形场地及其上空作业,多用于车间、仓库、露天堆场等处的物品装卸,有梁式起重机、桥式起重机、龙门起重机、缆索起重机、运载桥等。

2.臂架型起重机

臂架型起重机可以分成以下四种。

(1)悬臂起重机。

(2)塔式起重机。

(3)门座起重机。

(4)流动式起重机。它可以分为:①汽车起重机;②履带式起重机;③轮胎起重机;④随车起重机;⑤全地面起重机。

第一节　汽车起重机

一、概述

汽车起重机是装在普通汽车底盘或特制汽车底盘上的一种起重机,其行驶驾驶室与起重操纵室分开设置。

汽车起重机的优点是机动性好、转移迅速。缺点是工作时须支腿、不能负荷行驶、也不适合在松软或泥泞的场地上工作。汽车起重机的底盘性能等同于同样整车总重的载货汽车,符合公路车辆的技术要求,因而可在各类公路上通行无阻。此种起重机一般备有上、下车两个操纵室,作业时必需伸出支腿保持稳定。

起重量的范围很大,底盘的车轴数,为2~10根。汽车起重机是产量最大、使用最广泛的起重机类型。

二、汽车起重机分类

汽车起重机的分类很多,其分类方法也各不相同。

(1)按额定起重分类。有轻型、中型、大型三类,其中:轻型汽车起重机提升质量在5t以下,中型汽车起重机提升质量在5~15t,重型汽车起重机提升质量在5~50t,超重型汽车起重机提升质量在50t以上。也有些文献上把额定提升质量15t以下的称为小吨位汽车起重机;额定提升质量16~25t的称为中吨位汽车起重机;额定提升质量26t以上的称为大吨位汽车起重机。

(2)按吊臂结构分类。有定长臂式、接长臂汽车式和伸缩臂式三类,分为定长臂汽车起重机、接长臂汽车起重机和伸缩臂汽车起重机三种。定长臂汽车起重机采用固定长度和桁架吊臂,多为小型机械传动起重机,采用汽车通用底盘,全部动力由汽车发动机供给,不另设发动机。吊臂用角钢和钢板焊成,呈折臂形,以增大起重幅度。接长臂汽车起重机的吊臂也是桁架结构,由若干节臂组成,分基本臂、顶臂和插入臂,可以根据需要,在停机时改变吊臂长度。由于桁架臂受力好、迎风面积小、自重轻,是大吨位汽车起重机唯一的结构形式。伸缩臂液压汽车起重机,其结构特点是吊臂由多节箱形断面的臂互相套叠而成,利用装在臂部内的液压缸可以同时或逐节伸出或缩回。全部缩回时,臂最短,可以有最大起重量;全部伸出时,臂最长,可以有最大起升高度或工作半径,目前已发展成为中小吨位汽车起重机的主要品种。

(3)按支腿形式分类。有蛙式支腿、X形支腿、H形支腿三类,其中:蛙式支腿跨距较小,仅适用于较小吨位的起重机;X形支腿容易产生滑移,也很少采用;H形支腿可实现较大跨距,对整机的稳定有明显的优越性,适用于大、中、小各型起重机,所以,我国目前生产的液压汽车起重机多采用H形支腿。全回转式小型汽车起重机采用的就是H形支腿。

三、汽车起重机型号

产品型号由组、形式、特性代号与主参数代号构成。如需增添变型、更新代号时,其变型、更新代号置于产品型号的尾部,如图5.1所示。

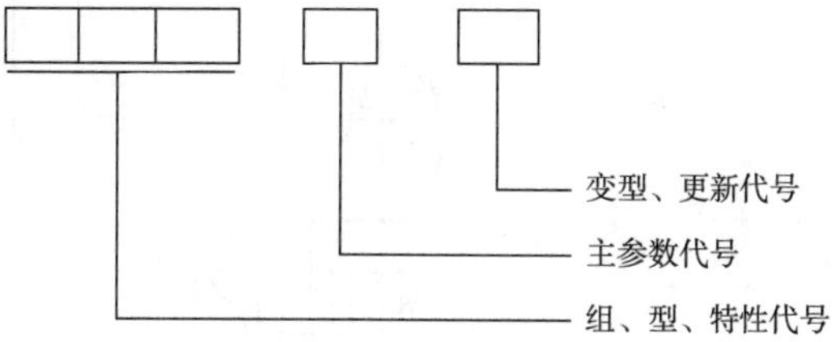

变型、更新代号
主参数代号
组、型、特性代号

图5.1 汽车起重机型号

字母Q表示汽车起重机,QL表示轮胎式起重机;字母Y表示液压传动,字母D表示电力传动,不标字母时表示机械传动;字母后面用数字表示起重机的吨位。在型号的末尾还用A、B、C、E等字母表示该起重机的设计序号。

其中,字母Q为"起"字汉语拼音的第一个字母;Y为"液"字汉语拼音的第一个字母;D为"电"字汉语拼音的第一个字母。QAY为徐工集团全路面汽车起重机代号。型号含义举例:QY8表示最大额定提升质量为8t的液压汽车起重机,QLD16B表示提升质量为16t、电力传动、第二代设计产品的轮胎式起重机,QD100表示最大额定提升质量为100t的电动式汽车起重机,QAY160表示最大额定提升质量为160t的全路面液压汽车起重机(又称AT起重机)。

四、汽车起重机结构

汽车起重机的总体结构如图5.2所示。汽车起重机主要包括:主臂、副臂、变幅油缸、回转平台、上车驾驶室、下车驾驶室、底盘和支腿等。

汽车起重机的工作装置主要由起升机构、回转机构、起重臂、变幅机构和支腿机构等组成。

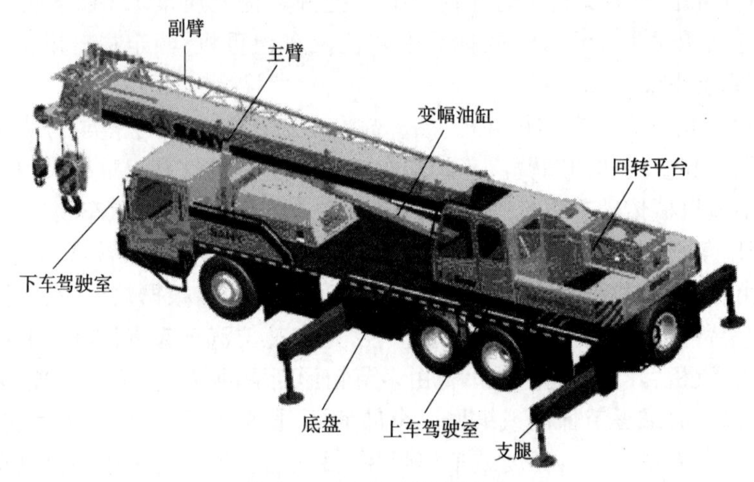

图 5.2　汽车起重机总体结构

1. 起升机构

起升机构由定量液压马达、减速器、离合器、制动器及主、副卷筒等组成,如图 5.3 所示。

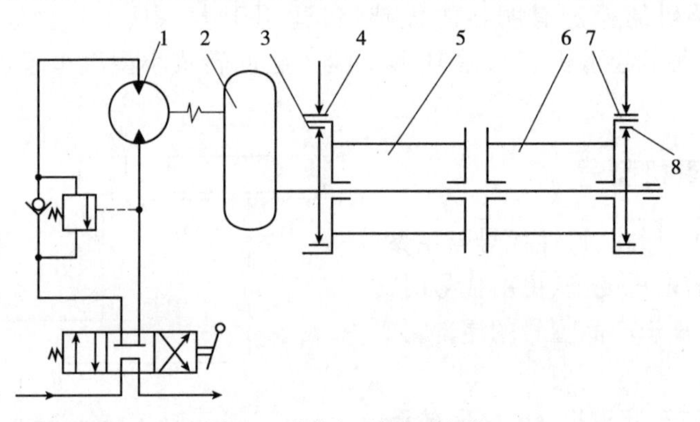

图 5.3　汽车起重机起升机构

1-液压马达;2-减速器;3-主卷扬离合器;4-主卷扬制动器;5-主卷筒;6-副卷筒;7-副卷扬制动器;8-副卷扬离合器

其主起升卷筒和副起升卷筒装在同一根轴上,由一个液压马达通过减速器集中驱动。在主、副卷筒上分别装有各自的制动器和离合器,以便保证主、副卷筒各自独立工作和实现重力下降。

主、副卷筒轴前后并列安置,由同一液压马达及闭式圆柱齿轮减速器驱动。在卷筒轴上装有蹄式离合器,当离合器作用液压缸中通入高压油后,离合器张开使制动鼓转动,并通过制动鼓带动卷筒旋转。正常情况下,制动器可在制动油缸弹簧力作用下将卷筒刹住。在吊钩动力升降时,各制动油缸的左腔同时进入压力油,压缩弹簧,使制动器松开。当吊钩作重力下降时,控制回路的压力油经重力下降操纵阀进入制动油缸左腔,将弹簧压缩,制动器松闸,同时离合器油缸和回油路连通,使离合器脱开。此时,制动力矩完全靠踏下制动踏板获得。因此,在扳动重力下降操纵阀时,必须先踏下相应的制动踏板,否则会使吊重失控而掉下。

2. 回转机构

起重机回转机构主要由回转减速机、回转液压马达、回转支承等部件组成,如图 5.4 所示。

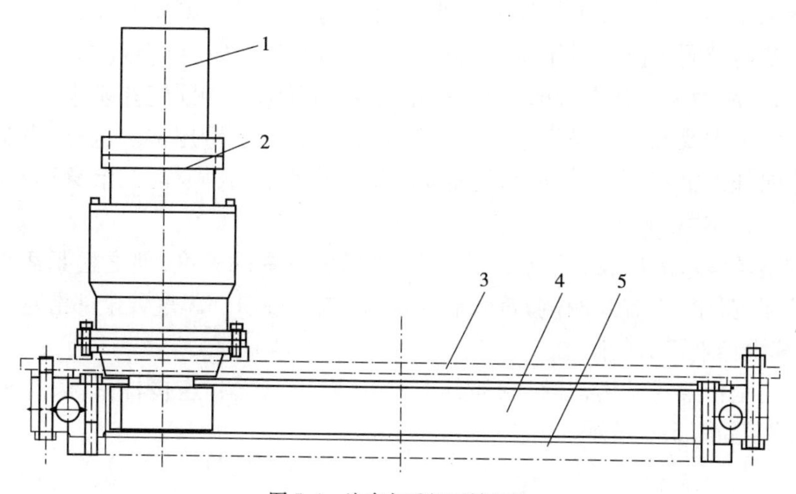

图 5.4　汽车起重机回转机构

1-回转液压马达;2-回转减速机;3-上车转台;4-回转支承;5-底盘座圈

回转机构的工作过程:将上车操纵先导手柄(或操纵拉杆)搬到转台回转位置时,液压油通下车管路、中心回转接头、上车管路、上车主阀后,输送给回转减速机的动力元件——液压马达。液压马达驱动回转减速机回转,减速机输出端的小齿轮与回转支承的内齿圈相啮合,驱动回转支承内圈转动。但因回转支承内圈是用螺栓固定在底盘坐圈上,内圈无法转动。因此,安装在转台底板上的回转减速机连同转台一起回转,即实现转台360°回转运动。

3. 起重臂

汽车起重机起重臂主要包括伸缩箱形结构主臂和桁架结构副臂。

主臂伸缩臂绳在主臂组装后,只有第五节臂的缩臂绳可以在外部调节,四节臂的缩臂绳、四节臂和五节臂的伸臂绳均不能在外部进行调节。伸臂绳的松紧度只能以调节臂头垫块厚度的方式来解决。

起重臂是由钢板焊制的箱形结构,共五节(一节臂、二节臂、三节臂、四节臂、五节臂),汽车起重机起重臂伸缩机构工作原理如图5.5所示。二节臂采用一个单级双作用液压缸实现伸缩。液压缸倒置安装,活塞杆端头用销轴固定在基本臂根部,液压缸中部铰点将缸体连接在二节臂后端。因此,当从活塞杆端头通入压力油后,二节臂随同液压缸体一同伸出或缩进。

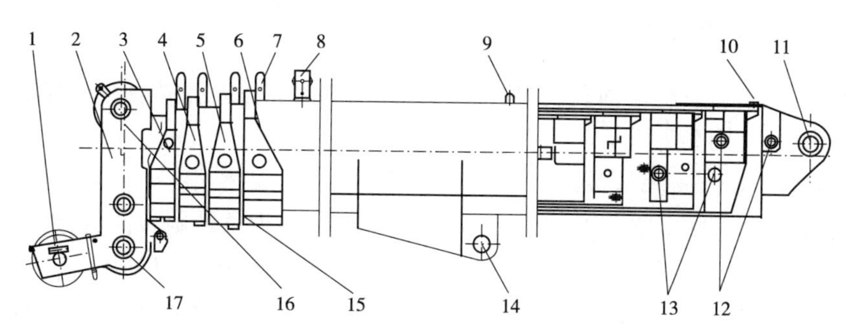

图 5.5　主臂机构

1-臂尖滑轮;2-五节臂;3-四节臂;4-三节臂;5-二节臂;6-一节臂;7-拖绳架;8-压绳滚轮;9-挡板;10-绳托;11-主臂尾轴;12-一级伸缩油缸铰点轴;13-二级伸缩油缸铰点轴;14-变幅缸下铰点轴;15-调节垫块;16-分绳轮组;17-定滑轮组

三节臂采用钢丝绳系统进行伸缩。伸缩钢丝绳一端固定在基本臂前端一侧,然后穿过立装在二节臂前端同一侧的滑轮及平装在三节臂后端的滑轮,再穿过立装在二节臂前端另一侧的滑轮,最后固定在基本臂前端另一侧。缩臂钢丝绳一端固定在基本臂前端,然后穿过固定在基本臂前端及二节臂尾部的导向滑轮,再固定在三节臂尾部。这样,当二节臂在液压缸的作用下向外推出时,通过伸臂钢丝绳同时将三节臂拉出;同样,二节臂返回时,通过伸臂钢丝绳将三节臂拉回。

伸缩臂钢丝绳端部均装有调节螺栓,用以调节钢丝绳的长度,使之松紧适当。各节起重臂相对滑动部位(上、下方及两侧)都装有滑块,以减少磨损。起重臂全部滑轮均安装在滚动轴承上,以减少伸缩臂时的阻力。

副臂结构是桁架式结构,其组成部分主要有:臂座、臂架、连接杆系统、臂头、支承架、托架总成等部件,如图 5.6 所示。

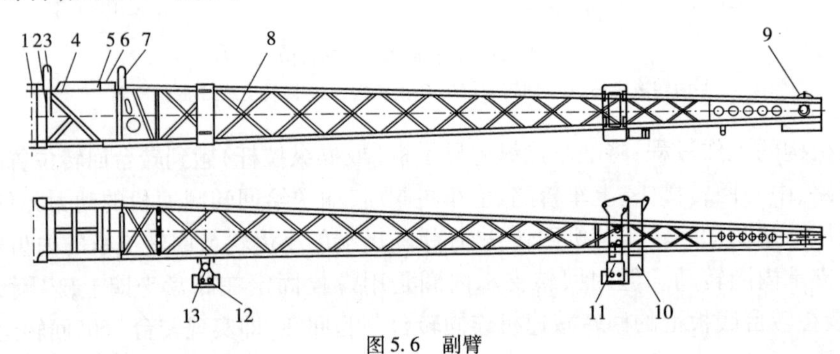

图 5.6 副臂

1、5、13-销轴;2-臂座;3、7-绳托;4-连接杆;6-连接板;8-臂架;9-滑轮;10-折叠板;11-托架总成;12-支承架

4. 变幅机构

起重臂的变幅是由一个前倾安装的双作用液压缸控制。液压缸铰接在回转台上,活塞杆铰接在基本臂上,以活塞杆的伸缩改变起重臂仰角,实现变幅动作。液压缸上装有平衡阀,以保持平稳的变幅速度以及防止液压软管突然破裂时起重臂跌落。

5. 支腿机构

支腿为“H”形。支腿由型钢焊成,两个一组,焊接在车架主梁下表面上。装有升降液压缸的四个支腿横梁分别装在支腿箱的四个空腹中,可在水平液压缸作用下伸缩。升降液压缸上端装有双向液压锁,可将活塞杆锁止在任意位置上,以确保支腿的可靠性。

五、工作装置的操纵原理

汽车起重机液压系统由油泵、支腿操作阀、上车多路阀以及回转、伸缩、变幅、起升(主、副)等油路组成,如图 5.7 所示。

1. 下车液压系统(支腿油路)

下车多路阀为六联多路阀组,其中第一片(从左到右)为总控制阀;二到六为选择阀,分别选择水平或垂直位置(操作杆上抬为水平,下压为垂直)。如图 5.8 所示。

当选择阀处于水平(垂直)位置。操作第一片阀,可以实现水平(垂直)油缸的伸出与缩回(上抬为缩回、下压为伸出)。支腿操作可以联动,也可以单独操作,实现动作的微调。多路阀中设有安全阀,其作用是限制供油泵的最高压力和限制第五支腿伸出的最高压力。

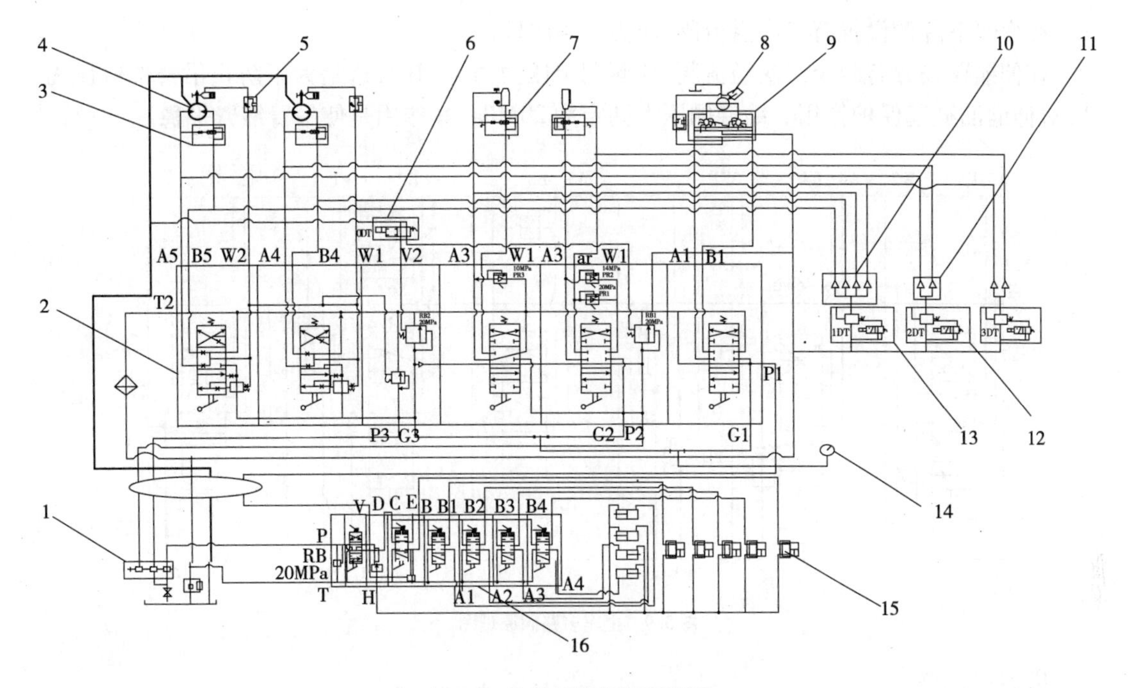

图 5.7　汽车起重机液压原理图

1-三联齿轮泵;2-上车多路阀;3-卷扬平衡阀;4-卷扬马达;5-单向节流阀;6-电磁阀;7-变幅平衡阀;8-回转马达;9-回转缓冲阀;10、11-单向阀组;12、13-电磁溢流阀;14-压力表;15-双向液压锁;16-下车多路阀

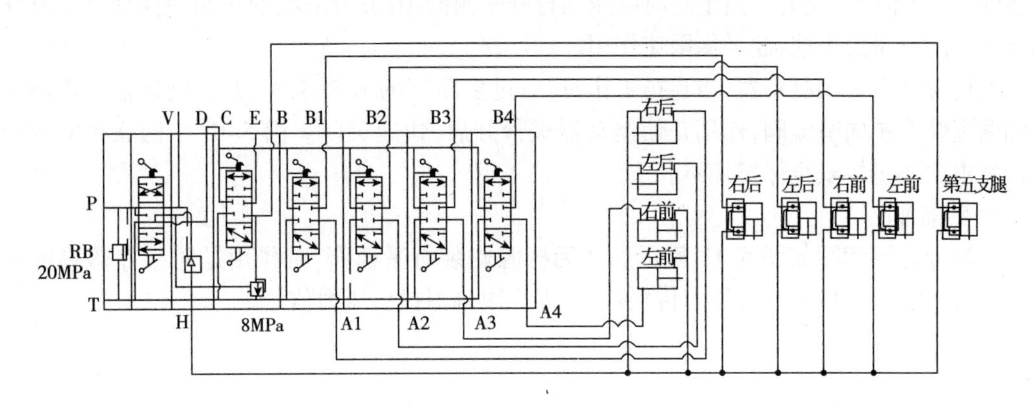

图 5.8　下车多路阀原理图

当操作阀在中位时,泵通过 V 口向上车回转供油。

在垂直油缸上装有双向液压锁,作用是防止行驶时由于重力作用活塞杆伸出以及在作业时油缸回缩。

2. 上车液压系统

液压系统由五联多路阀控制卷扬(主、副)、变幅、伸缩、回转五条油路,从左到右依次是主卷扬、副卷扬、变幅、伸缩、回转五个阀片。其原理图如图 5.9 所示。

在多路阀中设置了两个溢流阀,压力调定为 22MPa。卷扬进油口设置了定差减压,保证主、副卷扬同时动作。图 5.9 中 YL 为压力补偿阀,作用是,在中位时液压油通过该阀回油;当卷扬工作时候该阀会根据反馈压力的大小,将该阀关闭,使压力油参与工作。

在变幅下降侧设置有二次溢流阀,压力为10MPa。

在伸缩臂设置有两个二次溢流阀,伸侧调定压力为14MPa,这是为了防止吊臂伸臂压力高,对伸缩油缸起保护作用。缩臂侧压力调定为20MPa,其作用是使吊臂缩臂平稳。

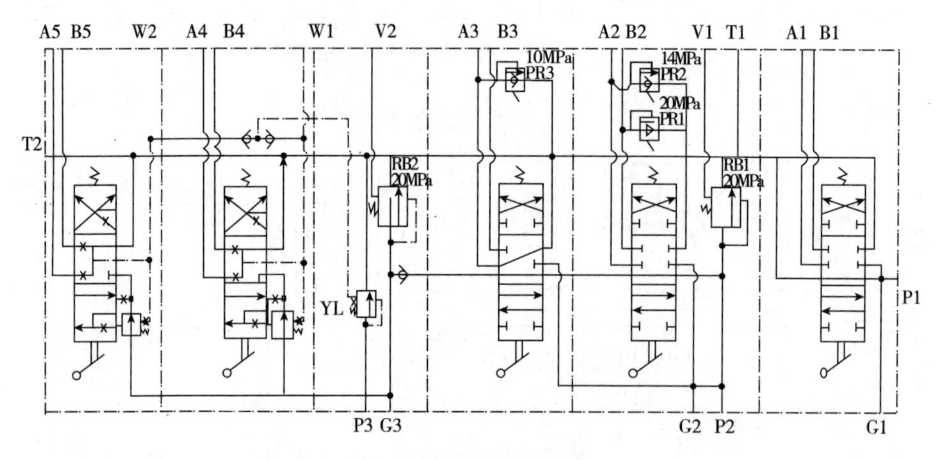

图5.9　上车多路阀原理图

1)卷扬油路

卷扬油路原理图如图5.10所示。

主副卷扬油路相同,在起升侧装有平衡阀,当起升时压力油通过平衡阀中的单向阀给马达供油,实现重物的起升。当下降时高压油打开平衡阀中的顺序阀,通过顺序阀回油。其作用是为了防止重力失速,起平衡限速作用。

卷扬上装有长闭制动器,当卷扬工作时,通过多路阀的K口取压,开启制动器。在制动器油路上装有单向节流阀,作用是使制动器缓慢开启,快速关闭。图5.10中四联单向阀组和两联单向阀组接安全保护油路。

2)变幅油路

变幅油路原理图如图5.11所示。在无杆腔侧装有平衡阀,其作用是防止在落幅时失控。在有杆腔和无杆腔装有压力传感器,给力矩限制器提供压力信号。

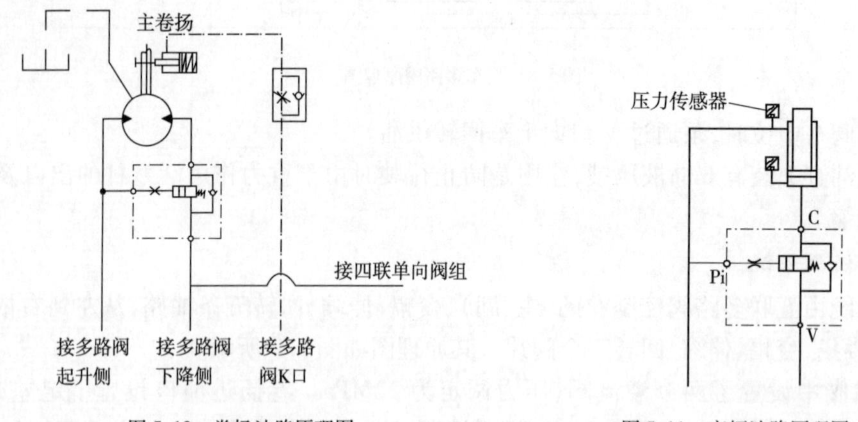

图5.10　卷扬油路原理图

图5.11　变幅油路原理图

3)伸缩油路

伸缩油路原理图见图5.12。在无杆腔装有平衡阀,作用是防止缩臂时失控。

4）回转油路

回转油路原理图如图 5. 13 所示。

回转油路由回转马达、回转缓冲装置以及制动器控制油路组成。

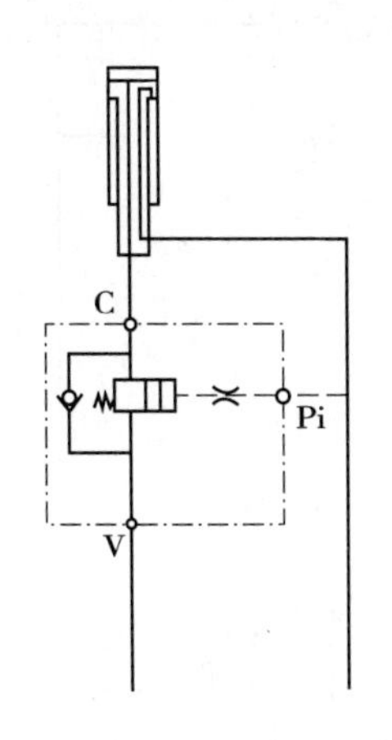

图 5. 12　伸缩油路原理图

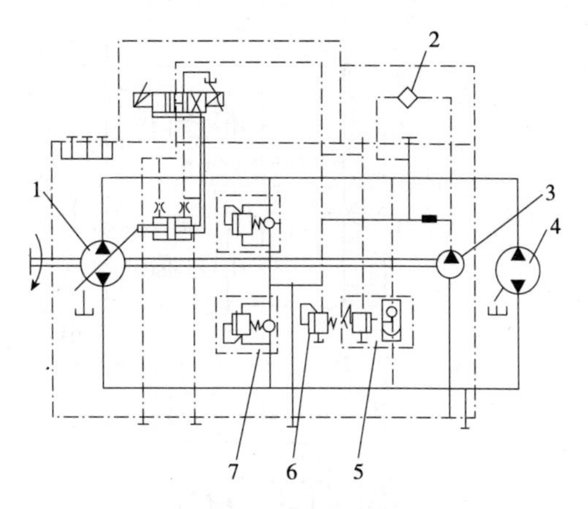

图 5. 13　回转油路原理图

1-变量泵；2-过滤器；3-补油泵；4-马达；5-压力切断阀；6-补油溢流阀；7-高压溢流阀和补油单向阀

回转缓冲阀作用是在制动停止时为马达补油，防止回转马达吸空以及延缓回转马达的制动时间，起到回转缓冲作用。控制油路中通过蓄能器和单向节流阀的作用延缓制动器的制动时间，与回转缓冲阀相互配合，使回转柔和制动，避免回转制动冲击。

5）安全保护

四联单向阀组分别接主副卷扬起升、下变幅、伸臂，当出现危险信号时，1DT 通电，危险动作油路卸荷，动作停止。两联单向阀组 1 接主副卷扬下降侧，当卷扬上钢丝绳剩下三圈时，2DT 通电，动作停止。两联单向阀组 2 接伸缩臂，当吊臂伸缩超过设定值时，3DT 通电，吊臂伸缩动作停止。如图 5. 14 所示。

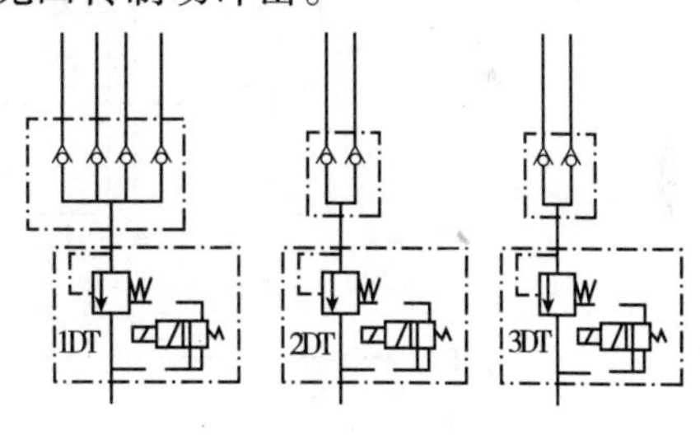

图 5. 14　安全保护油路

3. *液动控制方式*

液动控制方式主油路与手动控制大体相同，只是增加了控制油路，安全保护油路设置在控制油路中。

控制油路的压力源通过齿轮泵或者油源块提供。控制油路原理如图 5. 15 所示。

控制油路组成：中压过滤器、蓄能器、回转控制阀块和左右先导手柄。

中压过滤器：起过滤作用，保护后端元件中的液压油不被污染，提高工作可靠性。

蓄能器：吸收压力峰值，减少压力冲击，使工作压力平稳。蓄能器充氮压力为 0. 15MPa。

回转先导控制阀块：该阀由一个两位三通电磁阀、一个液控阀、一个梭阀组成。当操作左侧先导手柄时，压力油经过先导手柄减压后分成两路，一路到主多路阀控制口，推动主阀芯，另一路通过梭阀将液控两位三通阀换向，进入制动器，开始回转动作。

两位三通电磁阀的作用是提供给自由滑转动作制动器开启压力。当按下自由滑转开启先导手柄，两位三通电磁阀实际上就是一个减压阀，按与主阀的开启曲线匹配输出 5 ~ 20. 9bar（0. 5 ~ 2. 09MPa）的控制压力，使主阀有比例特性的开启。

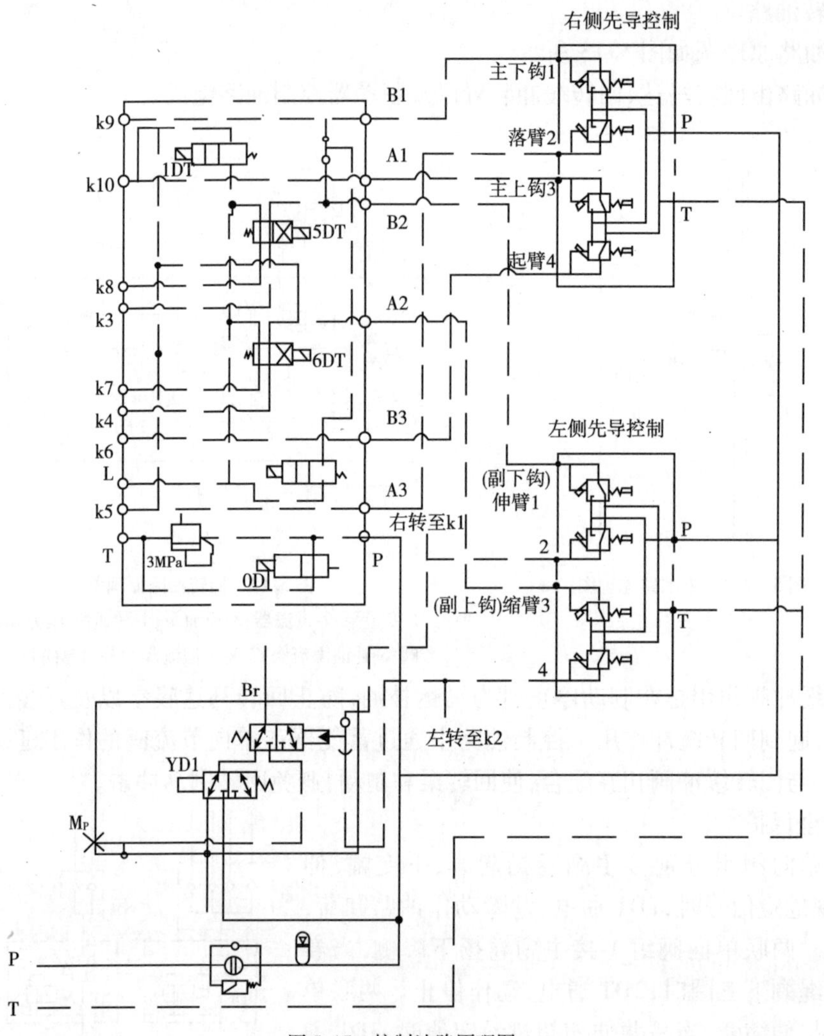

图 5.15　控制油路原理图

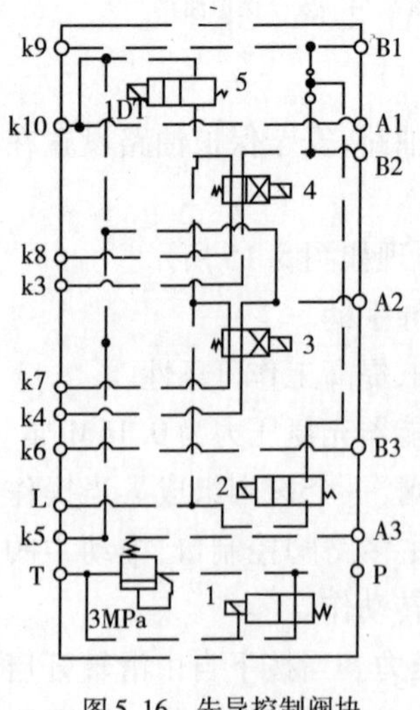

图 5.16　先导控制阀块

先导控制阀块(图 5.16):该阀是一个插件集成块,Ai、Bi 为液控手柄输入方向,ki 为输出方向。

序号 1 是一个两位两通的电磁阀,不工作的时候,压力油直接通过该阀回油箱,目的是防止误操作。当工作的时候,合上控制面板上的主令开关,该电磁阀通电,阀换向,将压力油切断,压力油经过溢流阀回油。溢流阀的主要作用是提供 3MPa 的油源供回转控制阀块和控制手柄使用。

B1 口是主卷扬的下降方向的输入口,在阀体内分成两路,一路到 K9,另一路经过单向阀到电磁阀 2。当电磁阀 2 接到电信号时(主副卷扬处于过放状态),电磁阀换向,将信号油卸荷,下降动作自动停止。

A1 是主卷扬起升方向的输入口,同样在该油路上并联一个单向阀到电磁阀 5,当有过载信号(高度限位、力矩限制)输入时，电磁阀换向，将信号油卸荷，危险动序号 3，4 是一个两位四通的电磁阀，起切换作用，在不通电的情况下，B2 到 k2（伸臂），A2 到 k4（缩臂），当通电后切换为副卷扬的落钩和起钩。B3 口为起幅输入口，A3 为落幅输入口。

第二节　塔式起重机

一、概述

塔式起重机是臂架安置在垂直的塔身顶部的可回转臂架型起重机。塔式起重机又称塔机或塔吊，是现代工程建设中一种重要的起重机械；在大型塔机的塔架下部可通行混凝土运输车辆，是动臂装在高耸塔身上部的旋转起重机。作业空间大，主要用于房屋建筑施工中物料的垂直和水平输送及建筑构件的安装。

二、塔式起重机分类

（1）按有无行走机构可分为移动式塔式起重机和固定式起重机。

移动式塔式起重机根据行走装置的不同又可分为轨道式、轮胎式、汽车式、履带式四种。轨道式塔式起重机塔身固定于行走底架上，可在专设的轨道上运行，稳定性好，能带负荷行走，工作效率高，因而广泛应用于建筑安装工程。轮胎式、汽车式和履带式塔式起重机无轨道装置，移动方便，但不能带负荷行走、稳定性较差，目前已很少生产。

固定式塔式起重机根据装设位置的不同，又分为附着自升式（图 5.17）和内爬式（图 5.18）两种，附着自升塔式起重机能随建筑物升高而升高，适用于高层建筑，建筑结构仅承受由起重机传来的水平载荷，附着方便，但占用结构用钢多；内爬式起重机在建筑物内部（电梯井、楼梯间），借助一套托架和提升系统进行爬升，顶升较烦琐，但占用结构用钢少，不需要装设基础，全部自重及载荷均由建筑物承受。

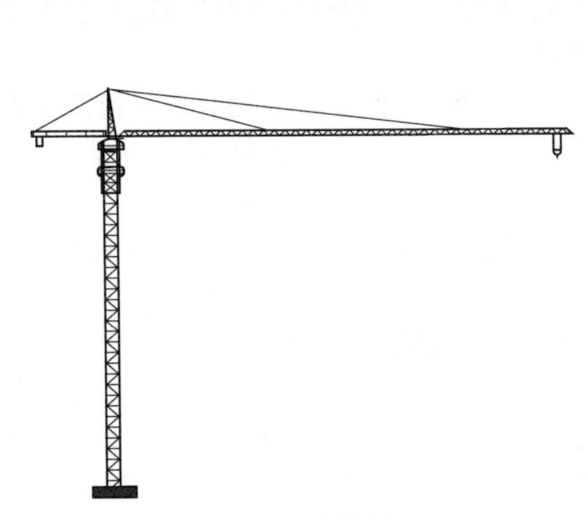

图 5.17　自升式塔式起重机

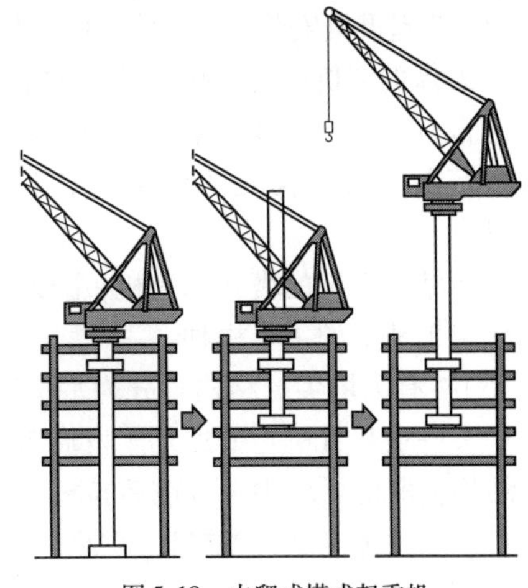

图 5.18　内爬式塔式起重机

（2）按起重臂的构造特点可分为俯仰变幅起重臂（动臂）和小车变幅起重臂（平臂）塔式起重机，如图 5.19 所示。

俯仰变幅起重臂塔式起重机是靠起重臂升降未实现变幅的，其优点是：能充分发挥起重臂的有效高度，机构简单，缺点是最小幅度被限制在最大幅度的 30% 左右，不能完全靠近塔身,变幅时负荷随起重臂一起升降,不能带负荷变幅。

小车变幅起重臂塔式起重机是靠水平起重臂轨道上安装的小车行走实现变幅的,其优点是:变幅范围大,载重小车可驶近塔身,能带负荷变幅,缺点是:起重臂受力情况复杂,对结构要求高,且起重臂和小车必须处于建筑物上部,塔尖安装高度比建筑物屋面要高出15~20m。

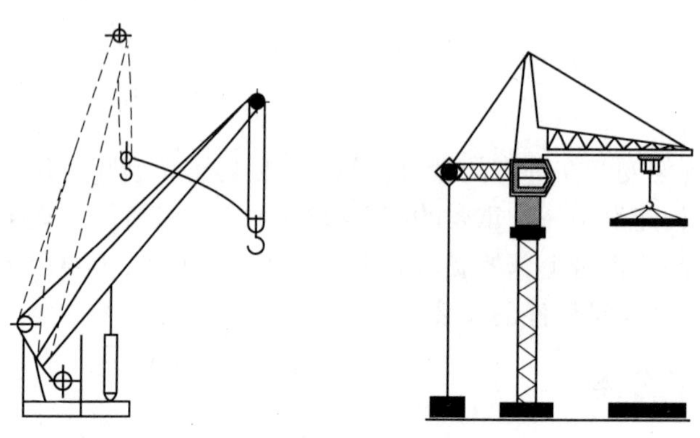

图5.19 俯仰变幅和小车变幅塔式起重机

a)俯仰变幅;b)小车变幅

(3)按塔身结构回转方式可分为下回转(塔身回转)和上回转(塔身不回转)塔式起重机。

下回转塔式起重机将回转支承、平衡重、主要机构等均设置在下端,其优点是:所受弯矩较小、重心低、稳定性好、安装维修方便,缺点是对回转支承要求较高、安装高度受到限制。

上回转塔式起重机将回转支承、平衡重、主要机构均设置在上端,其优点是由于塔身不回转,可简化塔身下部结构,顶升加节方便。缺点是:当建筑物超过塔身高度时,由于平衡臂的影响,限制了起重机的回转,同时重心较高,风压增大,压重增加,使整机总重量增加。

(4)按起重机安装方式不同,可分为能进行折叠运输、自行整体架设的快速安装塔式起重机和需借助辅机进行组拼和拆装的塔式起重机。

能自行架设的快装式塔机都属于中小型下回转塔机,主要用于工期短、要求频繁移动的低层建筑上,主要优点是能提高工作效率、节省安装成本、省时省工省料,缺点是结构复杂、维修量大。

需经辅机拆装的塔式起重机,主要用于中高层建筑及工作幅度大、起重量大的场所,是目前建筑工地上的主要机种。

(5)按有无塔尖的结构可分为平头塔式起重机和尖头塔式起重机。

平头塔式起重机是最近几年发展起来的一种新型塔式起重机。其特点是在原自升式塔机的结构上取消了塔尖及其前后拉杆部分,增强了大臂和平衡臂的结构强度,大臂和平衡臂直接相连。其优点是:①整机体积小,安装便捷安全,降低运输和仓储成本;②起重臂耐受性能好,受力均匀一致,对结构及连接部分损坏小;③部件设计可标准化、模块化,互换性强,减少了设备闲置,提高了投资效益。其缺点是在同类型塔机中平头塔机价格稍高。

三、塔式起重机型号

我国塔式起重机的型号编制图如图5.20所示。

塔式起重机是起(Q)重机大类的塔(T)式起重机组,故前两个字母为QT;特征代号根据要强调的特征选用,如快装式用K,自升式用Z,固定式用G,下回转用X等。例如:

QTK400代表起重力矩为400kN·m的快装式塔机。

QTZ800B代表起重力矩为800kN·m的自升式塔机,第二次设计的改装型。

但是,以上型号编制方法只表明起重力矩,并不能清楚表示一台塔机工作最大幅度是多大,在最大幅度处能吊多重。而这个数据往往更能明确表达一般塔机的工作能力,用户更为关心,所以现在又有一种新的型号标示方法,它的编制如图5.21所示。

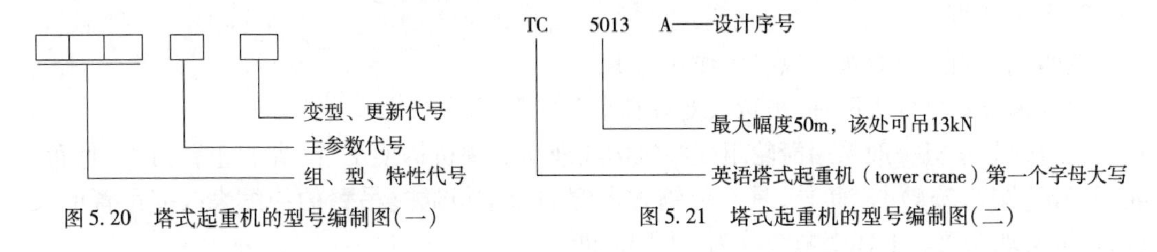

图5.20　塔式起重机的型号编制图(一)　　图5.21　塔式起重机的型号编制图(二)

四、塔式起重机的总体构造

塔式起重机工作机构一般分为起升、变幅、回转与行走等机构。它们是用来实现各种工作运动的。

1. *起升机构*

起升机构是起重机的主要机构,用以实现重物的升降运动。图5.22所示为起升机构的示意图。三速电动机1经弹性联轴器2与圆柱齿轮减速器4连接,减速器输出轴驱动卷筒6,卷筒6上的钢丝绳经导向轮入定滑轮和动滑轮,又使吊钩和重物起升或下降。减速器输入轴上装有常闭式制动器,以控制重物速度或停动。三速电动机1可正反转,带动卷筒6作正反转。

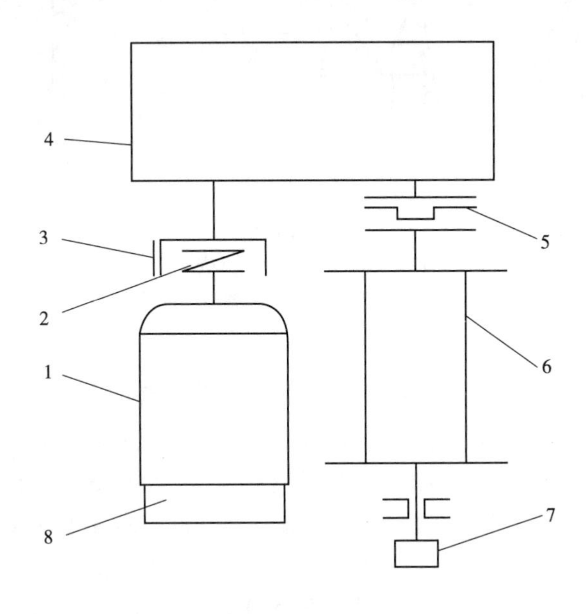

图5.22　起升机构示意图

1-三速电动机;2-弹性联轴器;3-液力推杆制动器;4-圆柱齿轮减速器;5-十字滑块联轴器;6-卷筒;7-高度限位器;8-涡流制动器

建筑起重机中，起升机构主要采用电力机械传动和液压机械传动两种传动方式。电力机械传动的起升机构，是以电动机为原动机，经减速器带动卷筒运转。原动机采用交流电动机时，电源方便，结构简单，维修方便，在各种塔式起重机中应用较普遍。直流电动机的调速性能好，但直流电源不易获得，主要用于大中型轮胎起重机。液压机械传动的起升机构，以高速液压马达为动力，经减速器、离合器进行传动，也可用低速大转矩液压马达直接进行传动。这种传动具有较好的调速性能，体积小，质量轻，广泛用于汽车起重机。

2. 变幅机构

变幅机构用来改变幅度以扩大作业范围。

其变幅方式可分为两种：吊臂式变幅和小车式变幅。

自行式起重机一般采用滑轮组变幅机构或液压变幅机构使吊臂（即起重臂）改变仰角，实现变幅[图5.23a)]。此外，具有伸缩式吊臂的起重机通过吊臂的伸缩来改变吊臂的长度，也可实现变幅。上述变幅统称为吊臂式变幅。

对于塔式起重机则广泛采用小车式变幅[图5.23b)]。它是用钢丝绳牵引起重小车在吊臂上来回移动而改变幅度的。小车变幅机构由变幅卷扬机、起重小车、托带轮、导向轮及牵引钢丝绳等组成。

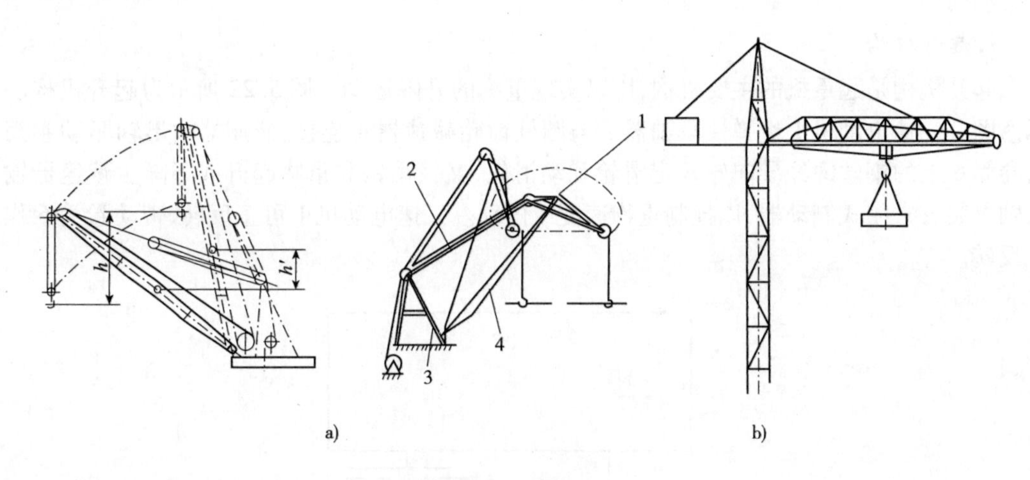

图5.23 变幅机构

a)吊臂式变幅；b)小车式变幅

1-起升卷筒；2-变幅卷筒；3-变幅油缸；4-吊臂

3. 回转机构

回转机构的作用是使转台、驾驶室、吊臂及所吊重物等绕回中心旋转。回转机构由回转支承装置和回转传动装置两部分组成。回转支承装置有柱式和转盘式两种。

在起重机回转机构中广泛采用转盘式回转支承装置。如图5.24所示，电动机1、少齿差行星减速器4和主动小齿轮5装在转台下边，通过联轴器与减速器输出轴连接。旋转座圈与转台连成一体，并经滚动体（滚珠或滚柱）支承在固定的下座圈上。大齿圈则与固定的下座圈做成一体，固定不动。工作时，主动小齿轮5作行星运动，即自转的同时又绕固定的大齿圈公转。主动小齿轮5绕大齿圈正反向公转时，带动转台回转轴作正反向全回转，这种回转支承装置阻力小，工作可靠。

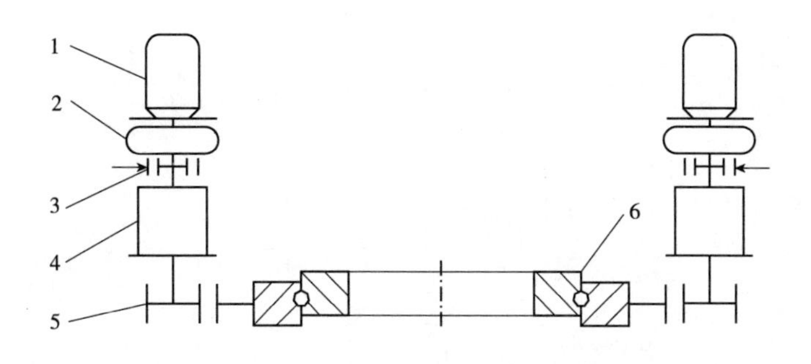

图 5. 24　回转机构及回转支承装置简图

1-电动机;2-液力耦合器;3-内置式(常开)电磁制动器;4-少齿差行星减速器;5-主动小齿轮;6-单排球式回转支承

4. 小车牵引机构

小车牵引机构是变幅小车变幅的驱动装置,如图 5. 25 所示。由电动机 5 驱动,经由液力推动制动器 4,摆线针轮减速器 3 带动变幅卷筒 2,通过变幅钢丝绳 8 使变幅小车 6 在臂架轨道上来回做变幅运动。两牵引绳均一端缠绕固定在卷筒上,另一端则固定在变幅小车 6 上,变幅时靠变幅钢丝绳 8 的一收一放来保证变幅小车 6 正常工作。

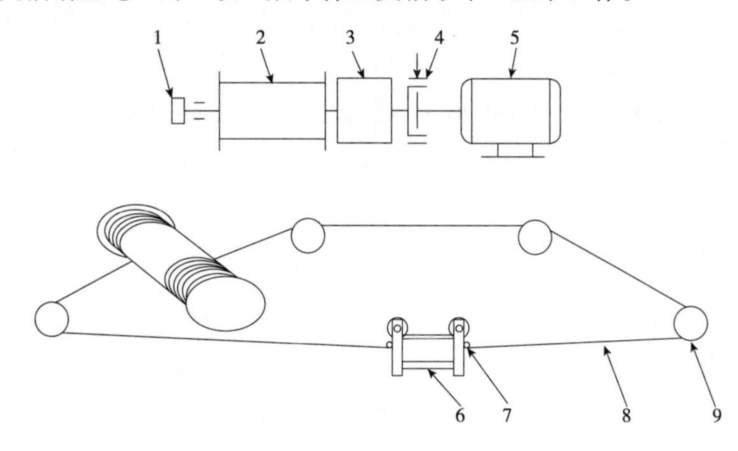

图 5. 25　小车牵引机构及钢丝绳穿绕简图

1-小车行程限制器;2-变幅卷筒;3-摆线针轮减速器;4-液力推动制动器;5-电动机;6-变幅小车;7-棘轮停止器;8-变幅钢丝绳;9-变幅滑轮

5. 塔式起重机液压系统

塔式起重机的液压系统如图 5. 26 所示。液压顶升系统的工作,主要是靠安装在套架内侧面的一套液压油缸、泵、阀和油压系统来完成。当需要顶升时,由起重吊钩吊起标准节送进引入架,拆去塔身标准节与下支座的 16 个连接螺栓,开动电机使液压缸工作,顶升上部结构之后借助操纵爬爪支持上部重量,收回活塞,再次顶升,这样两次工作循环可接一标准节。液压顶升过程的液压动力是这样传递的,当电动机 5 开动时,带动高压油泵 4。高压油泵 4 供出的高压油进入手动换向阀 9(三位四通),压力表 8 便于观察油压读数,手动换向阀 9 控制油液的进油和回油的方向,然后手动换向阀的液压油经过平衡阀 11 送到顶升油缸 13 中去进行油缸的伸缩顶升工作。工作油缸的高压腔接有平衡阀 11,主要是防止起重机在自升过程中,由于油路系统故障引起起重机超速下降。另外,在手动换向阀 9 并联回油箱 1 的管路中间还装有安全阀 7,为的是起安全作用。

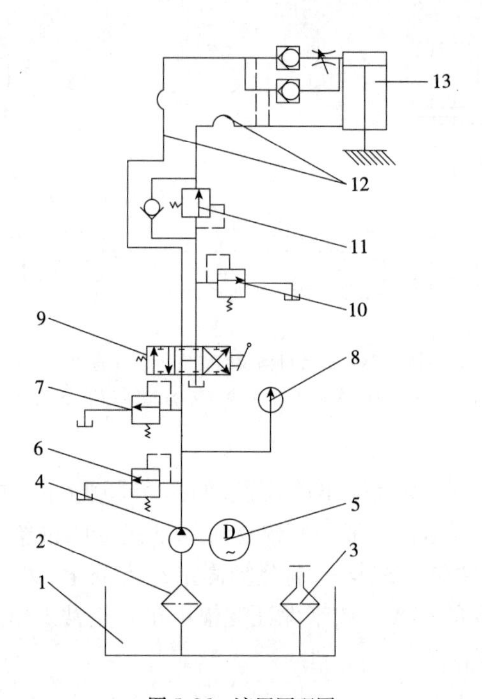

图 5.26　液压原理图

1-油箱;2-粗滤油器;3-空气滤清器;4-高压油泵;5-电动机;6-高压溢流阀;7-安全阀;8-压力表;9-手动换向阀;10-低压溢流阀;11-平衡阀;12-胶管;13-顶升油缸

第六章　压 实 机 械

压实机械是一种利用机械自重、振动或冲击的方法对被压实材料重复加载，排除其内部的水分和空气，使之达到一定密实度和平整度的作业机械。它可以压实土壤、沥青混凝土、砾石、或干硬性混凝土（RCC）等填铺材料，广泛应用于公路、铁路、市政、机场、港口、堤坝和矿山等各种工程建设。

一、压实原理

压实机械的压实原理有三种：静作用压实、振动压实和冲击压实。

1. 静作用压实

利用设备的自重进行压实。因为随着载荷的增加，被压实材料颗粒间的摩擦力也会增加，所以静作用压实有一个极限的压实效果和影响深度。

2. 冲击压实

利用设备从一定高度下落时产生的冲击进行压实。因为冲击压实的能量较大，冲击力产生的冲击波又能使被压实材料的颗粒运动，所以冲击压实的密实度和影响深度都比较大。

3. 振动压实

利用设备的自重和连续的振动进行压实。因为振动压实时，被压实材料颗粒处于运动状态，使颗粒间的摩擦力减小或消除；小颗粒可以填充到大颗粒的间隙中；同时压力波又可以从表面向深处传播，所以振动压实效果好，影响深度大。

石料、土壤在外界强迫力作用下产生振动，当振动频率达到某一定值时将产生共振现象，此时的振动频率就是该种物料的固有频率。一般土、石料的固有频率为24～29Hz，振动压路机就是根据土、石料的这一特性工作的。振动压路机以与土、石料相同或相近的频率激振工作，被压物料一方面受压路机总振动力的直接作用，另一方面自身受激产生振动力，振动频率越接近固有频率，此振动力越大。土、石料在此二力的作用下迅速被压实。

振动机构不工作时，相当于静作用压路机；振动机构工作时，有强振和弱振两挡，强振时压力大约增加2倍。

振动压路机适宜压实各种非黏结性土壤、砾石、碎石、砂石混合料以及各种沥青混凝土，不宜压实黏性大的土壤。重型（10～14t）和超重型（16～25t）压路机适用于高等级公路、铁路路基、机场、大坝、码头等高标准压实作业。

二、压实机械的分类

（1）按照压实原理，压路机可分为：

①静碾压路机——静作用压实；

②轮胎压路机——静作用压实；

③振动(包括振荡)压路机——振动压实;
④冲击压路机——冲击压实。
(2)按照有无驱动系统可分为:
①自行式——有驱动系统,可以自己行走;
②拖式——没有驱动系统,需用其他机械牵引行走。
(3)按照驱动系统的动力传递方式,可分为:
①液压式——驱动系统采用液压传动;
②机械式——驱动系统采用机械传动。
(4)按照滚轮表面形状,可分为:
①光轮——滚轮表面为光轮;
②凸块式——滚轮表面有凸块。

三、压实机械产品型号编制

压实机械产品的型号组成如图6.1所示。

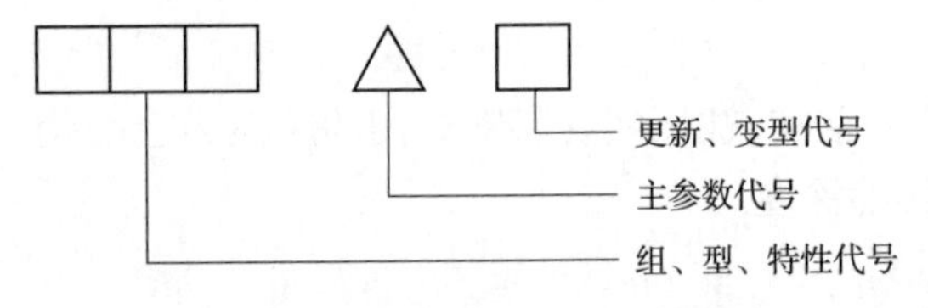

图6.1 压实机械产品的型号组成

(1)标准对各种压路机产品的组、型、特性代号都分别作了规定,由拼音字母或数字组成。

(2)标准规定压路机的工作质量为主参数,单位为吨(t)(圆整为整数)。如果压路机的工作质量是可变的,则以最大工作质量/最小工作质量为主参数。

(3)更新、变型代号由各生产单位自己规定。

第一节 静作用压路机

一、概述

静力式光轮压路机是用具有一定质量的滚轮慢速滚过铺层,用静压力使铺层材料获得永久残留变形。随滚压次数的增多,材料的压实度增加,而永久残留变形减小,最后实际残留变形接近零。为了进一步提高被压材料的压实度,必须用较重的滚轮来滚压。但是,依靠静载荷(自重)压实,材料颗粒之间的摩擦力阻止颗粒进行大范围运动,随着静载荷的增加,颗粒间的摩擦力也增加。因此,静作用压实,有一个极限的压实效果,无限地增加静载荷有时也不能得到要求的压实效果,反而会破坏材料的结构。滚压的特点是,循环延续时间长,材料应力状态的变化速度不大,但应力较大。

二、分类

按压轮数和轴数可分为两轮两轴式[图6.2a)]、三轮两轴式[图6.2b)]和三轮三轴式;按整机质量可分为特轻型、轻型、中型、重型和超重型;按车架结构可分为整体式和铰接式;按传动方式可分为机械传动式和液压传动式。

a)

b)

图 6.2　压路机按滚轮数和轴数分类
a）两轮两轴式；b）三轮两轴式

三、技术特点

静力光轮压路机在压实地基方面不如振动压路机有效，在压实沥青铺筑层方面又不如轮胎压路机性能好。可以说凡是静力光面滚压路机所能完成的工作，均可用其他类型的压路机来代替。所以，无论从使用范围还是实用性能来分析，都是不够理想的。但由于静力压路机具有结构简单、维修方便、制造容易、寿命长、可靠性好等优点，因此，目前还在生产，并在大量使用着。为了在这种压路机的压实性能、操纵性能、安全性能和减小噪声等方面有所改进，静力光面滚压路机多采用以下技术。

1. 大直径的滚轮

国外先进的压路机中，串联压路机质量在 6 ~ 8t 的滚轮直径为 1.3 ~ 1.4m，质量在 8 ~ 10t的滚轮直径为 1.4 ~ 1.5m；三轮压路机质量在 8 ~ 10t 的滚轮直径为 1.6m，质量在 10t 以上的滚轮直径为 1.7m。日本 KD200 型的压路机滚轮直径达 1.8m。

增大滚轮直径不仅可以减少压路机的驱动阻力，提高压实的平整度，而且当线压在很大范围内变化时，均能得到较高的密实度。

2. 全轮驱动

由于从动轮在压实的过程中，其前面容易产生弓形土坡，其后面容易产生尾坡。所以现代压路机多采用全轮驱动。采用全轮驱动的压路机，其前后轮的直径可做成相同的，其质量分配可做到大致相等。同时还可使其爬坡能力、通过性能和稳定性均得到提高。

另外，还可采用液力机械传动、静液压式传动和液压铰接式转向等技术。这样不仅可以提高压路机的压实效果，减少转弯半径，而且在弯道压实中不留空隙部，特别适宜压实沥青铺层。

四、结构组成及工作原理

我国生产的光轮压路机全部是机械传动，其基本结构大致相同，一般都包括动力装置、传动系统、制动系统、转向系统、压轮、电器系统和附属装置。

这种压路机的发动机和传动系统都装在由钢板和型钢焊接而成的罩壳（机架）内。罩壳的前端和后部分别支承在前后轮轴上。前轮为从动转向轮，露在机架外面；后轮为驱动轮，包在机架里面。在前、后轮的轮面上都装有刮泥板（每个轮上前、后各装一个），用来刮除黏附在轮面上的土壤或结合料。在机架的上面装有操纵台。

1. 二轮二轴式压路机

二轮二轴式压路机的传动系统，由主离合器、变速器、换向机构和传动轴等组成(图6.3)。从发动机1输出的动力经主离合器2、螺旋锥齿轮副3和4、换向离合器5(左或右)，长横轴6、一挡主、从动齿轮7和8(变速齿轮)或二挡主、从动齿轮10和9(变速齿轮)传到万向节轴11，再经侧传动齿轮(两级终传动齿轮)15和14、13和12，最后传给驱动轮。

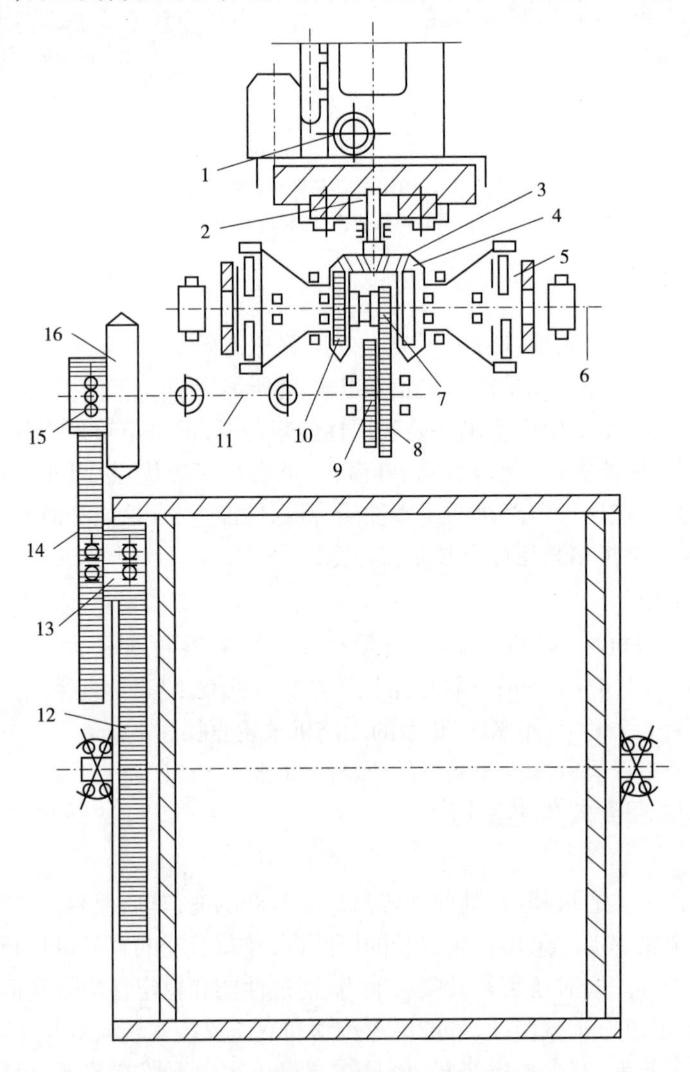

图6.3 2Y8/10型压路机传动系统图

1-发动机;2-主离合器;3、4-螺旋锥齿轮副;5-换向离合器;6-长横轴;7-一挡主动齿轮;8-一挡从动齿轮;9-二挡从动齿轮;10-二挡主动齿轮;11-万向节轴;12、13、14、15-侧传动齿轮;16-制动鼓

2. 三轮二轴式压路机

目前各种三轮二轴式压路机属同一系列产品，它们的构造除工作质量不同外，其余结构基本相同。三轮二轴式和二轮二轴式压路机在结构上的主要区别是：三轮二轴式压路机具有两个装在同一根后轴上的较窄而直径较大的后驱动轮，同时在传动系统中增加了一个带差速锁的差速器。差速器的作用是在压路机因两后轮的制造和装配误差所造成滚动半径的不同、路面的不平和在弯道上行驶等情况发生时起差速作用，差速锁是使两后驱动轮联锁(失去差速作用)，以便当一边驱动轮因地面打滑时，而另一边不打滑的驱动轮仍能使压路机行驶。

3. 压路机工作装置

压路机的工作装置主要是指压实滚轮,包括驱动轮和转向轮。下面分别介绍压实滚轮的典型结构。

1)两轮两轴压路机的驱动轮

该驱动轮(图6.4)由轮圈1、左右两端封板3和座圈5焊接而成。为了增加驱动轮的刚度,在左右两端封板3之间焊有四根撑管2。驱动轮齿圈4,用螺栓固定在左端封板的座圈5上,在轮的两端有轴颈6借助轴承7与轴承座8相连,轴承座8安装在机身侧板上。

2)两轮两轴压路机的转向轮

压路机的转向轮(图6.5)即前轮,是由两个尺寸相同的轮子组成,两轮之间有1~3mm间隙,且可相对转动,转向时因差动而减小转向阻力。每个轮子由钢制轮圈1、连接管8与封板3焊接而成。

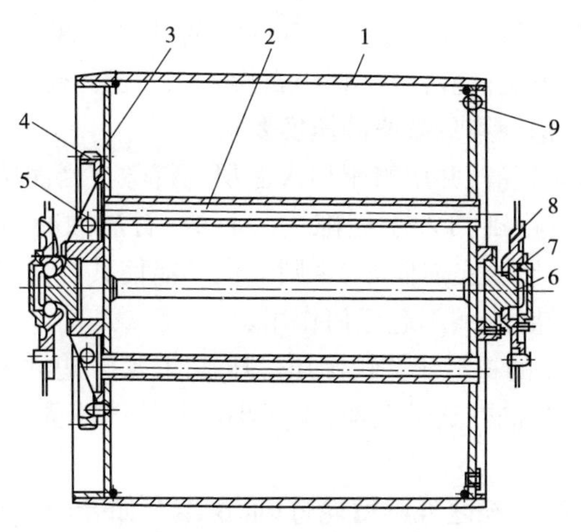

图6.4 两轮两轴压路机的驱动轮
1-轮圈;2-撑管;3-封板;4-驱动轮齿圈;5-座圈;6-轴颈;7-轴承;8-轴承座;9-螺塞

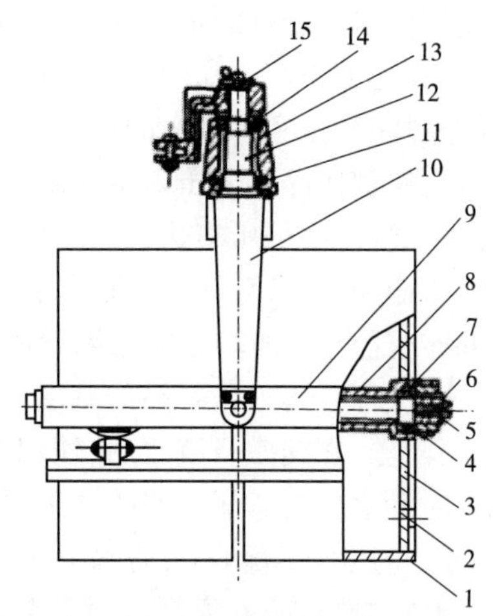

图6.5 两轮两轴压路机的转向轮
1-轮圈;2-螺塞;3-封板;4-轮轴;5-挡环;6-中心螺钉;7-圆锥轴承;8-连接管;9-框架;10-叉脚;11、14-轴承;12-立轴;13-立轴外壳;15-转向臂

五、工作过程与生产率计算

1. 静力光轮压路机的工作过程

静力光轮压路机适应在薄层罩面或在易损坏的基础或结构物上碾压使用。这是因为静力光轮压路机的滚轮与土壤的接触面积较大,单位压力小,压实能力由表面向下逐渐减少,使得上层密度大于下层密度,路基的整体密实性差。使用静力光轮压路机碾压时,宜采用"薄填、慢驶、多次"的方法,即:填土层厚度较薄(25~30cm),碾压速度先慢后快,先轻碾后重碾。试验表明,使用静力光轮压路机碾压时,土壤的密实度随填土厚度的增加而下降,随碾轮重量和碾压次数的增加而增加。碾压次数超过8次时,其密实度增加很少甚至不再增加,因此应注意选择经济合理的压实次数,一般不超过8次。

2. 压路机的施工方法

1)沥青混凝土铺层的压实

决定压实沥青混凝土质量的主要因素有:压路机的工作质量和类型,行驶速度,混合料温度、厚度和稠度，驾驶员操作的熟练程度。静力光轮压路机压实沥青混凝土常采用先轻后重的方法：首先用5～6t轻型二轮或三轮压路机在同一位置上滚压5～6遍，然后用7～8t双轮和10～15t三轮压路机在同一地点先后滚压15～20遍来完成。实践证明，这种压实方法可使混合料的原有各种成分得到合理的分配，应在其温度较高、塑性较大的状态下予以压实。如有纵向起伏不平现象产生，可采用三轮三轴压路机进行纠正。

2）碎石铺层的压实

压实碎石铺层，根据施工程序可分为三个阶段。

第一阶段：施工要点在于压稳物料此时碎石处于散动状态，可使用轻型压路机，无须洒水。

第二阶段：碎石已被挤压得不能移动，压轮前面的碎石运动也逐渐减弱。碎石相互靠紧，所有空隙也逐渐被碎石的细颗粒填充。为减少物料颗粒间的摩擦阻力，并提高其黏结性，应使用洒水车进行洒水，但洒水不宜过多，过多将流入基础层，使路床松软。压实时，压路机的行驶速度不宜过高（1.5～2km/h），压路机工作质量宜用7～8t，通过25～30次滚压，达到撒布料完全压实。压实的标准可用以下方法试验：将一颗碎石投入压路机压轮下，压过以后，若石块被压碎而未压入铺层之中，即算达到第二阶段的压实要求。

在第二阶段面层压实达到要求后，即撒布石渣，并用路刷扫入面层的缝隙。当面层撒足石渣后，再撒布5～15mm厚的石屑，同样用路刷扫入小缝隙内。石渣、石屑撒布厚度为15～20mm。石渣、石屑均不能在沥青混合料未经压实前撒布，否则非但不能使其与面层上方颗粒契合，反而会落入碎石路的基层内，使石渣、石屑不起任何作用。

第三阶段：在铺撒石渣之后，使用10～15t的重型压路机滚压。压实时，必须边洒水边滚压，洒水时洒水车要紧靠压路机之旁，使水直接洒在通道前面，以减小水分的消耗量，一般在干燥气候，每压实碎石1m³，需水150～300L。

达到压实要求的迹象是表面平滑，压路机所经之处不留轮迹，面层结合如壳（整体），敲之会发钝音。用4～5cm碎石，投入压路机滚轮下会被压碎，而不会被压入碎石层内。

3. 静力式光轮压路机的生产率计算

静力式光轮压路机的面积生产率 Q_{p}（$\mathrm{m^2/h}$）可由下式计算。

$$Q_{\mathrm{p}}=\frac{1\,000(B-a)v_{\mathrm{cp}}}{n} \tag{6.1}$$

式中：B——滚压带宽度，m；

a——与前一遍滚压的重叠宽度，一般取0.2～0.5m；

v_{cp}——压路运行的平均速度，km/h；

n——压路机沿同一地带滚压的遍数。滚压沥青混凝土路面时，$n=25\sim30$；滚压碎石路基和路面时，$n=40\sim60$。

第二节　振动压路机

一、概述

振动压实是利用在物体上的激振器所产生的高频振动传给被压材料，使其发生接近自身固有频率的振动，颗粒间的摩擦力实际上被消除。在这种状态下，小的颗粒充填到大的颗粒材料的孔隙中，材料处于容积尽量小的状态，压实度增加。振实的特点是，表面应力不大、过程时间短、加载频率大，可广泛用于黏性小的材料，如砂土、水泥混凝土混合料等。

在同一机械中，可以同时采用几种压实的方法，这样能利用每种压实方法的优点，提高压实效果和扩大机械的使用范围。

二、分类

根据振动压路机工作原理、操作方法和用途的不同，有不同的分类方法（图6.6、图6.7）。振动压路机可有以下分类方法。

按机器结构质量可分为：轻型、中型、重型和超重型。

按行驶方式可分为：自行式、拖式和手扶式。

按振动轮数量可分为：单轮振动、双轮振动和多轮振动。

按驱动轮数量可分为：单轮驱动、双轮驱动和全轮驱动。

按传动方式可分为：机械传动、液力机械传动、液压机械传动和全液压传动。

按振动轮外部结构可分为：光轮、凸块（羊足）、橡胶压轮。

按振动轮内部结构可分为：振动、振荡和垂直振动。其中振动又可分为：单频单幅、单频双幅、单频多幅、多频多幅和无级调频调幅。

按振动激励方式可分为：垂直振动激励、水平振动激励和复合激励。垂直振动激励又可分为定向激励和非定向激励。

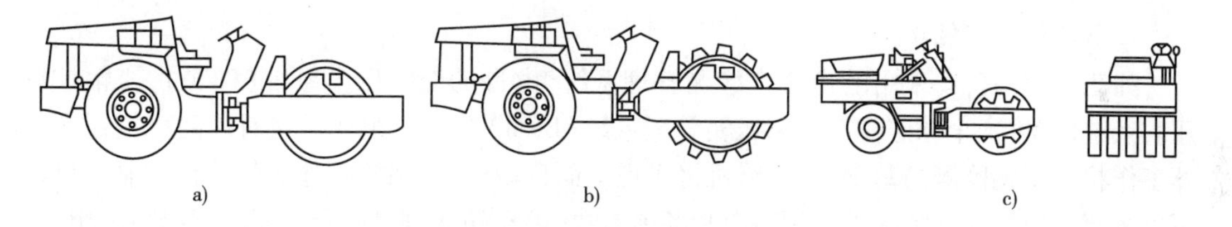

图6.6　振动压路机分类

a）光轮振动压路机；b）凸块振动压路机；c）组合振动压路机

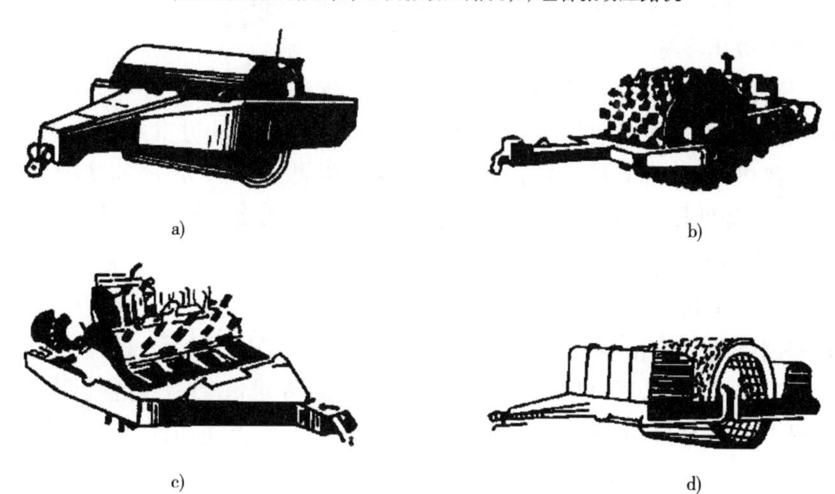

图6.7　拖式振动压路机

a）拖式光轮振动压路机；b）拖式凸块振动压路机；c）拖式羊足振动压路机；d）拖式格栅振动压路机

三、现代振动压路机的技术特点

1. 全液压驱动

液压传动过程平稳,操纵灵活省力,并且为自动控制创造了条件。特别是压路机的行走静液压驱动,可以大大提高压路机的压实效果。全轮驱动压路机的滚轮既是行走装置又是作业装置。全轮驱动可以克服由于对压实材料的拥推而产生弓坡与裂纹的缺点,提高了压路机的驱动能力。

2. 可调频调幅

振动轮是振动压路机的工作机构,是影响整机压实性能的核心部件。目前,绝大多数振动压路机具有高、低两种振幅,一般依靠振动轴的正、反转使固定偏心块与活动偏心块相叠加(高振幅)或相抵消(低振幅)来实现。但由于铺层材料千差万别,超薄与超厚铺层的巨大差异使得对振幅的要求范围也更宽,高、低两种振幅已不适应某些特殊工况及一些新型混合材料的压实要求。另外,目前虽然出现了多振幅结构(例如:某些产品实现了8挡振动幅度),但几乎都是由人工直接操作调幅机构来实现,无法实现自动控制。近年来,已经出现了多种无级调幅技术,振幅的合理调节有利于对不同的铺层进行压实并解决新型材料的压实,以及实现振动方向一致的功能。提高压实表面质量,对于提高振动压路机的作业质量极其重要。一些新型的无级调幅机构结构简单,而且可以通过总线和控制系统的应用,实现振动压路机控制的"智能化"。

3. 压路机的智能化

如德国宝马公司采用的密实度检测管理系统,由自动变幅压实系统(BVM)、变幅控制压实系统(BVC)、全球定位系统和压实管理系统(BCM)等部分组成。在对压路机控制和机器工作状态实施监测的基础上,压路机将实现全面自动化,达到压实作业的最优控制。机器可以按照土质的变化情况不断调整自身各项参数(振动频率、振幅、碾压速度、遍数)的组合,自动适应外部工作状态的变化,使压实作业始终在最优条件下进行。并可应用机载计算机,进行工作过程的监测、机器技术状态的诊断、报警及故障分析。

4. 超低幅振动压路机

对于薄层路面,其压实存在着大粒径集料易被压碎的危险;而且集料的破碎将给路面上的松散、裂缝、渗水、剥落等病害埋下隐患。解决薄层路面压实的方案之一是采用低振幅、高频率的振动压路机,可在现有最小幅0.35~0.45mm和频率40~45Hz的基础上进一步减小振幅、提高频率。降低振幅、提高频率,可以更好地控制振动能量输出,采用新的振动能量输入方式,以免发生过度压实。

5. 防滑转控制系统

防滑转控制系统可防止钢轮或轮胎在上下坡或恶劣工况下打滑。机器采用先进的自动滑移控制(ASC)差速系统,通过监测所有轮胎和钢轮的转动状况,平衡各行走驱动转矩,来提供最佳牵引力分配,提高爬坡性能,确保压实效果。本系统使压路机的爬坡能力提高超过50%。

6. 振荡式振动压路机

振荡压路机的振动轮内的两根偏心轴作同向同步旋转,其偏心块的相位角为180°,激振力的合力沿滚轮径向为零,滚轮在圆周方向产生一个交互扭力矩,激励土体产生水平振动。

振动轮不会跳离地面，振动波不会向两侧传播，从而改善了机器本身的工作条件和减轻了对环境的振动污染。振荡压实实际上是一种振动与揉搓相结合的压实方法，在压实沥青路面和 RCC 路面时已显示了良好效果。

由于压路机的新技术、新工艺、新材料的应用，新型压路机的性能进一步完善，作业性能与作业效率得到进一步的提高。

四、总体结构及特点

轮胎驱动单轮振动压路机的振动滚轮与牵引部分是通过铰接车架连接的，操作人员远离振动源，而且驱动轮胎本身还能起到隔离地面传到机架上的振动的作用，所以解决减振问题比较方便。轮胎驱动单轮振动压路机的振动参数选择余地较大，能适应压实多种铺层材料的需要，甚至粒径大到 1m 的岩石填方也能压实。而且被牵引的振动滚轮可以更换成凸块轮，进一步扩大了使用范围。另外，轮胎驱动单轮振动压路机的行驶速度快、横向稳定性好、工地转移方便，也是其显著的优点。轮胎驱动单轮振动压路机的大多数规格质量较大，在 6～20t的范围内有着众多的规格品种。

1. 基本机构

自行式振动压路机主要由动力装置、传动系统、振动装置、行走装置和驾驶操纵等部分组成。图 6.8 所示为 YZ18 型振动压路机总体结构。该机采用全液压传动、双轮驱动、单钢轮、自行式结构，属于超重型压路机。振动轮和驱动车部分通过中心铰接架铰接在一起，车架是压路机的主骨架，其上装有发动机、行驶和振动及转向系统等各种装置。

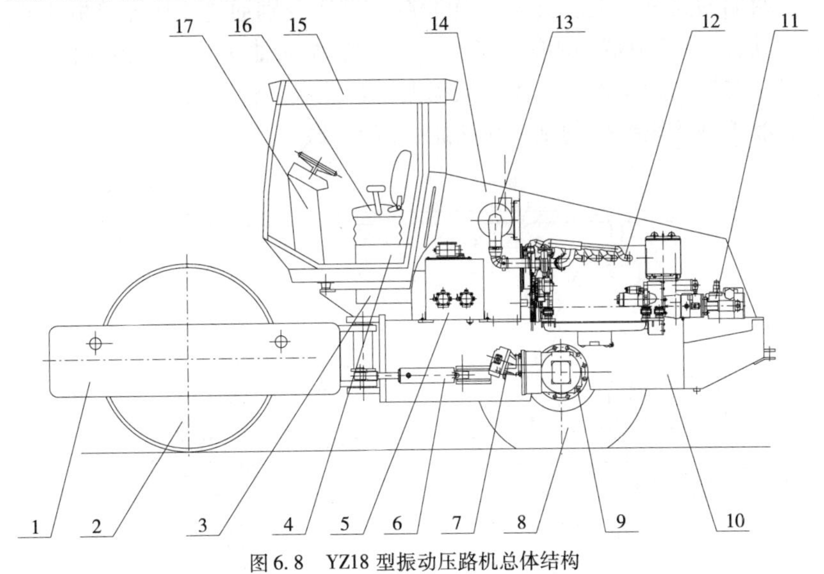

图 6.8　YZ18 型振动压路机总体结构

1-前车架；2-振动轮；3-蓄电池；4-空调系统；5-液压油箱；6-转向油缸；7-驱动马达；8-驱动轮；9-驱动桥；10-后车架；11-液压泵；12-发动机；13-空气滤清器；14-发动机罩；15-驾驶室；16-座椅；17-操纵台

图 6.9 所示为 YZC12 型振动压路机总体结构。该机采用全液压传动、双轮驱动、双轮振动、自行式结构。前后车架通过中心铰接架连接在一起，采用铰接式转向方式。动力系统装在后车架上，其他系统的主要部件均装在前车架上。

2. 工作装置

振动压路机的工作装置有振动(荡)轮、驱动轮等，以下分别介绍几种典型的工作装置。

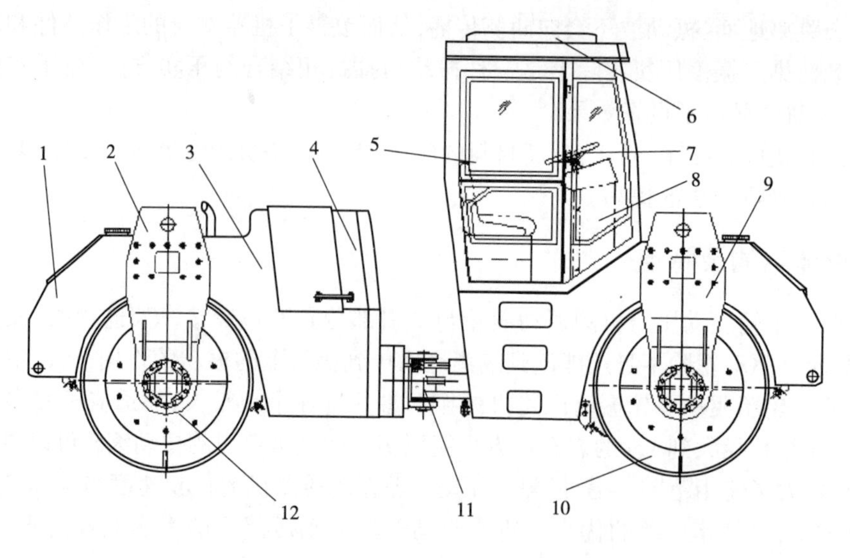

图 6.9　YZC12 型振动压路机总体结构

1-洒水系统;2-后车架;3-发动机;4-机罩;5-驾驶室;6-空调系统;7-操纵台;8-电气系统;9-前车架;10-振动轮;11-中心铰接架;12-液压系统

1)振动轮

YZ10B 型振动压路机振动轮结构如图 6.10 所示。它由光压轮 8、振动轴 5、中间传动轴 7、橡胶减振器 2 和连接板 3 等组成。振动轴可绕其回转轴线自由转动,两端的振动轴轴承座分别支承在两端的支座 4 上。支座 4、橡胶减振器 2 分别通过 4 块连接板 3 紧固在压路机的前机架上,构成振动轮两端的固定支承点。在左右振动轴 5 上装有相同相位的偏心块,中间传动轴 7 将左右振动轴 5 连为一体。振动液压马达通过传动套与振动轮一根振动轴 5 的外端相连接。液压马达驱动振动轴 5 高速旋转,产生振动。

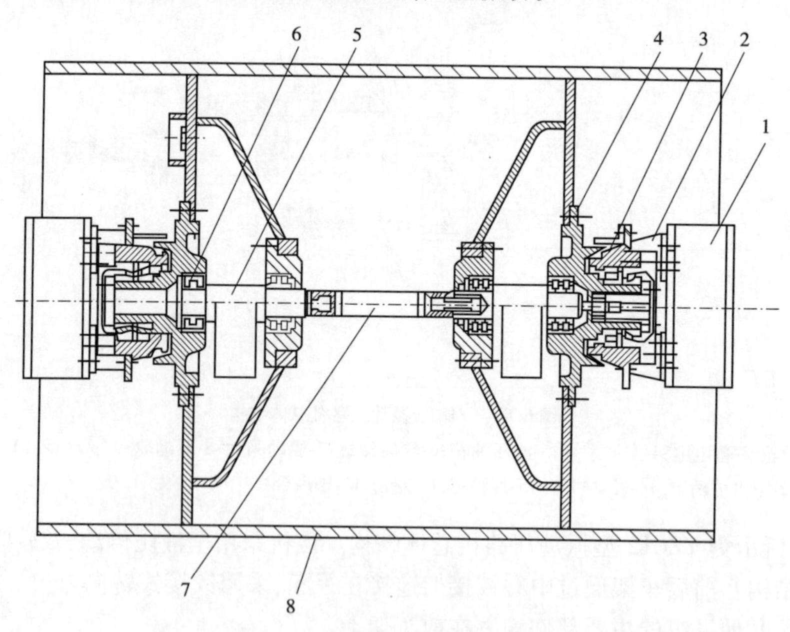

图 6.10　YZ10B 型振动压路机振动轮

1-振动马达;2-橡胶减振器;3-连接板;4-支座;5-振动轴;6-轴承;7-中间传动轴;8-光压轮

YZT8K 型拖式振动压路机的振动轮结构如图 6.11 所示。振动轮滚筒为焊接结构,外圆表面焊有 108 块凸块,滚筒内焊有四道主隔板 2,每道主隔板 2 上有轴承座 3,轴承 4 中安装有两个偏心轴,两偏心轴用两端为四方体的连接轴连接。滚筒两端安装轮胎减振器 7。

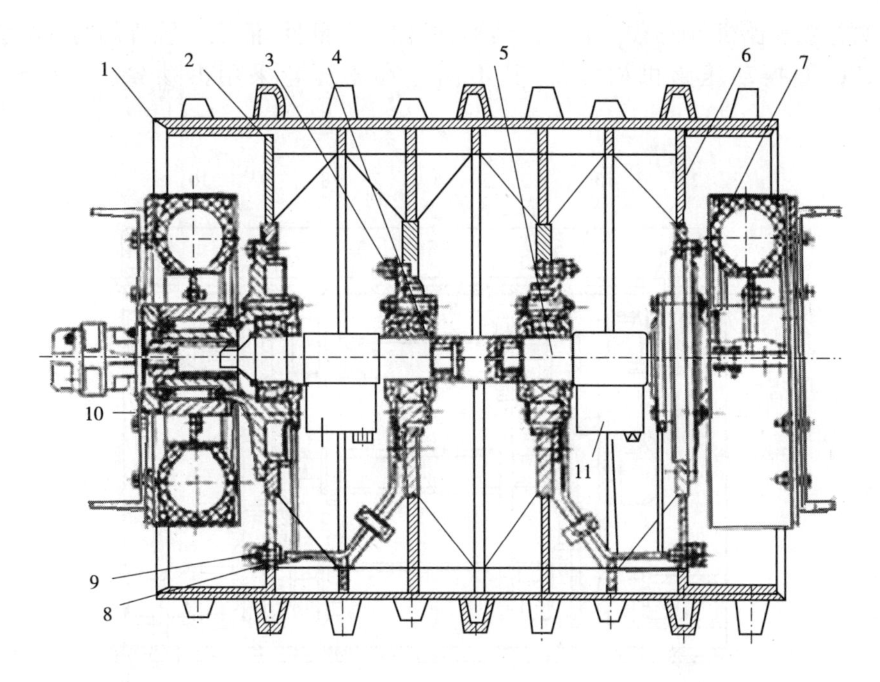

图 6.11 YZT8K 型拖式振动压路机振动轮结构

1-筒壁;2-主隔板;3-轴承座;4-轴承;5-振动轴;6-观察孔盖;7-轮胎减振器;8-油管;9-黄油嘴;10-轮胎轴承座;11-偏心块

2)振荡轮

振荡压路机的振荡轮结构形式可分为两类:一类为卧轴式,一类为垂直轴式。卧轴式振荡压轮的基本结构见图 6.12 所示。

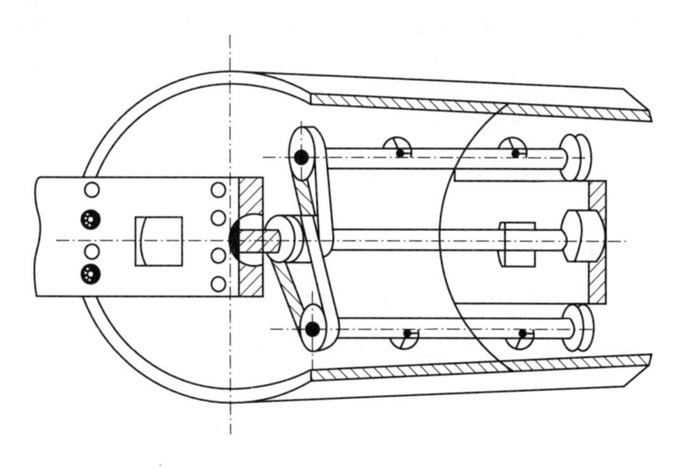

图 6.12 卧轴式振荡压轮

在卧轴式振荡压轮内装有三根平行轴。其中,通过振荡轮中心的轴为主动轴,它由液压马达驱动。在主动轴的一端用键连接装有两只齿形同步皮带轮,用以驱动上、下振动轴。在振荡轮内,上、下各装有一只振动轴。在振动轴上除装有偏心块外,其端部还装有一只齿形同步皮带轮,通过齿形皮带与中心主轴相连。齿形皮带保证振荡压轮上、下振动轴的偏心块相位差为180°。这样,振荡压路机工作时,偏心块将以转速相同,方向相反的方式旋转,从而产生水平振动。

YD型振荡压路机(卧轴式)的总体结构、机械传动部件、液压系统等均与YZ型振动压路机或YZC型振动压路机相类似,其不同点在于压轮采用振荡轮。振荡轮结构如图6.13所示。

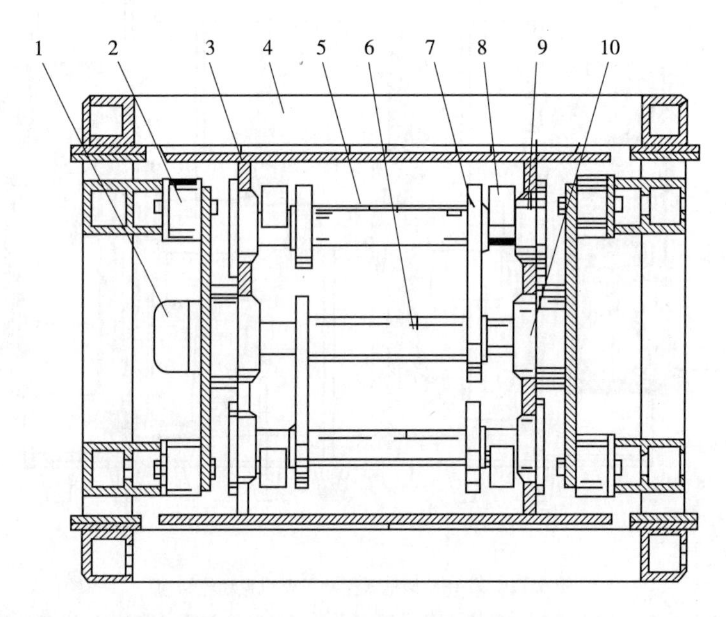

图6.13 YD型振荡压路机振荡轮结构简图

1-振荡液压马达;2-减振器;3-振荡滚筒;4-机架;5-偏心轴;6-中心主动轴;7-齿形带;8-偏心块;9-偏心轴轴承座;10-中心主动轴轴承座

振荡轮的总体结构与振动轮相同,即由机架、减振器和振荡滚筒组成。振荡液压马达通过花键套将动力传给中心主动轴,借助齿形带传动,驱动偏心轴旋转。两根偏心轴同步旋转产生激振力偶矩,使滚筒产生振荡运动。

五、生产率计算与工作过程

1.振动压路机生产率的计算

决定压路机生产率的主要因素有轮宽、压实遍数、压实速度、压实后层厚和工作效率。压路机生产率是单位时间内(h),获得达到标准压实标准的土的体积。生产率可由式(6.2)计算。

$$Q = C \cdot \frac{W \cdot v \cdot H \cdot 1\,000}{n} \tag{6.2}$$

式中:Q——生产率,m^3/h;

W——轮宽,m;

v——压实速度,km/h;

H——压实后层厚，m；

n——压实遍数；

C——效率系数，一般取 0.75。

也可按图 6.14、图 6.15、表 6.1 选用。

1）路基压实生产率

压实厚度的取值，决定压实生产率计算的准确性。压实厚度由材料的类别和规定的必须达到的压实度大小决定，如图 6.14 所示。

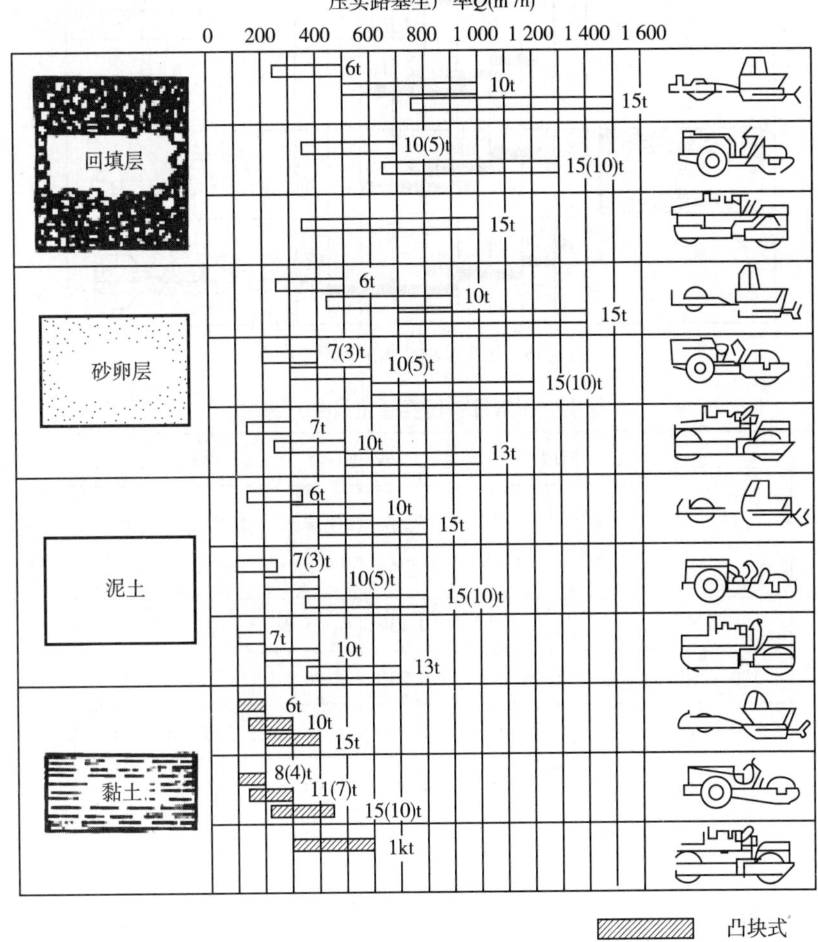

图 6.14　压实路基生产率

图 6.15 给出了不同类型的振动压路机压实路基连续工作时正常的生产率范围。提供了双轮振动的两轮串联振动压路机（压实 4～6 遍）和单轮振动的两轮串联振动压路机（压实 6～8 遍）的生产率，供选用压路机时参考。

2）基础层和次基层压实生产率

图 6.15 表示连续压实基础层和次基层时的生产率范围。

3）小型压实设备生产率

表 6.1 给出了小型压实设备的压实厚度和相应的生产率。使用该表时，必须考虑土的性能多变的特点。

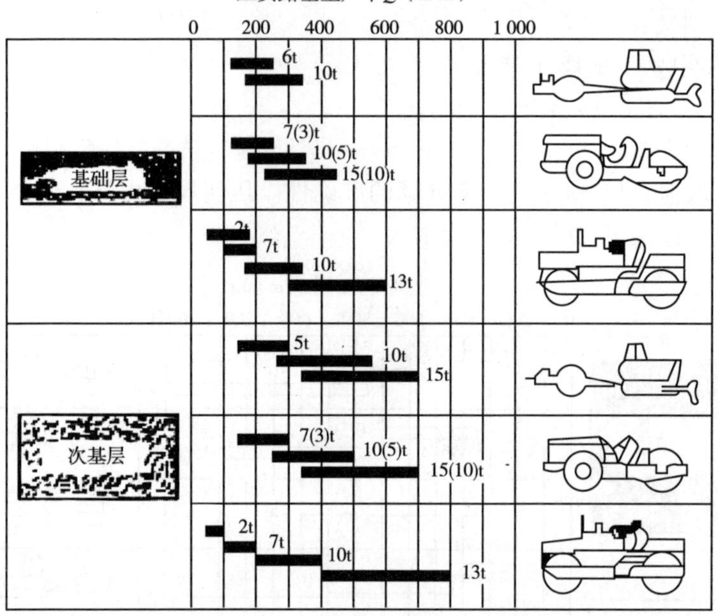

图 6.15　压实基础层和次基层生产率

小型压实设备压实厚度及生产率　　表 6.1

类　型	工作质量（kg）	回填石		砂、砾石		粉土（泥）		黏土	
		压实层（m）	生产率（m^3/h）	压实层（m）	生产率（m^3/h）	压实层（m）	生产率（m^3/h）	压实层（m）	生产率（m^3/h）
振动平板夯	50～100			0.15	15				
	100～200			0.20	20				
	400～500			0.35	35	0.25	25		
	600～800	0.50	60	0.50	60	0.35	40	0.25	20
振动冲击夯	75			0.35	10	0.25	8	0.20	6
手扶双轮振动压路机	600～800			0.20	50	0.10	25		
双轮串联振动压路机	1 200～1 500			0.20	80	0.15	50	0.10	30

2. 振动压路机的主要性能参数

1）工作质量

工作质量是指压路机工作时的质量（包括油、水、驾驶员）。它是压路机的主参数，单位为 t 或 kg。

工作质量的大小也表示其压实能力的大小。自行式振动压路机根据其工作质量又分为四类，如表 6.2 所示。

自行式振动压路机分类表 表6.2

序号	类型	定义
1	轻型	工作质量≤4.5t
2	中型	5t≤工作质量≤8t
3	重型	10t≤工作质量≤14t
4	超重型	工作质量≥18t

2)前轮静线载荷

振动压路机的前轮静线载荷是前轮分配重量与前轮宽度之比,单位为N/cm。因为振动压路机一般主要用前轮压实,所以前轮静线载荷也反映压路机压实能力的大小。前轮静线载荷越高,压实能力越大。

3)激振力

激振力是振动压路机的一个主要振动参数,单位为kN,其计算公式为:

$$F = m \cdot e \cdot \omega^2 \tag{6.3}$$

式中:m——偏心质量;

e——偏心质量的偏心距离;

ω——偏心质量转动的角速度。

激振力的大小虽然不与压路机的压实能力大小成正比关系。但一般来说,激振力大的压路机,其压实能力也大一些。有的用户将压路机的工作质量与激振力相加作为压路机的吨位。

4)振动频率

振动频率表示振动的快慢,即每秒钟振动的次数,单位为Hz。

不同的材料要求不同的振动频率才能获得最好的压实效果。例如,压实土壤的振动频率为25~30Hz、压实沥青混凝土的振动频率为30~50Hz,压实效果最好。

5)振幅

振幅表示振动程度的大小,即振动物体偏离原始位置的距离(峰值—峰值),单位为mm。

振幅是影响压实效果的一个很重要的因素。因为同样重量的物体,跳起高度越大,落下时的压实能力也越大。

6)爬坡能力

爬坡能力是指压路机能够爬越的最大坡度,单位为%。它表示压路机通过性的高低。虽然在压路机的有关标准中规定压路机的爬坡能力为20%,但在施工时,尤其在新建公路时,工地的坡度往往会超过20%,所以压路机爬坡能力越大,越能适应各种复杂的施工环境。

7)行驶速度

行驶速度对压实效果有一定影响。在不同的压实遍数时要求不同的行驶速度,才能获得最佳的压实效果。所以能够无级变速的压路机性能比较先进。

8)最小转弯半径

最小转弯半径是压路机的通过性指标之一。最小转弯半径越小,压路机越灵活,可以在更狭窄的场地工作。

9)密实度

密实度是压路机的最终工作指标,单位为%。

被压实材料的配比(例如土壤中黏土和砂的比例)、级配(颗粒大小)、含水率、温度等对密实度都有影响。

若某种土壤在最佳含水率时的最大干重度为δ_{dmax},施工现场经压路机压实后测得的干重度δ_{ds},则密实度为:

$$\delta = \frac{\delta_{ds}}{\delta_{dmax}} \times 100\% \tag{6.4}$$

密实度可能超过100%。

第三节　轮胎压路机

一、功能与分类

轮胎式压路机(图6.16)是利用充气轮胎的特性来进行压实的机械。它除有垂直压实力外,还有水平压实力,这些水平压实力,不但沿行驶方向有压实力的作用,而且沿机械的横向也有压实力的作用。由于压实力能沿各个方向移动材料粒子,所以可得到最大的密实度。这些力的作用加上橡胶轮胎所产生的一种"揉压作用",结果就产生了极好的压实效果。另外,轮胎压路机在对两侧边做最后压实时,能使整个铺层表面均匀一致,而对路缘石的擦边碰撞破坏比钢轮压路机要小得多。轮胎压路机还具有可增减配重、改变轮胎充气压力的特点。这样更有益于对各种材料的压实。

图6.16　YL轮胎压路机

轮胎压路机能适应不同条件下的土的压实,使用范围较广,压实效果好,压实影响深度较大,适用于黏土的压实作业,特别是在沥青路面的压实作业,更显示出其优越性。目前,轮胎压路机在国内外的公路建设中均得到了广泛的应用。

轮式压路机按行走方式可分为拖式和自行式两种;按轮胎的负载情况可分为多个轮胎整体受载、单个轮胎独立受载和复合受载三种;按轮胎在轴上安装的方式可分为各轮胎单轴安装、通轴安装和复合式安装三种;按平衡系统形式可分为杠杆(机械)式、液压式、气压式和复合式等几种;按轮胎在轴上的布置可以分为轮胎交错布置、行列布置和复合布置;按转向方式可以分为偏转车轮转向、转向轮轴转向和铰接转向三种。

二、轮胎压路机的揉搓机理

轮胎胎面与铺层的接触面为椭圆形,胎踏面与铺层的接触面为矩形,而光面钢轮与铺层的接触面为一窄条。图6.17所示为充气轮胎和光面钢压轮工作时铺层中的压应力分布。

从图6.17a)看出,钢压轮沿箭头所指的方向进行滚压时,铺层表面的压力是从铺层与钢压轮的接触点 1 开始增加，然后逐渐上升达到点 2 的最大值，之后再下降到点 3 的零值；从图 6.17b）看出，充气轮胎滚压时，铺层表面的压力同样很快地达到最大值，但由于接触区域（点 1 和点 4 之间）轮胎胎腔的变形，高应力可以保持在轮胎转动接触角 ϕ 的时间内，这种作用过程与静力光轮压路机相同，且其最大表面压应力值的延续时间（可达 1.5s）得以延长，延续时间要视轮胎压路机的工作重力、轮胎种类和轮胎尺寸、充气压力及压路机的运行速度而定。同时轮胎压路机的充气轮胎在垂直静载荷与混合料垂直反力作用下，与被碾压混合料接触的瞬间发生变形，见图 6.18。

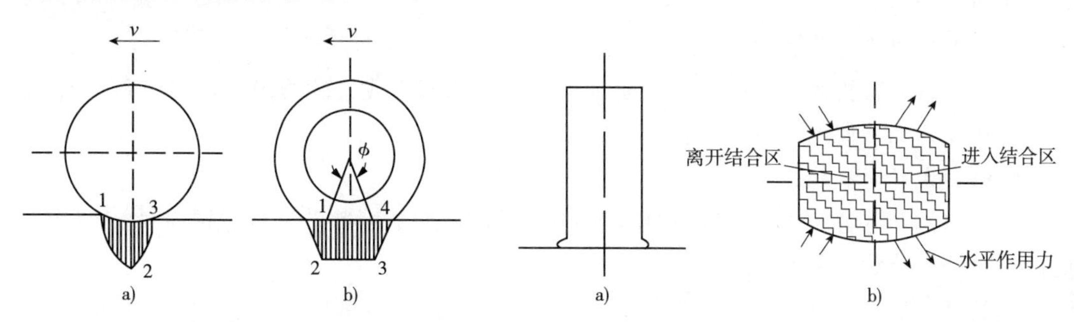

图 6.17　铺层压力分布图
a）光面钢压轮；b）充气轮胎

图 6.18　轮胎受压变形图
a）轮胎侧面变形；b）轮胎受压变形后混合料铺层实际结合面

由于轮胎处于滚动状态，在进入结合区时轮胎在压路机自身重力作用下产生的变形，给混合料以水平向外的作用力和向前的作用力；在离开结合区时由于轮胎恢复变形，恢复力使混合料在轮胎宽度方向受到向内的水平作用力和向后的水平作用力。这些交替变化的水平作用力和垂直向下的静压力作用就形成了对混合料的揉搓作用。

轮胎压路机的揉搓作用可以延长压实力作用时间，获得高的密实度；可以保持摊铺层压实力均匀；有助于摊铺层表面返油，轮胎压路机的揉搓作用可以将多余的沥青结合料返到摊铺层表层，填补表层空隙，以达到密封表层以及防止水、泥浆和空气侵入的目的，且有利于防止路面水损害，提高路面耐久性。

三、结构

1. 传动系统

对于大型轮胎压路机，采用液力机械式或液压式传动的较多。一般来说，液力机械式传动效率较高；静液压式传动的速度调节范围较大，操作简便。因此，多种用途的轮胎压路机以采用静液压式传动较好。

轮胎压路机的终传动，大多数是通过差速器引出的驱动轴再经链传动带动驱动轮，因链传动动载大、噪声大、易磨损、需要经常调整，所以目前采用齿轮传动的结构逐渐增多。在差速器上一般都设有自动锁紧装置。

2. 悬架系统

为了使每个轮胎的负荷均匀，并且在不平整的地面上碾压时能保持机架的水平和负荷的均匀性，轮胎上一般都设有悬架系统。悬架有三点支承式的液压悬架、机械悬架和气压悬架三种。一般采用液压悬架的较多。液压悬架是其前部轮胎悬挂在互相连通的油缸上，每个轮胎均可独立上下移动，后轮分为几个轮组，可分别绕铰点摆动。气压悬架虽较理想，但技术复杂、造价高，因此使用较少。

3. 调压装置

采用轮胎气压集中调压装置,可以得到较好的碾压力效果,可以提高压路机的通过性能,使其应用范围扩大。但一般需要两台或两台以上的空气压缩机,由于充填效率低,从低压到高压需要的时间较长。因此其经济效益较低。

4. 铰接式转向

采用铰接式机架,折腰转向,既保证了机械的机动灵活,又减少了对压实层的横向剪力,提高了压实质量。

5. 前后轮垂直升降机构

采用这种升降机构可以避免假压实现象。在凹凸不平或松软地段工作时,可以使轮胎负荷在压实时始终保持一致,从而保证了压实质量。

6. 格栅式转向机构

这种机构允许各转向轮在转向时有不同的转向角度,从而避免了机械转向时,因为转向轮的滑移而影响滚压路面的质量。

7. 宽幅轮胎

一般轮胎的高度之比为 1.0 ~0.95,而宽幅轮胎则为 0.65 左右。宽幅轮胎具有重叠度(指前后轮胎面宽度的重叠度)较大;接地压力分布均匀,使压实表面不会产生裂纹现象;碾压深度大,能够有效地对路边进行压实等优点。但价格较高。

另外还出现了一些组合式压路机和专门用于沥青混凝土层压实的轮胎压路机等。

四、总体结构及特点

轮胎压路机由发动机、底盘和特制橡胶轮胎组成,如图 6.19 所示。底盘包括机架、传动系统、后驱动桥、操纵装置、轮胎气压调节装置、制动系统、转向系统和液压系统等。

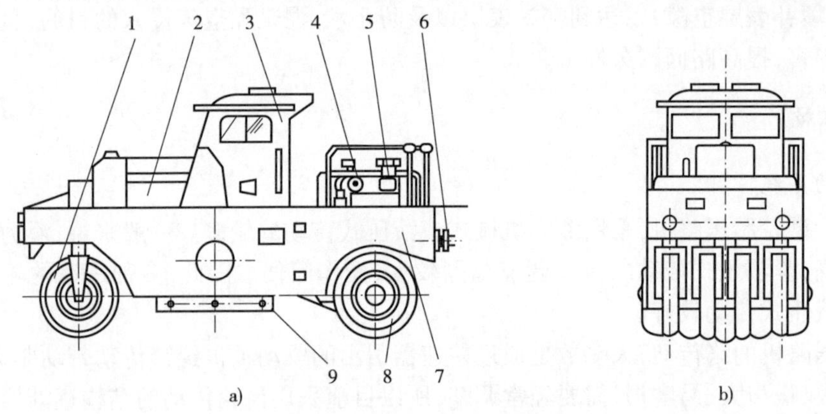

图 6.19 YL16 型自行式轮胎压路机总体结构

1-转向轮;2-发动机;3-驾驶室;4-汽油机;5-水泵;6-托挂装置;7-机架;8-驱动轮;9-配重铁

图 6.20 为 YL16 型轮胎压路机的传动系统示意图,其组成基本与前述光轮压路机相似,只是最终传动采用链传动的形式。发动机 3 输出的动力经由离合器 4、变速器 5、换向机构 7、差速器 8、左右半轴、左右驱动链轮等的传动,最后驱动后轮。

轮胎压路机的工作装置包括驱动轮和转向轮,以 YL16 型轮胎压路机为例,工作装置的介绍如下。

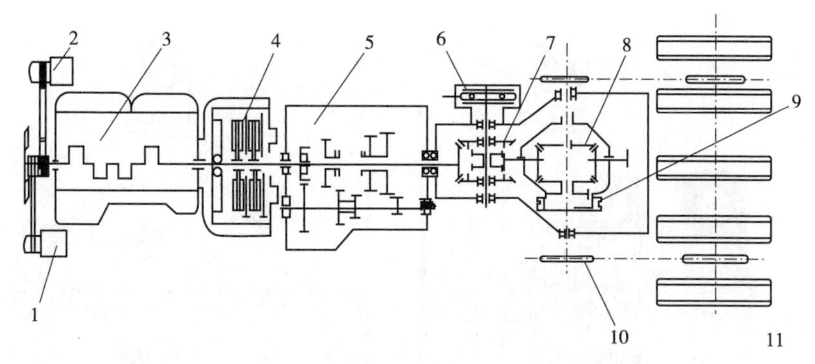

图 6.20　YL16 型轮胎压路机的传动系统示意图

1-油泵;2-气泵;3-发动机;4-离合器;5-变速器;6-手制动器;7-换向机构;8-差速器;9-差速锁止装置;10-左驱动链轮;11-轮胎

1. 驱动轮

YL16 型轮胎压路机有 5 个驱动轮,如图 6.21 所示。5 个驱动轮分左右两组。左驱动轮组的三个碾压轮有两根轮轴,用联轴器连成一体。碾压轮与轮轴用平键连接,轮轴则由末级链轮和传动链条驱动。右驱动轮组的两个碾压轮装在一根轮轴上,用键连接。轮轴也由链传动驱动。左、右驱动轮组均刚性地装在支架上。支架和机架连接。左、右侧两个碾压轮和中间碾压轮装有制动器。

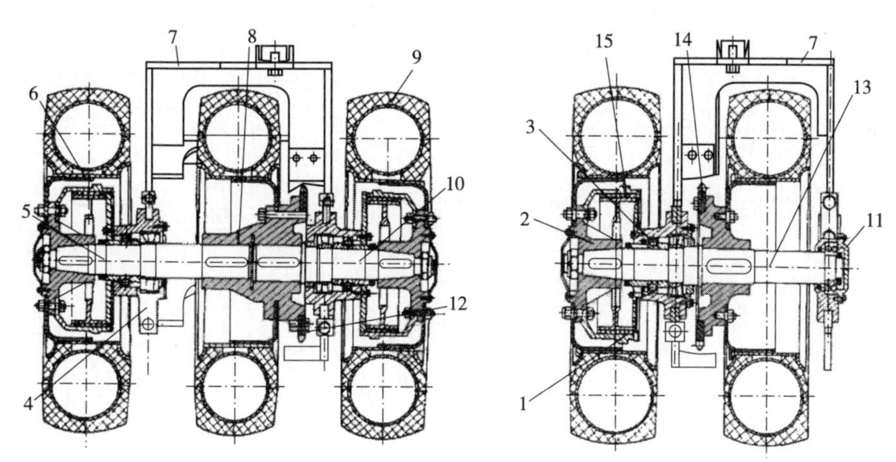

图 6.21　YL16 型轮胎压路机的驱动轮

1-制动鼓;2-轮毂;3-轴承;4-挡板;5-左后轮左半轴;6-轮辋;7-门形轮架;8-联轴器;9-轮胎;10-右半轴;11-轴承盖;12-链轮;13-右后轮轴;14-链轮;15-制动器

2. 转向轮

YL16 型轮胎压路机的从动轮(转向压轮),共有 4 个轮子,见图 6.22。4 个转向轮装在与摆动轴 7 连接的轮轴 2 上。摆动轴 7 与前后两槽钢构成框架 5,框架 5 前后中点与叉架 6 连接。叉架 6 通过立轴支承在轴座 3 中,并与转向臂 4 连接,由转向液压缸控制转向。转向压轮可以有四种运动方式:各个轮子绕本身轮轴独立运动;所有轮子可以绕立轴轴线整体偏转一定角度;轮子及框架绕叉架铰接轴整体摆动;每组两个轮子可绕摆动轴相互独立地摆动。

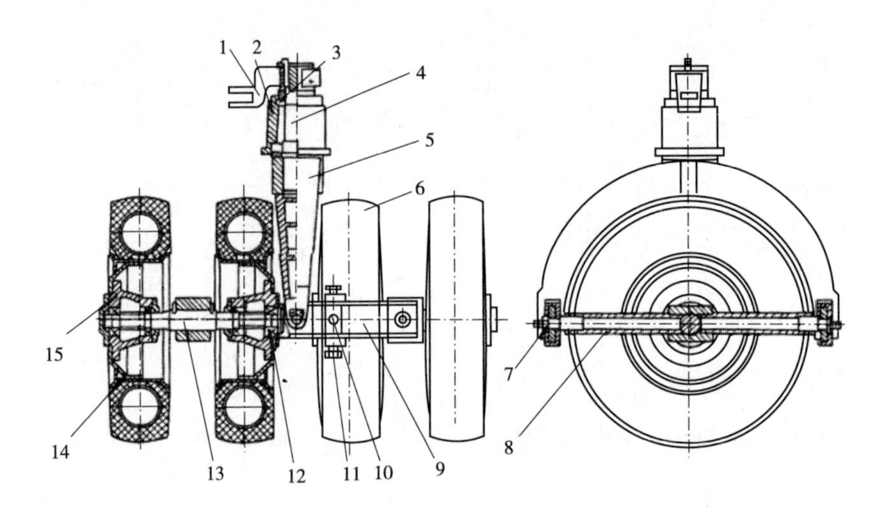

图 6.22　YL16 型轮胎压路机的转向轮

1-转向臂;2-转向立轴壳;3、12-轴承;4-转向立轴;5-叉脚;6-轮胎;7-固定螺母;8-摆动轴;9-框架;10-销子;11-螺栓;13-轮轴;14-轮辋;15-轮毂

第七章　路面施工机械

第一节　沥青混合料搅拌设备

一、概述

沥青混合料搅拌设备是在规定的温度下将干燥加热的不同粒径集料、填料和沥青按设计配合比混合搅拌成均匀的混合料的成套设备，广泛应用于高等级公路、城市道路、机场、码头、停车场等工程施工。它是沥青路面施工的第一关键设备，其性能直接影响沥青路面的质量。

二、结构类型

沥青混凝土搅拌设备分类：沥青混合料拌和设备种类很多，可以按生产率、机动性能、工艺流程等进行分类，较常用的是按工艺流程分。

(1)按工艺流程分为：强制间歇式、滚筒连续式。

(2)按生产率分为：小型(≤50t/h)、中型(50～150t/h)、大型(160～400t/h)、特大型(>400t/h)。

(3)按机动性能分为：固定式、半固定式、移动式。

强制间歇式沥青混合料搅拌设备的工艺流程，如图7.1所示。

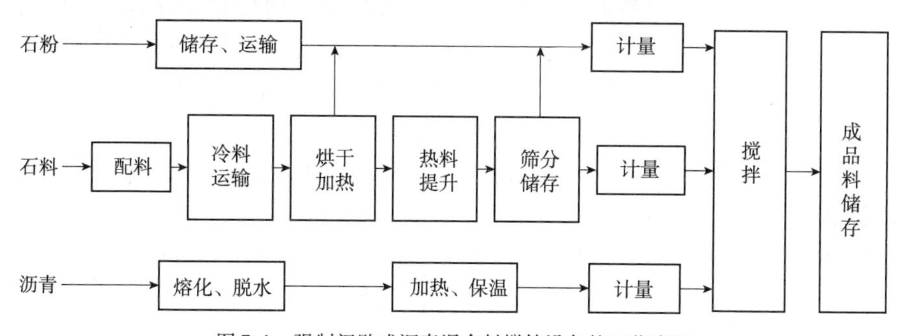

图7.1　强制间歇式沥青混合料搅拌设备的工艺流程

(1)不同规格的冷砂石料。冷集料定量给料装置中的各料斗按容积进行粗配→粗配后的冷集料由皮带输送机转输→干燥滚筒内的火焰逆流将冷集料烘干并加热到足够的温度→热集料被提升机转输→热集料由筛分机筛分后存入储斗暂时储存(以上过程连续进行)→热集料计量装置精确计量→搅拌器搅拌。

(2)矿粉。矿粉储仓→定量给料装置→搅拌器搅拌。

(3)沥青。沥青保温罐→沥青定量装置→搅拌器搅拌。

(4)搅拌好的沥青混合料成品。混合料成品储仓或直接运往施工现场。

(5)干燥滚筒、热集料筛分机等所产生的粉尘。除尘装置将粉尘分离出来→粉尘储仓或输送矿粉定量给料装置再利用。

间歇强制式沥青混合料搅拌设备的工艺流程及工作原理的特点是:初级冷集料在干燥筒内采用逆流加热方式烘干、加热,经筛分、计量后在搅拌器中与按质量计量的石粉、热态沥青搅拌成沥青混合料。因此间歇强制式搅拌设备能保证集料以及集料与沥青的比例达到相当精确的程度,也易于根据需要随时变更集料级配和油石比(集料与沥青比例),拌制的沥青混合料质量好,可满足各种工程的施工要求。其缺点是工艺流程长、燃料消耗量大、对除尘装置要求高(约占搅拌设备投资的1/3~1/2)、设备庞杂、建设投资大且服务比较困难。

连续滚筒式沥青混合料搅拌设备的工艺流程,如图7.2所示。

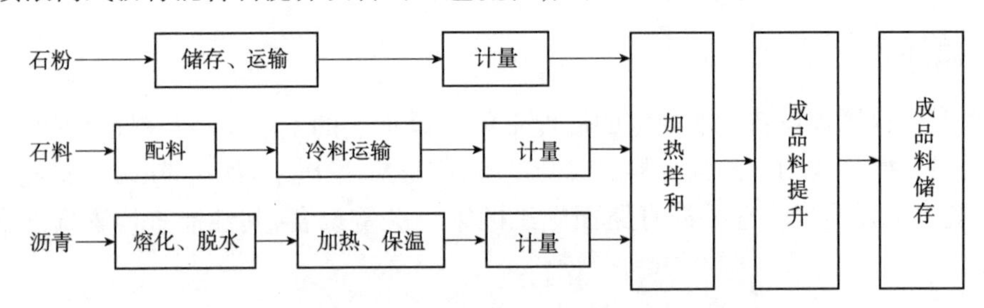

图7.2 连续滚筒式沥青混合料搅拌设备的工艺流程

(1)不同规格的冷砂石料。冷集料定量给料装置料斗→冷集料级配后由变速皮带机转输(以实现油石比控制)→干燥搅拌筒前半段烘干并加热到足够的温度→干燥滚筒后半段进行搅拌。

(2)矿粉。矿粉储仓→皮带电子秤连续计量→冷集料皮带输送机(或干燥搅拌筒)。

(3)沥青。沥青供给系统→沥青输送系统→计量后的沥青进入干燥搅拌筒→由沥青喷管将沥青喷入干燥搅拌筒后段→与加热后的集料一起搅拌。

(4)搅拌好的沥青混合料。成品料运输机→混合料成品储仓待运。

在上述工艺流程中,冷集料输送机转运、沥青的流量可通过控制系统自动调节,以使油石比精确。沥青混合料的制备在干燥搅拌筒内进行,即动态计量级配的冷集料和石粉连续从干燥搅拌筒的前部进入,采用顺流加热方式烘干加热,然后在干燥搅拌筒的后半段与动态计量连续喷洒的热态沥青采取跌落搅拌方式连续搅拌出沥青混凝土混合料。

与间歇强制式搅拌设备相比,连续滚筒式搅拌设备的优点是:工艺比较简单,设备的组成部分较简单,投资少,维修费用低,能耗少,且由于湿冷集料在干燥搅拌筒内烘干,加热后即被沥青裹覆,使粉尘难以逸出,对空气污染少。其缺点是集料的加热采用热气顺着料流的方向进行,故热利用率低,拌制好的沥青混合料的含水率较大,且温度也较低(110~140℃)。

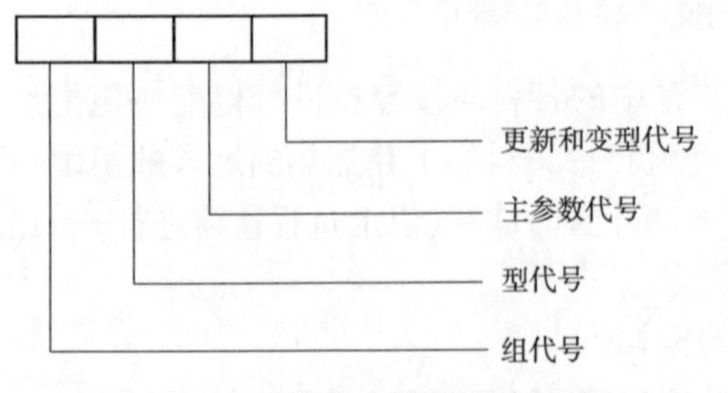

图7.3 沥青混合料搅拌设备型号

三、型号

沥青混合料搅拌设备的产品型号由组代号、型代号、主参数代号、更新和变型代号构成,如图7.3所示。

其代号含义如下。

组代号:LB,是沥青搅拌设备中"沥"、"拌"

两字的拼音声母的组合。

型代号:G 表示固定式(可省略);Y 表示移动式。

主要参数代号:搅拌器额定容量,单位为“千克/锅”。

更新和变型代号:用大写英文字母顺序表示。

示例:LB3000A。

组代号:LB;

型代号:G,省略;

主参数代号:3 000kg/锅;

更新和变型代号:A。

国家规定的基本型号有 1000 型、2000 型、3000 型、4000 型,其他型号都是在这些型号的基础上衍生出来的,如:750 型、1500 型、2500 型、3500 型等。

四、沥青搅拌设备机械系统的基本构造

沥青混合料搅拌设备是将各个有相对独立性的单元连接起来,形成一个以搅拌器为中心的系统。这些单元主要包括:冷料仓单元、干燥滚筒、燃烧器、热集料提升机、振动筛、计量系统、搅拌系统、成品料仓、沥青加热系统、除尘系统、粉料系统、控制系统、气动系统等,如图 7.4所示。

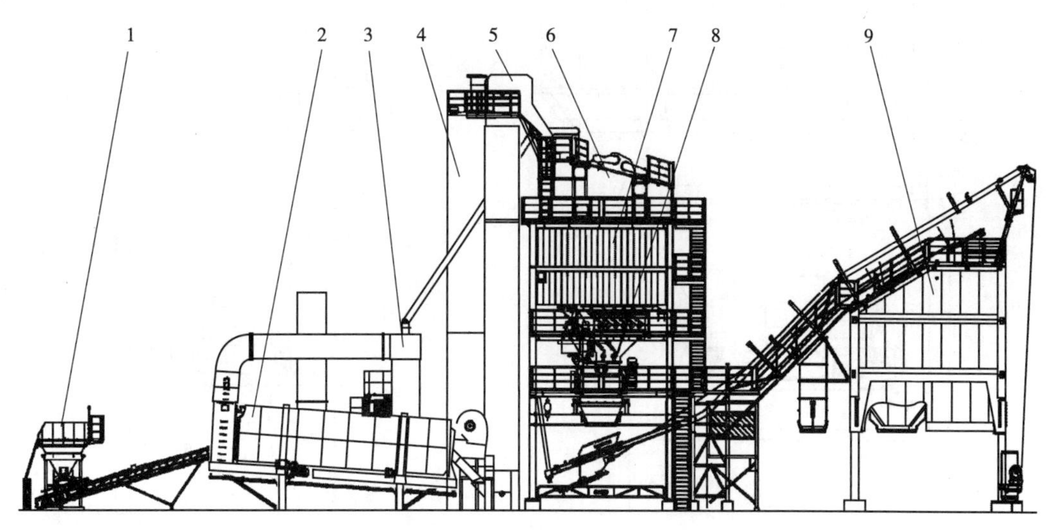

图 7.4 间歇式沥青混合料搅拌设备总体结构

1-冷料系统;2-干燥滚筒;3-除尘系统;4-粉料系统;5-热集料提升机;6-振动筛;7-热集料仓;8-计量搅拌系统;9-成品料仓

1. 冷料系统

冷料系统是沥青混合料搅拌设备生产流程的开始,根据沥青混合料的级配要求对集料进行第一次配比。它主要由若干个独立的冷料仓、给料皮带机、一条集料皮带机和一条上料皮带机组成。其构成如图 7.5 所示。

冷料系统的各个独立料仓采用模块化设计,方便运输、安装、拆卸,安装时与料仓支撑底架连接成一个整体,其标准配置构成简图如图 7.5 所示。料仓开门机构采用手动调节方式,如果需要调节集料级配,有两种调节方式,即改变冷料仓(图 7.6)仓门的开度大小,或通过调节给料皮带 4 的带速来满足要求,但主要是调节给料皮带机的转数,当调节转速不能满足

要求时，才调仓门。每个仓上面均覆盖有格栅网，它可以在装载机向料仓倾倒集料时过滤掉超标集料，同时可以缓解集料对料仓的冲击。沙仓外壁装有振动电机，可以使沙子顺畅下落，防止起拱。只有在相关设备作好接受集料准备工作时，冷料仓才能启动。冷料仓电动机的启动取决于拌和站其他电机（如干燥筒、除尘器等）的工作情况。因此只有上述电动机启动后，冷料仓才能启动。

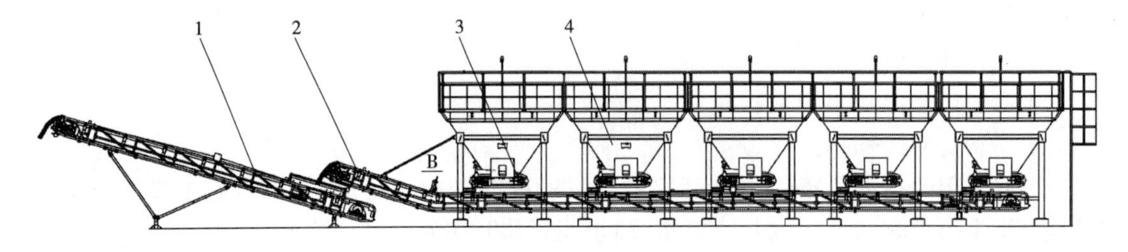

图 7.5　冷料系统总体结构

1-上料皮带；2-集料皮带；3-给料皮带；4-冷料仓

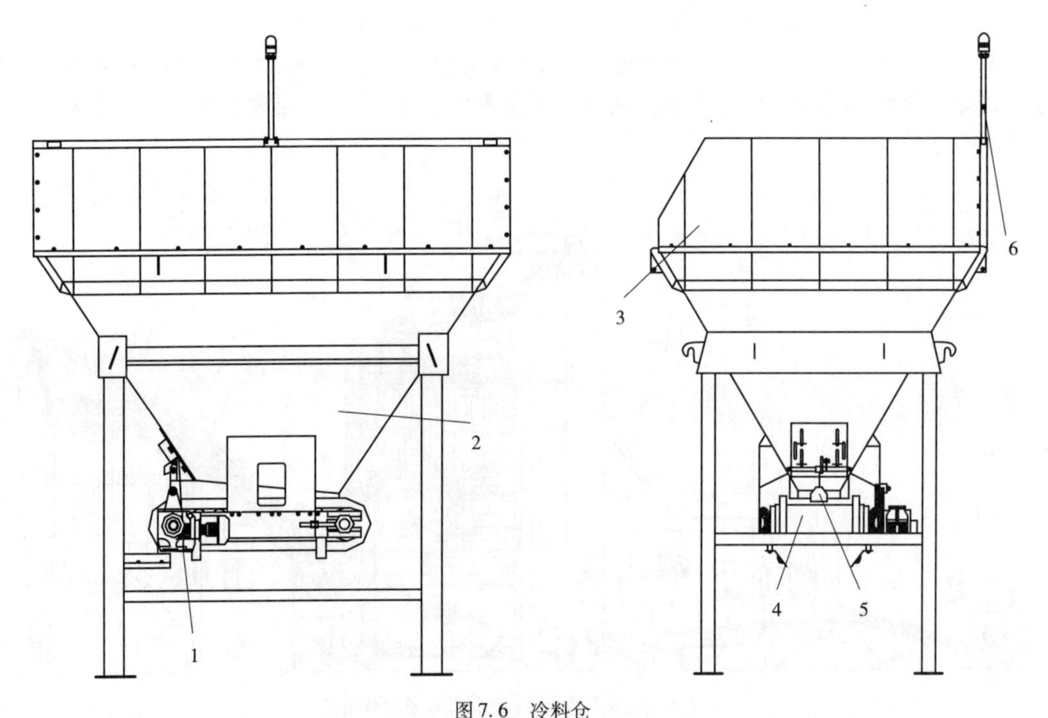

图 7.6　冷料仓

1-料仓仓门；2-料仓；3-加高围裙；4-给料皮带；5-料流检测开关；6-缺料报警灯

给料皮带为带挡边的波纹皮带，其优点是防止集料的旁侧溢撒，保持料场整洁，其构成简图如图 7.7 所示。

每个料仓下面配有一套给料皮带机，由它负责将料仓中的集料送到集料皮带上。它的运行速度可以通过变频器进行调整，具体视沥青混合料的级配需要而定。当皮带出现跑偏现象时，可通过图 7.7 中的调节螺杆 4 进行纠正；如当波状挡边皮带向外侧跑偏时，则应通过外侧的调节螺杆将图 7.7 中的滑动轴承 5 向右边移动，直到皮带不再跑偏为止。反之亦然。但注意在调皮带过程中要把握一个原则：皮带张力不应过小，过小则皮带打滑；过紧，则会造成滚轮轴承应力反常，磨损严重且耗电量大，皮带容易过早损坏。

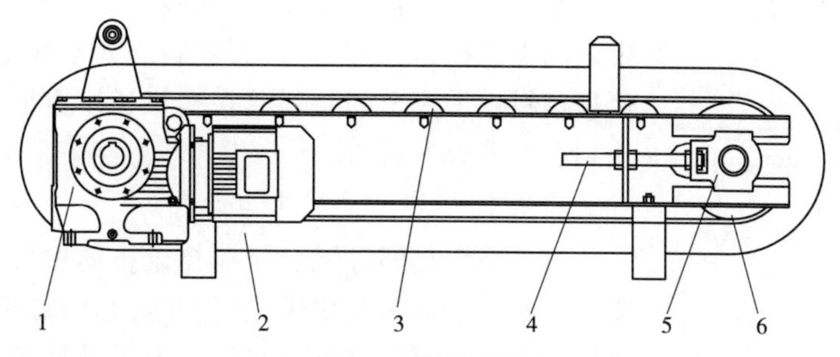

图 7.7　给料皮带机

1-驱动减速电机；2-波状挡边皮带；3-托辊；4-调节螺杆；5-滑动轴承；6-改向滚筒

集料皮带和上料皮带以恒定速度运转，头部带有刮板式的清扫器，可以刮掉皮带外表面黏附的泥沙（图 7.8）。

尾部带有重力式的清扫器（图 7.9），防止集料等进入张紧滚筒，损伤皮带。

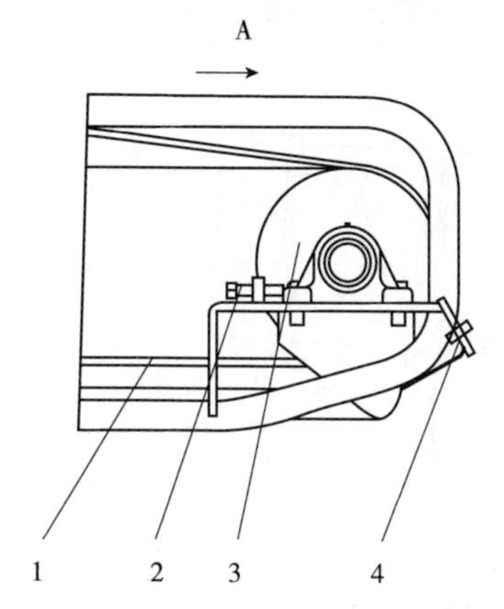

图 7.8　集料、上料皮带机驱动端结构

1-送料皮带；2-调节螺杆；3-驱动滚筒；4-头部清扫器；A-皮带旋转方向

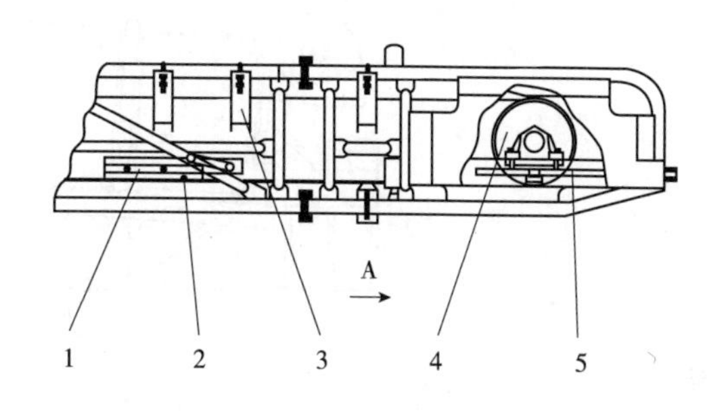

图 7.9　集料、上料皮带机从动端结构

1-尾部清扫器；2-送料皮带；3-槽形托辊；4-改向滚筒；5-调节螺杆；A-皮带旋转方向

集料皮带和上料皮带的结构基本一样，但集料皮带的长度比上料皮带要长许多，集料皮带跑偏的概率比上料皮带要大许多，因此在安装调试时应注意以下几点：

（1）上料皮带的支撑基础的水平高度一定要保持一致。

（2）因集料皮带是安装在料仓支架上，在做料仓的基础时也要确保水平高度一致。

（3）安装时皮带不要拉得太紧或太松，以皮带不打滑为准则。皮带张力过小则皮带打滑；过紧，则会造成滚轮轴承应力反常，磨损严重且耗电量大。

若集料皮带出现跑偏，其原因比给料皮带机要复杂，可按下列方法逐一排除。

（1）按给料皮带机中介绍的纠偏方法调整图 7.9 中的调节螺杆 5，并可按此方法微调图 7.8 中的调节螺杆 2。

（2）检查皮带机机架摆放是否水平；如不平则应垫平。

检查各槽形托辊支架的安装是否与皮带机架垂直；并可根据图 7.10 所示原理在皮带机上几个适当的位置对槽形托辊的安装角度进行调整，选择的槽形托辊的数量可视实际情况而定。

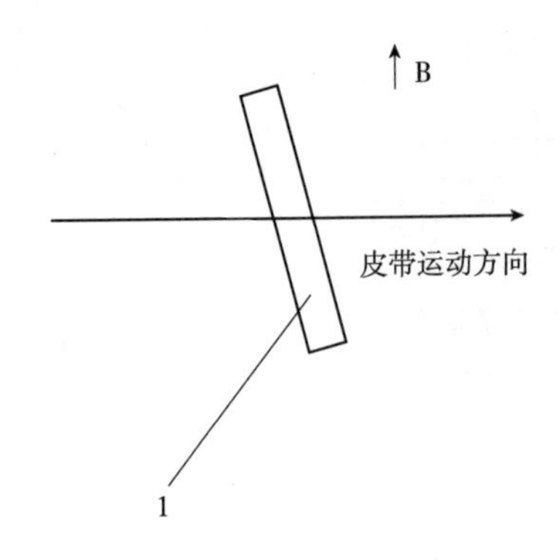

图 7.10　调整槽形托辊纠偏原理图
1-槽形托辊；B-皮带跑偏方向

集料通过上料皮带进入干燥滚筒。在集料皮带和上料皮带之间设有栅格，以防止过大集料流入干燥滚筒。安装时应使从集料皮带流出的集料落在栅格长度方向靠上 2/5 处，以达到有效筛分的目的。

2. 烘干系统

烘干系统是沥青混合料搅拌设备的主要部件之一，其主要功能是用于加热与烘干集料，并将它们加热到能够获得高质量沥青混合料所需要的温度。为了排除集料中的水分，烘干系统必须要提供一定量的热量，以便将集料中水分烘干转化为水蒸气，同时将集料加热到需要的温度。

干烘滚筒为旋转的、长圆柱形的筒体结构（图 7.11）。从冷料仓单元的上料皮带出来的集料从进料箱进入滚筒，与燃烧器产生的热气直接接触而被干燥，同时升温至设定的温度，从集料出口斜槽流出进入热集料提升机。

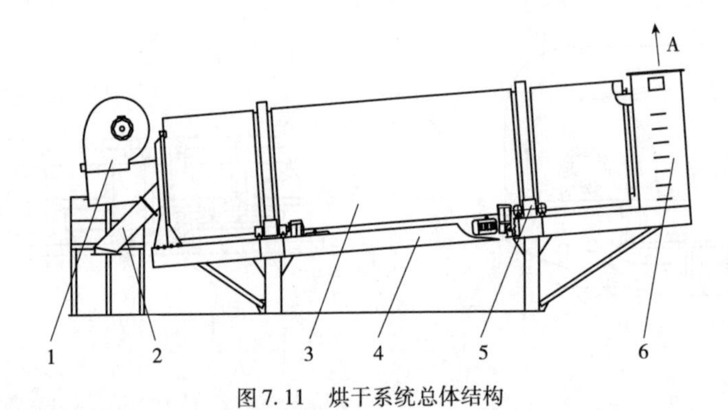

图 7.11　烘干系统总体结构
1-燃烧器；2-集料出口斜槽；3-烘干滚筒；4-支架；5-驱动装置；6-进料箱；A-烟气流动方向

干燥滚筒的筒体由耐热、耐磨的锅炉钢板卷焊而成，其受热前后的热膨胀一致，可防止高温带来的变形。

筒体的支架与水平面之间有一倾斜角度，目的在于使烘干筒工作时处于一个倾斜位置，以便集料在滚筒内反复提升的过程中不断向前移动，流向出料端。为了提高烘干滚筒的热交换效率，必须尽可能地限制空气从滚筒与进、出料箱的结合部进入烘干筒内，其密封形式如图 7.12 所示。A 密封装置位于集料出口的前端，为迷宫式密封，可以通过调整出料箱 1 在支架上的位置来调整其间隙，以减少漏气[图 7.12a)]。B 密封装置位于集料入口的前端，为接触式密封，通过在滚筒上安装耐热、耐磨的密封橡胶板 2 与进料箱 3 的密封环相接触而进行密封[图 7.12b)]。密封橡胶的安装位置可作径向调整，在局部磨损后可以进行补偿。当滚筒处于工作状态时，不允许对两端的密封装置进行调整，以免发生危险。

用于驱动干燥滚筒旋转的传动装置，采用摩擦驱动，4 个驱动轮均为主动轮，如图 7.13 所示。当驱动轮处于工作状态时，不允许用手触摸驱动轮和滚圈，以免发生危险。

在支架靠近进料箱侧的滚圈两边装有限位轮（图 7.14）。限位轮可将干燥滚筒纵向固定在应有的位置上工作。当限位轮处于工作状态时，不允许用手触摸限位轮和滚圈，以免发生危险。

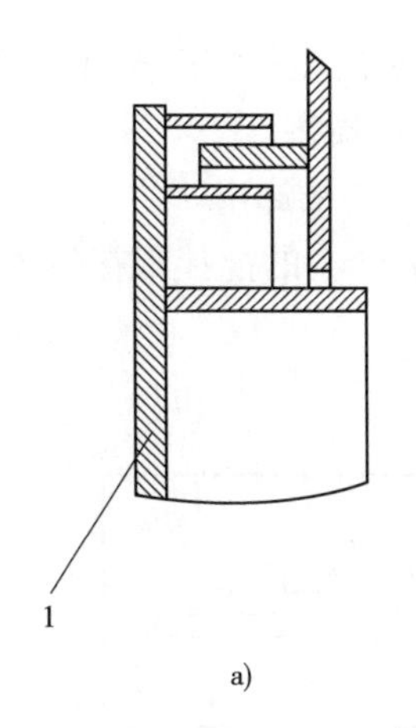

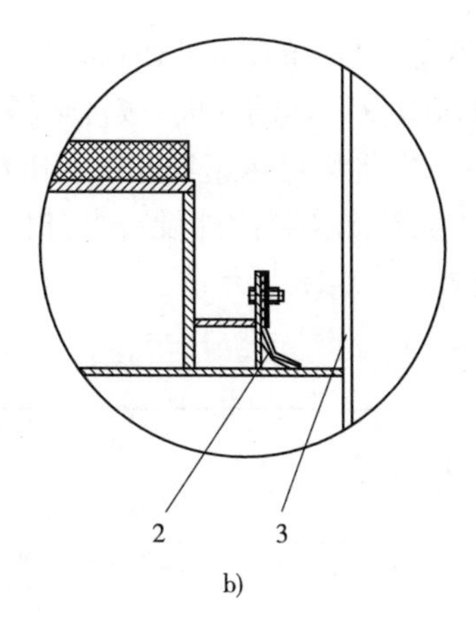

图 7.12　烘干滚筒密封结构

a)集料出口侧;b)集料入口侧

1-出料箱;2-密封橡胶板;3-进料箱

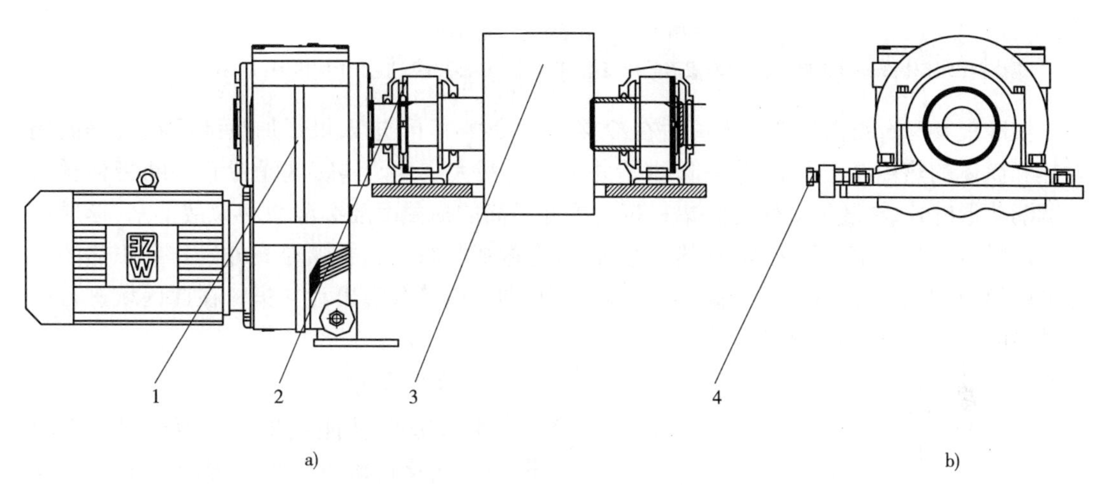

图 7.13　烘干滚筒驱动装置结构

1-减速电机;2-驱动轮支架;3-驱动轮;4-调节螺栓

为了使集料在干燥滚筒内均匀分散地前进,并能充分地吸收热量,滚筒内装有若干排弯曲成一定形状的叶片。

滚筒内部的结构按功能来分,主要由以下四部分组成:

(1)进料区。这一部分的叶片为螺旋叶片,其功能是将集料导入滚筒内并快速向前移动。

(2)热交换区。为强化热气和集料之间的热交换,叶片的设计使集料在这里多次被提升和自由撒落,形成均匀的料帘,使热气能充分穿越料帘,并与集料进行热交换。

(3)燃烧区。为使燃料能充分燃烧,在该区段装上一些特别的含料叶片。它可以使集料在向前移动的过程中被提起并紧贴在筒体内壁而不会落下挡住火焰,同时又能够达到

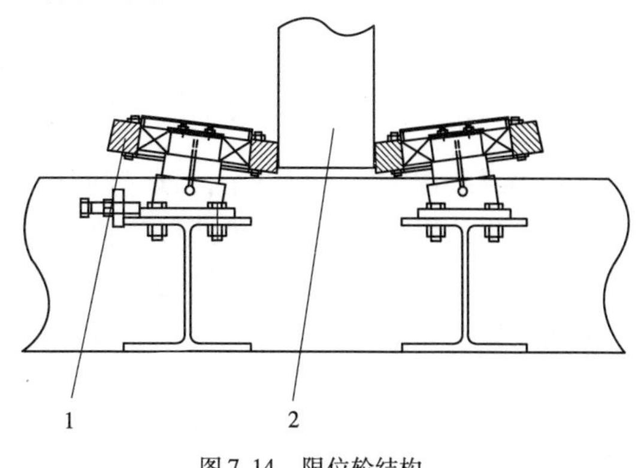

图 7.14　限位轮结构

1-限位轮;2-滚圈

在滚筒内部加热集料的目的,而且还可以减少由于燃油滴被集料撞落造成的不完全燃烧的损失,减少通过滚筒壁散热的损失,减轻热辐射对滚筒壁的损害。

(4)出料区。它将集料迅速提起送入出料箱集料出口斜槽卸出。

连续滚筒式沥青混合料搅拌设备中,集料的烘干和混合料的搅拌都在烘干滚筒中完成,其烘干滚筒结构如图7.15所示。

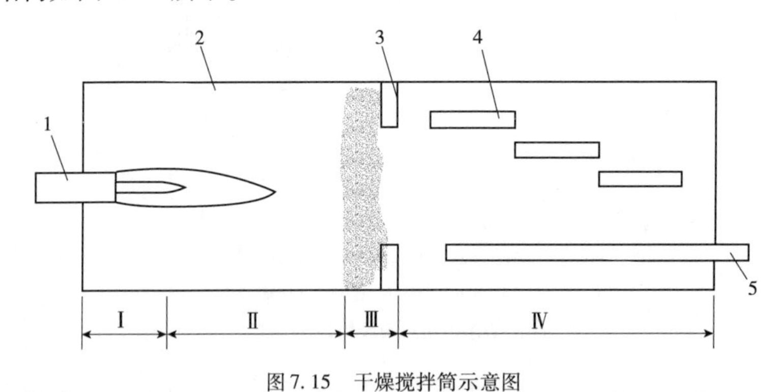

图7.15 干燥搅拌筒示意图

1-燃烧器;2-筒体;3-漏斗形叶片;4-提升撒落叶片;5-沥青喷管;Ⅰ-冷拌区;Ⅱ-烘干加热区;Ⅲ-料帘区;Ⅳ-搅拌区

湿冷集料和石粉由进料口入筒后在冷拌区先冷拌一下,进入烘干加热区后在火焰的辐射热和筒体的热传导作用下,集料被烘干并加热到最大限度。料帘区设置有一圈带格栅底的宽漏斗形叶片,在随筒旋转时将集料带上去并沿筒的横截面陆续漏撒和抛散下来,形成一个圆形料帘。料帘阻挡住火焰,让热气通过,被抛散成料帘的集料颗粒充分暴露在炽热的火焰之中很快被烘干,温度急剧升高。在搅拌区内,沥青由喷管喷出和热集料在此区域进行搅拌,搅拌工作由提升抛撒叶片完成。

3. 除尘系统

除尘系统功能是将干燥滚筒里产生的燃烧废气及其他各个装置内产生的粉尘收集处理,排放出符合环保要求的气体。它由一级烟道、第一级重力除尘器、第二级布袋除尘器、二级烟道及引风机等部分组成。较大粒径的粉尘由重力除尘器分离收集,布袋除尘器过滤细微粉尘。为方便运输、安装,且结构紧凑,第一级重力除尘器和第二级布袋除尘器集成为一个整体,如图7.16所示。

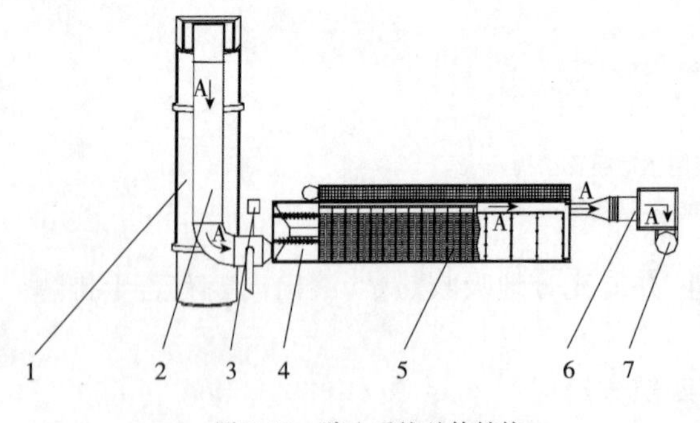

图7.16 除尘系统总体结构

1-烘干滚筒;2-烟道;3-温度传感器;4-重力除尘器;5-布袋除尘器;6-引风机;7-烟囱;A-烟气流动方向

除尘系统在负压环境下运行,通过调整引风机风门开度大小控制风压和风量。重力式除尘器收集的粗粉尘通过重力式卸灰阀排放,由螺旋输送机送至热集料提升机。布袋除尘器收集的细粉尘通过螺旋送料机送到回收粉提升机。提升、筛分、计量和搅拌等环节产生的粉尘通过排气管道汇入一级烟道。经布袋除尘器净化的空气从烟囱排到大气。

1)重力除尘器

如果入口粉尘浓度高,则出口浓度也高。随着除尘效率的提高,出口粉尘浓度会降低,但效率有其局限性。超过一定值,则很难再提高。为了使出口粉尘浓度降低,应尽量降低入口粉尘浓度。

实际生产量不应超过设计的生产能力，这样可以保证粉尘排出浓度，同时也可延长各排气管道及螺旋送料机的寿命。

2）布袋除尘器

布袋除尘器采用大气反吹原理清理布袋，因此该除尘器必须在负压环境下工作。含尘气体进入布袋除尘器的入口，经布袋过滤后，灰尘黏附在布袋上，净化后的空气通过引风机排入大气。

周期性向布袋除尘器内部吹入空气以清除布袋上附着的粉尘。所有布袋分成若干个隔仓，每个隔仓相互之间是完全密封的。一次清洁一个隔仓，因此布袋除尘器可以除尘和清洁同时进行。收集的粉尘经螺旋送料机和叶轮给料机排出。使用布袋除尘器的过程中，螺旋送料机和叶轮给料机要始终处于工作状态，以避免粉尘堆积在底部。

3）大气反吹

布袋除尘器可划分为多个布袋隔仓。在清灰阶段，除尘器会因为负压的存在迫使空气从布袋的入口进到出口，因而将布袋鼓起，使得沉积在外表面的灰尘落入集料斗中。位于集料斗底座的螺旋输送机则将灰尘排放到外面。

4. 粉料系统

粉料系统是沥青混合料搅拌设备的主要部件之一，其主要功能是用于矿粉的储备及回收粉的回收利用，共有两个粉罐，一个用于添加矿粉，另一个回收除尘器过滤粉尘。两个粉罐均由罐体、粉料提升机、过渡粉斗及加粉螺旋输送机等组成。两种粉可按照一定的比例由螺旋输送机送至搅拌楼上称量搅拌，可分别完成矿粉和回收粉的提升、储存及输送等功能。

粉料系统主体为长圆柱形的筒体结构（图7.17）。矿粉（利用散装水泥车）通过气力输送送入上粉罐，再由螺旋输送机送至搅拌楼上称量搅拌；回收粉由螺旋输送机送入斗式提升机，再由斗式提升机送入过渡粉斗，过渡粉斗出口有两条通道，若回收粉不能再利用，则走第一通道直接回下粉罐；若回收粉能再利用，则走第二通道由螺旋输送机送至搅拌楼上称量搅拌。

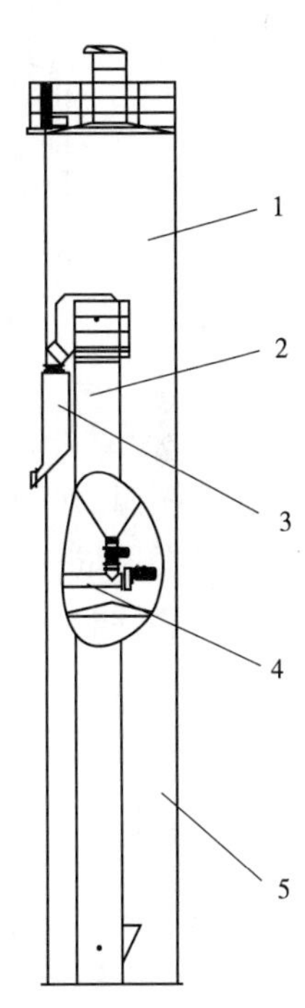

图7.17　粉料系统总体结构
1-上粉罐；2-斗式提升机；3-过渡粉斗；4-螺旋输送机；5-下粉罐

5. 热集料提升机

热集料提升机的作用是把从干燥滚筒里出来的烘干的热集料提升输送到位于搅拌主楼最上部的振动筛里。

热集料提升机主要由以下几部分组成：

（1）上部区段：由上部机壳、上罩和传动链轮组组成。

（2）下部区段：由下部机壳和拉紧链轮组成。提升链条采用螺杆加弹簧调节方式张紧，能自动调整因链条磨损而产生的转动松弛现象，且可缓冲由突发冲击负荷而引起的附加应力。链轮为可拆卸轮缘的组装式结构，使用寿命长，便于维修更换。

（3）中部区段：由起支承、防护和密封作用的中部机壳组成。中部机壳为标准节式结构。

(4)驱动装置:轴装式斜齿轮减速电机(带制动)整体式驱动装置。

(5)运行部分:由料斗、圆环链、链环钩等组成。牵引件采用高强度圆环链,其材质为优质低碳合金结构钢,经热处理后具有很高的抗拉强度和耐磨性,因而性能可靠,寿命长。链条上等距安装提升斗。

6. 振动筛

振动筛是将热集料提升机输送来的热集料进行分级,送到热集料仓的装置。热集料进入筛分机后被筛分成五种规格,分别进入热集料储仓的五个仓内。振动筛顶部设有分配阀,热集料也可以不经过筛分,直接进入旁通仓。

振动筛结构形式为自同步双轴直线式,由振动器1、筛箱2、减振支撑装置3、电机传动装置4、防尘罩5五部分组成(图7.18)。

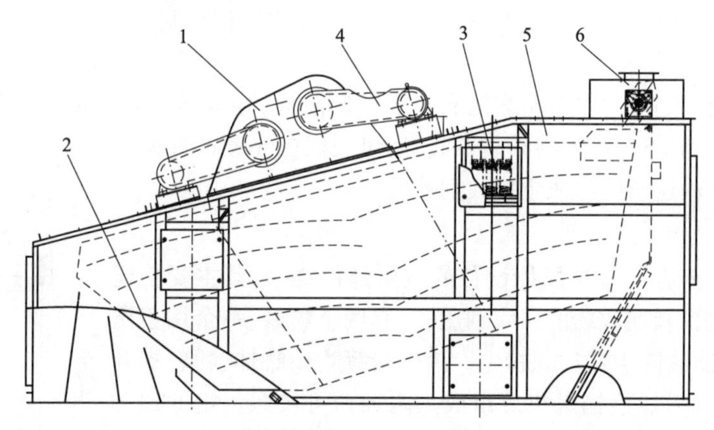

图7.18 振动筛整体结构图

1-振动器;2-筛箱;3-减振支撑装置;4-电机传动装置;5-防尘罩;6-分配阀

作为振源的两套(四组)振动器分别安装在筛箱的侧板上,当物料进入筛面后同筛箱一起形成参振质量,在减振弹簧支撑下构成整个振动系统(图7.19、图7.21)。两组振动器之间用万向联轴器连接,每组振动器上分别装有对称相等的偏心质量,在轴承支撑下,电机传动装置传过来的动力,使两套振动器上的偏心质量作同步异向旋转,离心力呈时而叠加、时而抵消的周期交变状态,使整个参振系统沿直线轨迹做往复振动。

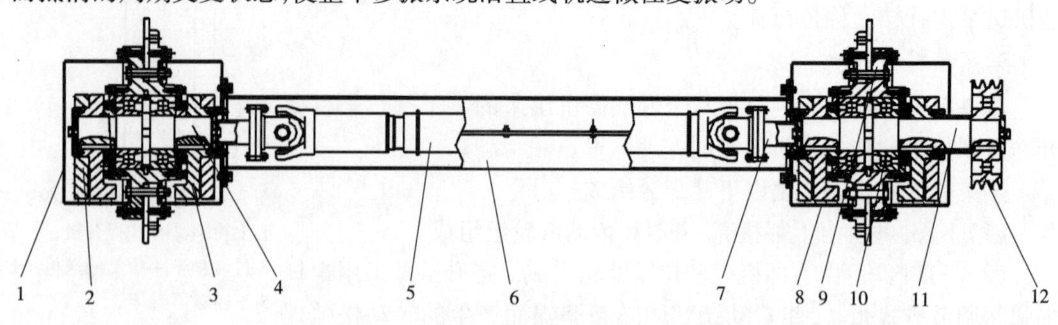

图7.19 振动器结构图

1-防护罩Ⅰ;2-偏心块组Ⅰ;3-偏心块组Ⅱ;4-传动轴Ⅰ;5-万向联轴器;6-万向联轴器护罩;7-短联轴器;8-防护罩Ⅱ;9-振动座;10-滚动轴承;11-传动轴Ⅱ;12-从动轮

筛网全部为编织筛网,是前后张紧形式(图7.20)。采用五层五规格筛结构,筛网纵向拉紧,振动筛内部装有4~5层筛网。出厂配置的标准筛网孔径为3mm、6mm、11mm、22mm、

35mm,用户可按生产需要配置相应的筛网,图 7.22 为 LB3000 型沥青搅拌设备的筛网尺寸(长度×宽度)。

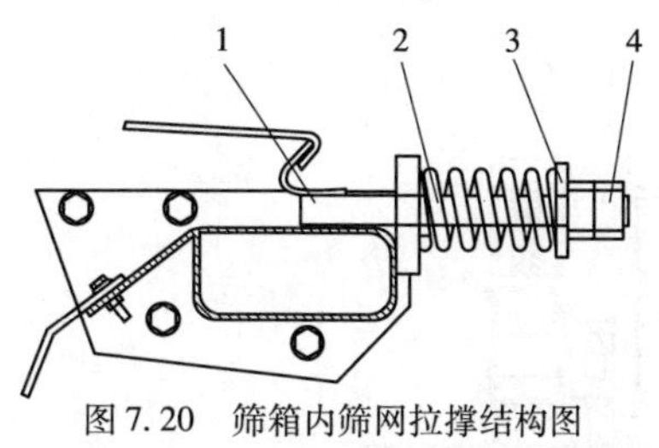

图 7.20 筛箱内筛网拉撑结构图

1-筛网拉杆;2-拉网弹簧;3-弹簧座;4-螺母

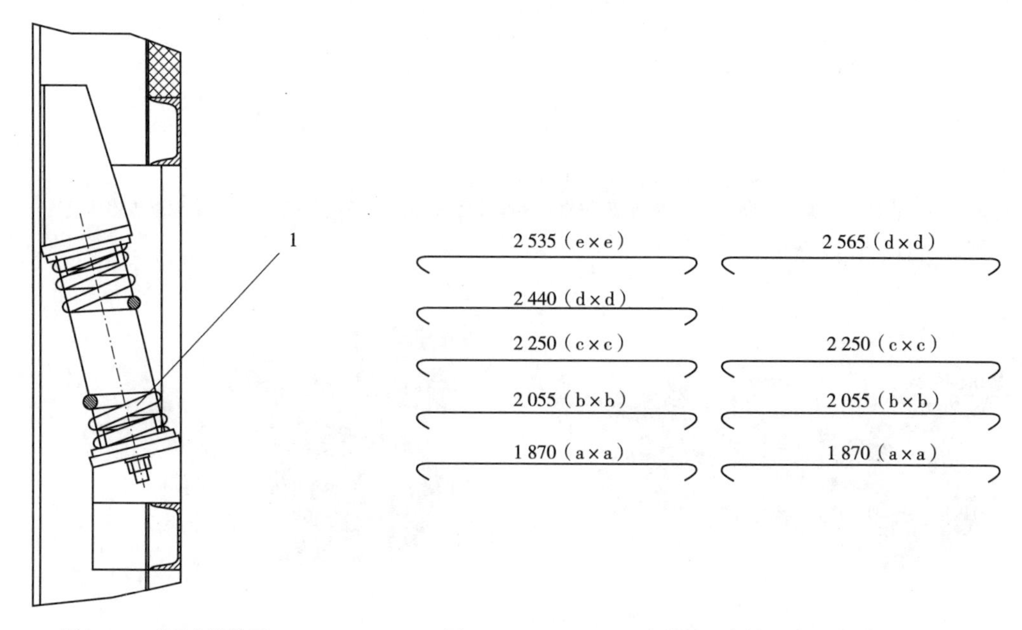

图 7.21 减振支撑装置

1-减振弹簧

图 7.22 LB3000 型沥青搅拌设备筛网尺寸(尺寸单位:mm)

筛网是振动筛的重要组成部分,正确选择、采用高质量的耐磨筛网,可保证混合料的精确级配,并可防止混料现象的发生。耐磨筛网是由高碳高锰钢丝编织而成,耐磨性能好,但抗疲劳性能相对较差,使用中张紧筛网是避免早期异常损坏和保证筛网使用寿命的关键。

合理选择搭配筛网规格对保证产量和筛分质量特别重要。通常的配筛原则为:最大筛孔尺寸根据规范对最大粒径的要求确定;最小和次小筛孔的尺寸从达到容易控制级配线右段走向的要求进行确定;其余筛孔的尺寸应满足各个料仓分配尽量均衡的原则来确定。等效筛孔的选择,请参照国家标准《沥青路面施工及验收规范》(GB 50092—1996)。

7. 计量系统

计量系统是根据沥青混合料的配比,对集料、粉料和沥青进行计量并从卸料门或阀卸入搅拌器的装置。

计量系统包括集料秤、沥青秤和粉料秤,卸料门或阀是由气缸驱动实现开启与关闭。其结构如图 7.23 所示。托利多称重传感器模块如图 7.24 所示。

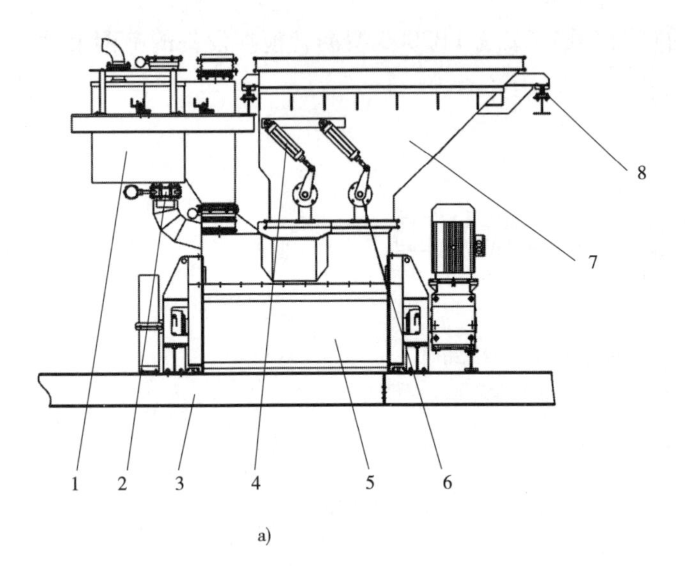

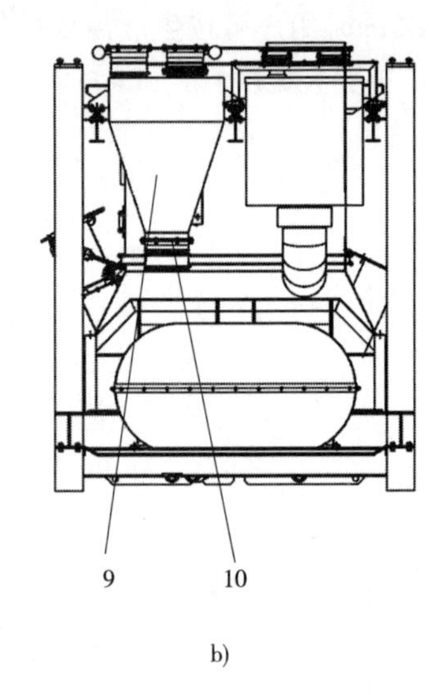

图 7. 23 计量装置总体结构

1-沥青秤;2-沥青秤气动蝶阀;3-机架;4-集料秤驱动气缸;5-搅拌器;6-集料秤门装置;7-集料秤;8-称重传感器模块;9-粉料秤;10-粉料秤气动蝶阀

图 7. 24 托利多称重传感器模块

8. 搅拌系统

搅拌器是将按生产配合比计量完毕后依设定顺序分别投入集料、粉料及沥青混合搅拌均匀并排出的装置。搅拌器结构为双卧轴式,两根搅拌轴凭借一对相互啮合的相同的齿轮形成强制同步,转速相等,旋向相反。轴上装有多根搅拌臂,臂端用螺栓连接耐磨叶片。搅拌好的沥青混合料从底部的卸料门排出。搅拌器的结构如图 7. 25 所示。

9. 成品料储存系统

成品料从搅拌器卸料门卸出,由运料小车送到成品料仓里暂存。由于是间歇式设备,即计量与搅拌是分批进行的,约 45s 是一个生产循环,运料小车的运行节奏与之一致,所以采用成品料提升与储存系统将搅拌好的料快速及时地存储起来是设备提高生产率的保证。

在特殊情况下,运输车辆可能直接进入拌缸底部接料。在车辆进入接料前,应先将小车手动操纵移开到搅拌楼外定位,用电动葫芦将前段运行轨道抬高到水平位置。

成品料系统总体结构如图 7. 26 所示。

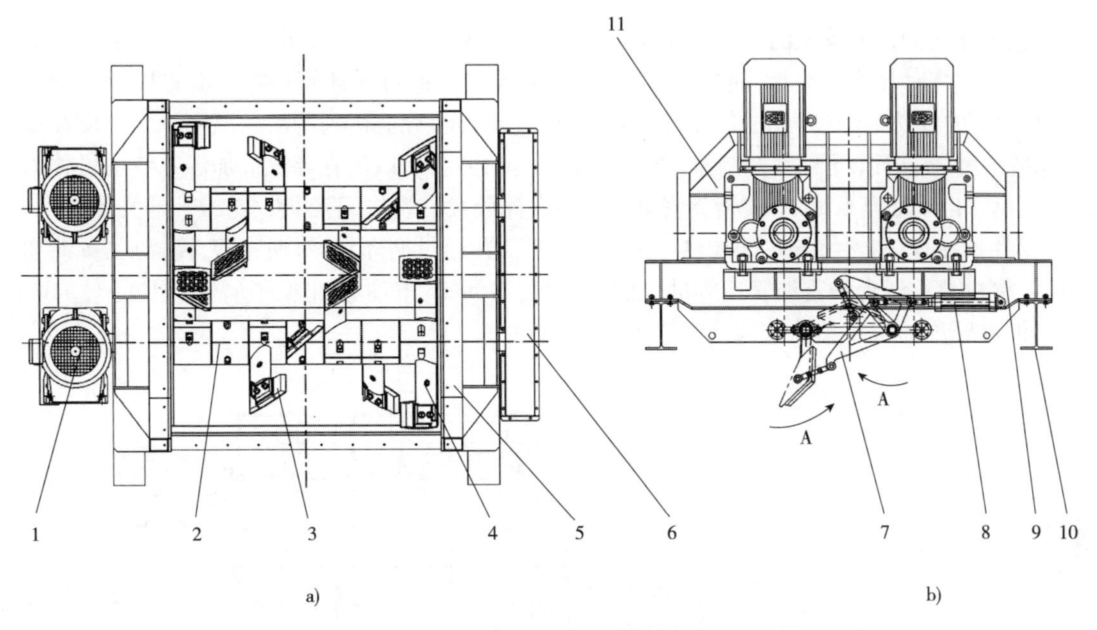

图7.25　沥青搅拌设备搅拌器结构图

1-减速电机;2、4-搅拌臂;3-搅拌叶片;5-搅拌器下箱;6-同步齿轮装置;7-搅拌器门装置;8-门上驱动气缸;9-搅拌器架;10-安装座;11-搅拌器上箱;A-搅拌轴转动方向

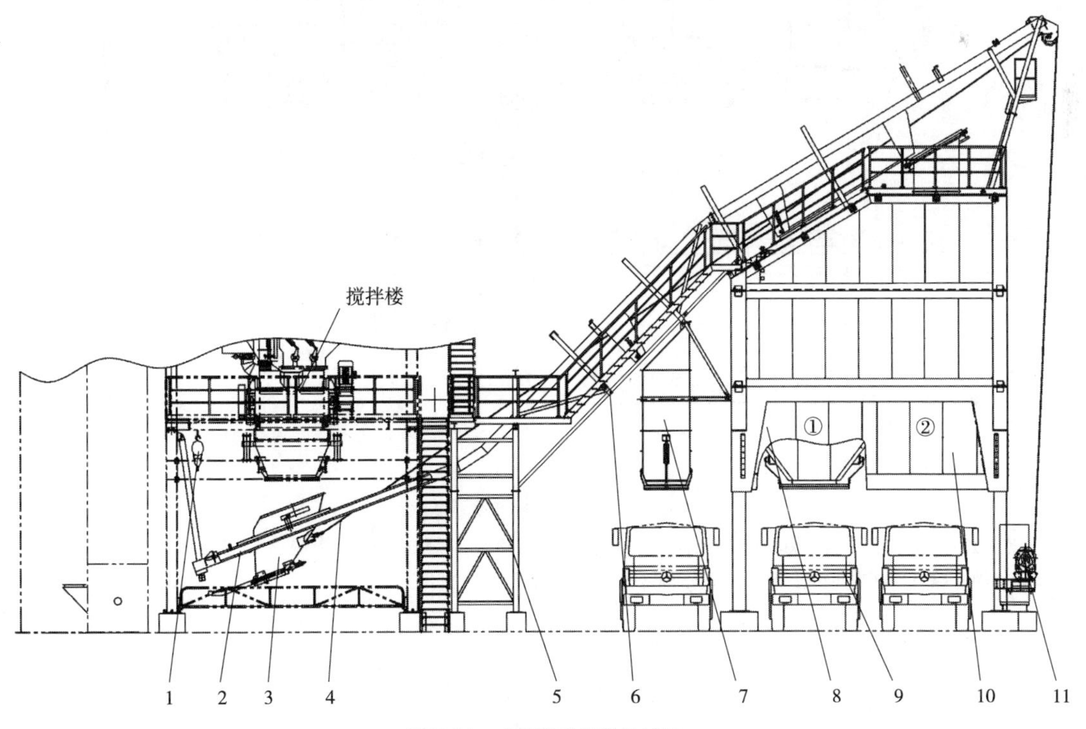

图7.26　成品料系统总体结构

1-环链电动葫芦;2-活动轨道;3-运料小车;4-钢丝绳;5-轨道支架;6-提升轨道;7-废品仓;8-一号成品仓;9-运料自卸车;10-二号成品仓;11-卷扬机

10. 沥青导热油加温系统

沥青导热油加温系统的工作原理是:传热介质导热油在一个密闭的循环系统中,从燃烧器吸收柴油燃烧时释放的热量,使温度升高,高温的导热油通过循环管道加热沥青以及沥青管道,降温后的导热油经过再次加温,周而复始,直至沥青和管道达到所需的温度。由于现在多数系统的燃烧器采用可编程控制器(PLC)控制,性能稳定,所以沥青导热油加温系统也可称为“无人值守自动加温系统”。要使其安全可靠地发挥最大的效益,正确使用与维护是关键。

利用自动燃烧器将导热油加热至180~210℃,并通过循环泵,对沥青罐、搅拌缸、重油加热器、重油罐及沥青和重油管道等进行加热保温,将沥青、重油等加热到所需的温度。

沥青导热油系统总体结构见图7.27。

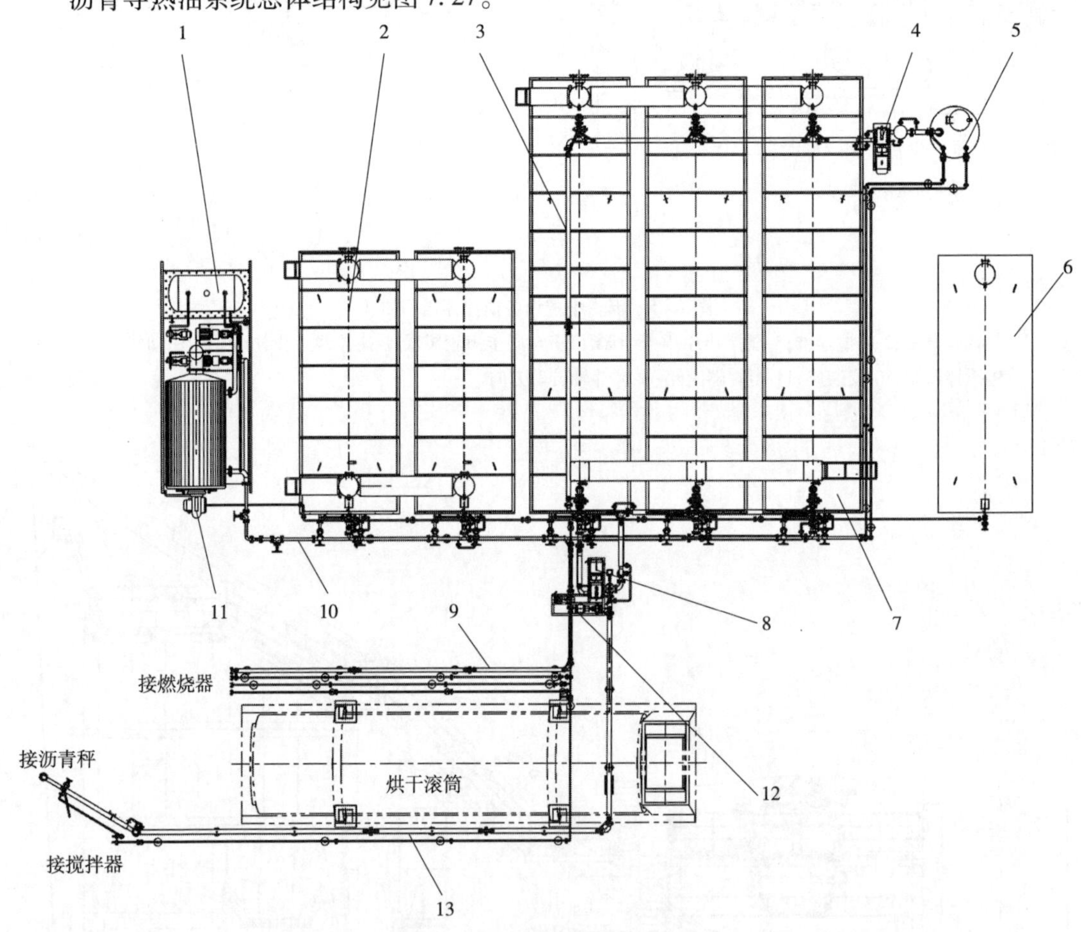

图7.27 沥青导热油系统总体结构

1-导热油炉;2-重油罐;3-沥青循环管;4-沥青加注泵;5-沥青接卸罐;6-燃油罐;7-沥青罐;8-沥青循环泵;9-重油管路;10-导热油管路;11-导热油炉燃烧器;12-重油泵;13-沥青主管路

11. 气动控制系统

气动控制系统主要用于控制各称量斗门、放料门、阀门等装置的动作。气路控制系统的运行状态,将直接影响搅拌设备的产量精度和性能。

气路控制系统主要由气源、控制元件、执行元件和辅助元件四部分组成。

气源:获得压缩空气的能源装置。其主体部分是空气压缩机、冷干机、储气罐、过滤器等。

控制元件:用以改变压缩空气流向、压力、流量来实现执行元件所规定动作的元件。如:电磁阀、快排阀等。

执行元件:是以压缩空气为工作介质产生机械运动,并将气体的压力能转变为机械能的能量转换装置。在本设备中,执行元件主要为气缸,且为双作用气缸。

辅助元件:是使压缩空气净化、润滑、消声以及用于元件间连接等所需要的一些装置。辅助元件包括气源处理元件、气路管道、接头等。

五、沥青混凝土旧料再生搅拌设备

厂拌热再生方法在国外应用非常普遍,沥青混凝土旧料再生搅拌设备是厂拌热再生方法的主要配套设备,它的形式多种多样,但通常均采用热拌再生工艺。再生混合料的级配、新旧料的掺配比例、温度及拌和程度等均由再生搅拌设备进行控制。沥青混凝土旧料再生搅拌设备主要分为强制间歇式、连续滚筒式和双滚筒式三种类型。

1)早期强制间歇式再生搅拌设备

利用强制间歇式再生搅拌设备生产再生沥青混合料,是沥青路面再生技术早期开始采用的方法。这种机械通常使用固定机架安装,由常规强制间歇式沥青混合料搅拌设备加装旧料上料装置而成,其总体布置如图 7.28 所示。

图 7.28a)所示再生搅拌设备的工艺流程是:粗级配后的新集料经输送装置送入干燥滚筒,旧的路面材料按一定的新旧料的配比送入干燥滚筒内,两种材料经烘干、加热后,通过热集料输送装置到振动筛内,筛分后的热集料存入热集料仓内,然后经称量后卸入搅拌器内搅拌的同时,加入称量后的沥青与矿粉,继续搅拌直到均匀出料,成品料经提升装置送入成品料仓中。

图 7.28b)所示再生搅拌设备的工艺流程是:新集料经级配、烘干、加热后,通过热料输送装置到热集料仓内,然后定量卸入搅拌器内;没有经过烘干、加热的旧沥青路面材料,按一定的新旧料的配比送入搅拌器内,直接与新料搅拌并发生热交换,使旧料升温,然后加入沥青或再生剂,继续搅拌直到均匀出料。

由于旧料是通过热传导而得到热量,因而也可将这种方法称为热传导加热法。同时,由于旧料是通过吸收新集料的热量而升温,故再生混合料的出料温度与旧料的掺配比例、新集料经烘干筒加热后的温度、旧料本身具有的温度等因素有关。为保证再生混合料能达到足够高的温度就必须首先提高新集料的加热温度。通常是采取使集料过热,如将新集料加热到 220~250℃。因此,该方法又称为“过热集料法”。

这种再生方法必须限制旧料的掺入量,否则,可能使再生混合料的温度下降,不但影响拌和质量,而且影响再生混合料的摊铺和压实。所以,采取这种再生工艺,旧料的掺配比例一般应控制在 20%~30% 为宜。另外,为了便于旧料能充分吸收新集料的热量而升温,必须延长再生混合料在搅拌器内的拌和时间。在拌和时,应先放入旧料,再加入新料,拌和时间应随旧料的掺配比例而定。图 7.29 给出了旧料掺入比例与搅拌时间的关系,结果是从实践中总结出来的,具有一定的代表性。掌握搅拌时间是必要的,它可使新、旧料实现相对平衡,然后加入沥青,而且还可以根据需要加入某些添加剂,再继续拌和至均匀后出料。

2)现阶段国内主流强制间歇式再生搅拌设备

现阶段,我国主要使用的再生搅拌设备主要是作为间歇式沥青搅拌设备的附加装置使

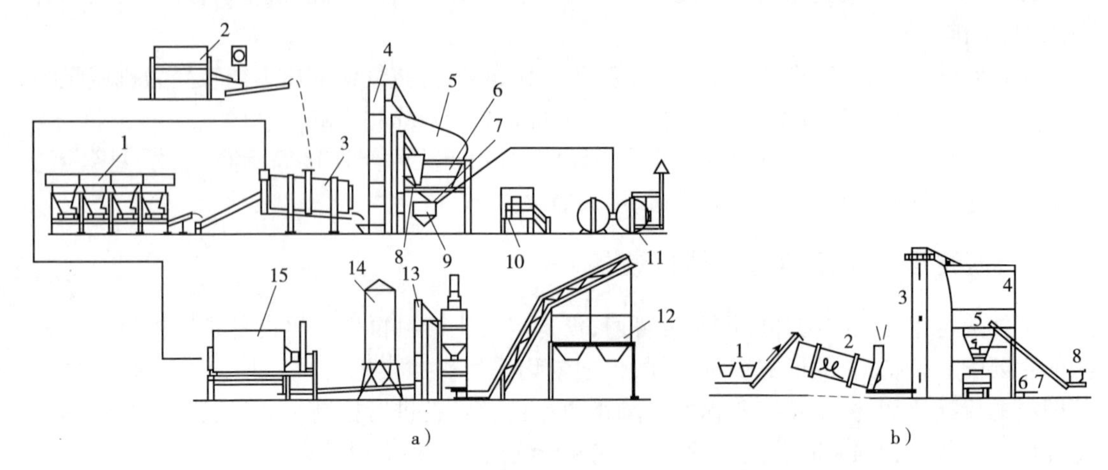

图 7.28　早期强制间歇式沥青混凝土旧料再生搅拌设备

a)旧料进入干燥滚筒;b)旧料不需要加热

1-新集料输送装置;2-旧料配料与输送装置;3-干燥滚筒;4-热集料输送装置;5-振动筛;6-热集料仓;7-集料称量装置;8-矿粉称量装置;9-搅拌器;10-控制室;11-沥青储存输送装置;12-成品料仓;13-集料提升机;14-集料仓;15-除尘器

用。它与间歇式搅拌站连接在一起,共用搅拌器。其结构主要有:冷料仓 1 套,皮带机 1 套,提升机 1 套,烘干系统 1 套、计量系统 1 套。

再生搅拌设备的工艺流程是:粗级配后的新集料经输送装置送入逆流干燥滚筒,旧的路面材料输送装置送入顺流式干燥滚筒内。新集料经烘干、加热后,通过热集料输送装置到振动筛内,筛分后的热集料存入热集料仓内。旧沥青料经烘干、加热后,存入单独的集料仓内。然后两种集料经分别称量后卸入搅拌器内搅拌的同时,加入称量后的沥青与矿粉,继续搅拌直到均匀出料,成品料经提升装置送入成品料仓中。

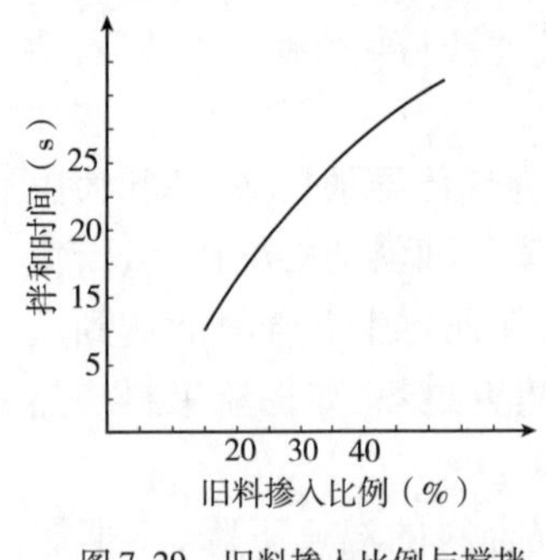

图 7.29　旧料掺入比例与搅拌时间的关系曲线

这种形式的再生搅拌设备是在标准间断式搅拌设备的基础上,增加一套独立的冷旧再生混合料顺流式干燥滚筒和计量装置,冷旧再生混合料通过独立的重量式计量和干燥加热,可使其计量准确,加热升至 130℃。这种新热集料和冷旧再生混合料分别独立加热、计量,且新热集料筛分后再计量等方式,可确保新热再生沥青混合料的质量,生产率不会降低,冷旧再生料的加入量可达到 50%,是一种较理想的再生搅拌设备。但整套设备较前述方式复杂,且成本较标准间断式搅拌设备增加 30% 以上。

六、沥青混合料拌和设备的选型

间歇强制式搅拌设备将冷料的烘干与混合料搅拌分开进行,冷湿集料在烘干筒内加热后,须经筛分、存储,再经热集料计量装置精确计量,然后才输入强制式搅拌器,与一定配合比的矿石粉和热态沥青强制拌和,形成级配均匀的沥青混凝土。采用间歇强制式沥青混合料拌和设备拌和沥青混合料,虽然工艺流程较连续式拌和时间长,耗能较大,除尘困难,但其级配精度较高,含水率较低,能完全满足高等级路面对铺筑材料的要求。我国高等级沥青路面所用的沥青混凝土普遍采用的是强制式拌和工艺进行生产。

国内生产的连续滚筒式拌和设备无论是从性能指标还是从自动控制程度方面与间歇强制式拌和设备相比仍有一定差距，加之我国的集料加工企业的规模普遍较小，生产的集料规格差异性大，因而现行施工规范上不允许使用此种拌和设备进行高等级沥青混凝土路面的施工。故此处仅对间歇强制式沥青混合料拌和设备的选型进行介绍。

1. 设备形式的选择

一般把沥青混合料拌和设备分为固定式、半移动式和移动式三大类。对于半移动式和移动式拌和设备，要求移动性能好。转移工地后能迅速安装，投产时间快，为了移动方便，一般是将组成设备的各部分分成一个或几个移动单元，每个移动单元都有一个金属结构的拖车架。

固定式拌和设备，一般也被设计成模块化结构，大大方便了拆装和搬运。同一生产量的拌和设备，移动式的价格比固定式的贵很多，商品沥青混凝土供应基地和高等级公路养护中心，一般选择固定模块拌和设备，而经常要转移工地的公路施工单位则根据需要和实力选购半移动式或移动式拌和设备。

2. 设备生产能力的选择

沥青混合料拌和设备的生产率是设备选型的重要指标，选型时根据工程任务，计算出摊铺机每小时所需的混合料量，同时还要考虑料场砂石集料含水率对加温脱水时间的影响。集料含水率过高，加温时间过长，无疑将降低拌和设备的生产能力，因此应根据不同类型的集料进行试验，选用最佳含水率的集料进行配比拌和，以满足对混合料生产率的要求。间歇强制式搅拌设备的作业生产能力可按下式计算：

$$G = 3.6 m\eta CK/t \tag{7.1}$$

式中：G——搅拌作业生产能力，t/h；

m——搅拌器每份搅拌料额定质量，kg；

η——平均时间利用系数，取0.8～1；

C——环境温度系数，$C = 0.8 + T/100℃$（T为搅拌作业时间时环境温度，℃）；

K——集料含水率系数，$K = 1.5 - 10\omega$（ω为搅拌作业所用集料的含水率）；

t——搅拌器额定工作循环时间，s。

3. 冷料配料系统的选择

砂石料在进入烘干筒前应进行初配，它关系到砂石料加热温度的稳定性和振动筛分后各热料仓的平衡。按国内当前公路施工的实际情况，一般选用四个冷料仓即可满足需要，但可视实际情况再增加一个用于细料或添加剂的冷料仓。

砂石料的初级配是由在冷集料下面的给料器完成的，要求给料器按一定的流量连续均匀地供料。冷料配料系统和给料器有往复式、链板式、电磁振动式和皮带式四种。

电磁振动给料器通过改变振幅来调整供料量，这种给料器体积小、安装方便、消耗功率小，不需要润滑，便于集中控制，但对于砂料效果较差。因此，一般电磁振动给料器配碎石料仓用，对砂料仓则采用皮带给料器，它有强制给料的作用。为了防止湿的砂料在料仓内结拱、堵塞，在料仓壁上再装置一个振动器，这样就能保证砂料均匀连续供给。为了保证在砂石料总的输出量变化时，各种料的级配比仍保持不变，所以应选用既能统一控制，又能单个控制的结构。另外在选择冷料仓的容量时应注意料斗的宽度，以保证装载机铲斗能与之匹配。

4. 计量系统的选择

热集料计量装置：现代沥青混凝土搅拌设备中，热集料计量装置多采用电子累加重量计量装置。该装置将每次所测得的重量经过转换送入电子仪器放大、显示和输出控制信号。由于在电子仪器上预先选好各种材料的给定值,因此可以自动控制执行机构来启闭各储料斗斗门。

石粉计量装置:石粉的计量多采用电子秤来测定。称量时螺旋供料器与叶轮给料器的电机同时旋转,螺旋供料器给计量斗供料,料量达到设定值后供料螺旋停转,称量斗斗门开启,矿粉被卸至搅拌器内。计量值可从控制台的称量数字显示器上读出。

沥青计量装置:沥青计量装置可分为称重式沥青计量装置和容积式沥青计量装置。称重式沥青计量方法,一般使用不同类型的电子秤进行称量,具有测量误差小、测量灵敏度高的优点,但是其结构和线路复杂、易出故障、不便于检修和电子元件购置困难等缺点直接影响生产。另外液态沥青罐出、入口的连接和进罐时的冲击力,使电子秤的计量不可能达到要求的精度。同时在灰尘较大的环境里使用电子秤,也很难保证电子秤的准确性,尤其是地处沿海地区施工中,对电子秤更不利。

容积式计量方法即按液态沥青的相对密度,用体积定量计算其用量。该种计量方法不受液态沥青进罐时的冲击力影响,也不受灰尘和环境的限制,计量准确,不会产生冒罐喷油现象,不易出现故障,能保证生产的连续性。使用容积式计量装置时,液态沥青罐结构和线路都很简单,便于检修,操作方便,成本低,经济效益较大。

5. 拌和缸的选择

拌和设备的生产能力在很大程度上取决于拌和缸的容积,拌和缸容量和生产能力的对应关系如表 7. 1 所示。

拌和缸容量和生产能力对应关系 表 7. 1

拌和缸容量(kg)	生产能力(t/h)	拌和缸容量(kg)	生产能力(t/h)
500	30 ~ 40	3 000	180 ~ 240
1 000	60 ~ 80	4 000	240 ~ 320
2 000	120 ~ 160		

拌和缸的搅拌方式将直接影响搅拌质量,目前大都采用双卧轴式强制搅拌缸,每根轴上有 6 ~ 8 对搅拌臂,拌和桨叶和轴中心安装成 45°角,同一根轴上相邻的两对拌和臂相错角度为 90°或 45°(角度小有利于拌细矿料),两根轴上对应的拌和臂也相错 90°或 45°。物料投入到拌和缸之后,在拌和桨叶旋转运动的带动下,沿轴线做推进运动,垂直轴线又有交叉运动,因而得到最佳的搅拌效果。

6. 除尘方式的选择

沥青混合料拌和设备生产过程中会产生大量的粉尘,可供用户选择的除尘装置有三种类型:干式除尘器、湿式除尘器和布袋除尘器。

干式除尘器一般是利用旋风原理制成的,由多个旋风筒(圆锥形)组成。含烟尘的气流以一定的速度切向进入除尘器的旋风筒做旋转运动,在离心力的作用下,较大颗粒的粉尘(粒径在 20μm 以上)被甩到筒壁上滑落下来掉到底部,再由螺旋输送机回收利用。这种除尘器的效率为 93%,经过除尘后的气体粉尘含量是 300g/m^{3}左右。

湿式除尘器的工作原理:带粉尘的气体进入除尘器后在文丘里喉管处与喷成雾状的水相遇,粉尘被水黏附而和气体分离。与此同时,混杂在气体中的重油燃烧气体也溶于水中,使空气得以净化,这种除尘器的除尘效率为 95%,经过除尘后的气体粉尘含量在200mg/m^3

左右。通常湿式除尘器作为二级除尘装置和干式除尘器配套使用。主要用来除去粒径在5~20μm之间的粉尘。国外厂家提供的湿式除尘器都有一个水循环系统,以解决水的消耗量大的问题,但用户需准备水池。湿式除尘器主要的问题是含尘废水易引起二次污染,使用时产生的废水对钢铁也有腐蚀作用,因此水中添加中和剂并定期更换用水。

布袋除尘器是一种高效除尘装置,利用有机纤维或无机纤维织物做成过滤袋,将废气中的粉尘滤出。对于黏附有粉尘的布袋是通过反向自动通入压缩空气,将粉尘抖落下来,再由底部的螺旋输送机回收利用。布袋除尘器对布袋的要求较高,要求能耐200℃高温,而且需具有一定的韧性。这种除尘器能除去粒径在0.3μm以上的粉尘,除尘效率为95%~99%,经过除尘后的气体粉尘含量为100mg/m³左右。

布袋式除尘器由于价格较贵,管理维修也较为复杂,所以只用于生产能力为60t/h以上的大、中型拌和设备及环保要求较高的地方。生产能力小于60t/h的沥青拌和设备一般采用二级除尘法。

7. 成品料仓安装位置的选择

成品料仓相对主机的位置不同,可分为旁置式和下置式。旁置式是指成品料仓在主机旁边,而下置式是指成品料仓在主机搅拌缸的下方。

旁置式的优点是安装方便,整机高度相对较低,重心也较低,且操作人员容易观察混合料的质量情况;缺点是需要增加一套从搅拌缸到成品料仓的小车输送系统,这不但易造成成品料降温快,而且由于拉动小车的链条频繁运动,容易损坏,导致小车失控下滑而出现事故。

下置式由于增加了整机的高度,不但增加了钢材的用量和设备的安装难度,而且加大了防台风、防雷电工作的难度,但却省了一套运送成品料的小车系统,不但使整机结构简单,而且降低了故障率。

8. 燃油的选择

砂石料的烘干、加热需要消耗大量的热能,沥青混合料拌和设备是筑路机械的"油老虎",生产每吨沥青混凝土成品料的柴油消耗量是6.5~7kg(受石料的含水率影响)。因此,在选择燃油类型时,必须考虑市场燃油价格的稳定性,以免使投资沥青混合料拌和设备使用成本过高而使回收期延长,有些厂家提供用重油或煤代替柴油的拌和设备,这样可以大大降低沥青混合料拌和设备的使用成本。

七、沥青混合料拌和设备的施工控制技术

1. 沥青混凝土原材料的准备及沥青混凝土施工配合比的选择

沥青、砂、石、粉料等原材料必须符合质量要求。配合比必须经过一定数量混合料的试拌,才能基本稳定下来,也才能指导实践。如果石料料源不稳定,就不可能稳定下来,这时只能依靠沥青拌和设备上的操作人员适时调整了。切实可行的配方能使混合料中沥青含量,矿料级配既符合要求,又能最大限度地减少溢料,提高设备产量,这样才能带来效益。以混凝土为例,外加剂防水混凝土所用的外加剂均须预先备足。其他材料亦应一次备足供用,选择混凝土配合比的工作应在施工前两个月进行,使之不影响备料及施工。

2. 沥青混凝土的拌和

在正式拌和成品前,为了预热壳体,要用热砂石料预拌2~3次,矿料与填料在拌和筒内应预先干拌10~15s后再喷入沥青正式拌和,在拌和中,应保证料斗和料仓的供料均匀以防

溢仓或串仓。

在拌和过程中要经常检查计量装置的准确性，还要保证计量时机的合适。计量时机过早，由于热集料从干燥筒到达热料仓的时间（一般2min）要长于计量时间（约45s），计量时容易发生“等料”现象。计量过晚，则容易发生溢料现象；还应保证冷料和热料按确定的配合比供料，以保证计量时各仓料量的均匀；拌和过程尽量保持连续性，减少停机、开机次数，因为拌和初期材料组成不易稳定，容易引起混合料配比失调。

矿料在烘干时，如含水率大时，烘干时间就应相对延长。当烘干筒达到一定温度后才能启动冷料输送机和配料给料装置，并保持供料均匀。

做好拌和时间的确定工作。由于拌和的均匀性要求拌和时间越长越好，但拌和时间过长会造成沥青的老化，应经试验确定。对不同混合料的组成，拌和时间也不同，根据实践，细料及石粉较多的混合料拌和时间要相对延长，沥青含量高的混合料拌和时间可相对缩短。

3. 加强成品料的控制

为了保证成品料的质量，须及时检验成品料，如出现花白料、结团成块或严重的粗细料分离现象，应立即停止施工，及时对配料及拌和作业进行调整，如提高集料加热温度、增加拌和时间、减少矿粉用量，等等；此外还应经常测定成品料的温度，成品料温度过高将导致沥青老化，温度过低使石料、沥青包裹不均匀出现花白料，混合料的残余含水率过大。虽然拌和机有自动控制系统和记录，为防止仪表失误，每拌制3～5缸测试一次成品料的出料温度，出料温度应在140～165℃。过低的温度影响拌和料的质量，而且不利于摊铺碾压，过高会引起沥青老化、结焦；应配储料仓对成品料保温储存，但不宜长时间储存，最多不超过72h或温度降低不超过10℃。

第二节　沥青混合料摊铺机

一、沥青摊铺机的用途

沥青混合料摊铺机是用来摊铺沥青混合料、碾压混凝土材料（RCC）、基层稳定土材料及级配碎石等筑路材料的专用机械，是路面施工的关键设备之一。摊铺机能够准确保证摊铺层厚度、宽度、路面拱度、平整度、密实度，因而广泛用于公路、城市道路、大型货场、停车场、码头和机场等工程中的施工。沥青混合料摊铺机也可用于稳定土材料和干硬性水泥混凝土材料的摊铺作业。

沥青混合料摊铺机与自卸车、压路机联合，进行沥青混合料摊铺机械化施工，如图7.30所示。

自卸车将沥青混合料运至施工现场，倒车行驶至摊铺机前，其后轮抵靠在摊铺机的顶推滚轮上，变速器放在空挡位置上。自卸车将部分沥青混合料卸入摊铺机接料斗内，并被刮板输送机、螺旋摊铺器送至摊铺面，然后摊铺机以适当的稳定速度顶推着自卸车向前行驶，自卸车边前进边卸料，摊铺机连续摊铺。摊铺的沥青混合料层由振捣器初步振实，由熨平器整平。

二、沥青摊铺机的分类

沥青摊铺机可以按以下几个方面进行分类。

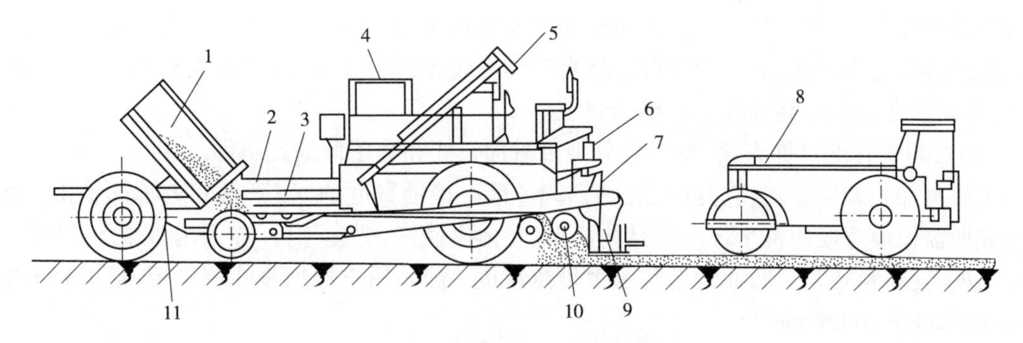

图 7.30　摊铺沥青混合料机械化施工

1-自卸车;2-接料斗;3-刮板输送器;4-发动机;5-方向盘;6-熨平器升降装置;7-调整杆;8-压路机;9-熨平器;10-螺旋摊铺器;11-顶推滚轮

(1)按摊铺宽度,可分小型、中型、大型和超大型四种。

①小型:最大摊铺宽度一般小于 3 600mm,主要用于路面养护和城市巷道路面修筑工程。

②中型:最大摊铺宽度在 4 000 ~ 6 000mm 之间,主要用于一般公路路面的修筑和养护工程。

③大型:最大摊铺宽度一般在 7 000 ~ 9 000mm 之间,主要用于高等级公路路面工程。

④超大型:最大摊铺宽度大于 12 000mm,主要用于高速公路路面工程。使用装有自动调平装置的超大型摊铺机摊铺路面,纵向接缝少,整体性及平整度好,尤其摊铺路面表层效果最佳。

(2)按行走方式,摊铺机分为拖式和自行式两种,其中,自行式又分为履带式、轮胎式两种。

①拖式摊铺机:拖式摊铺机是将收料、输料、分料和熨平等作业装置安装在一个特制的机架上组成的摊铺作业装置。工作时靠运料自卸车牵引或顶推进行摊铺作业。它的结构简单,使用成本低,但其摊铺能力小,摊铺质量低,所以拖式摊铺机仅适用于三级以下公路路面的养护作业。

②履带式摊铺机:履带式摊铺机一般为大型摊铺机,其优点是接地比压小、附着力大,摊铺作业时很少出现打滑现象,运行平稳。其缺点是机动性差、对路基凸起物吸收能力差、弯道作业时铺层边缘圆滑程度较轮胎式摊铺机低,且结构复杂,制造成本较高。履带式摊铺机多为大型和超大型机,用于大型公路工程的施工。

③轮胎式摊铺机:轮胎式摊铺机靠轮胎支撑整机并提供附着力,它的优点是转移运行速度快、机动性好、对路基凸起物吸收能力强、弯道作业易形成圆滑边缘。其缺点是附着力小,在摊铺路幅较宽、铺层较厚的路面时易产生打滑现象,另外,它对路基凹坑较敏感。轮胎式摊铺机主要用于道路修筑与养护作业。

(3)按动力传动方式,摊铺机分为机械式和液压式两种。

①机械式摊铺机:机械式摊铺机的行走驱动、输料传动、分料传动等主要传动机构都采用机械传动,这种摊铺机具有工作可靠、维修方便、传动效率高、制造成本低等优点,但其传动装置复杂,操作不方便,调速性和速度匹配性较差。

②液压式摊铺机:液压式摊铺机的行走驱动、输料和分料传动、熨平板延伸、熨平板和振捣器的振动等主要传动采用液压传动方式,从而使摊铺机结构简化、重量减轻、传动冲击和振动减缓、工作速度等性能稳定,并便于无级调速及采用电液全自动控制。随着液压传动技

术可靠性的提高，在摊铺机上采用液压传动的比例迅速增加，并向全液压方向发展。全液压和以液压传动为主的摊铺机，均设有电液自动调平装置，具有良好的使用性能和更高的摊铺质量，因而广泛应用于高等级公路路面施工。

(4)按熨平板的延伸方式，摊铺机分为机械加长式和液压伸缩式两种。

①机械加长式熨平板：它是用螺栓把基本（最小摊铺宽度的）熨平板和若干加长熨平板组装成所需作业宽度的熨平板。其结构简单、整体刚性好、螺旋分料（亦采用机械加长）贯穿整个料槽，使布料均匀。因而大型和超大型摊铺机一般采用机械加长式熨平板，最大摊铺宽度可达 8 000 ~ 16 000mm。

②液压伸缩式熨平板：液压伸缩式熨平板靠液压缸伸缩无级调整其长度，使熨平板达到要求的摊铺宽度。这种熨平板调整方便、省力，在摊铺宽度变化的路段施工更显示其优越性。但与机械加长熨平板相比，其整体刚性较差，在调整不当时，基本熨平板和可伸缩熨平板之间易产生铺层高差，并因分料螺旋不能贯穿整个料槽，可能造成混合料不均而影响摊铺质量。因而采用液压伸缩式熨平板的摊铺机最大摊铺宽度一般不超过 8 000mm。

(5)按熨平板的加热方式，分为电加热、液化石油气加热和燃油加热三种方式。

①电加热：由摊铺机的发动机驱动的专用发电机产生的电能来加热，这种加热方式加热均匀、使用方便、无污染，熨平板和振捣梁受热变形较小。

②液化石油气（主要用丙烷气）加热：这种加热方式结构简单，使用方便，但火焰加热欠均匀，污染环境，不安全，且燃气喷嘴需经常清洗。

③燃油（主要指轻柴油）加热：燃油加热装置主要由小型燃油泵、喷油嘴、自动点火控制器和小型鼓风机等组成，其优点是可以用于各种工况，操作较方便，燃料易解决，但和燃气加热同样有污染，且结构较复杂。

(6)按摊铺预压密实度，分为标准型摊铺机和高密实度摊铺机两种。

①标准型摊铺机：采用标准型熨平装置，一般都装有振捣机构和振动机构，可对铺层混合料进行预压，预压密实度最高可达 85%。

②高密实度摊铺机：在标准型摊铺机的基础上，振捣机构采用双振捣梁或双压力梁等装置，可对铺层混合料进行强力压实，使铺层材料的预压密实度高达 90% 以上，有效地提高了摊铺的平整度，并可减少压路机的压实遍数，提高生产率。

三、沥青摊铺机的型号及规格

沥青摊铺机的型号根据《沥青混凝土摊铺机》（GB/T 16277—2008）进行编制。

1. 产品型号的构成

产品型号由组、形式、特性代号与主参数代号构成。如须增添变型、更新代号时，其变型、更新代号置于产品型号的尾部，如图 7.31 所示。

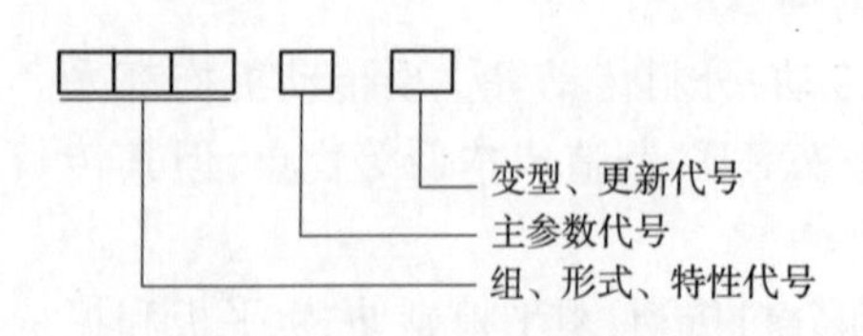

图 7.31　沥青摊铺机产品型号的构成

2. 产品型号的代号

1）组、形式、特性代号

组、形式、特性代号均用印刷体大写正体汉语拼音字母表示，该字母应是组、形式与特性名称中有代表性的汉语拼音字头表示（如与其他型号有重复时，也可用其他字母表示）。

组、形式、特性代号的字母总数原则上不超过三个，最多不超过四个。如其中有阿拉伯数字，则阿拉伯数字位于产品型号的前面。

2）主参数代号

主参数代号用阿拉伯数字表示，每一个型号尽可能采用一个主参数代号。

3）变型、更新代号

当产品结构、性能有重大改进和提高，需重新设计、试制和鉴定时，其变型、更新代号采用汉语拼音字母 A、B、C……置于原产品型号的尾部。

3. 产品型号编制表

沥青摊铺机型号编制表见表 7.2。

沥青摊铺机型号编制表 表 7.2

组		型式		特性	产品		主参数	
名称	代号	名称	代号	代号	名称	代号	名称	单位
沥青混凝土摊铺机	LT（沥摊）	履带式	U（履）	—	履带式机械沥青混凝土摊铺机	LTU	最大摊铺宽度 $\times 10^2$	mm
				Y	履带式液压沥青混凝土摊铺机	LTUY		
		轮胎式	L（轮）	—	轮胎式机械沥青混凝土摊铺机	LTL		
				Y	轮胎式液压沥青混凝土摊铺机	LTLY		
		拖式	T（拖）	—	拖式沥青混凝土摊铺机	LTT		

4. 熨平装置的型号

1）机械式熨平装置

机械式熨平装置型号见图 7.32。

2）液压伸缩熨平装置

液压伸缩熨平装置型号见图 7.33。

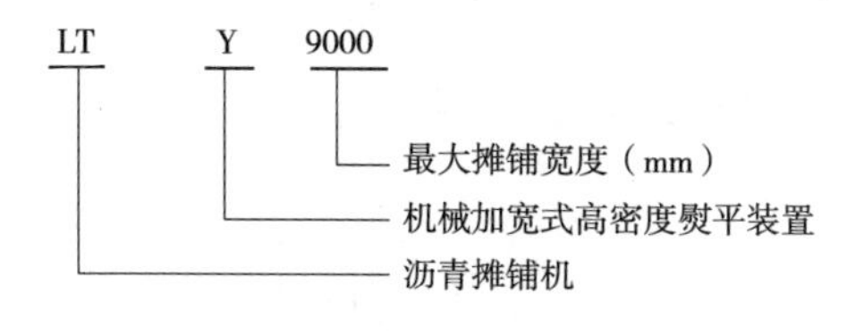

图 7.32　机械式熨平装置型号

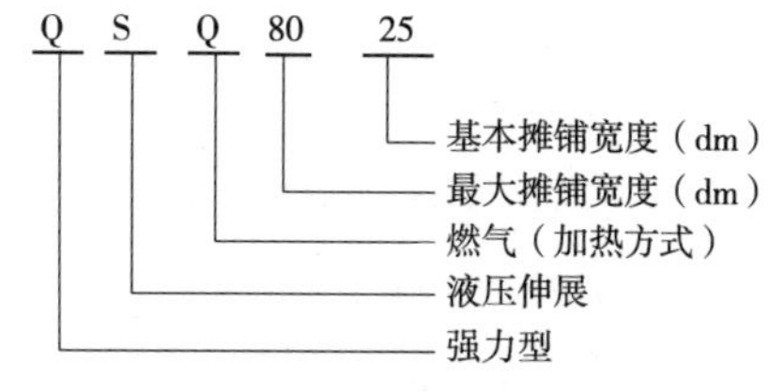

图 7.33　液压伸缩熨平装置型号

四、沥青摊铺机的工作过程

自卸车行驶到施工现场时，倒退到自卸车的后轮与摊铺机的推滚之间的距离大约为 20cm 时，自卸车制动，自卸车缓慢倒退，直到推滚与自卸车的后轮接触为止；自卸车料箱缓慢升起,使沥青混合料慢慢卸入摊铺机料斗中;沥青混合料在刮板的作用下向后输送到摊铺室;然后沥青混合料在螺旋布料器的作用下,向两侧输送,直到在整个摊铺宽度上都有沥青混合料;摊铺机向前行驶,夯锤开始工作;当摊铺机行驶大约1m时,熨平板开始振动;自卸车卸完料后落下料箱,驶离摊铺机前,当刮板输送器上的沥青混合料不多时,升起料斗油缸,使料斗侧壁的混合料落入刮板输送器,放下料斗,等待下一辆自卸车卸料。

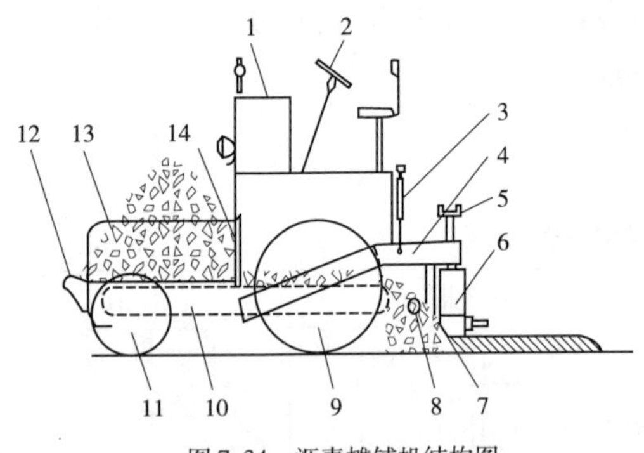

图7.34 沥青摊铺机结构图

1-操纵台;2-转向盘;3-大臂提升油缸;4-大臂;5-拱度调节装置;6-熨平装置;7-振捣器;8-螺旋摊铺器;9-驱动轮;10-刮板输送器;11-转向轮;12-推滚;13-料斗;14-闸门

五、沥青摊铺机的结构

沥青摊铺机分为:底盘、发动机和工作装置三部分。其中,工作装置包括:推滚、料斗、刮板输送器、螺旋布料器、熨平装置、找平系统六部分,如图7.34所示。

1. 沥青混合料摊铺机传动系

1)机械传动系

LT6型沥青混合料摊铺机机械传动部分包括离合器、主变速器、高低速变速器、摩擦离合器及传动链等,如图7.35所示。其行走系传动路线是:发动机→离合器→主变速器→传动链→高低速变速器→差速器→半轴→链传动→后轮,离合器、主变速器及差速器等均采用汽车用总成及部件。主变速器有5个挡位,高低速变速器分高低速两个挡位,两者组合使摊铺机具有低速摊铺和高速行驶的良好性能。此外,从高低速变速器引出动力,经摩擦离合器及链传动驱动刮板输送器及螺旋分料器;从发动机前端和主变速器取力齿轮分别驱动的液压泵为接料斗、熨平板及转向等提供液压动力。

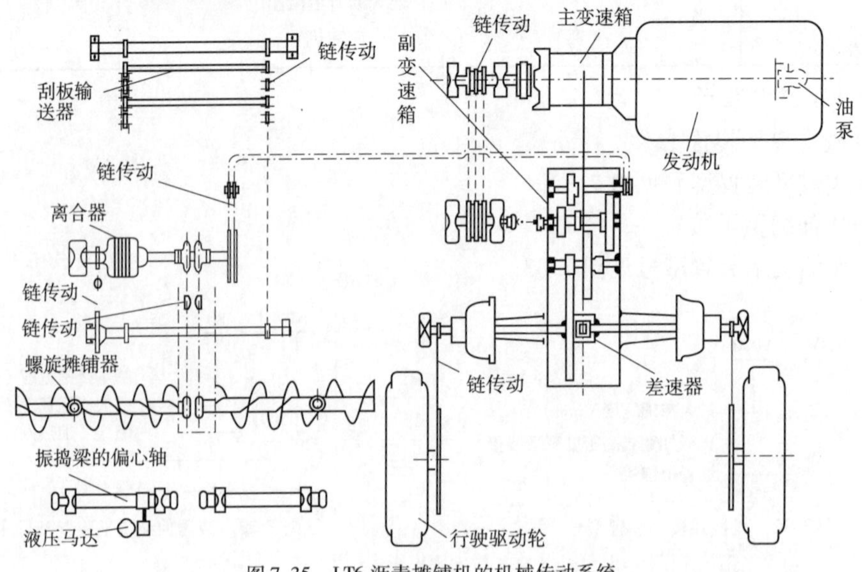

图7.35 LT6沥青摊铺机的机械传动系统

2)液压传动系统

德国ABG公司生产的TITAN322履带式摊铺机采用全液压传动,如图7.36所示。德国VOGELE公司生产的SURPER1600履带式摊铺机采用全液压传动,如图7.37所示。

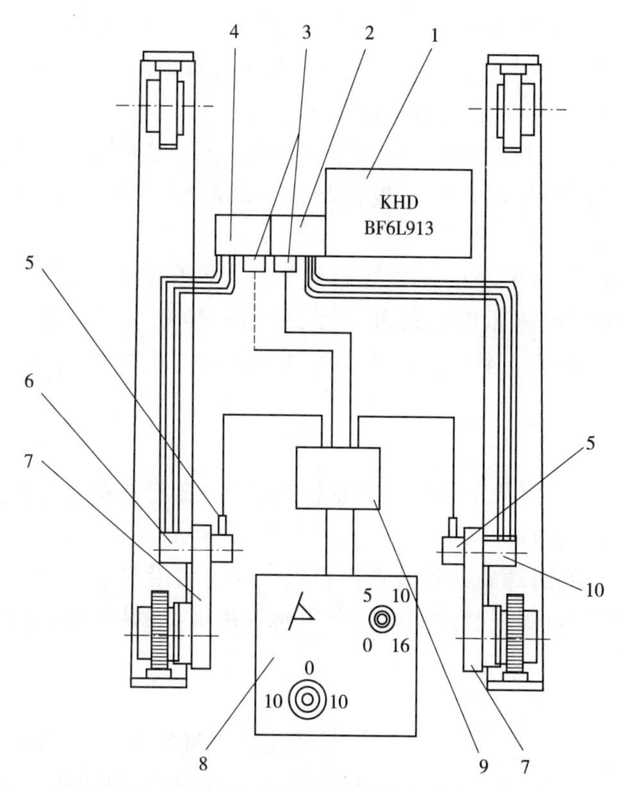

图 7.36　TITAN322 型摊铺机传动简图(单位:m/min)

1-柴油机;2、4-右、左侧液压泵;3-比例速度控制器;5-实际值传感器;6、10-左、右侧液压马达;7-制动器;8-中央控制台;9-电控系统

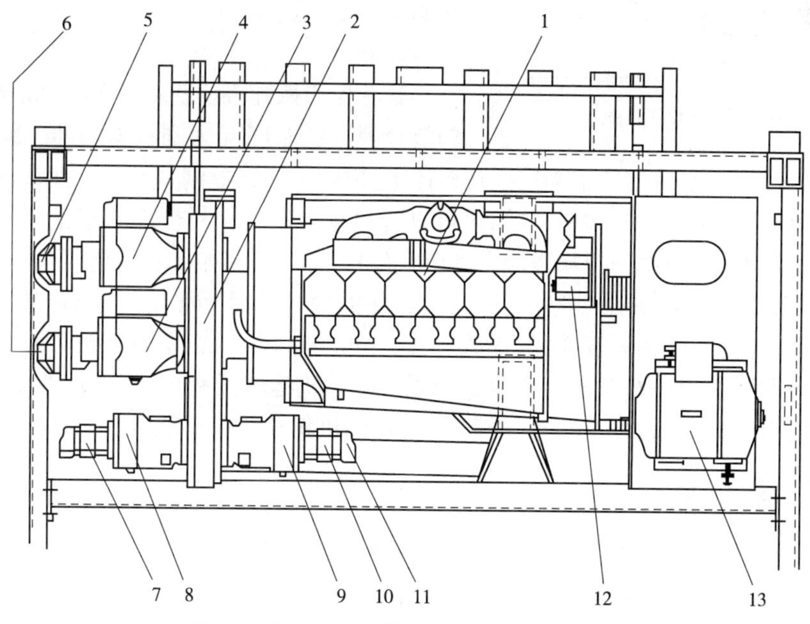

图 7.37　SUPER1600 型摊铺机液压泵驱动示意图

1-发动机;2-分动箱;3-(右侧履带)轴向柱塞泵;4-(左侧履带)轴向柱塞泵;5-(液压棒)齿轮泵;6-(二次振捣)齿轮泵;7-(液压振动)齿轮泵;8-(螺旋分料)轴向柱塞泵;9-(刮板输料)轴向柱塞泵;10-(振捣梁)齿轮泵;11-补油齿轮泵;12-(油缸)齿轮泵;13-专用电机

两侧履带在电气系统控制下由液压马达分别驱动。每侧的轴向柱塞液压马达可在两个速度范围内调节,可在行驶中直接换挡。两个变量泵带有限压装置,以防液压系统过热。预置速度可通过转动控制电位计在有限的范围内选定。

摊铺机的转向运动是由另一控制电位计控制的。例如,摊铺曲线路面时一侧履带速度加快,另一侧履带速度减慢,增加的速度值与减少的值相等,使摊铺机的平均速度仍保持不变。

精确地按直线行驶和平滑地在曲线路段转向,是由安装在链轮箱入口处的传感器保证的,即传感器测定每侧履带的行驶速度,然后与控制电位计中的预置值进行比较,通过电控系统纠止其偏差。因此,即使遇到很大冲击,也能保持按预定的速度和转角行驶。

2. 工作装置

摊铺机的工作装置包括推滚、料斗、刮板输送装置、螺旋分料装置和熨平装置。其主要功用是推送自卸车,接受自卸车卸下的沥青混合料,并将料斗内的混合料连续、均匀地输送至螺旋分料装置的料槽内,螺旋分料装置再将这些混合料沿螺旋分料装置的宽度向左右横向输送、摊开,最后再通过熨平装置对螺旋分料装置摊铺好的铺层材料进行振捣和振实,以初步压实,最后熨平。

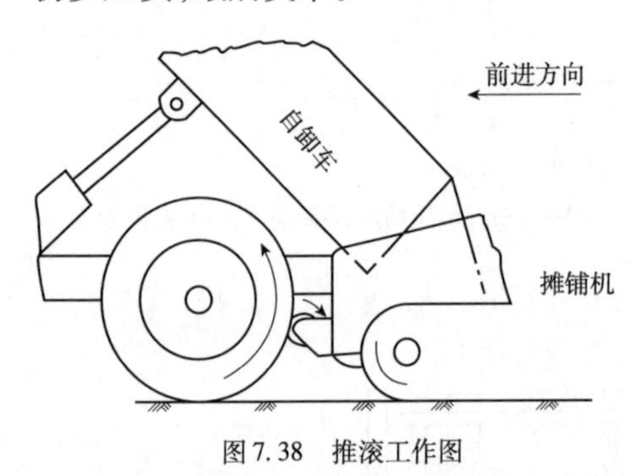

图 7.38 推滚工作图

1)推滚

推滚设在机架最前方,其作用是顶推运料自卸车后轮胎,使自卸车和摊铺机同步前进,向料斗连续卸料(图 7.38)。行进中推滚与自卸车后轮胎接触并处于滚动状态,推滚的离地高度,应与自卸车轮胎的高度相适应。

2)料斗

料斗位于摊铺机的前端,用来接收自卸车卸下的混合料。料斗底部为刮板输送器。料斗由左右两扇活动的斗壁组成,斗壁的下端铰接在机体上,用两个油缸控制其升降。两扇活动斗壁放下时可以接收自卸车卸下的物料,收缩时可以将料斗内的混合料全部卸至刮板输送器。运料车卸入料斗的混合料由刮板输送器送到螺旋分料器前,随着摊铺机的前行作业,料斗中部的混合料逐渐减少,此时需升起左右料斗,使两侧的混合料滑落移动到中部,以保证供料的连续性。料斗由优质钢板焊接而成,最大容量为 $6m^3$。料斗靠近发动机侧有两个手动的销子,当料斗收起时可以将料斗固定在收起位置。摊铺机运输过程中,收起料斗并固定,可以减小摊铺机的运输宽度,保证安全。图 7.39 为摊铺机料斗结构示意图。

六、刮板输送器

刮板输送装置(也叫刮板输送器)就是带有许多刮料板的链传动装置。刮料板由两根链条同时驱动,并随链条的转动来刮送沥青混合料。它安装在料斗的底部,目前摊铺机采用的刮板输送装置有单排和双排两种,单排用于小型摊铺机,双排用于大、中型摊铺机,以便于控制左右两边的供料量。

刮板输送器工作中可由传动链或由液压马达驱动。采用液压驱动的可以实现刮板输送机的无级调速,控制刮板输送器的速度,以控制混合料进入螺旋布料器的数量。刮板输送器

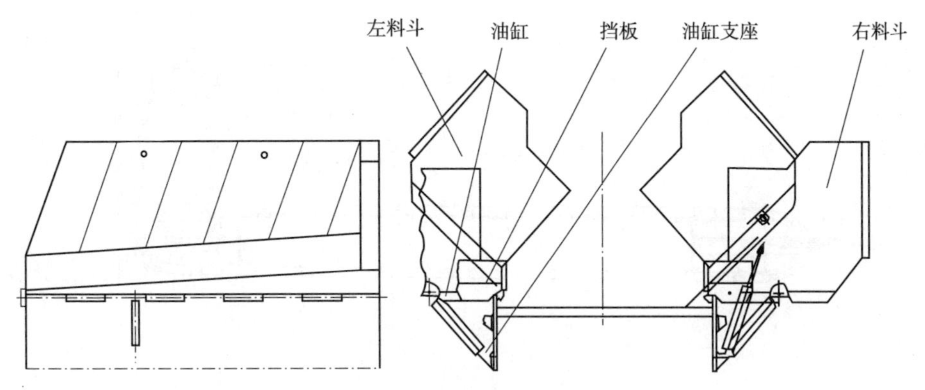

图 7.39　摊铺机料斗结构示意图

的结构如图 7.40 所示。刮板输送器主要由液压马达、刮板驱动链、传动链、料位开关、刮板和张紧轮组成。

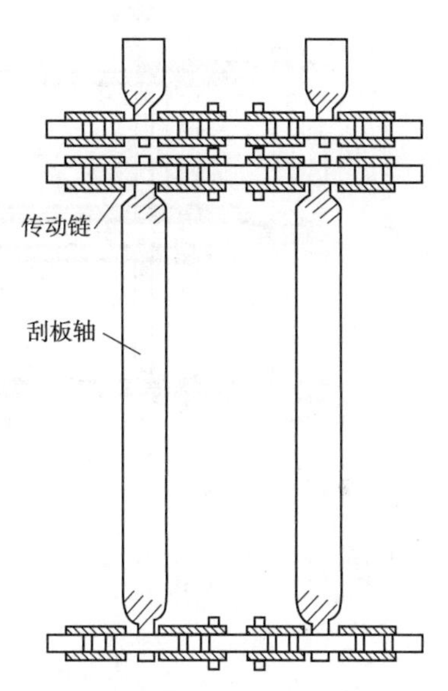

图 7.40　刮板输送器的结构

它分为左、右两排刮板输送器，便于控制左、右两边的供料量。左、右刮板输送器分别采用液压马达独立驱动，通过超声波料位传感器、料位高度传感器通断开关、PLC 微电脑控制器实现全自动控制输送，保持熨平板前摊铺料堆高度恒定，保证阻力的恒定，确保摊铺质量。其转速具有自动比例控制和手动无级控制功能，使刮板工作速度能实现无级调速。

刮板输送器结构见图 7.41。由左右驱动装置、驱动链轮组、驱动链条、刮板驱动链轮组、刮板链条、引导轮、张紧丝杆、摆杆料位计及润滑油盒等组成，而驱动装置又由液压马达和减速机组成。

其传动路线为：液压马达→减速机→驱动链轮→链条→链轮→刮板驱动链轮→链条。

1. 螺旋分料器

螺旋分料系统也称为螺旋分料器。其功能是把刮板输装置输送到料槽中部的混合料，左右横向输送到料槽全幅宽度。螺旋分料器是由两根大螺距、大直径叶片的螺杆组成，其左右螺杆旋向相反，以使混合料由中部向两侧输送，为控制料位高度，左右两侧设有超声波料位传感器。螺旋叶片采用耐磨材料制造，或进行表面硬化处理。左右两根螺旋轴固定在料槽挡板上，其内端装在后链轮或齿轮箱上，由左右两个传动链分别驱动。

螺旋分料装置的驱动为液压驱动，两液压泵带动两液压马达分别驱动左、右螺旋分料装置，可实现左、右螺旋分料装置分别运转或同时运转；运转速度可实现无级变速，以适应摊铺宽度、速度和铺层厚度的要求。在工作中，左、右螺旋分料装置可实现正反方向旋转，以适应多种工况的需求；当左、右螺旋分料装置同一方向旋转时，可同时将材料分到两边或集中到中央，以满足正常摊铺作业或特殊地段摊铺作业的需求。

螺旋分料装置装配在机架后壁下方，可作垂直方向高低位置调整，以便根据不同摊铺厚度提供均匀的料流。

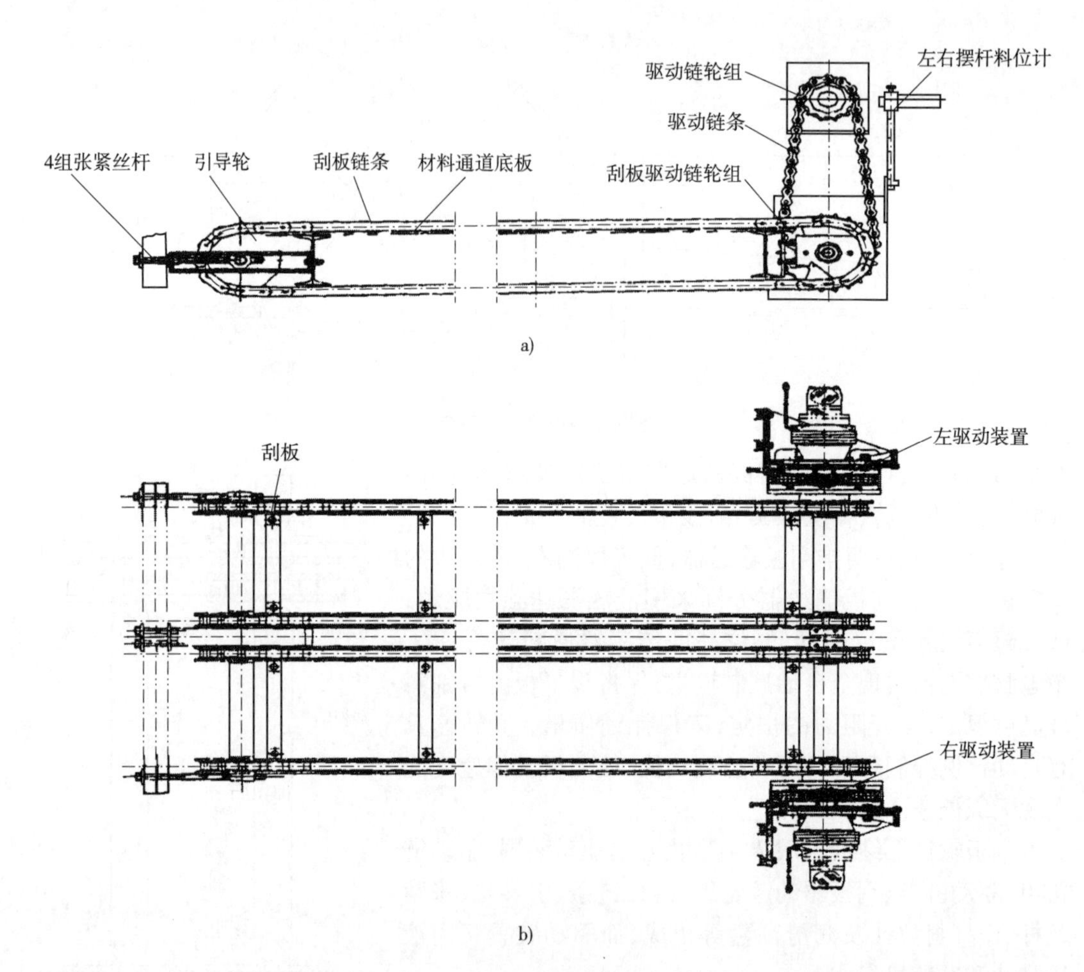

图 7.41　刮板输送装置

螺旋分料器由液压马达、液压泵、高压油管、减速器、链轮、分料螺杆等组成(图 7.42)。液压马达、减速器以及链传动装置集成在一个箱体内,称为分料箱或螺旋变速箱。分料螺杆轴中心到地面的高度可根据铺层厚度在一定范围内进行无级调节。

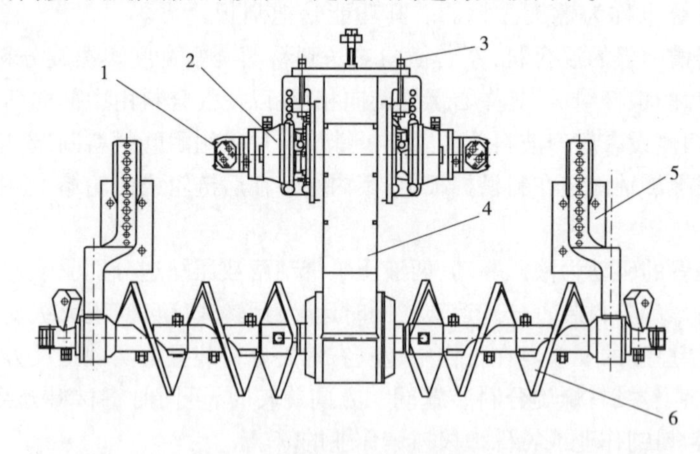

图 7.42　螺旋分料装置结构原理图

1-液压马达;2-减速器;3-链条调整螺栓;4-链传动箱;5-轴承支座;6-分料螺杆

分料螺杆由基本段、加长段组成,内部结构可分为螺杆轴、螺纹部分(为焊接结构)。

分料液压系统采用一泵一马达组成两个回路。泵通过电磁阀控制斜盘的角度来改变高压油的流量,以改变螺旋分料速度,以适应调节螺旋分料速度的需要。

在摊铺作业过程中,通过调节超声波料位传感器,使螺旋分料装置料槽内的材料数量处于螺旋直径一定位置,当料槽内的材料量过多或过少时,由安装在螺旋分料装置两端上方的超声波料位传感器进行控制。超声波料位传感器不与摊铺材料直接接触,依据不同的摊铺工况,设定超声波料位传感器与摊铺材料的距离为检测值。当料槽内的材料距离料位传感器的距离大于或小于这个检测值时,超声波传感器即发出电信号,相应地减缓或加快螺旋分料装置的转速,以均匀稳定地调节摊铺材料的输送量,使料槽内的摊铺材料始终维持在与设定的检测值相应的高度上,保证摊铺机均匀地进行摊铺作业。

2. 熨平装置

熨平装置是摊铺机确保摊铺质量的关键工作装置,它用于对螺旋分料装置所摊铺的沥青混合料等筑路材料进行预压、整形和整平,以便为随后的压路机压实创造必要的条件。

摊铺机对筑路材料进行预压、整形和整平一般采用两种方案和装置来实现。一种是先用振捣梁进行预捣实,再用熨平装置整面熨平;另一种是用振动及振捣熨平装置同时进行振实、整面、熨平。它们的主要区别是,前者紧贴在熨平板前面有一根悬架在偏心轴上的振捣梁,对混合料进行捣实,熨平板只起整面熨平作用,摊铺层密实度较低;后者则是用振捣梁捣实后,通过装有振动器的熨平板本身的振动对铺层振实并整面熨平,其摊铺层密实度较高,减少了压路机的压实遍数。

熨平装置通过左右两个牵引大臂铰接连接到主机上,其组成主要包括振捣机构、振动机构、熨平板结构件、仰角调节器、拱度调节器、加热系统和刮料板等。熨平板结构件和振捣梁设置在螺旋分料装置的后部,最前端设有刮料板,熨平装置两端装有端面挡板。熨平装置、前刮料板和左右端面挡板所包容的空间称料槽,端面挡板可使摊铺层获得平整边缘。左右两个牵引大臂铰接在机架中部,整个熨平装置靠提升油缸悬架在机架后部,自动调平装置的控制油缸装在牵引大臂和机架的接点位置,用以自动调整熨平板的高低位置。整个机构形成一套悬架装置。工作时,熨平装置于铺层上呈浮动状态。

熨平装置按其结构形式的不同,可将熨平装置分为机械加宽式熨平装置和液压伸缩式熨平装置;按其功能的不同,可将它分为标准型熨平装置和高密实度熨平装置。

为了便于在摊铺作业过程中的操作,现代沥青混合料摊铺机在其熨平装置的两端大都装有操作控制台(也称为远程控制盒),可与主控制台联合操作。即依据摊铺作业的需要,可在熨平装置两端头进行辅助操作;亦可单独操作左右伸缩熨平装置、螺旋分料装置和刮板输送装置等。

熨平装置的结构尺寸、受力特点及其与主机的连接方式决定着熨平装置的工作状态。由熨平装置的运动学和动力学可知,摊铺机摊铺作业时,熨平装置是处在动力平衡浮动状态下工作的。摊铺机摊铺作业时,主机行驶在基层上,通过大臂的前铰点拖拽着熨平装置一起运行,熨平装置飘浮在物料流上,如图 7.43 所示。此时,熨平装置受到主机的牵引力 F、自身的重力 G、物料的移动阻力 Y、物料的摩擦阻力 T、物料的支承反力 N、螺旋输料器的回转力 X、振捣器及振动器的夯击反力 Q 这些力的作用,处于动力平衡状态,且飘浮在一定的离地高度上。这时,熨平装置的挡料斜板、振捣头、底板和基层地面形成一个收料口,产生一个稳定的收料高度 H(挡料斜板上沿的离地高度),出料高度 h(底板后沿的离地高度)和收出料高差 Δh(H 与 h 之差),被收进的物料全部经挤压夯实后从底板后沿抹出,成为具有一定厚度 h 的平整密实的摊铺层。由于收料口的上顶面由仰角组件(即挡料斜板、振捣头和底板)组合而成,它们又有各自特殊的形状和尺寸,挡料斜板、振捣头和底板就与基层地面之间自然而然地形成了各自不同的夹角。其中,底板与基层地面的夹角 α 是各种仰角组件组合中不可缺少的夹角,比较直观,最先被人们认知,称之为仰角,常用来表述摊铺机的浮动摊铺工作原理和熨平装置的受力状态。

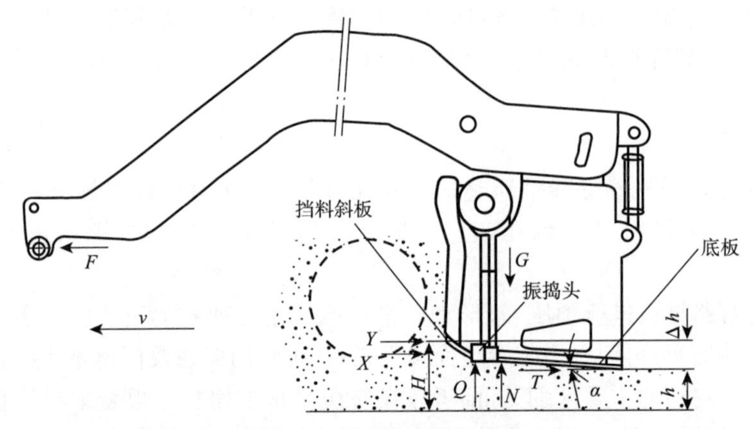

图 7.43 熨平装置工作状态图

每一种型号的摊铺机,都拖挂着某种结构的熨平装置,在不同的摊铺作业条件下,都对应着各种不同的仰角。在相同的摊铺作业条件下(即发动机转速、摊铺速度、物料种类、物料温度等相同时),摊铺厚度不同,仰角的差异很小。通常在作摊铺机浮动摊铺工作原理分析时,认为摊铺作业条件相同时仰角不随摊铺厚度的改变而变化。

在摊铺过程中,熨平装置所处的动力平衡状态是在不断地变化着的,其特征表现就是仰角随着动力平衡状态的变化而变化。仰角的变化对平整度十分不利,引起仰角变化的原因有以下两个方面:第一,大臂牵引点的高度发生变化。摊铺机受到地面的阶跃干扰后,大臂前铰点将绕着熨平板后沿摆动,从而改变了熨平板的仰角。熨平板仰角发生变化后,吞料高度(吞料量)也就发生变化。这样物料对熨平装置的支承反力必然发生变化,就破坏了原来的动力平衡。熨平装置在变化中的支承反力作用下,绕着大臂前铰点向上(或向下)摆动,一直摆动到恢复原来的仰角为止,飘浮在新的离地高度上,又处于动力平衡状态,从而改变了摊铺厚度,结果造成摊铺的路面不平整。第二,熨平装置受的力发生变化。如果发动机转速、摊铺速度、熨平板前面的堆料量、螺旋输料器输料量均匀性、振捣器工作平稳性、振动器工作平稳性、物料种类、物料温度等摊铺作业条件发生变化,都会造成某些或某个力发生变化,也会破坏原来的动力平衡,物料对熨平装置的支承反力(包括夯击反力)也必然发生变化。熨平装置在变化中的支承反力作用下,绕着大臂前铰点向上(或向下)摆动,快速改变熨平板高度,造成摊铺层出现凸凹现象,而且改变了熨平板仰角。

影响熨平装置动力平衡的因素较多,但最主要的因素是地面干扰、摊铺速度和振捣频率。摊铺作业时,如果加快摊铺速度或者增大振捣频率,熨平装置会上浮,摊铺厚度增厚,仰角变小;反之,如果减慢摊铺速度或者减小振捣频率,熨平装置会下沉,摊铺厚度减薄,仰角变大。同一熨平装置配置不同倾角的挡料斜板或不同尺寸的振捣头,熨平装置处于动力平衡状态下的仰角是不相同的。相同的摊铺厚度情况下,收料高度(或收料高差)大,熨平板仰角大,摊铺层密实;收料高度(或收料高差)小,熨平板仰角小,摊铺层疏松。如果基层密实,振捣频率和振幅调的过大,摊铺薄层路面时,振捣器的夯击反力会很大,足以能使熨平装置飘浮,往往在全摊铺宽度上出现负仰角现象,造成摊铺层不平整,表面不光亮,甚至摊铺机不能正常工作。因此,熨平装置的工作状态是熨平装置设计的理论基础。设计熨平装置时,应处处考虑各种因素对熨平装置工作状态的影响,合理地设计熨平装置的结构、刚度、比压、几何参数、重心位置及与主机的连接方式,确保在摊铺机摊铺作业时熨平装置能处在稳定的动力平衡浮动状态下正常工作,摊铺出平整密实的摊铺层。

一个功能完备的熨平装置应由以下十几个部分组成:主熨平装置、加宽熨平装置、伸缩熨平装置、振捣机构、振动机构、厚度调节机构、拱度调节机构、加热装置、润滑装置、端板、减宽机构、撑拉杆、牵引臂、自动调平支架、螺旋料位器支架、手动控制盒支座,如图 7.44所示。

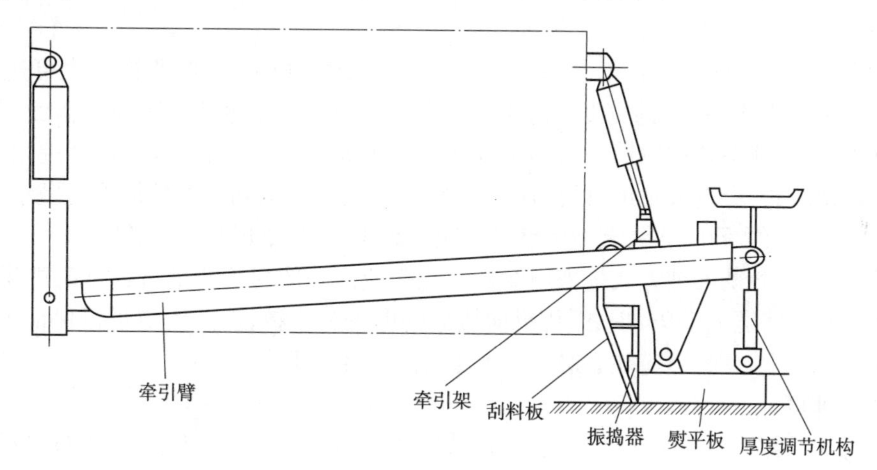

图 7.44 熨平装置结构图

左右牵引臂铰接在机架的中部,整个熨平—振捣装置是依靠提升液压缸悬架在机身后部,摊铺作业时在铺层上呈浮动状态。熨平板两端设有垂直螺杆结构形式的摊铺厚度调节机构。牵引臂铰接点处设有多组连接孔的牵引板,通过不同的连接位置以调整熨平板的初始工作角。

熨平装置框架内部设有铺层拱度调整机构,由螺杆、锁定螺母和标尺等组成。旋转螺杆时可以使两熨平板上端分开或合龙,从而使熨平板中部抬起或下降,熨平板底面形成水平、双斜坡、单斜坡三种形式,以满足摊铺三种不同断面的路面需要,如图 7.45 所示。

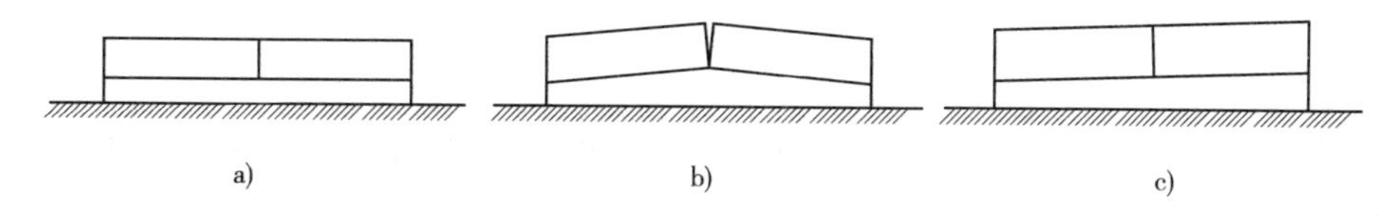

图 7.45 拱度调整及路面断面形状

七、沥青混凝土摊铺机的选型

沥青混凝土摊铺机的选型就是根据道路的设计宽度、摊铺工艺及摊铺质量等要求，综合选择沥青混凝土摊铺机的最大摊铺宽度、最大摊铺厚度、摊铺速度、摊铺机生产率(t/h)、摊铺成型精度和摊铺成型质量。摊铺机的行走方式及其各自的优缺点前面已经叙述，此处仅介绍其摊铺能力(摊铺宽度、摊铺速度、摊铺厚度)及关键部件的选择。

1. 摊铺机的摊铺能力

沥青混凝土摊铺机的理论摊铺能力一般很大，实际摊铺量取决于摊铺速度、摊铺宽度和摊铺厚度等三个方面。沥青混凝土摊铺机的生产率以每小时所摊铺混凝土的质量(t)来计算的，可由下式求得。

$$Q = 60Bhv_{p}\rho \quad (t/h) \tag{7.2}$$

式中：B——摊铺机最大摊铺宽度，m；

h——摊铺层的厚度，m，取 $h = 0.1$m；

v_{p}——摊铺的工作速度，m/min，一般取 4 ~ 6；

ρ——碾压后混合料的密度，t/m^3，$\rho = 2.2 \sim 2.35$。

1)摊铺宽度

我国现有高速公路路面施工中，单幅宽度一般在 10 ~ 14m 之间，匝道宽度可达到 17 ~ 20m。对此过分强调选择摊铺宽度超过 12m 的大型摊铺机，以达到一次性全幅面无纵向接缝的摊铺方式，可能会造成摊铺材料的过度离析。主要原因大概有：摊铺宽度过大，螺旋分料器运送距离较长，会造成粗细料的离析；摊铺宽度增大，平均到料上的振捣力减小，预压实度减小；初压实度的减小，导致重型压路机不能紧跟压实，严重影响了平整度。

故此时，较有效的摊铺方式是采用双机并行作业。一般建议摊铺机选型时的熨平板的宽度不大于 9m，路宽大于 9m 时，采用纵向接缝的办法分次摊铺，此时应尽量保证纵缝在路面的纵向标志之上，此外还应注意避免上下层之间纵缝的重合。

2)摊铺速度

由于我国通常采用高密实度的熨平板，故宜采用较低的摊铺速度。实际施工经验表明 4 ~ 8m/min的作业速度可使结构层有较好的平整度和较高的作业效率。实际施工过程中应尽量保持摊铺速度恒定，精确的恒速控制，必须采用电子控制装置，通过速度传感器不断检测摊铺速度，并和预设的速度进行比较，通过调整行走变量泵来实现速度的恒定控制。

3)摊铺厚度

每层沥青混合料的铺筑厚度一般小于 150mm，摊铺厚度在 0 ~ 300mm 的摊铺机就能完全满足施工要求，这与目前摊铺机的产品性能基本吻合，没必要对摊铺厚度做太高的要求。摊铺厚度大(大于 250mm)的工况仅适用于基层稳定材料的摊铺，因此，只有少数的摊铺机(如德国的 ABGTATAN525)的摊铺厚度达到 400mm。同时还应注意摊铺厚度的增加，将导致施工的初压实度减小，施工层的平整度和压实度难以保证。

2. 关键部件的选择

1)供料系统

摊铺机的供料系统的功率将占到总功率的 50% 以上，输料量与生产率之间的匹配影响路面的平整度。有的摊铺机可以实现螺旋分料器正反向旋转，使料槽内的混合料可以向两边集中或推向单边，不会导致产生离析的阻料现象；螺旋高度可调等。

实际施工过程中，为了保证摊铺的平整度、均匀度和预压实度，必须保证料槽内的料位高度稳定，因此，必须选择性能良好的料位器。超声波、红外线料位器应是最佳选择。

2）熨平板

熨平板有机械加长和液压伸缩式两种。机械加长式的整体刚度较好，抗变形能力强，在进行宽幅摊铺时有一定的优势，因此，在宽幅摊铺和基层大负荷摊铺时应选择机械加长式熨平板。液压伸缩式熨平板具有安装方便的特点，适合在摊铺宽度多变、障碍物较多的场合使用，一般用于市政工程和高速公路的养护。

3）振捣器

摊铺机大多设有振捣器，用于摊铺层的初步振实。单振捣梁式结构简单，预压实效果差，双振捣梁式有较好的预压实效果。振捣梁的振幅和频率应根据摊铺厚度、混合料类型、温度及初压实度的要求进行调整。

4）振动器

摊铺机熨平板内部一般设有振动器，用来激振熨平板，使之产生一定的振幅和频率，从而对摊铺层进行再一次的振实。振动器的振幅和频率应容易改变和调整。

5）自动找平系统

自动找平系统按照自动找平方式不同可以分为挂线控制找平、机械式浮动梁找平、声呐非接触平衡梁找平和 RSS 非接触式激光扫描自动找平方式。应根据施工路况综合选择自动找平系统。在狭小的区域施工时，滑靴不会出现碰撞，是一种理想的选择；在障碍物较多的施工路段，使用机械式纵坡传感器探测钢纤是常用易行的选择；对于大范围长距离的摊铺，多探头超声波数字找平仪和长距离激光纵坡传感器则可以保证较长路段整体的平整度。选择自动找平系统时主要应考虑找平精度、配备的电器元件的质量盒配套厂家、配备的找平装置基准类型、控制方式的选择等因素。德国的 VOGELE、美国的 BLAW - KNOX 和意大利的 MRINI 公司的自动找平装置是自行开发研制的，其他的大都是向美国或瑞典的专业电器生产厂家购置的自动找平传感器，控制的精度和灵敏性均可满足高速公路的平整度和路面的几何形状要求。

八、沥青混凝土摊铺机的摊铺工艺

1. 摊铺作业前摊铺机结构参数的调整

沥青混凝土摊铺机的结构参数主要有熨平板的宽度、拱度、螺旋分料器的长度、熨平板工作角、振捣器和振动器的振幅及频率等。

熨平板的安装宽度及拱度的设定应根据路面的设计要求而定。调整时，应考虑到施工过程中可能出现的接缝重叠以及熨平板的变形；调整螺旋分料器的长度时，应注意使其长度小于熨平板的宽度，通常熨平板宽度两侧的挡板间各留约 50cm 的空档，以减小混合料的挤压和叶片的磨损；熨平板的工作角度直接影响其摊铺厚度，工作角越大则摊铺厚度越大。一般工作角的大小根据摊铺厚度及试铺来确定。调节过程中应注意每调节一次后应至少让摊铺机行驶 5 ~ 6m 后，再测量摊铺厚度，不可调节后马上测其摊铺厚度，因为调整工作角到平稳摊铺需要一段时间；沥青混凝土摊铺机的振动频率一般在 0 ~ 60Hz 之间连续可调，振幅在 0 ~ 4mm 之间，由于沥青混合料的固有频率在 40 ~ 50Hz 之间，将熨平板的工作频率调至此范围内可使颗粒处于振动状态，减小摩擦阻力，利于提高初压实度，振幅是由材料的抗变形能力及熨平板的频率自动生成的，无需设定；振捣器的振幅和频率应根据摊铺厚度、混合料类型、温度计要求的初密实度等因素决定。当铺层较厚，混合料粒径较大，温度较低，要求的初压实度较高时，应采用较大振幅和较高的频率，反之则用较小振幅。振捣频率一般较低，保证摊铺机每前进5mm振捣一次即可，一般在0～25Hz范围内调节。

调整完成后还要进行试验路段的摊铺，测量摊铺完成后的拱度、平整度及初压实度，检测其是否达到要求，如果偏差太大，还要继续进行调整。

2. 摊铺机起步

摊铺机的起步在整个过程中是技术性最强、要求最高、难度最大的工作，起步的好坏直接影响到接缝的平整度、压实度和连接质量。

经过试铺确定摊铺机的工作参数后还应对路基的高程与平整度进行确定。路基对沥青摊铺层的平整度起着决定性的作用。由于路基的较大凹陷和凸起无法通过摊铺机自动找平系统来一次性消除，特别是当凸起接近或高于以高程为基准的摊铺层厚度时，熨平板因其具有浮动特性而被凸起处抬高，使铺层的平整度产生较大的偏差。因此，除用专用摊铺机完成的稳定层外，对稳定层也应进行测量。当局部的凸起或凹陷与基准高程差距较大时必须进行处理，稳定层的凸起不得大于摊铺层厚度的1/2。

摊铺机的起步有两种情况：在某一沥青层第一次摊铺的起步和在已铺层上对接时的起步。前者需将摊铺机驶至始铺处，让熨平板前沿位于起铺线后约10cm处，并在其下至少垫两块厚度与该层松铺厚度相同的木板支撑住熨平板；后者需将熨平板置于已铺层上，并让熨平板前缘与接口平行，其下应垫厚度等于已铺层厚度与压实厚度之差的木板。熨平板就位后就可对其进行预热，加热温度应达到或者略低于所铺混合料的温度。

摊铺起步完成后，摊铺机的熨平板处于浮动状态，从而保证正常摊铺过程中的平整度。

3. 搭接式摊铺工艺的应用

由于混合料会产生离析等的原因，在施工规范中已明确提出，大宽度铺层不允许一次摊铺成形，但随着公路事业的发展，高等级、多车道公路将越来越多，因此，搭接摊铺技术的应用将越来越广泛。

1）接缝的产生及处理

摊铺层的接缝分为纵向接缝和横向接缝。纵向接缝通常是由于两幅或多幅摊铺而形成，并有两台摊铺机梯队作业的热料对热料的“热接缝”和一台摊铺机作业的热料对冷料的“冷接缝”之分。横向接缝产生于暂停铺筑的地方，横向接缝一般为“冷接缝”。纵向接缝应尽可能地采用“热接缝”，由于梯队作业时两幅的混合料的温差不大，摊铺层接缝处材料尚可挤压并能较好地黏结，故只要选择合适的搭接量即可获得良好的搭接质量，在万不得已而采用冷接缝时，应使用熨平板的平端板或（冷却后）用切割机切齐，使其形成平接缝，使后来的搭接易于控制。

2）纵向冷接缝的施工

接缝施工中的许多错误均发生在摊铺第二幅时，为获得好的效果，其搭接量应为2cm，最大3cm。然而，实际操作中，6cm、8cm甚至超过10cm的重叠量并不少见。若搭接量过大，会对整个摊铺层及接缝造成两种负面影响：一是由于碾压会产生摊铺层沉降，尽管沉降量小于沥青混凝土的粒径，但搭接过大将导致粒料破碎，并可能使冷层边缘的组织结构受到破坏；二是熨平板的浮动将受到干扰，熨平板在铺筑好的那一侧并不是由沥青混合料来支撑，而是由搭接区域的高度迫使其抬高的，显而易见，即使经过碾压此区域的密实度也必然会降低或出现压痕。因此，对接缝的正确摊铺方法，应是将搭接量控制至尽可能的小，而不是过去普遍认为的10cm以下。

3）搭接量的自动控制

在实际施工中，用人工控制使搭接量均匀一致的方法非常困难。目前，国外已经研究出一种称为边缘跟踪仪的自动控制装置。它的跟踪臂由第一幅摊铺层的边缘引导，在摊铺过程中与跟踪仪预置的搭接量进行比较，当产生偏差时，跟踪仪发出电脉冲信号控制伸缩熨平板，实现搭接量的自动控制，但是这种跟踪仪只适用于伸缩熨平板。

4. 表面黏结料过度集聚的处理

1）黏结料集聚的成因

在使用高密实度熨平板摊铺耐磨层时，如果获得的马歇尔密实度超过98%时，将在摊铺层表面发生黏结料的过度集聚。由于表面析出的黏结料主要为沥青或改性沥青，因其中的集料极少而导致摊铺层的强度不足，形成早期破坏现象。

2）消除黏结料集聚的方法

降低摊铺层密实度，可通过降低熨平板的夯锤与振动器的频率来实现，同时也就消除了表面黏结料的过度集聚。要获得摊铺层表面良好的组织结构，高密实度熨平板实现的马歇尔密实度平均值应控制在95%以下。摊铺耐磨层时，应降低熨平板的压实能量，以避免黏结料的集聚。

5. 离析的产生与防止

1）离析产生的原因

混合料在运动过程中，如拌和、装料、运输、卸料以及分料等过程中，各种粒径的级配集料的滑落速度不同，粗粒料相对细粒料因黏结面积小而黏结力较小，同时粗粒料又因其重力大于粒料之间的黏结力的机会较大而较细料更快地滑落，从而产生离析，这是离析发生的内因。搅拌分料过程中，粒料受力方向和大小的改变是离析发生的外因，内外因的共同作用使混合料形成离析的倾向。

离析对摊铺层可产生不良影响，使整体强度和稳定性降低。粗料集中时，摊铺层的粒料间因沥青黏结面积小而使黏结力减小，导致粒料相互易于脱离，从而使道路的防水功能大大地降低；细料集中时，由于缺乏集料而使摊铺层的强度不足，弯沉偏大，易于产生泛油及壅包等现象。

2）避免混合料离析的方法

避免混合料离析的方法多是以降低混合料在运动过程中的下降高度和时间为方法的，主要有以下几点。减少混合料在运动过程中的下降高度和时间是减少离析的关键，自卸车接料时，应分堆接料，切忌一次完成；摊铺过程中，自卸车向料斗中卸料时应一次举升完成，同时要求混合料在进入料斗前应进行一次拌和；在布料仓内，混合料的高度应稳定地保持在螺旋叶片的2/3处；在满足混合料供给量的前提下，尽可能地降低螺旋布料器的高度；螺旋布料器要保持连续稳定地向两边分料，使混合料再次得到均匀的拌和；在条件允许的情况下，应尽可能地采用大直径、低转速的叶片；若自卸车能连续供料时，应尽量减少摊铺机收料斗的收放次数；尽可能不采用超大宽度的一次摊铺成型的施工方法等。

第三节　稳定土拌和设备

在修筑道路和机场时，需要对基层的土壤进行加固，使基层有一定的承载强度，能够承受车辆给予公路的负荷，为了达到这种目的，在基层土壤中加入各种不同剂量的稳定材料

（稳定剂），以使基层土壤获得所要求的稳定性和强度。稳定土拌和机械就是由于最初用于处理基层而发展起来的一种专用施工机械。

因此，稳定土拌和机械的主要功能即是将土粉碎，并与稳定剂（石灰、水泥、沥青、乳化沥青或其他化学剂）均匀拌和，以提高土的稳定性，形成稳定混合料，用来修建稳定土路面或加强路基。

目前，稳定土拌和机是公路、城市道路、广场、港口码头、停车场、飞机场的基层、底基层施工中必不可少的专用机械设备。使用稳定土拌和机械不仅可以节省优质土，就地取材，避免长途装运，降低施工成本，加快施工进程，更重要的是可以保证路基或路面的施工技术要求和施工质量。

稳定土拌和机械按其设备与拌和工艺可分为稳定土厂拌设备和稳定土拌和机两类。

一、稳定土厂拌设备

1. 功能与分类

稳定土厂拌设备是路面工程机械的主要机种之一。是专用于拌制各种以水硬性材料为结合剂的稳定混合料的搅拌机组。由于混合料的拌制是在固定场地集中进行，使厂拌设备具有物料计量精度高、级配准确、拌和均匀、节省材料、便于计算机自动控制，统计、打印各种数据等优点，因而广泛用于公路和城市道路的基层、底基层施工，也适用于货场、停车场等需要稳定材料的工程，是当前高等级公路修筑中的一种高效能的路面基层修筑设备。

稳定土厂拌设备可根据主要结构、工艺特性、生产率、机动性及拌和方式等进行分类。

（1）根据生产率大小，稳定土厂拌设备可分为小型（生产率小于200t/h）、中型（生产率200～400t/h）、大型（400～600t/h）和特大型（生产率大于600t/h）4种。

（2）根据设备拌和工艺和方式可分为非强制跌落式、非强制跌落连续式、强制间歇式和强制连续式4种。强制连续式又可分为单卧轴式和双卧轴式。在诸多形式中，双卧轴式最常用。

（3）根据设备布局及机动性可分为移动式、部分移动式、可搬式、固定式等多种形式。

（4）根据物料计量形式可分为容积计量和电子动态称重计量拌和设备2种。

移动式厂拌设备是将全部装置安装在一个专用的拖式底盘上，形成一个大型的半挂车，可以及时转移施工地点。设备从运输状态到工作状态，不需要吊装机具，仅依靠自身的液压机构就可以实现部件的折叠和就位。这种厂拌设备一般具有中、小型生产能力，多用于工程量小、施工地点分散、经常移动的公路施工工程。

分总成移动式厂拌设备是将各主要总成分别安装在几个专用底盘上，形成两个或两个以上的半挂车或全挂车形式。各挂车分别被拖动到施工现场，依靠吊装机具将设备安装、组合成工作状态，并可根据实际施工现场条件合理布置。这种形式多在大、中型设备中采用，适用于工程量较大的公路施工工程。

部分移动式厂拌设备是将主要部件安装在一个或几个特制的底盘上，形成一组或几组半挂车或全挂车，依靠拖动来转移土地；将小的部件采用可拆装搬运的方式，依靠汽车运输完成工地转移。这种形式在大、中型厂拌设备中采用，适用于城市道路和公路施工工程。

可搬移动式厂拌设备是将各主要总成分别安装在两个或两个以上底架上，各自装车运输实现工地转移，再依靠吊装机具将几个总成安装、组合成工作状态。这种形式在小、中、大型厂拌设备中采用，具有造价低、维护方便等特点，适用于各种工程量的城市道路和公路施工工程。

固定式厂拌设备固定安装在预先选好的场地上，形成一个稳定土生产基地。因此，一般规模较大，具有大、特大生产能力，适用于工程量大且集中的城市道路、公路施工工程。

2. 稳定土厂拌设备的技术特点

稳定土厂拌设备稳定土厂拌设备在技术特点上已经相对较为完善，在集料的计量方面大多采用了先进的工业电脑控制体系，实现了集料、水泥和水的主动配比，具备计量正确、牢靠性好、搅拌平均、操作不便、环保好；在结构方面需安装在固定地点作业，整机庞大，占地面积大，还需配置运输车辆和装卸机械才能将成品料运至施工现场，因此，使用成本高。目前，稳定土厂拌设备技术特点也有新的发展。

1）颗粒含水率快速连续检测技术

含水率对稳定土的力学性能和施工质量影响很大。原材料的含水率受气候影响而变化，特别是砂料、粉煤灰等细料的变化更大，这将直接影响到成品料的含水率和集料级配的准确性。因此，必须及时测出原材料的含水率，并通过准确控制供水和供料量，使成品料的各项配比保持一定，从而保持成品料的质量。目前，该项技术已取得很大的进展，电容式、中子式、红外线等粒料含水率快速连续检测仪已推向市场，正在提高可靠性和检测的适用范围，降低成本，尽快普及使用。

2）既能连续又能间歇强制拌和的多用途厂拌设备

为了扩大厂拌设备的使用范围，一些厂家正在研制了具有连续搅拌作业和间歇搅拌作业两种功能的厂拌设备，使其不仅能拌制稳定材料，也能拌制各种水泥混凝土混合料。通过键盘操作转换物料的计量程序，实现物料的连续计量与输送或分批计量与输送。在连续计量时，搅拌机中叶桨安装成常用的卧式双轴强制连续搅拌机，能生产稳定土；在间歇计量时，搅拌机中的几个叶桨改变安装角（反向），使物料在搅拌机中循环搅拌（搅拌时间按需要设定），能生产水泥混凝土等。该设备的关键技术，是物料的计量控制技术和搅拌机的多功能特性，是未来的发展方向。

3）无衬板搅拌机

目前，针对稳定土的特性和连续搅拌的作业特点，研制成无衬板搅拌机。无衬板搅拌机的工作原理与有衬板的一样，但两者的抗磨机理不同。无衬板搅拌机最大限度地加大了叶桨与机体之间的间隙。搅拌机工作时，在机体与叶桨之间的间隙中形成一层几乎不移动的混合料层，起到衬板的作用，保护机体不受磨损。这种无衬板搅拌机，机体一般设计成平底斗形，具有结构简单、制造容易、质量轻、造价低、生产率高、物料不产生阻塞和挤碎现象、搅拌均匀等优点。

4）组成部件间的搭配灵活多样

多数厂家的稳定土厂拌设备是由多个总成相互组配而成的，在保证设备基本性能的前提下，其部件可以根据用户实际需要进行不同的组合。总体布置形式也可根据需要施工场地而变化，可布置成“一”字形或“丁”字形，因而使稳定土厂拌设备结构形式多样，布局更为灵活，更能满足用户的多种需求。

5）设备大型化

随着施工作业机械的不断发展，也在要求稳定土厂拌设备向大型化的方向发展，设备的生产能力不断提高。

6）结构模块化

随着科技的发展，稳定土厂拌设备的组成部分均已系列化，对固定式稳定土厂拌设备的生产制造提供有利条件。

7)拌和范围扩大

稳定土厂拌设备的拌和范围得到了较大的改善,使设备的利用更加有效,不仅能够搅拌稳定土,还可以搅拌其他的混合料,如碾压混凝土、乳化沥青混凝土等。

3. 主要结构与工作原理

稳定土厂拌设备主要由矿料(土壤、碎石、砂砾、粉煤灰等)配料机组、集料皮带输送机、结合料(水泥、石灰)存储配给总成、搅拌器、水箱及供水系统、电器控制系统、成品料皮带输送机、成品储料斗等部件组成(图7.46)。由于厂拌设备型号较多,结构布局多样,因此,各种厂拌设备的组成也有所不同。

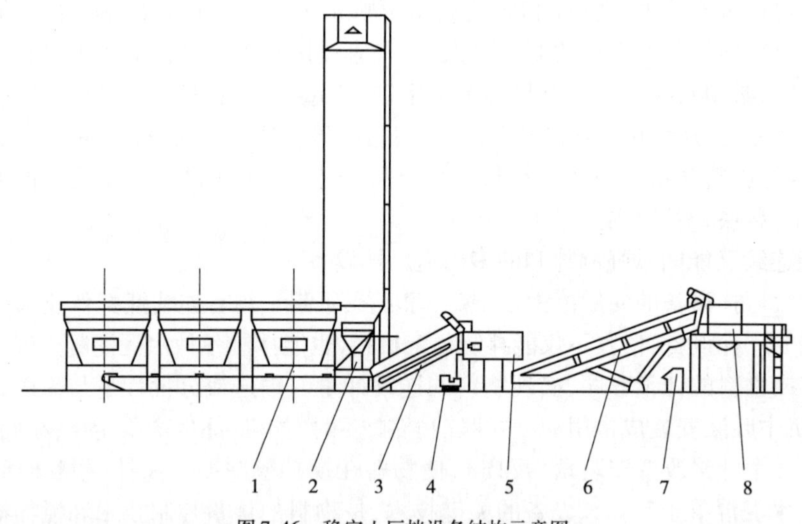

图7.46 稳定土厂拌设备结构示意图

1-矿料配料机组;2-集料皮带输送机;3-结合料存储配给总成;4-搅拌器;5-供水装置;6-电器控制系统;7-成品料皮带输送机;8-成品储料斗

稳定土厂拌设备,一般采用连续作业式叶桨拌和器进行混合料的强制搅拌。其基本工作原理为:把各种不同规格的矿料用装载机装入矿料配料机组的各料仓中,矿料配料机组按规定比例连续按量将矿料配送到集料皮带输送机上,再由集料皮带输送机输送到搅拌器中;结合料(也称粉料)由结合料存储配给总成连续计量并输送到集料皮带输送机上或直接输送到搅拌器中;水经流量计计量后直接泵送到搅拌器中;通过搅拌器将各种材料拌制成均匀的成品混合料;成品料通过成品料提升到成品料皮带输送机输送到成品储料斗中,或直接装车运往施工工地。

4. 稳定土厂办设备的选型

1)稳定土厂拌设备选择依据

设备选择目的在于挑选技术先进、经济合理和使用安全可靠的最好设备,以保证工程任务按时按量的完成。合理选择施工机械的依据是:工程量、施工进度计划、施工条件、现有机械的施工状况及相应的配套情况等。

一般来说应注意遵循以下原则:

(1)设备应能适合工作的性质、适合施工对象的特点、场地大小和运输条件等施工状况,应能充分发挥设备的效能。所选设备的生产能力,应能满足施工强度的要求,施工质量应能满足设计要求。

(2)设备在技术上应是先进的,能满足施工中的要求。即结构先进、性能可靠,生产率稳定,且易于检修,并具有良好的安全性能和环保性能等。

(3)设备的购置和运转费用要少,能源消耗要低,并通过技术经济比较,优先选用生产率高,单位产品费用低的设备。

(4)所选用的设备技术含量要与使用、维护能力相适应,以此来充分发挥其潜在效能。

2)稳定土厂拌设备参数及关键部件的选择

(1)生产率是依据稳定土厂拌设备总体方案确定的,在设计搅拌器时为已知条件。稳定土厂拌设备的生产率 Q(t/h)可按下式计算:

$$Q=\frac{3\ 600Uq_c}{t} \tag{7.3}$$

式中:U——搅拌器应有的有效容积,m^3;

q_c——混合料密度,t/m^3;

t——拌和时间,s。

根据上述公式,计算稳定土厂拌设备的生产率标称值,是设备综合性能的最终体现,一般以其输出的生产能力的大小表现出来。但为使设备平稳、可靠、持续的运行,设备在实际运行中的设定生产率一般为标称生产率的80% ~90%,此值也即为设备的实际稳定生产能力。此值与施工中的生产率实际需求值加以比较后,才能对设备的标称生产率进行有效确认,从而选定合适的配套设备,并充分发挥其效能。

(2)计量系统的选择

按照计量系统的不同可将计量分为两类:一种采用体积式计量,另一种采用质量式计量。质量计量系统是在体积计量系统的基础上,用电子传感器测出物料单位时间内通过的质量信号,并根据质量信号调节皮带输送机的转速。因此,质量式计量比体积式计量准确度要高。

对于集料的计量来讲,体积式计量包括储料斗,调速皮带输送机和集料皮带机。其输送量如下:

$$Q=rBHv \tag{7.4}$$

式中:Q——单位时间集料输送量,t/h;

r——集料比重,t/m^3;

B——出料门宽度,m;

H——料门开启高度,m;

v——皮带机速度,m/h。

由上式可知,集料的计量是由料门开启高度和皮带调速机的速度来确定的,但由于物料的匀质性,储料仓压及环境因素的影响引起的比重改变以及供料不均,皮带打滑都易引起物料的输送量的改变,偶然超差较大,严重影响配料精度,配料精度可达3% ~4%。这种计量系统结构简单,操作方便,但不能直观显示瞬时流量和累计质量,出现误差不易被发现。由于制造成本低,价格便宜,目前被应用在低等级的路面施工中,基本能够满足施工要求。

集料的质量计量系统在每个配料口下方均装有一台由微机控制的调速定量皮带秤,当集料通过皮带计量秤的有效计量段时,其质量通过称重框架加到传感器上,有称重传感器将其转化成电信号,同时安装在皮带秤上的速度传感器将检测到的皮带速度转换成电信号,二者被输入到微机,经计算处理后显示集料的瞬时流量值和累计质量值,并送出瞬时流量值的模拟信号。该信号与微机的设定值比较,并输出信号送到控制器以控制调速电机,修正物料给料量,使之与设定值相等。由于该动态计量过程具有封闭的反馈,比较,运算环节,其计量精度可达1% ~2%。该系统的计量精度高,操作方便,但制造成本高,可应用于高等级公路的稳定土厂拌设备和连续式混凝土搅拌设备中。

对于水泥计量系统,体积式计量采用螺旋输送机或叶轮给料机对水泥进行计量和输送,通过改变驱动电机的转速来调整水泥的输送量。由于缺少直观显示只能靠经验和现场称量进行标定,但是,称量超差较大,且不易发现,计量精度不稳定,水泥浪费严重,但制造成本低,价格便宜。

质量称量法采用螺旋电子称对水泥进行计量和输送。通过微机对测量结果的处理,调节驱动电机的速度,达到控制精度的目的。

减重称量法在水泥仓出口处装有给料蝶阀,下面与水泥计量斗相连,并在计量斗内装有传感器和可调速的螺旋输送机。通过微机控制蝶阀的开关,并称量重量采样,调节螺旋输送机的转速来控制计量精度,且计量精度高,不受环境的干扰。

对于水的计量系统:体积式计量法,采用"水泵,可调流量阀",通过调节流量阀改变水的流量,受水泵的转速,水压的影响,计量精度不稳定,计量误差较大,但结构简单,制造成本低,在一些场合仍在使用。

减重称量法由上下液位器控制给水装置加水,控制水的计量精度。该计量方法计量精度高,标定方便,但结构复杂,成本高,计量误差可控制在 ±0.5% 以内,在连续式混凝土和稳定土搅拌设备中得到应用。

5.稳定土厂办设备的施工工艺

1)施工准备

(1)材料:根据施工的要求,及搅拌的稳定土的类型,选择添加剂,如水泥、石灰、粉煤灰,凡饮用水(含牲畜饮用水)均可用于稳定土施工。

(2)机具设备:连续式稳定土拌和机、振动筛土机、装载机、自卸汽车、推土机、洒水车等。

(3)作业条件:技术人员和操作工人全部到位;质量合格的石灰(水泥)和土料准备充足,不同粒径的土料应分别堆放;拌和系统机械设备安装调试正常,计量器具符合要求;现场试验室已经验收合格;集料和拌和场地已清理整平,道路畅通,水电供应能满足生产要求。

(4)技术准备:在稳定土层施工前,应取有代表性的土样进行下列土工试验:颗粒分析,液限和塑性指数,击实试验,砾石的压碎值试验;根据配合比调试拌和机电机转速或电子称计数,确定拌和机每个料斗出料的流量。

2)操作工艺

(1)工艺流程图(图7.47)

(2)操作方法

拌和站的安装和调试;设备安装要由机械员和电工共同完成。设备安装后,必须进行试运转,排除各种可能的故障,并掌握设备的运行规律。

(3)搅拌

配合比设计;稳定土试拌要根据调试好的参数进行稳定土拌和,以确定拌和机的各项参数是否合理;正式生产在调试完毕后,即可安排机械设备进行拌和;出厂检验是对稳定土要及时进行外观,添加剂含量,水的用量等检验,要求无明显粗细集料离析现象。

(4)季节性施工

冬期施工时稳定土应掺加防冻剂,其掺加量应根据施工及养生期的最低温度经试验确定;雨期施工时要减少现场存料数量,边生产,边进料,料堆搭建遮雨篷或盖苫布,并沿料堆周围开挖排水沟,加强土的含水率控制。

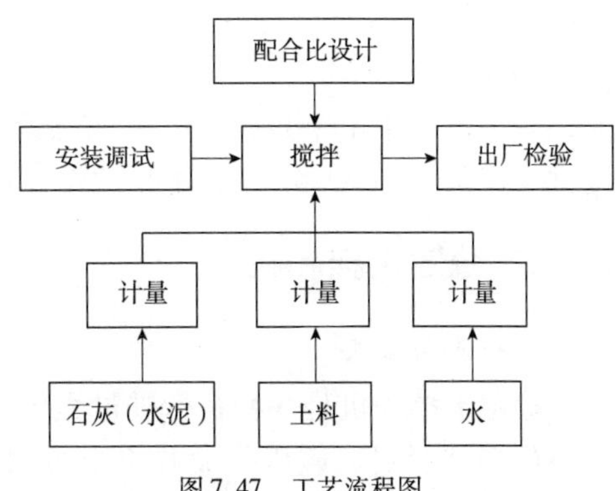

图 7.47 工艺流程图

3)质量标准

(1)基本要求

稳定土中粒径大于20mm的土块不得超过10%,且最大土块的粒径不得大于50mm。不得含有未消解颗粒及粒径大于10mm的石块。应根据原材料的含水率变化、集料颗粒变化及时调整拌和用水量。稳定土应拌和均匀、色泽一致。

(2)实测项目(表7.3)

厂拌灰土质量检验标准 表7.3

检测项目			允许偏差或允许值		检测方法和频率
			国标、行标	企标	
石灰稳定土	石灰的钙镁含量	生石灰	≥70	≥70	滴定法,同一批次200t一组
		消石灰	≥55	≥55	
水泥稳定土	水泥的强度等级		≥设计强度等级	≥设计强度等级	散装水泥同一批次每500t一组;袋装水泥同一批次每200t一组
	水泥的凝结时间		符合设计要求	符合设计要求	
稳定土7d无侧限抗压强度		符合设计要求	符合设计要求	2 000m² 一组	
稳定土含水率		±3%,以最佳含水率计	±3%,以最佳含水率计	1 000m² 一组	
石灰(水泥)剂量		+1.5% -1.0%	+1.5% -1.0%	500m² 一组或每1h	

$$R \geqslant R_d/(1-Z_a C_v) \quad (7.5)$$

式中:R_d——设计抗压强度;

C_v——试验结果的偏差系数;

Z_a——标准正态分布表中随保证率(或置信度 a)而变的系数,高速公路和一级公路应取保证率95%,即 $Z_a=1.645$;其他公路应取保证率90%,即 $Z_a=1.282$。

4)应注意的质量问题

防止添加剂的用量上下波动幅值过大,确保机械设备性能稳定。生产前要对原材料进行含水率试验,确定拌和用水的掺量。在生产过程中要严格控制原材料的稳定,以确保稳定土的均匀性。

5)质量记录

施工过程中试验数据的记录,如土的液塑限试验记录;含水率检测记录;无侧限抗压强度试验记录;击实试验记录;配合比设计单。

二、稳定土拌和机

1. 功能与分类

稳定土拌和机是一种在行驶过程中,以其工作装置——转子就地完成对道路施工现场土壤的切削、翻松、破碎作业并将土与加入的稳定剂(乳化沥青、水泥、石灰等)搅拌均匀的机械。

稳定土拌和机主要用于道路工程中的稳定土基层的现场拌和作业。由于路拌法就地取材,施工简便,成本低廉,有厂拌法不可替代的优点。稳定土拌和机现场拌和的取样检测表明:对灰土(石灰、土壤)、灰沙(石灰、砂)等小颗粒稳定材料,当稳定剂散布均匀时,性能良好的稳定土拌和机通过一次或两次作业即可达到质量要求。目前国内缺少性能理想、使用方便的粉料撒布机械,施工中多采用手工倾倒稳定剂、再人工或机械刮平的作业方式完成粉料(即干稳定剂)的撒布,由于粉料撒布的精确性与均匀性难以保证,因而在一定程度上影响了稳定土拌和机的拌和效果。可以期望,随着计量精确撒布均匀的粉料撒布机械的开发和应用,路拌施工法将会获得更好的应用前景。

根据结构特征,稳定土拌和机的分类及其特点如下:

(1)按行走系形式,分为履带式、轮胎式和复合式(履带与轮胎结合),如图 7.48a) ~ c)所示。履带式稳定土拌和机质量大、附着性、通过性好,但机动性不好。轮胎稳定土拌和机机动性好、转场方便。复合式稳定土拌和机结构较复杂。

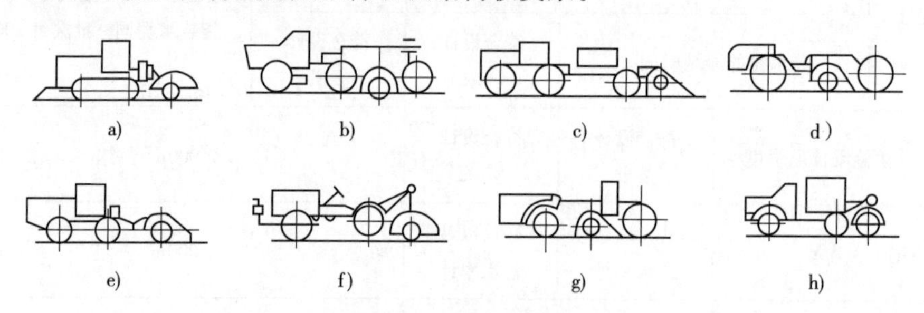

图 7.48 稳定土拌和机类型

a)履带式;b)轮胎式;c)复合式;d)自行式;e)半挂式;f)悬挂式;g)中置式;h)后置式

(2)按移动方式,分为自行式、半挂式和悬挂式,如图 7.48d) ~ f)所示。自行式稳定土拌和机总体尺寸小,机构简单,质量轻。半挂式和悬挂式稳定土拌和机的主机可以一机多用。

(3)按动力传动形式,分为机械式、液压式和混合式(机械、液压结合)。机械式稳定土拌和机属传统结构形式,其设计理论较为成熟,制造、装配、维护简单,但消耗材料多、质量大、机械的性能较差。液压式稳定土拌和机的优点较多,如功率密度大、结构紧凑、质量轻、可无级调速,调速范围大,布局灵活,基本不受机械结构的限制,运转平稳,工作可靠,能自行润滑,寿命较长,易实现过载保护和自动化,操纵方便省力等。液压传动是稳定土拌和机的发展方向,今天,越来越多的稳定土拌和机采用液压传动。但液压传动的稳定土拌和机对制造精度和维护质量要求较高。混合式传动的稳定土拌和机属过渡机型,即吸取液压传动的优点,在机械传动结构基础上,部分采用液压元件,以提高稳定土拌和机的性能。

(4)按工作装置在机械上的位置,分为中置式和后置式,如图7.48g)~h)所示。一般来说,中置式稳定土拌和机的轴距较大,转弯半径大,机动性较差。后置式稳定土拌和机更换转子及拌和铲容易,维修保养方便。但其整机的纵向稳定性较差。

(5)按转子旋转方向,分为正转和反转两种。正转,即转子由上而下切削土壤,其切削及拌和阻力小,消耗功率小。反转,即转子由下而上切削土壤,对土壤破碎好,并可反复拌和,因此稳定土的拌和质量好。

2.稳定土拌和机的技术特点

稳定土拌和机是在专用的机械底盘上加装拌和装置来进行稳定土拌和的专业机械,具有机动性强,节约运输成本,生产率高及拌和均匀性较高,但与高等级公路的施工规范技术条件要求相比,稳定土拌和机还存在不足之处。

现代优良的稳定土拌和机除了在提高性能和可靠性外,正朝着多功能转子的方向发展,即使用一种综合型的刀具来完成松土拌和及硬土翻松等作业,避免用户更换转子的困难。近年来,国外先进机型在行走系统和转子系统间设置了功率自动调节装置,自动控制机器在负荷变换的情况下始终保持发动机在额定工况下工作,还设有拌深自动调节装置等。这些自控装置的设置大大提高了机器的综合性能,减轻了司机的操作强度。

稳定土拌和机设备技术发展动向是:

(1)趋向选择大功率柴油机作动力。由于道路寿命与基层处理关系很大,高等级公路一般要求拌和宽度大于2 400mm、拌和深度达400mm,而且对拌和质量要求很高,因此,稳定土拌和机趋向大功率,普遍都在240t/h。

(2)行走与作业均采用液压传动。由于稳定土拌和机作业负荷大,且工况复杂多变,要求行走和作业功率能互相补偿,使发动机功率得到充分利用;此外,还需要无级变速。只有液压传动才能满足这些要求。

(3)广泛采用先进的自动控制技术。例如,功率自动平衡装置、稳定剂自动喷洒比例系统以及拌和深度自动检测装置等都将得到广泛的应用,使稳定土拌和机的性能完善、操作方便。

(4)逐渐向多功能方向发展。随着工业发达国家公路干线或高速公路的完成,旧路面的翻修日趋增多,因此,要求稳定土拌和机不仅能完成稳定土拌和作业,还应具备类似沥青路面的铣刨、再生以及挖沟等功能,实现一机多用,提高稳定土拌和机的设备利用率。

(5)进一步完善稳定土拌和机的功能。在大功率稳定土拌和机上采用转子侧移装置,便于路缘、弯道、路肩等的拌和、铣刨作业。在转子壳罩上安装振动尾板,使拌和后的材料得到预压,并可减少水分的挥发,便于下一步压实作业。

(6)提高稳定土拌和机操作方便性和舒适性。仪表、操作手柄、按钮等集中布置,驾驶室密封、减振隔声、设置空调,实现微机处理与显示等。

(7)提高稳定土拌和机的安全性。主要指提高驾驶室的抗倾翻性能等。

3.主要结构与工作原理

图7.49是后置式全液压轮式稳定土拌和机,其结构特点是:整体车架,刚性悬架,偏转车轮转向方式,前桥为摆动转向桥,后桥为驱动桥;行走系统为变量泵—定量马达—两挡机械变速驱动;转子系统为变量泵—定量低速大扭矩马达直接驱动;转子和行走系统间通过液

压控制方式连接,根据超载时转子系统压力的变换自动调节行走速度限制超载。具有结构简单、维修使用方便等优点。不足之处为消耗整机功率80%左右的转子系统采用液压传动,整机效率仅为60%左右。

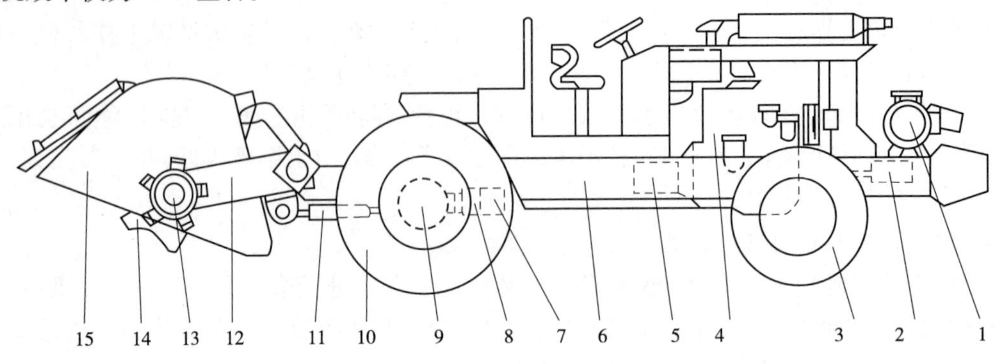

图7.49 后置式全液压稳定土拌和机

1-液体喷洒泵;2-行走液压泵;3-前轮;4-发动机;5-转子液压泵;6-车架;7-行走马达;8-变速器;9-驱动桥;10-后轮;11-转子举升油缸;12-举升臂;13-转子马达;14-转子;15-罩壳

4.工作装置

稳定土拌和机的工作装置主要由转子及转子架、转子升降液压缸、罩壳及其后斗门开启液压缸等组成(图7.50)。稳定土拌和机行驶时,通过转子升降液压缸使整个工作装置抬起、离开地面。拌和作业时工作装置被放下,其罩壳支撑在地面上。此时转子轴颈借助于罩壳两端长方形孔内的深度调节垫块支撑在罩壳上。罩壳形成一个较为封闭的工作室,拌和转子在其内完成粉碎、拌和作业。下面将对转子作以详细介绍。

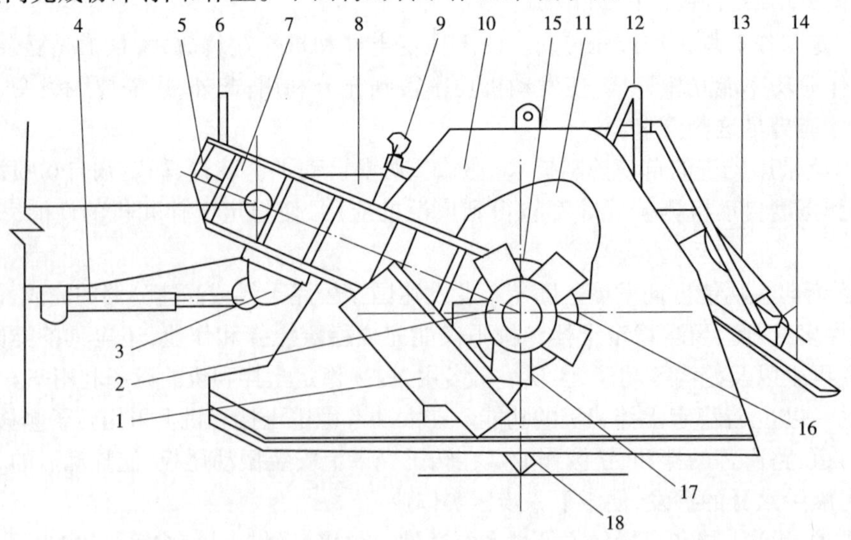

图7.50 稳定土拌和机工作装置

1-分土器;2-液压马达;3-举升轴;4-转子升降液压缸;5-保险箱;6-深度指示器;7-举升臂;8-牵引杆;9-调整螺栓;10-罩壳;11-护板;12-后斗门开度指示器;13-后斗门开启液压缸;14-后斗门;15-注油口;16-溢油口;17-放油口;18-转子

图7.51为稳定土拌和机转子结构示意图,它由转子轴及轴承、刀盘及弯头刀片等组成。

转子轴的长度由拌和宽度决定,一般较长,要求其质量轻、刚度大、强度高。转子轴的结构形式有:无缝钢管;钢板卷焊;组合式——用螺栓将中间拌和轴与两端轴连接在一起。前

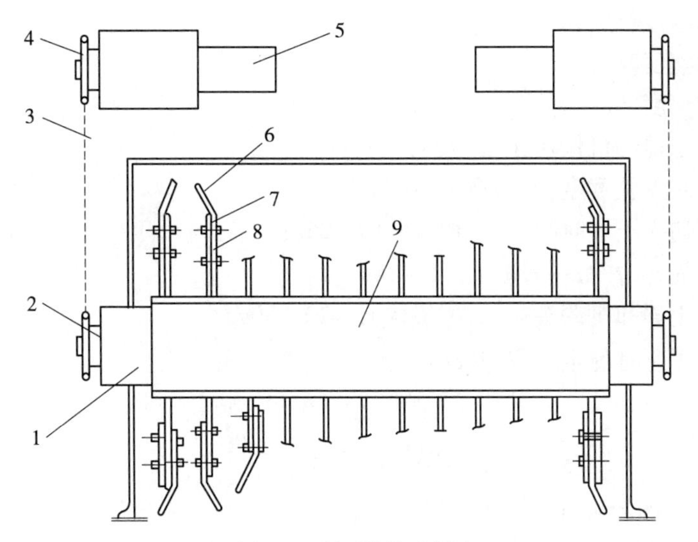

图 7.51 转子结构示意图

1-轴承;2、4-链轮;3-链条;5-液压马达;6-弯头刀片;7-刀盘;8-压板;9-转子轴

两种为整体式,刚度、强度大,后者制造简单、拆装方便。

转子轴的支承方式随转子轴结构而异:整体式转子轴多采用分开式滑动轴承,便于转子轴拆装;组合式转子轴宜采用调心滚子轴承,便于转子轴两端轴颈调心对中。

刀盘通常是焊接在转子轴上,要求其刚度大、强度高。刀盘的数目由拌和宽度而定,一般不少用 10 个。每个刀盘的刀片数目一般为 4 把或 6 把。刀片在转子轴上一般布置成螺旋形,以便保证拌和及受力均匀。螺旋可为 2 头、3 头或 4 头,可同一方向,也可左、右螺旋,后者可以使转子轴的轴向力明显减小。

刀片工作条件恶劣,容易磨损,连续拌和作业 8h 刀片就需要更换,因此刀片必须拆装方便。刀片在刀盘上的固定方式有拆卸固定和非拆卸固定两类。拆卸固定,又分为螺栓固定和楔块固定。刀片通过压板、螺栓固定在刀盘上时,螺栓往往因其螺纹被稳定剂黏死而拆卸不方便。刀片插入焊在刀盘上的刀库内,刀库由外面穿入两个固定螺栓,并穿过刀片上的两个缺口,然后在刀库短边处用一开口销将刀片挡住。换装刀片时只需抽出开口销即可。楔块固定是利用土的反作用力使刀片越来越紧固在刀盘上,拆卸方便。非拆卸固定,一般是将刀片焊接在刀盘上,该固定方式的刀片材料应为弹簧钢,并经热处理使其具有高耐磨性。

5. 稳定土拌和机的选型

(1)目前,稳定土拌和机的种类较多,市场上主要使用的是轮胎式路拌机,且传动系统向着全液压的方向发展,根据不同的施工条件,选择稳定土拌和机的拌和转子的旋转切削方向,在较松的土层上进行拌和作业时,可以采用正转方式;在坚硬的土层上进行拌和作业时,多采用反转方式。

(2)生产率计算。根据拌和稳定土的作业方式的不同,稳定土拌和机生产率的计算方法分为调头循环作业和倒退循环作业两种。

①调头循环作业时的生产率 Q(m^3/h)

$$Q = \frac{3\,600[nb-(n-1)x]DL}{n(t_1-t_2)+(n-1)t_3+nL/v} \tag{7.6}$$

式中：L——拌和路段长度，m；

b——拌和宽度，m；

D——拌和深度，m；

v——稳定土拌和机作业速度，m/s；

x——拌和时重叠宽度，一般取 $x=0.1$m；

t_1——转子切入土壤时间，一般取 $t_1=10\sim25$s；

t_2——转子提升时间，一般取 $t_2=5\sim10$s；

t_3——稳定土拌和机调头时间，一般取 $t_3=20\sim30$s。

②倒退循环作业时的生产率 Q(m^3/h)

$$Q=\frac{3\,600[nb-(n-1)]DL}{n(t_1+t_2)+\frac{nL}{v}+\frac{nL}{v_r}} \tag{7.7}$$

式中：v_r——稳定土拌和机倒退行驶速度，m/s。

根据生产率的计算结果，选择合适的稳定土拌和机进行作业。

(3)影响稳定土拌和机生产率的因素分析。

影响稳定土拌和机生产率的因素有发动机功率、拌和宽度、拌和深度、切削速度、进距等。

①发动机功率是决定稳定土拌和机生产率的主要因素。由于稳定土拌和机作业时行走速度很低(0.03~0.1m/s)，因此所需功率很小。同样消耗在计量、喷洒系统的功率也很小。因此，发动机功率大小及能否正常发挥是影响稳定拌和机生产率与拌和质量的主要因素。

②拌和宽度是稳定土拌和机的一个重要性能参数，它取决于转子的工作长度。拌和宽度是一个受多因素影响的参数，如发动机功率、路基或路面宽度、机械结构等。作业宽度一般等于拌和宽度加上重叠量的整数倍。为了使拌和的稳定土层平整，且能拌到路边，拌和宽度应大于机械的轮距。为保证稳定土拌和机的生产率和作业质量，应认真选择合适的拌和宽度。

③拌和深度是稳定土拌和机的主要性能参数之一。拌和深度取决于发动机功率及路基、路面的施工工艺设计要求。如果路基稳定层厚度为25cm、30cm、40cm及软地基处理，则需要大的拌和深度。拌和深度大的稳定土拌和机也可以进行浅层拌和作业；拌和深度小的稳定土拌和机对深层地基进行拌和时，则需要分层作业。

④切削深度是拌和铲刀尖运动时的牵连速度和圆周运动相对速度的向量和。当相对速度牵连速度之比大于10(一般均大于10)时，可近似地取圆周速度为切削速度。试验证明，削速度与拌和质量、生产率、发动机功率有关。提高切削速度有利于提高稳定土的拌和质量和生产率，但过大的切削速度使拌和功率消耗过大、拌和均匀性下降。

⑤进距是指拌和铲在单位时间内向前进给的距离。选择进距的原则，首先要满足拌和质量的要求。为了提高生产率，应取较大的进距，而大的进距必须用较高的切削速度才能保证拌和均匀性。此外，进距的选择还与土的性质有关，即拌和松软土时可选较大的进距，反之应选较小的进距。

6. 稳定土拌和机的施工工艺

1)选择作业机械设备

根据施工要求，选择合适的机械设备，如稳定土拌和机、压路机、装载机、推土机、自卸车等相关的作业机械。

2）原材料准备

根据施工要求，选择土料及所需要的拌和添加材料。

3）施工前的准备

（1）下承层的验收

下承层表面平整、坚实，具有规定的路拱，下承层的平整度和压实度符合规范规定。

（2）洒水湿润路基顶面

用洒水车将下承层洒水湿润，注意洒水时不能过干或过湿。

（3）测量放样

按图纸放出中桩和边桩，对路中心桩进行二次放样工作，以取得准确的平面位置，然后把中线桩位引到路肩两侧路槽边缘线外1m，以辅助控制中心桩位，同时进行固桩工作，以免在结构层施工期间有中心偏位现象发生。

（4）备土、铺添加料（如水泥，粉煤灰，石灰等）

备土要按照松铺厚度将土摊铺均匀一致，铺土后，先用推土机大致推平，然后放样用平地机整平，清余补缺，保证厚度一致，表面平整。

备添加料前，用压路机对铺开的松土碾压1～2遍，保证备添加料时不产生大的车辙，严禁重车在作业段内调头。铺添加料前在灰土的边沿打出格子标线，然后用人工将添加料均匀地铺撒在标线范围内。

4）拌和

采用专用的稳定土拌和机进行路拌法施工，铧犁作为辅助设备配合翻拌。

（1）土的含水率小，应首先用铧犁翻拌一遍，使添加料置于中，下层，然后洒水补充水分，并用铧犁继续翻拌，使水分分布均匀。考虑拌和，整平过程中的水分损失，含水率适当大些（根据气候及拌和整平时间长短确定），土的含水率过大，用铧犁进行翻拌晾晒。

（2）水分合适后，用平地机粗平一遍，然后用灰土拌和机拌和第一遍。拌和时要指派专人跟机进行挖验，每间隔5～10m挖验一处，检查拌和是否到底。对于拌和不到底的段落，及时提醒拌和机司机返回重新拌和。

（3）桥头两端在备土时应留出2m空间，将土摊入附近，拌和时先横向拌和两个单程，再进行纵向拌和，以确保桥头处土拌和均匀。第二遍拌和前，宜用平地机粗平一遍，然后进行第二遍拌和。若土的塑性指数高，土块不易拌碎，应增加拌和遍数，并注意下一次拌和前要对已拌和过的土进行粗平和压实，然后拌和，以达到拌和均匀，满足规范要求为准。压实的密度越大，对土块的破碎效果越好，采用此法可达到事半功倍的目的，否则即使再多增加拌和遍数也收效甚微。拌和时拌和机各行程间的搭接宽度不小于10cm。

5）整平

用平地机，结合少量人工整平。最后一遍整平前，宜用洒水车喷洒一遍水，以补充表层水分，有利于表层碾压成型，最后一遍整平时平地机应“带土”作业，切忌薄层找补，备土、备添加料要适当考虑富余量，整平时宁刮勿补。

6）碾压

碾压采用振动式压路机和15～18t三轮静态压路机联合完成。整平完成后，先用振动压路机由路两侧向路中心碾压。碾压时后轮应重叠1/2轮宽，一般碾压4～5遍，压路机的碾压速度，头两遍以采用1.5～1.7km/h，以后用2.0～2.5km/h，至无明显轮迹，总之，碾压时遵循“由边到中,先轻后重,由慢到快”的原则。

7)检验

对碾压完成路段取样检验压实度,压实不足要立即补压,满足压实要求。成型后的两日内完成平整度、高程、横坡度、宽度、厚度检验,检验不合格要求采取措施预以处理。

8)接头处理

碾压完毕的端头,应立即将拌和不均,或高程误差大,或平整度不好的部分挂线垂直切除,保持接头处顺直、整齐,下一作业段与之衔接处,铺土及拌和应空出2m,待整平时再按松铺厚度整平。桥头处亦按上述方法处理,铺土及拌和应空出2m,先横拌2遍再纵拌,待整平时再按松铺厚度整平。

9)养生

不能及时覆盖上层结构层的含添加料土,养生期不少于7d,采用洒水养生法,养生期间要保持灰土表面经常湿润。养生期内应封闭交通,除洒水车外禁止一切车辆通行。灰土完成后经验收合格,即可进行下道工序施工。

第四节　水泥摊铺机

水泥混凝土路面摊铺机械是铺筑水泥混凝土路面的全套机械和设备的统称。包括摊铺混合料的水泥混凝土摊铺机,对铺层进行振实、整平和抹光的路面整型机,以及进行路面切缝、填缝、拉毛等的辅助机械。整套机械可共同组成机组,依次通过路基就完成铺筑路面的全部作业。

水泥混凝土路面摊铺机按照是否使用模板可分为:轨模水泥混凝土路面摊铺机和滑模水泥混凝土路面摊铺机两种。

一、滑模水泥混凝土路面摊铺机总体构造

滑模式水泥混凝土摊铺机主要由发动机、液压动力、主机架、驱动履带、螺旋布料器、虚方控制板、液压振捣器、捣实板、成形模板、边模、路拱系统、浮动抹光板、液压控制系统及操作仪表等部分组成,如图7.52所示。

液压动力:由发动机驱液压油泵系统,包括:螺旋布料器驱动泵、串列液压振捣器泵、压力补偿驱动泵、单级液压控制系统。

主机架:可液压伸缩深入,分段机架,保证基本摊铺宽度,配置的标准延伸件,可保证增加摊铺宽度。

驱动履带:四履带驱动系统。

螺旋布料器:法兰连接,可任意组合宽度,大直径中间分隔安装,可两边独立实现单双向驱动。

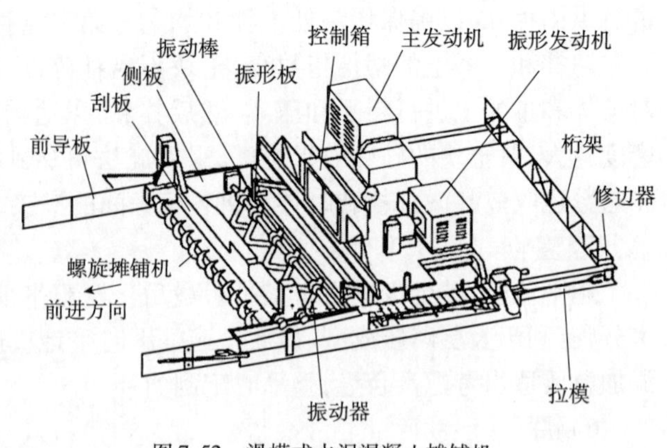

图7.52　滑模式水泥混凝土摊铺机

虚方控制板:液压控制,用以计量进入水泥的流量。

液压振捣器:标准配置的液压振捣器,各自独立流量控制,振频10 000r/min。

捣实板:液压驱动,可分段调整宽度,振频及振幅可调。
成形模板:标准结构安装,液压垂直升降调整厚度、宽度,超铺调正以控制坍落度。
边模:液压控制调正依附表面。
路拱系统:液压控制调整可获得切线形,多点式或偏置型路拱。
浮动抹光板:提供路面二次抹光及小误差修整。
液压控制系统:全液压微调控制水平和转向,可选自动或手动方式操作。

二、摊铺机型号编制

水泥摊铺机型号见表 7.4。

水泥摊铺机型号编制 表 7.4

组		型		特 性	产 品		主参数	
名称	代号	名称	代号	代号	名称	代号	名称	单位表示法
水泥混凝土摊铺机	HT(混摊)	轨模			轨模式水泥混凝土摊铺机	HT	摊铺宽度	mm
		滑模	H		滑模式水泥混凝土摊铺机	HTH		

三、滑模摊铺机结构

滑模式摊铺机的工作装置由螺旋摊铺器、刮平板、内振捣器、振捣梁、成型盘、定型盘和负机架组成,如图 7.53 所示。

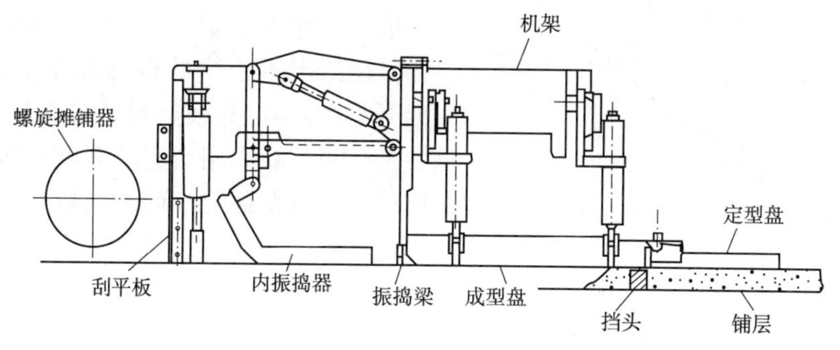

图 7.53 滑模式摊铺机工作装置

1. 螺旋布料器

SF6004 摊铺机螺旋布料器外径为 457mm,其结构如图 7.54 所示,主要由螺旋轴端支撑、螺旋轴、叶片、连接板、液压马达、分料驱动装置等组成。螺旋布料器可根据实际摊铺情况来加长,加长节有 1m、0.5m、0.25m 三种规格。连接全部由螺栓连接。

螺旋布料器分料驱动装置通过连接板连接在主机架上。通过两个液压马达控制分料驱动装置的输出轴,输出轴连接螺旋轴,另一端连接螺旋轴端支撑。螺旋轴端支撑连接在侧边模上。螺旋布料器通过无级变速分别控制左右摊铺螺旋进行正、反向,同向和相向,因此可以实现从中间向两边分料,也可以从两面向中间集料,以及从一边向另一边移料。由耐磨钢板加工而成的叶片,焊接在螺旋轴上,可根据前方料堆的变化来调节速度和方向。螺旋布料器可在机前二次搅拌,使混合料更均匀,不易造成离析,磨损较快。

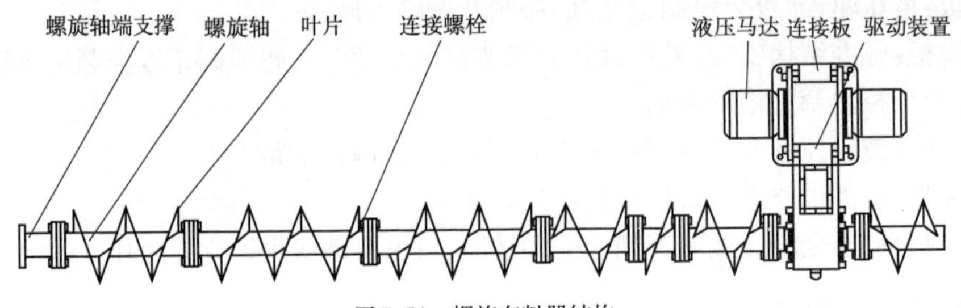

图 7.54　螺旋布料器结构

2. 计量门

计量门主要由箱形梁、计量门板、提升油缸等组成。箱形梁主要是给计量门板提供支撑。计量门和螺旋分料器一样可根据实际摊铺情况进行宽度调节。

驾驶员根据摊铺机前铺料的多少，通过控制油缸调节计量门的左右升降，来控制进入成型模板的混凝土数量，达到理想的效果。进料多少，直接影响着摊铺的质量。

3. 振捣棒系统

振捣棒系统由伸缩油缸、连接板、安装架、振捣棒等组成，结构如图 7.55 所示。

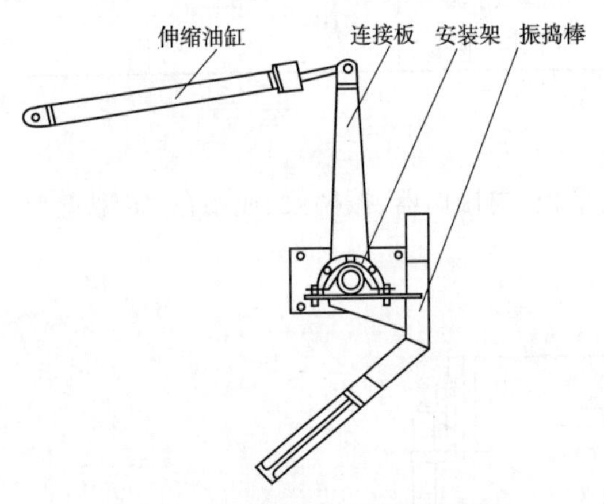

图 7.55　振捣棒系统结构示意图

水泥摊铺机采用液压驱动振捣棒。液压驱动振捣棒在滑模摊铺机制造、操作。能量转换消耗、系统自动控制振捣、初始振动参数设定等方面比电驱动的振捣棒优越，现在世界上绝大多数生产厂家多采用液压驱动的振捣棒。按照混凝土的振动工艺原理，小粒径的颗粒振实依赖于高频振动，滑模摊铺机的超高频振捣棒传递给混凝土中的振捣频率随着其阻尼在混凝土中衰减，其振捣频率在混凝土振动过程中是分布在一个相当宽的频谱范围，因此它既可以振动激发最细小的水泥颗粒活性，也可以将所有粗、细集料振动沉降稳固到位。

4. 振捣梁系统

振捣梁由驱动马达、偏心轮、连杆机构、工作装置等机构组成。

经过振捣后的混凝土料，部分大中粒径集料因互相推挤，而浮在表面上，经过模具后，容易造成表面沟槽，又增加了模具的阻力。为了满足混凝土路面表层制作构造以及挤压出光滑表面的要求，同时也为了夯实混凝土，所以在振捣密实的混凝土进入挤压底板之前，振捣梁系统主要通过驱动马达带动偏心轮运动，偏心轮以所设计的振捣频率和振幅带动连杆机构实现振捣板的上下运动，将大中粒径集料压入成型模板以下 10 ~ 20mm 位置，并使混凝土进一步密实，形成表面灰浆层。但振捣梁系统仅适用于较稀的混凝土料。如果在干硬的混凝土料上使用时，会增加阻力，造成机构的破坏。

5. 成型盘

成型盘由框架和耐磨钢板焊接而成，可根据实际情况来进行调节。主要有基本模、侧边模以及各种规格的加长模，以适应多种摊铺宽度。

成型盘是通过自身重力将振实和提浆后的水泥混凝土挤压得更加密实，同时挤压拖抹出混凝土路面的标准断面、光滑的外观和良好的纵横向平整度。成型盘的前部有10°的倾角,可以增加进入底板的混凝土料,更好地增加底板的挤压力。底板主要由耐磨钢板和其他辅助部件焊接而成。

左右侧模板分别装有两个液压油缸,主要控制侧模板的升降,可整体升降,也可前后分别升降,确保所摊铺的宽度。侧模板的长度一般和模具一样长,但有的机型为了防止溜肩和塌边将侧边模加长至超级抹光器的后面,这样也可以在加长节上安装搓平梁。

6. 抹光器

超级抹光器主要由抹光板、连杆、摆臂、摆臂连杆、滑架、液压马达等组成,结构如图7.56所示。

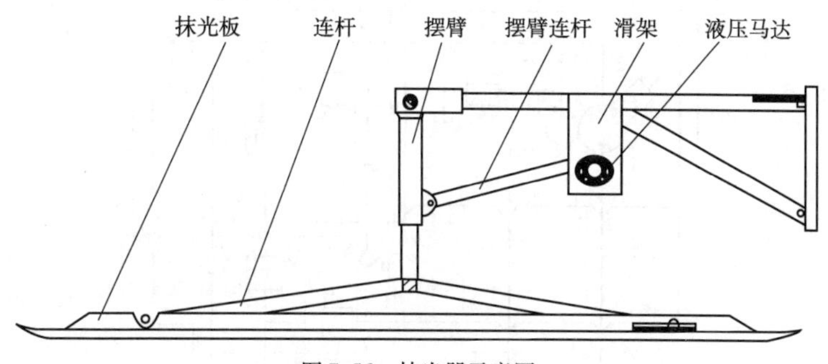

图7.56 抹光器示意图

滑模摊铺机一般在模具后面都配备可自动调节压力的超级抹光器装置,其左右抹面位置、压力和速度均可调整。其主要通过侧面的液压马达带动超级抹光器左右移动,同时用液压马达带动超级抹光器前后移动,保证抹光板可以前后和左右移动。其作用是消除表面上的气泡及小石头拖动带来的缺陷,并能起到提浆作用,对保障路面优良的纵向平整度有较大作用。工作时,在刚成型的水泥混凝土路面上作左右、前后的往复运动,依靠自重悬浮在水泥混凝土路的表面,通过抹光水泥混凝土摊铺层上的水泥浆,对路面表层进行最后的加工、修整,进一步提高路面的外观质量。由于超级抹光器在左右往复运动时,无法靠近边沿,容易造成塌边。所以一般超级抹光器来回运动时不能靠边,最后由人工来修复。

7. 传力杆中间和侧面插入装置

在大型滑模式摊铺机上常常设计有中间和侧面插入传力杆的插入装置,以适应摊铺多车道路面纵缝及与后摊铺里面的纵缝连接。中间的拉杆插入装置分为前置式和后置式两种。前置式放置在振捣棒或螺旋分料器之前,将拉杆直接打入虚方水泥混凝土中,特点是打入阻力小,拉杆不易产生变形,但经过振捣或螺旋分料器可能产生偏移,对放置的位置要求较高。后置式放置于成型模板之后,浮动抹光板之前,拉杆打入之后,再通过一个小型振动夯,重新振动提浆,浮动抹光板重新抹光。特点是位置准确,但破坏成型路面的密实性,对平整度有影响。由于打入阻力较大,拉杆容易产生变形。

侧面插入装置主要安装在成型模板之后,依靠机械和手动来控制拉杆的打入位置和深度。

8. 振动搓平梁

在滑模摊铺机的后面主要针对硬性的混凝土混合料增加了一个机构——振动搓平梁,一方面为了修复表面缺陷,保证光滑的表面,同时提出足够厚度的砂浆;另一方面为了修复使用后置式中间拉杆插入装置造成的混凝土路面上半部的缺陷。

9. 自动传力杆插入装置

自动传力杆插入装置主要是为了适应在特重交通条件下,所有缩缝都带传力杆混凝土路面施工要求而开发设计的专门部件,它是一个与路面同宽、大型的自动摆放、振动插入传力杆的自动机械。

10. 传动系统

水泥摊铺机的传动系统采用液压传动方式。

发动机的动力经变速器传递给行走液压泵,由液压泵驱动行走机构行走(图 7.57)。

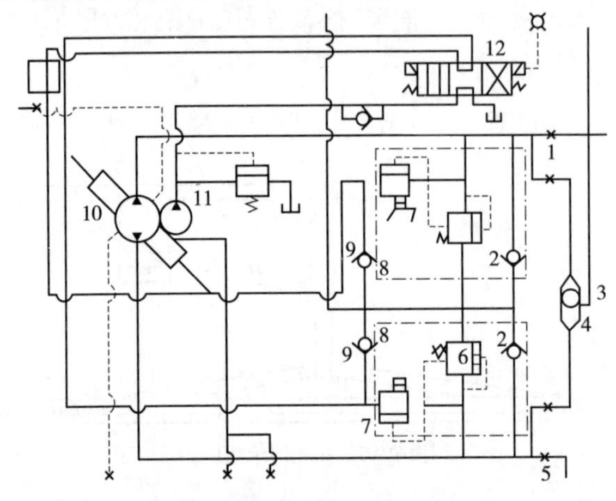

图 7.57 行走系统液压系统图

1、5-油口;2-单向阀;3-仪表接口;4-梭阀;6-溢流阀;7-定压阀;8-多功能阀;9-单向阀;10-斜盘伺服机构;11-辅助泵;12-电液比例阀

摊铺机行走系统为闭式变量系统。一个行走泵和一个供给泵提供系统液压能源。系统采用普通油箱。供给泵通过吸油滤清器吸油,给行走泵和行走系统控制回路提供一定压力的液压油。液压马达采用并联式供油,其摊铺或行走的转速由速度选择阀控制行走泵和行走马达的斜盘来实现。前进时,行走泵从油口 B 泵油,经过正向履带阀,油被等量分成四路,分别经过左端架歧管、右端架歧管流到左边马达的 B 油口和右端马达的 A 油口(因为机器右边行走马达与机器右边行走马达转向相反,为使履带按同一方向转动,进入左侧马达的油口和进入右侧马达的油口要相反),驱动左边和右边的马达转动,使机器前进。从左边马达 A 油口和右边马达 B 油口流出来的回油合到一处流进行走泵的 A 油口,如此循环下去。

后退时,行走泵从油口 A 泵油,然后分成四路,不经过正向履带阀直接分别流经左端架歧管、右端架歧管进入左边行走马达的 A 油口和右边马达的 B 油口,驱动左边和右边的马达转动,使机器后退。经过马达之后从左边行走马达 B 油口和右边行走马达 A 油口回油,经过正向履带阀回到行走泵的 B 油口(此时正向履带阀起分流作用相当于普通歧管),如此循环下去。

行走泵从油口 C 泵油,到达速度选择阀,速度选择阀控制行走马达的斜盘倾角,速度选择阀的工作与否由控制台上的速度选择开关控制。当速度选择开关打在“PAVE”时,速度选择阀的电磁线圈不通电,阀芯不打开,没有液压油流到马达斜盘的控制油缸。马达的斜盘在弹簧的作用下保持在最大倾角位置。输出最小速度和最大转矩。当速度选择开关打在“TRAVEL”时,速度选择阀的电磁线圈通电,阀芯打开,液压油流经速度选择阀到马达斜盘的控制油缸,推动与马达斜盘相连的活塞,使斜盘转动到最小倾角位置。这时,输出最大速度和最小转矩。这样速度选择阀就实现了速度选择功能。

马达斜盘控制油缸的回油、行走马达的泄漏油及行走泵的泄漏油合到一处,流经行走泵返回油箱,对行走泵起冷却作用。

梭阀接压力表,它能保证高压油口始终和压力表相通,使压力表测出其压力。

四、工作装置的操纵原理

水泥摊铺机工作装置的操纵有液压系统、电控系统和自动控制系统三种。

1. 水泥混凝土摊铺机工作装置的液压系统

水泥混凝土摊铺机主要性能参数见表7.5。

滑模式摊铺机性能参数　　表7.5

项　目	单　位	数　值
发动机功率	kW	317
标准摊铺宽度	m	3.7~7.5
可选摊铺宽度	m	3.7~13.4
摊铺厚度	mm	0~457
摊铺速度	m/min	0~9
行走速度	m/min	0~19
质量(标准宽度)	kg	49~440

工作负荷增大时,系统要有足够的可靠性。例如,一台履带式摊铺机行走系统是左右独立驱动的液压回路,由安全阀限制的系统最高压力是40MPa,设计的平均工作压力是24MPa,在正常的直线摊铺作业时,工作是可靠的。但在调整行驶方向、弯道摊铺或者料车偏斜只有一个车轮接触摊铺机推辊时,两个行走回路的工作压力一个升高,另一个降低,其平均值约24MPa。有时降压一侧的工作压力会降得很低,升压一侧的工作压力就超过了安全阀的调定值40MPa,工作不可靠,甚至不能工作。所以应该调整设计参数,要么升高系统的控制能力,要么降低平均工作压力。

应有高效率的调速、恒速回路。大型摊铺机必须对行走、刮板、螺旋、振捣、振动进行调速控制,对自动调平液压缸进行恒速控制。在进行这些回路设计时,除了使各执行元件完成满意的设计功能外,还应考虑系统产生的热量问题。绝对不能用简单的节流调速回路,应采用变量泵定量马达调速回路、变量泵变量马达调速回路、高效率调速阀组成的调速回路、高效率流量阀组成的恒速回路,尽量减少系统的发热量。

应尽量减少系统热量,控制液压油温度。液压系统中尽管设置了高效率的调速、恒速回路,减少了系统发热量,但液压油的温度仍然难免超过规定的限值,尤其是大型摊铺机。因此,还应设计冷却回路,甚至设计双冷却分级控温冷却回路,以对系统散热,降低液压油温度,使液压泵、液压马达在高容积效率区段工作,使职能元件工作速度稳定。一个液压系统效果良好的冷却回路往往要靠试验来最终确定。

1)螺旋布料器液压系统

螺旋布料器液压回路由螺旋布料器泵、螺旋布料器马达、油箱、滤清器组成,如图7.58所示。

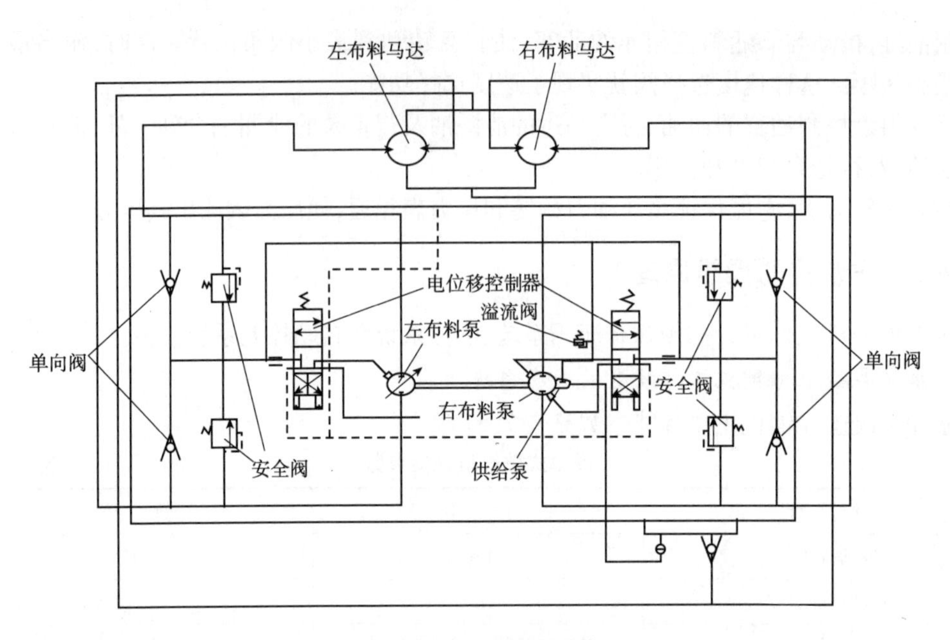

图 7.58　螺旋布料器液压系统图

左布料器泵和右布料器泵分别为两个液压回路,分别有各自的液压输出,但两泵的回油管串联安装,两泵由一个供给泵提供压力油。供给泵经吸油滤清器从油箱中吸油,当控制板上的螺旋布料器控制手柄打到中位时,液压油不经过电位移控制器而顶开单向阀给主泵的低压侧供油,但这时由于没有油流到控制泵斜盘的伺服机构,斜盘倾角为零,泵空转没有输出。当控制板上的布料器控制手柄打向左方时,电位移控制器一端的电磁线圈通电,电位移控制器在上位工作,液压油流到控制斜盘的伺服机构使斜盘倾角为正,同时液压油顶开单向阀中的一个给主泵低压侧供油。主泵高压油流到布料器马达,布料器马达正转。左泵和右泵的工作情况完全一样,但由于它们是由各自的布料器控制杆控制的,互不干涉,可分别调整左、右布料器马达的转速从而适应各种工况。当布料器控制手柄打向右方时,电位控制器在下位工作,主泵斜盘为负,布料器马达反转。

供给泵回路中有一个溢流阀,如果供给压力在 1 655kPa 以上,溢流阀打开,供给泵回路中多余的液压油由此溢流流入主泵泵体,对主泵起冷却作用。经过主泵之后,液压油从排油口流出,再进入布料器电动机底部的泄油口,冷却布料器电动机,然后从布料器电动机顶部的排油口流出。如果排油压力超过 172kPa,单向阀打开,过量的压力油直接流回油箱。每一个泵都含有两个溢流阀和两个单向阀连接在主回路上。溢流阀可防止回路中的高压冲击,在快速加速、制动或突然加载时,高压侧的油可以通过溢流阀过载溢流回到低压侧。同时两个单向阀起到补油作用。因此,这四个阀在组合闭式回路里起过载补油的作用。操作台上的压力仪表与泵之间有梭阀连接。这样使泵无论在正转还是反转时都可保证高压油和压力仪表相通,从而测出系统的液压油压力值。

2)振动棒液压系统

振动棒液压系统由振动泵、振动增压泵、振动压力歧管、流量控制阀、液压油冷却器、回油冷却歧管、控制阀及油箱组成,如图 7.59 所示。振动泵位于变速器输出部分的前下方;振动增压泵位于变速器输出部分后下方的末端;振动压力歧管位于机器的前中部,紧贴着伸缩套;流量控制阀分为三个部分,分别位于机器的左、中、右方;液压油冷却器位于发动机的左端;回油冷却歧管位于机器的后中部,和后面的伸缩套在一起。

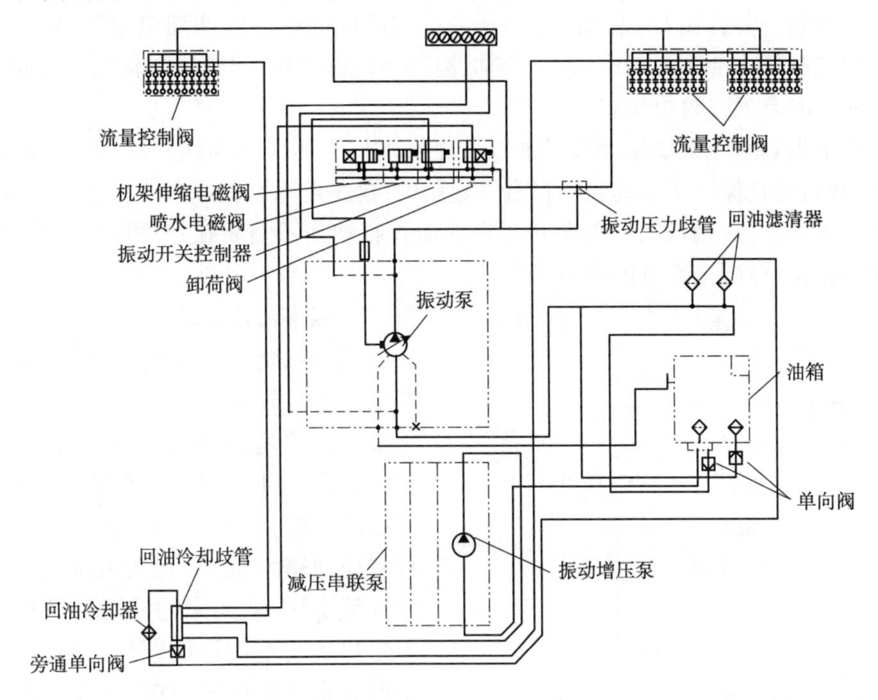

图 7.59 振动棒液压系统图

振动增压泵从油箱中吸油,经过泵体输送液压油到回油冷却歧管,然后经回油冷却器或旁通单向阀流入振动回油滤清器。液压油经过过滤后流入振动泵的吸口,这时的液压油已具有一定的压力,可以满足振动泵的自吸要求。振动泵吸油后,经过振动泵体把液压油送入振动压力歧管,振动压力歧管把液压油分成左、右两路,分别送入左、右流量控制阀,通过流量控制阀驱动振动器产生振动。

当发动机通过起动马达启动时,振动器系统中的卸荷阀将把振动泵输出的液压油自动输入液压油冷却器,然后返回油箱。这时液压油就不会流入振动压力歧管。具体工作流程:当按下启动按钮,电流便到达卸荷阀的电磁线圈,使卸荷阀阀芯移到右位,使振动泵输出油直接到回油歧管。若发动机开始运转,并且放开启动按钮,电磁线圈不通电,阀芯在弹簧的作用下回到左位,卸荷阀关闭,振动泵输出的液压油流入到流量控制阀,驱动振动器产生振动。

流量控制阀是组合阀,每个组合阀包括 5 个独立的流量控制阀。振动泵的压力补偿机构可以提供一个恒定的液压油压力,把一定量的液压油送到需要的振动棒中。从振动棒返回来的油流入回油冷却歧管。振动泵的泄露油经泵体上的排油口流入液压油箱。液压油冷却回路冷却返回的液压油,并为振动系统提供补偿液压油。从捣实马达和振动器返回的液压油也流经冷却器回路。在液压油冷却回路中,从各元件来的液压油流入回油冷却歧管,回油冷却歧管将油送入回油滤清器,回油滤清器直接地将油液送入振动泵吸口,振动泵不需要过量的油液返回液压油箱。旁通单向阀控制回油冷却歧管的油流方向。若液压油足够冷却,使液压油压力高于 450kPa,则旁通单向阀打开。液压油在进入振动器回油滤清器前必须先通过回油冷却器。系统中还有一振动开关控制阀,它由控制板上的振动开关控制。当振动开关打在 OFF,开关控制阀的电磁线圈没有通电,把从辅助泵来的控制压力油输入到振动泵斜盘控制机构,压力油移动泵的斜盘到零倾角位置,停止泵输出。

当振动控制开关打在 ON 位置,振动开关控制阀中的电磁线圈通电,移动阀芯,关闭从辅助泵来的控制压力油到振动泵斜盘控制机构,泵斜盘在弹簧的作用下移到最大倾角位置。通常泵在输出时是处在这个位置。

当采用了振动增压泵给振动泵供油以及在回油路上用了单向阀之后,液压油箱就不必采用压力油箱,而且保证了振动泵吸口有一定压力,这是此系统的重要特点之一。如果把普通油箱改为压力油箱,则可通过单向阀所在的油管吸油而不需要振动增压泵。压力表与泵入口及出口相连,可测出系统的压力。

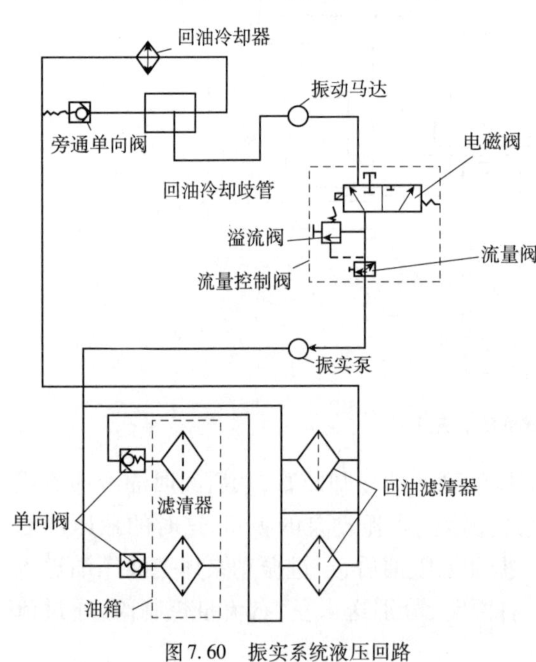

图 7.60　振实系统液压回路

3)捣实液压系统

捣实系统液压系统如图 7.60 所示,捣实泵经单向阀从液压油箱中吸油,经过泵体将油送入流量控制阀。当控制板上的捣实开关打在 OFF 位置时,流量控制阀中的电磁线圈断电,阀内的弹簧移动阀芯,打开通往液压油箱的油道。因为发动机一运转,捣实泵就工作,从泵来的液压油通过阀流道,不经捣实马达而返回液压油箱。当控制板上的捣实开关打在 POWER 位置时,流量控制阀中的电磁线圈通电,阀芯克服弹簧力移动,打开通往捣实马达的油道。从捣实马达返回的液压油流入回油冷却歧管,它的作用和振动系统中相同,从冷却器或旁通单向阀流出的油流到回油滤清器,由此流回油箱或再循环进入捣实泵。旁通单向阀控制回油冷却歧管的油流方向,若液压油足够冷却,液压油压力高于450kPa,则旁通单向阀打开。液压油在进入滤清器前必须通过回油滤清器。

4)伺服调平液压系统

伺服调平液压系统如图 7.61 和图 7.62 所示,它由辅助泵、电磁阀、升降油缸、转向油缸等组成。其主要作用是调节升降油缸的伸缩,从而保持机架平面和设定标准一致。

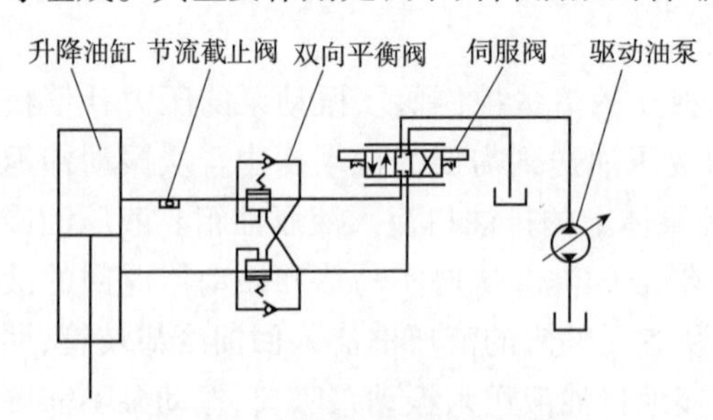

图 7.61　升降油缸液压系统示意图

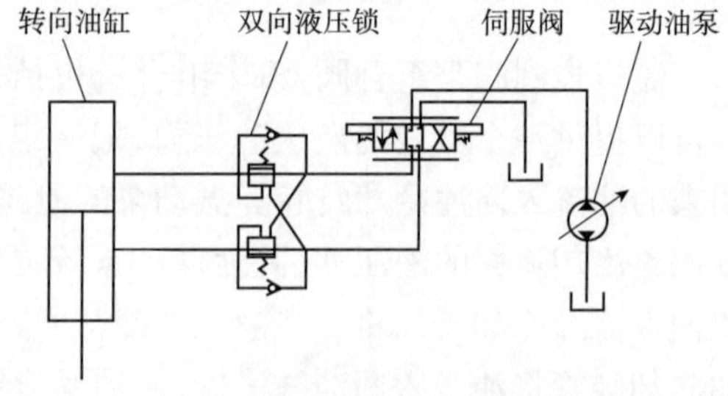

图 7.62　转向油缸液压系统示意图

2. 水泥混凝土摊铺机工作装置的电控系统

电控系统是混凝土摊铺机的一个重要组成部分。在保证摊铺作业速度恒定,供料速度与行走速度合理匹配,浮动熨平板随道路状况变化而自动调平以及在摊铺机监控报警等方面，电控系统起着重要的作用。现代化的摊铺机几乎所有操作都已采用电控方式控制，而电控系统的品质，将直接影响到摊铺机的可靠性、摊铺作业效率以及施工路面的质量。

目前，国内外主流摊铺机的电气系统是以相互独立的子系统控制为主。随着计算机控制技术、信息技术、网络技术的发展及不断向工程机械领域渗透，摊铺机电控技术开始向着系统整体控制的方向发展。通过采用CAN总线技术使控制系统更加集成化、智能化和信息化。未来摊铺机控制将朝着系统电控化、硬件标准化、软件编程化的方向发展。除了对摊铺机作业精确控制外，还能通过GPS系统将操作记录、报警记录、故障记录等信息传输至信息中心，进行在线智能监控、检测、预报、远程故障诊断与维护。

1）螺旋输料电气系统

滑模式摊铺机的左右螺旋独立驱动，图7.63是该机的螺旋输料电气系统原理图。图7.63中，Y_6、Y_7表示左右螺旋泵比例控制电磁铁。左（右）螺旋挡位开关S_6（S_7）用来控制左（右）螺旋输料器的运转方式。左（右）螺旋挡位开关S_6（S_7）置于“手动”位时，左（右）螺旋输料器以左（右）螺旋转速旋钮R_3（R_4）调定的转速运转；置于“停止”位时，左（右）螺旋输料器不运转；置于“自动”位时，当行走操纵手柄推向前进位，左（右）螺旋输料器的转速受左（右）超声波料位控制器控制。左（右）螺旋全速按钮S_8（S_9）设置在摊铺机左（右）侧遥控盒上，用于地面作业人员对螺旋输料器的手动控制。无论左（右）螺旋挡位开关S_6（S_7）在“自动”位、“手动”位还是“停止”位，按住左（右）螺旋全速按钮S_8（S_9），正在停止或低速运转的左（右）螺旋输料器立即以最高转速运转，松开后恢复原状态。左（右）螺旋停止按钮S_{10}（S_{11}）设置在摊铺机左（右）侧遥控盒上，用于地面作业人员对螺旋输料器的手动控制。无论左（右）螺旋挡位开关S_6（S_7）在“自动”位还是“手动”位，按住左（右）螺旋停止按钮S_8（S_9），左（右）螺旋输料器立即停止运转，松开后恢复运转。

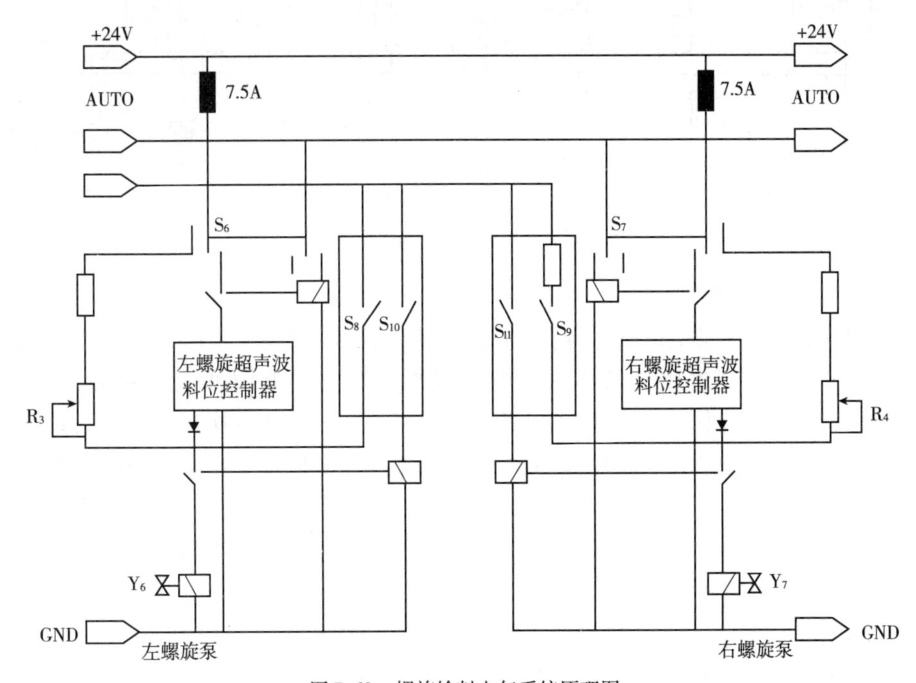

图7.63　螺旋输料电气系统原理图

2)自动调平电气系统

滑模式摊铺机采用双纵向自动调平系统,图 7.64 是自动调平系统原理图。图 7.64 中,Y_{8a}、Y_{8b}表示左调平电磁阀的 2 个电磁铁,Y_{9a}、Y_{9b}表示右调平电磁阀的 2 个电磁铁。左(右)调平挡位开关 S_{12}(S_{16})和左(右)调平状态开关 S_{13}(S_{17})位于主操纵台上,左(右)调平增厚按钮 S_{14}(S_{18})和左(右)调平减薄按钮 S_{15}(S_{19})位于左(右)遥控盒上。左(右)调平挡位开关 S_{12}(S_{16})用来选择左(右)调平的工作方式,有"手动""自动"和"停止"3 个挡位。左(右)调平状态开关 S_{13}(S_{17})有"增厚"和"减薄"2 个位,仅在左(右)调平挡位开关 S_{12}(S_{16})置于"手动"位时起作用,用于作业前调整左(右)侧初始仰角或用于摊铺时在操纵台上手动控制摊铺厚度。左(右)调平挡位开关 S_{12}(S_{16})置于"停止"位,左(右)调平油缸不动作。左(右)调平挡位开关置于"自动"位,当行走操纵手柄推向前进位时,左(右)调平油缸的动作受左(右)非接触式超声波自动调平控制器自动控制;当行走操纵手柄拉回中位或后退位时,左(右)调平油缸不动作。无论左(右)调平挡位开关 S_{12}(S_{16})置于"手动""自动"或"停止"位,按住左(右)调平增厚按钮 S_{14}(S_{18}),摊铺厚度增厚,松开后停止;按住左(右)调平减薄按钮 S_{15}(S_{19}),摊铺厚度减薄,松开后停止。

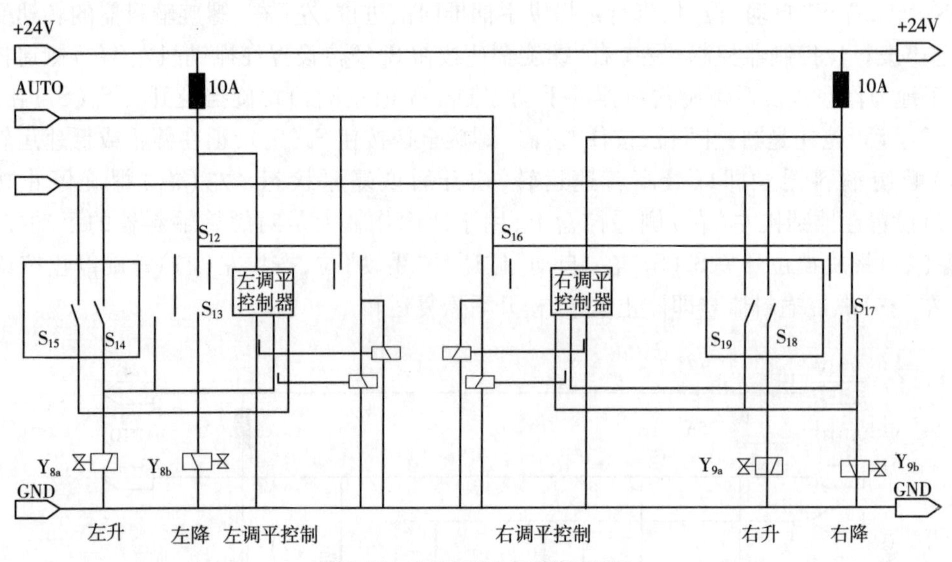

图 7.64 自动调平电气系统原理图

3)熨平装置电气系统

熨平装置功能有浮动、上升、下降、锁定、增压、加压、延时、防爬升、防下沉、防压痕等,设计时可选择,但至少要有前 4 种功能。熨平装置的功能由其液压回路产生。大中型液压传动摊铺机及现代化摊铺机的熨平装置液压回路由电磁换向阀、溢流阀、电控单向阀和液压缸组成。这些液压阀的不同配置决定了熨平装置的各种功能,靠电控来实现。

图 7.65 是熨平装置电气系统原理图。如图 7.65 所示,S_{20}是熨平板挡位开关,用来选择熨平装置的工作方式,有"摊铺"及"升降"2 个挡位。K_5 是熨平板状态开关,用来选择熨平装置的工作状态,可选择"浮动""上升""下降""锁定"及"减压"5 种功能。

熨平板挡位开关 S_{20}置于"摊铺"位时,熨平板状态开关 S_{21}有 3 个位置:减压、锁定和浮动。如果 S_{20}置于"摊铺"位,S_{21}置于"浮动"位置,当行走操纵手柄推向前进位时,8s 后熨平装置自动进入浮动摊铺状态；当行走操纵手柄拉回中位或后退位时，熨平装置自动锁定。如果S_{20}置于“摊铺”位，S_{21}置于“减压”位置，当行走操纵手柄推向前进位时，8s后熨平装置自动进入减压摊铺状态；当行走操纵手柄拉回中位或后退位时，熨平装置自动锁定。如果S_{20}置于“摊铺”位，S_{21}置于“锁定”位置，熨平装置被锁定在浮动摊铺或减压摊铺的高度上。

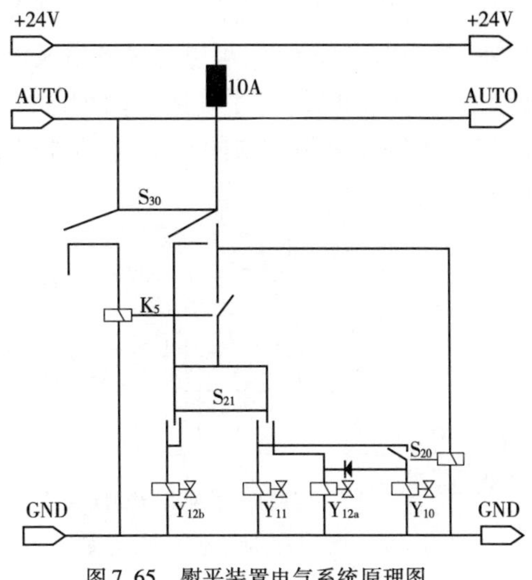

图7.65　熨平装置电气系统原理图

熨平板挡位开关S_{20}置于“升降”位时，熨平板状态开关S_{21}功能有提升、锁定和下降3种。如果S_{20}置于“升降”位，S_{21}置于“提升”位，熨平装置提升。如果S_{20}置于“升降”位，S_{21}置于“下降”位，熨平装置下降。如果S_{20}置于“升降”位，S_{21}置于“锁定”位，熨平装置在提升或下降过程中立刻被锁定。延时继电器K_5用来进行顺序控制，当行走操纵手柄推向前进位开始摊铺作业时，8s后熨平装置自动进入浮动摊铺状态或减压摊铺状态，从而实现延时功能。

3.水泥混凝土摊铺机自动控制系统

1)传感器的分类及其工作原理

传感器是摊铺机自动控制系统的核心元件，无论实现自动转向还是自动调平，都离不开传感器的工作。传感器实际上是一个人工智能元件，它可以代替人工感知和判断路基的高低变化和转弯要求，并能随机向液压系统发出工作指令，及时改变供油通路和流量，以适应变化了的作业工况，因而传感器的工作精度和质量，决定了滑模摊铺机的性能和水平。目前在摊铺机上采用的传感器分两种类型，一类是电—液控制式的电控传感器，一类是机液伺服控制式的液控传感器。

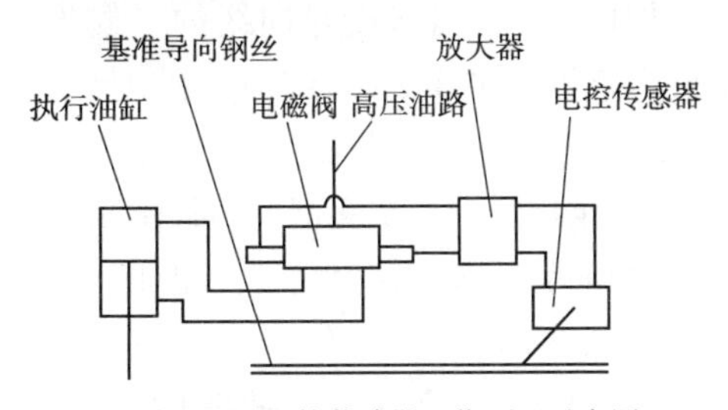

图7.66　电控传感器工作原理示意图

电控传感器工作原理如图7.66所示。它是将感受到的路基高度变化或转向改变的情况，以电信号形式给出，通过相应的放大电路控制电磁阀动作，从而改变高压油通路来控制相应的调平油缸或转向油缸的运动。这种传感器技术比较成熟，应用也比较普遍。

液控传感器的工作原理和电控传感器不同的是，液控传感器能把所感受到的路基高度或转向的改变，直接输出液压信号来改变高压油的通路，进而控制相应的液压缸按照指令动作。省去了一些中间转换环节，使系统为之简化，从而提高了系统的控制精度。

2)电—液自动控制系统工作原理

电—液自动控制系统是滑模式摊铺机较多采用的操纵控制形式，由自动调平系统和自动转向系统两部分组成。

电—液自动调平系统如图7.67所示，其中省略了一些辅助线路，以便于更加直观地了解主控元件的工作过程。图7.67中，虚线所包容的部分是电控传感器，它是由滑叉、配重、微型开关和限制开关组成。两个微型开关通常处于断开状态，当滑叉摆动时，某个开关即被接通，其动作十分灵敏，可以感受到滑叉沿导向线运动中任何轻微的摆动。微型开关的一端通过限制开关和转换(手动或自动)开关与电路的正极相连；另一端分别通过接线与电磁换向阀的A端和B端的线圈相接，并经由A、B线圈接负极。电磁换向阀是其中一个升降油缸的控制阀。

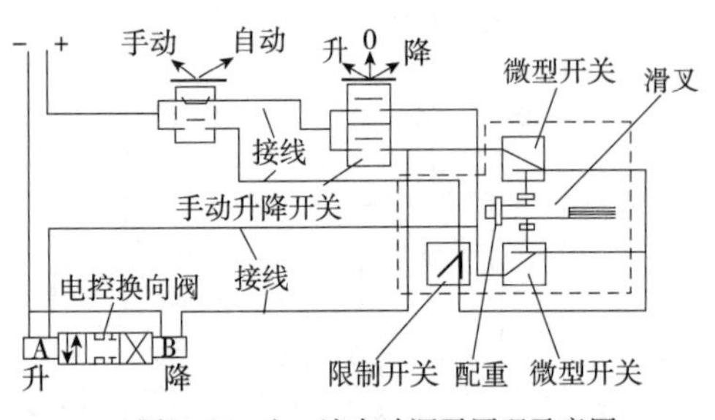

图7.67　电—液自动调平原理示意图

当转换开关处于“自动”状态时，正极经由接线和限制开关通到传感器的微型开关，此时如果路基出现低凹，履带下陷，则沿导向线移动的滑叉就会朝上摆动，使微型开关接通，电流就会经由接线通向电磁阀A端线圈与负极形成回路，从而电磁阀控制高压油进入升降油缸的上腔，使机架抬高。反之，如果路基出现凸起使履带上扬，则滑叉就下摆，接通微型开关，电源就会经由接线和电磁阀B端线圈接通，控制高压油进入升降油缸的下腔，使机架降低。如此控制，动作不止，始终保持机器沿预定的水平高程行驶。

当转换开关处于“手动”状态时，接线被切断(即图7.67所示情况)，电源经由接线通向手动升降开关，并沿接线及连接电磁阀的A、B端。此时，传感器被脱开而失去控制作用，机器的升降便由手动开关直接操纵。手动操作回路在自动化控制系统中也是不可缺少的组成部分。

在实际应用中，自动调平系统分单边控制、双边控制和无导引线控制3种形式。其工作原理分别是：单边控制形式是在摊铺机前进方向的一侧设置基准导向线，由安装在机器一侧的纵向调平传感器和安装在机器中部的横坡传感器实施联合控制。当纵向传感器将一侧的高度误差信号传送到系统中，经过处理放大，指令电磁阀动作，接通相应的油路，使油缸执行一侧的调整动作。此时，将会产生一个附加的横坡信号，这一信号被横坡传感器所感知，并迅速传送到系统处理中心，经过放大处理后，指令另一侧的电磁阀动作，使该侧油缸执行调整，直到机器回复到原来的横向位置，调平动作结束。当未设导向线的一侧发生高差变化时，虽然纵向传感器未直接得到信号，横坡传感器会首先感知到坡度的变化，同样会按照上述的控制过程最终实现调平。双边控制形式也称为“四点控制”，是在摊铺机的两侧各设置一根基准导向线，并在机器的两侧各安装两个调平传感器，分别控制高程。横坡则由两侧的基准导向线保证，此时横坡传感器被解除。这种控制方式，增加了布设基准导向线的麻烦，一般情况下较少采用。只有在弯道较多时，为了避免因采用单边控制产生的厚度增值，使路面平整度恶化，才采用双边控制。此外，由于在弯道曲线段以内，无法将导向线架设成连续曲线，只能尽力缩短标桩的间距，使之形成由若干段小直线组成的折线。无导引线控制形式用在已铺路面或其他构筑物适宜作为基准的场合，因而无须架设基准导引线。传感器通过拖架或拖靴在已铺路面或构筑物上滑行，实现对高程和坡度的控制。

电—液自动转向系统如图7.68所示。图7.68中，虚线所包容的部分为转向传感器，和调平传感器的安装方式不同，它的滑叉是垂直安装的，可以左、右摆动。微型开关通常处于断开状态，滑叉在前进中稍有或左或右的轻微摆动，就会引触的闭合。由图上可以看出，微型开关的一端通过接线、限制开关、接线和转换开关与电路正极接通，另一端通过接线分别连接电磁换向阀的A端和B端，再经由接线与负极接通。当机架向右偏离了行驶方向时，滑叉则在导引线的作用下左摆，开关被触发闭合，电流就会沿接线通向电磁阀的A端线圈，控制高压油的流向，使转向油缸动作，产生向左转向；反之，则向右转向。

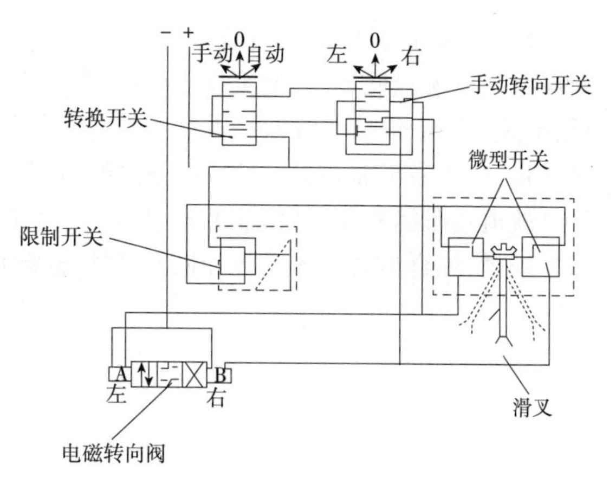

图7.68　电—液自动转向原理

同样在系统中接入了“手动”操作状态回路，当转换开关处于“手动”状态时，传感器被脱开，正极电流通过接线和手动转向开关分别经由接线和通向电磁阀的A和B线圈形成回路，直接控制高压油的通路，使转向油缸产生向左或向右的动作。

基准导引线的装设及作用：基准导引线是传感器工作的基础，其安装精度会直接反映到路面的摊铺质量上来，因此，装设导引线的工作不容忽视。

基准导引线一般选用直径为2.0～2.5mm的钢丝为宜。它在路基上的安装是靠标桩、夹线标等组件进行固定，标桩与标桩之间的最佳距离为6～8m，在弯道处则依据弯道半径大小而定，一般取0.8～1.0m。基准导引线的安装高度以所铺路面的厚度加0.3～0.6m为宜。为了保证基准引导线在衔接处的平滑过渡，其始点到第一个标桩的距离及终点到后一个标桩的距离为4～6m，在弯道上为1.2m。标桩的走向必须与路面设计中心线保持平行，并且距新铺路面一侧的水平距离要适中，一般控制在0.8～1.2m的范围。基准导引线每次张拉长度不宜超过200m，张拉力不小于80kg，安装高程误差应小于2mm。

五、轨道式水泥混凝土摊铺机

轨道式水泥混凝土摊铺施工方法是指采用两条固定模板或轨道模板(钢制或混凝土)作为路面侧面支撑和路型定位，模板顶面作为表面基准，在两条固定边模中对混凝土路面进行摊铺、捣实、成型和拉毛养生的施工技术。

轨道式摊铺机由行走机构、传动系统、机架、操纵控制系统和工作装置构成。工作装置包括布料机构、计量整平、振动捣实和光整作面机构。虽然各类轨道式摊铺机的结构形式各具特点，所采用的工作执行机构也不尽相同，但每一种摊铺机都是由若干上述机构的有机组合。图7.69为列车型轨道摊铺机。

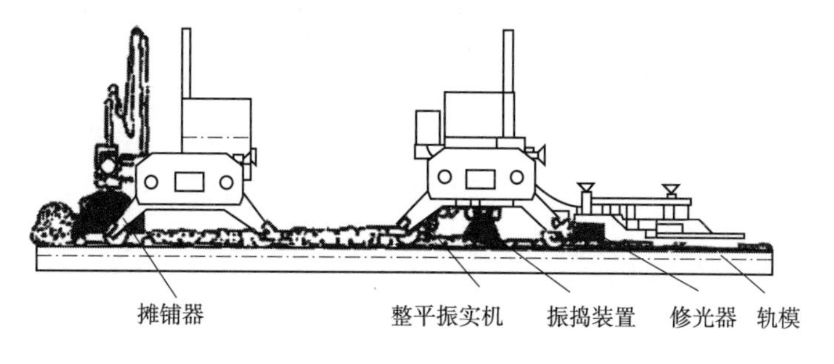

图7.69　列车型轨道摊铺机

轨道式摊铺机的优点是结构简单、造价低廉、工作可靠、操作简便、故障少、易维修以及对混凝土要求较低等,因此至今仍然受到许多发展中国家的青睐。其缺点是自动化程度较低,铺筑的路面纵坡、横坡、平直度和转弯半径的精度,在很大程度上取决于钢轨和模板的铺设质量,钢轨模板需要量大、装卸工作频繁而笨重。

轨道式摊铺机,因其作业方式、执行机构和整体功能的差异,又可进一步分为列车型轨道摊铺机、综合型轨道摊铺机和桁架型轨道摊铺机。

第八章 混凝土机械

第一节 水泥混凝土拌和机

混凝土拌和机是将一定配合比的水泥、砂石、水和外加剂、掺和料拌制成具有一定匀质性、和易性要求的混凝土拌和物的机械设备。

混凝土的强度不仅与组成材料服役期配合比有关,而且也取决于搅拌的均匀性。所以我国现行国家标准《混凝土搅拌机》(GB/T 9142—2000)规定,用混凝土拌和物的匀质性来评定拌和机的搅拌性能,即经过规定的搅拌时间的搅拌,同一罐不同部位的混凝土拌和物中砂浆重度的相对误差应小于0.8%,单位体积混凝土中粗集粒质量的相对误差应小于5%。同时,拌和机搅制的混凝土稠度也应均匀一致,每罐次混凝土的坍落度差值也应符合规定的要求。

由于分散搅拌不利于质量的控制,世界各国都推行了工厂集中搅拌的预拌混凝土制度,所以除了小容量的拌和机作为单机使用外,一般拌和机都应作为拌和站(楼)的配套主机。我国现行国家标准《混凝土搅拌机》(GB/T 9142—2000)规定,公称容量(也称为出料容量,即捣实后的混凝土体积)为150~350L的拌和机由进料、搅拌、出料、供水、控制、底盘等部分组成,应具有独立完成混凝土搅拌作业的功能。公称容量为500L及500L以上的拌和机应配置成拌和站(楼)。

混凝土拌和机按照进料、搅拌、出料是否连续,可分为周期作业式和连续作业式两大类。

周期作业式混凝土拌和机按其搅拌原理可分为自落式和强制式两种。自落式搅拌原理是:物料由固定在旋转拌和筒内的叶片带至高处,靠自重下落而进行搅拌,如图8.1所示;强制式搅拌原理是:物料由于处于不同位置和角度的旋转叶片强制其改变运动方向,产生交叉料流而进行搅拌,如图8.2所示。自落式搅拌原理决定了其搅拌作用不如强制式的强烈,而且搅拌筒转速不能提高,因为转速过高,离心力增大,使物料贴在筒壁上不能下落。所以自落式拌和机拌制匀质混凝土拌和物所需要的搅拌时间较长,生产率较低。

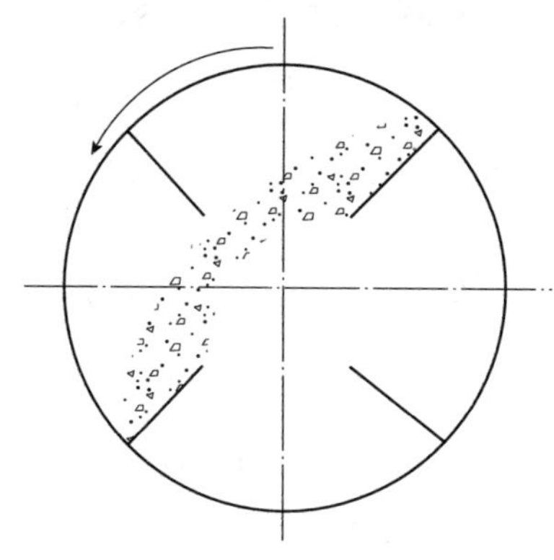

图8.1 自落式拌和机工作原理

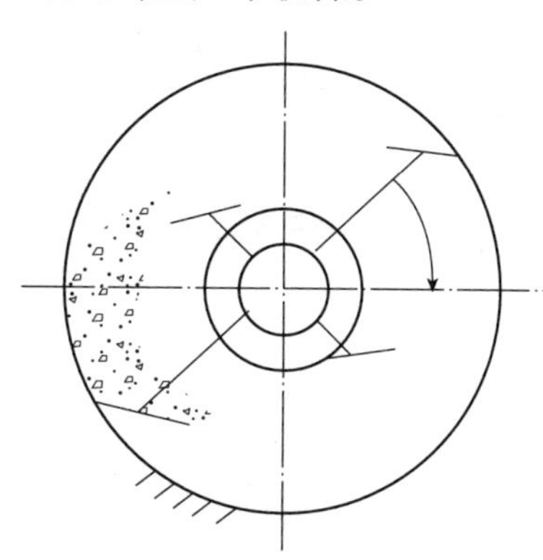

图8.2 强制式拌和机工作原理

连续作业式混凝土拌和机由于拌和物在拌和机内的搅拌时间比较短，一般都做成强制式的。

一、强制式混凝土拌和机

1. 涡浆式拌和机

涡浆式拌和机是一种构造简单的立轴强制式拌和机，通过立轴旋转进行搅拌（图8.3）。搅拌筒呈盘形，物料在搅拌盘外环和搅拌盘内环之间的环形带中被搅拌，旋转立轴安装在盘的中央，带动装有搅拌叶片的转子旋转，靠强制搅拌的原理加上较高的转速产生强烈的搅拌作用，所以比自落式拌和机搅拌质量好，生产率高。适用于各种稠度的混凝土拌和物，但更适用于拌制自落式拌和机不能拌制的干硬性混凝土拌和物和轻集料混凝土拌和物。涡浆式拌和机由于回转中心附近的叶片的线速度很小，不能产生强烈的搅拌作用，所以必需设置内环，以避开低效区。这使搅拌盘的容积利用率降低，径向尺寸增大。

2. 行星式拌和机

行星式拌和机是一种高效率的立轴强制式拌和机，通过立轴的旋转进行搅拌（图8.4和图8.5）。搅拌筒呈盘形，带有叶片的旋转立轴不装在盘的中央，而装在行星架上，立轴不仅自转，还增加了公转（在定盘式行星拌和机中，行星架绕盘中心旋转，使立轴产生公转；在盘转式行星拌和机中，公转是由盘本身旋转实现的）。这比只有自转的涡浆式产生更加复杂的运动。行星式拌和机旋转轴的数量按不同容量可以是一个、两个或三个。图8.6为行星式拌和机（定盘式）的构造图，搅拌盘的中心有一个直径较小的内环。搅拌盘的垂直筒壁内表面和底板上都镶有衬板。电动机和行星减速器装在顶盖上。减速器的输出轴通过联轴器与行星架相连接，带动行星架以20r/min的速度旋转。行星架是用一对角接触球轴承装在盘中线上的一根固定轴上。固定轴的上部有一个固定的小齿轮。这一小齿轮与行星架两侧的小齿轮相啮合，最终将动力传至装在拌和铲柄上部的小齿轮。铲柄下部分为两支，而每支上又装有两层拌和铲。当行星架旋转时，拌和铲将以4倍于行星架的速度自转。行星架上还装有内外刮刀，物料从装料口装入，水则由给水排管注入搅拌盘中，搅拌好的拌和料由闸门卸出。

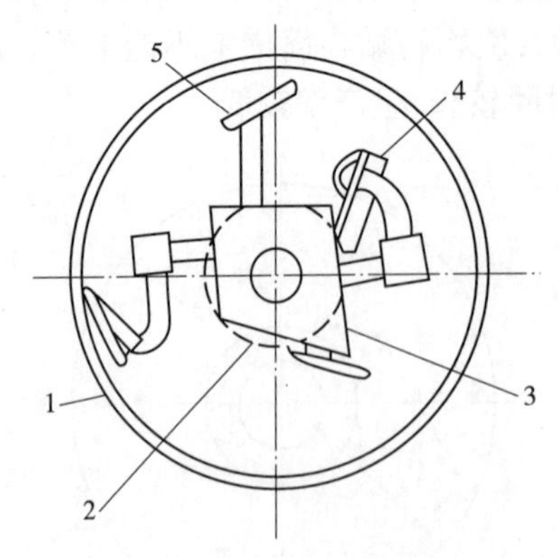

图8.3　涡浆式拌和机简图

1-搅拌盘外环；2-搅拌盘内环；3-转子；4-搅拌叶片；5-刮板

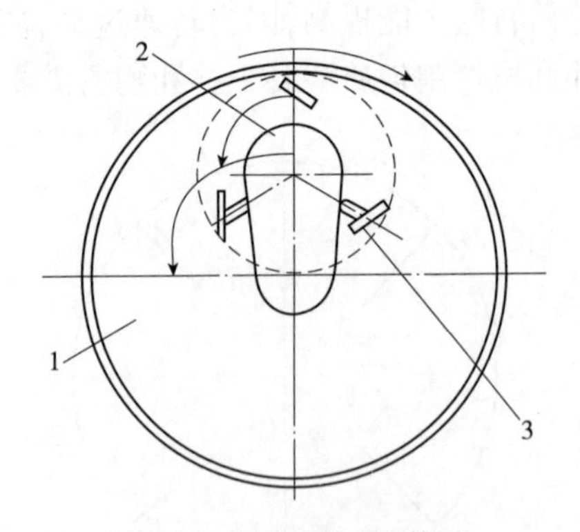

图8.4　行星式拌和机简图

1-搅拌筒；2-行星架；3-叶片

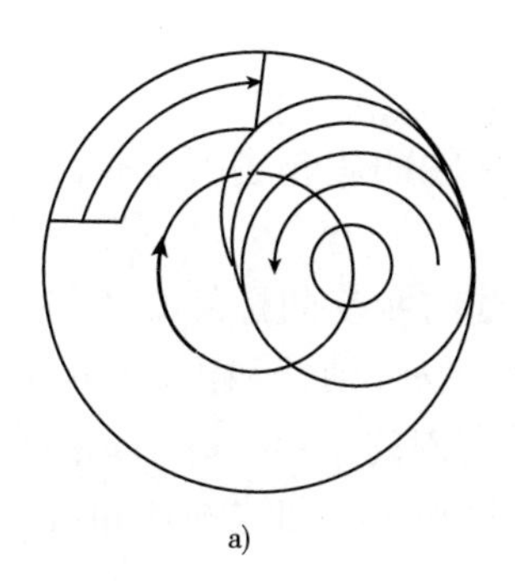

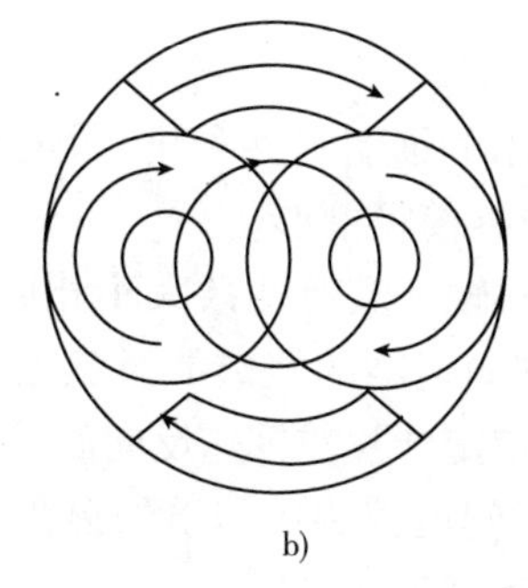

图 8.5　行星式拌和机立轴布置

a)一个立轴;b)两个立轴;c)三个立轴

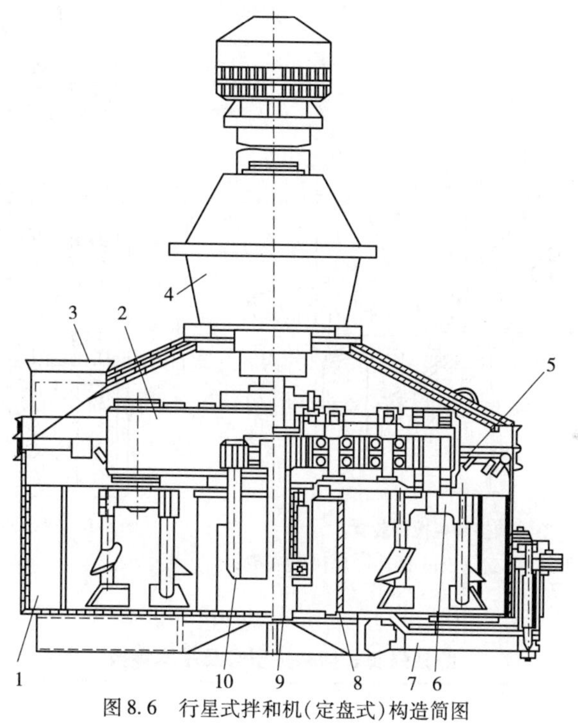

图 8.6　行星式拌和机(定盘式)构造简图

1-搅拌盘;2-行星架;3-装料口;4-减速器;5-给水排管;6-拌和铲柄;7-闸门;8-内环;9-固定轴;10-内外刮刀

立轴强制式拌和机型号及基本参数见表 8.1。

立轴强制式拌和机型号及基本参数　　表 8.1

基本参数	型号									
	JW50 JN50	JW100 JN100	JW150 JN150	JW200 JN200	JW250 JN250	JW350 JN350	JW500 JN500	JW750 JN750	JW1000 JN1000	JW1500 JN1500
出料容量(L)	50	100	150	200	250	350	500	750	1 000	1 500
进料容量(L)	80	160	240	320	400	560	800	1 200	1 600	2 400
搅拌额定功率(kW)	4	7.5	10	13	15	17	30	40	55	80
每小时工作循环次数,不少于	50	50	50	50	50	50	50	45	45	45
集料最大粒径(mm)	40	40	40	40	40	40	60	60	60	80

3. 卧轴式拌和机

卧轴式拌和机是一种新颖实用的强制式拌和机,通过水平轴的旋转进行搅拌。卧轴式拌和机分单卧轴和双卧轴两种,搅拌筒呈槽形。

单卧轴拌和机(图8.7)的一根轴上装有两条大小相同,旋向相反的螺旋叶片和两个侧叶片,迫使拌和物作带有圆周和轴向运动的复杂的对流运动。双卧轴拌和机(图8.8)的复杂对流运动是由两条旋向相同的螺旋叶片作等速反向旋转来实现的。由于卧轴式拌和机强烈的对流运动,因而能在较短的时间内拌制成匀质的混凝土拌和物。使这种拌和机有很好的拌和效果,适用范围广,近年来得到迅速发展。

卧轴强制式拌和机型号及基本参数见表8.2。

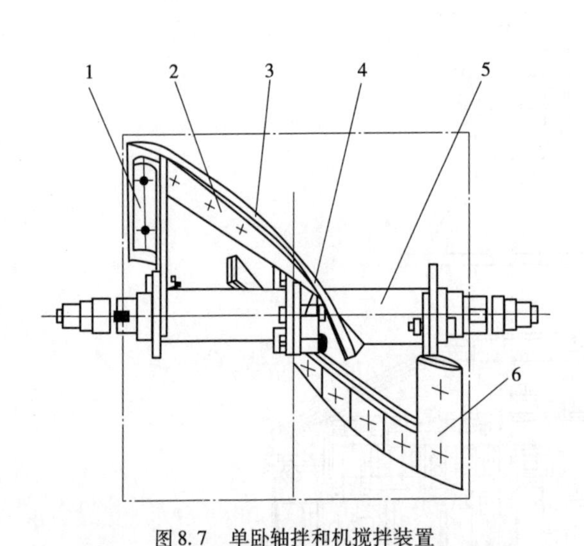

图8.7 单卧轴拌和机搅拌装置

1-侧叶片支撑板;2-螺旋叶片支撑板;3-螺旋叶片;4-搅拌臂;5-搅拌轴;6-侧叶片

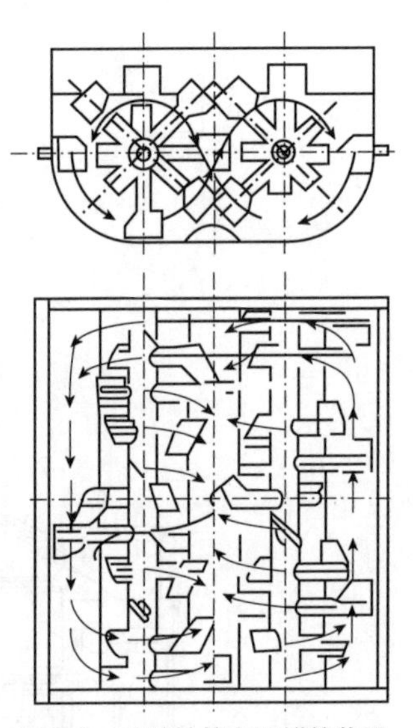

图8.8 双卧轴拌和机搅拌装置

卧轴强制式拌和机型号及基本参数 表8.2

基本参数	型号										
	JD50	JD100	JD150	JD200	JD250	JD350 JS350	JD500 JS500	JD750 JS750	JD1000 JS1000	JD1500 JS1500	JD3000 JS3000
出料容量(L)	50	100	150	200	250	350	500	750	1 000	1 500	3 000
进料容量(L)	80	160	240	320	400	560	800	1 200	1 600	2 400	4 800
搅拌额定功率(kW)	2.2	4	5.5	7.5	10	15	17	22	33	44	95
每小时工作循环次数,不少于	50	50	50	50	50	50	50	45	45	45	40
集料最大粒径(mm)	40	40	40	40	40	40	60	60	60	80	120

4. JS500双卧轴强制式拌和机的基本构造

图8.9为JS500双卧轴拌和机。主要由进料斗、搅拌筒、搅拌装置、搅拌筒装置、卸料机构、供水系统等组成。其主要技术参数如表8.3所示。

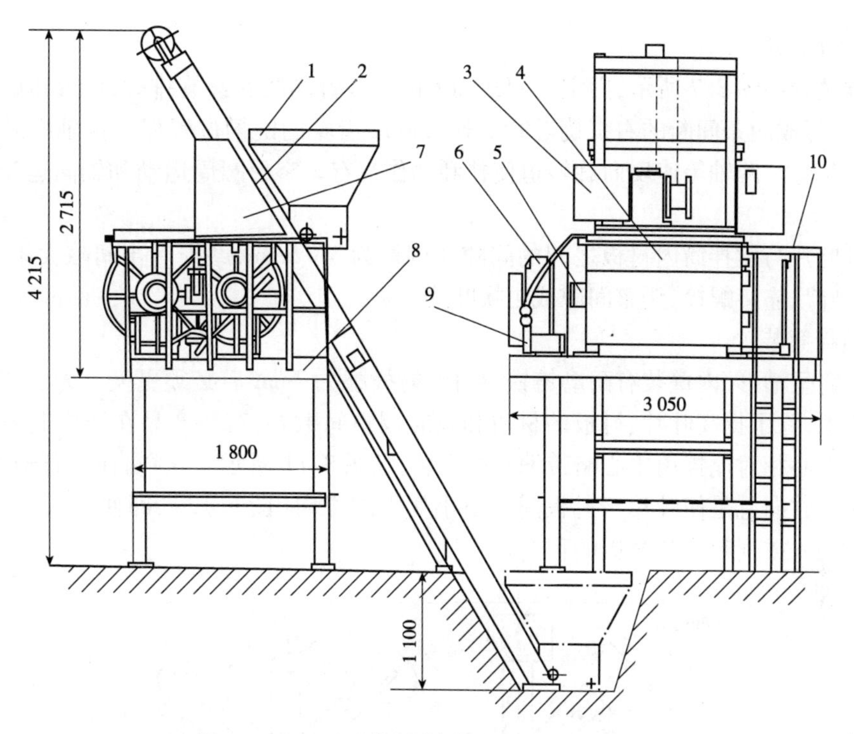

图 8.9　JS500 双卧轴强制式拌和机(尺寸单位:mm)

1-进料斗;2-上料架;3-卷扬机构;4-搅拌筒;5-搅拌装置;6-搅拌筒装置;7-电气系统;8-机架;9-供水系统;10-卸料机构

JS500 双卧轴拌和机主要技术参数　　表 8.3

公称容量	500L	搅拌轴转速	31r/min
进料容量	800L	齿轮减速电机型号	Y180M-4
生产率	≥25m^3/h	功率	18.5kW
搅拌时间	30～40s	外形尺寸	2 850×2 700×5 246
集料最大粒径	60mm	主机质量	4 200kg

卧轴拌和机能得到普及推广,这当然是这种机型固有的特点所致,但另一重要因素是由于解决了搅拌轴的轴端密封难题,以及其他一些具体结构的进一步完善。下面主要介绍这些结构的特点。

1)传动装置

图 8.10 为传动装置示意图。电机通过皮带轮减速后,带动第二级齿轮 2、3、4、6 减速。开式小齿轮 10 保证两端同步旋转。搅拌轴转速为 31r/min。

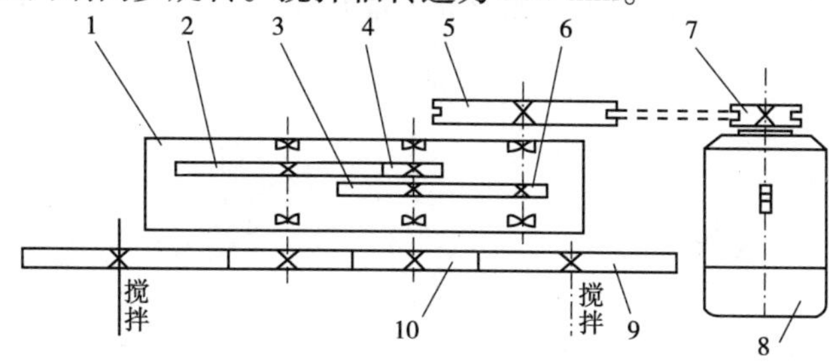

图 8.10　JS500 传动装置示意图

1-箱体;2-第二级大齿轮;3-第一级大齿轮;4-第二级小齿轮;5-大皮带轮;6-第一级小齿轮;7-小皮带轮;8-电机;9-开式大齿轮;10-开式小齿轮

2)搅拌装置

搅拌装置如图 8.7 所示,固定在两根轴上的搅拌臂均按右螺旋排列,叶片用螺栓安装在搅拌臂上,形成两条间断的右螺旋叶片。通过同步齿轮的键槽位置保证两轴螺旋叶片有适当的相对位置。两轴等速反向旋转迫使拌和物作带有∞字形圆周运动和轴向运动的复杂对流运动。

搅拌叶片与搅拌筒内衬板之间的间隙初调量为 3 ~ 5mm,磨损后当间隙大于 10mm 时,必须松开叶片连接螺栓,调整间隙或更换叶片。

3)搅拌筒装置

搅拌筒呈槽形,内壁装有耐磨铸铁、衬板,衬板磨去 7mm 后必须更换。为了减少磨损和卡石子现象,除了提高叶片、衬板的材质和及时调整间隙外,有些产品在结构上采取了搅拌轴的回转中心相对搅拌筒中心略带偏心的安装,如图 8.11 所示。这样,在卡石子发生区域,叶片的运动方向总是使叶片与衬板间隙由小变大的方向(图 8.12),即使卡入了石子,也会减少石子剌入或削叶片与衬板的程度。

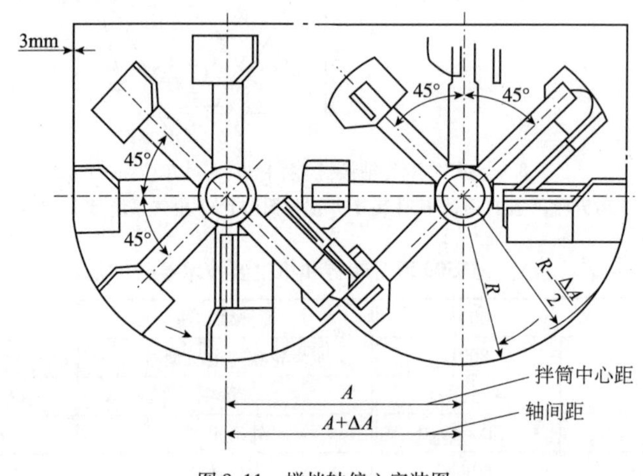

图 8.11　搅拌轴偏心安装图

4)卸料门装置

卧轴拌和机的卸料门为底开门形式,由两个汽缸操纵,站宽达搅拌槽底的全长,卸料迅速。为了避免漏浆和开门受阻现象,有些产品把卸料门与搅拌筒中心设计成偏心安置,如图 8.13 所示,当门关闭时,门紧贴搅拌筒出料口,有效地防止漏浆,具有良好的密封性能;当开门时,由于偏心安置,门与搅拌筒卸料口脱离接触,阻力消除,使开门轻便。卸料门顶衬板和搅拌筒弧形衬板的间隙调整在 1 ~ 1.5mm。

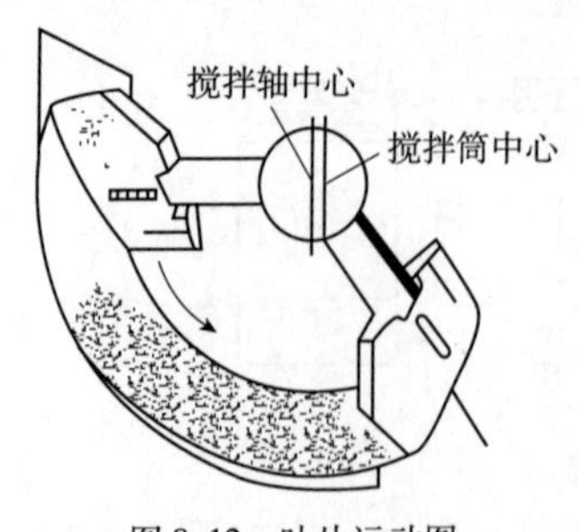

图 8.12　叶片运动图

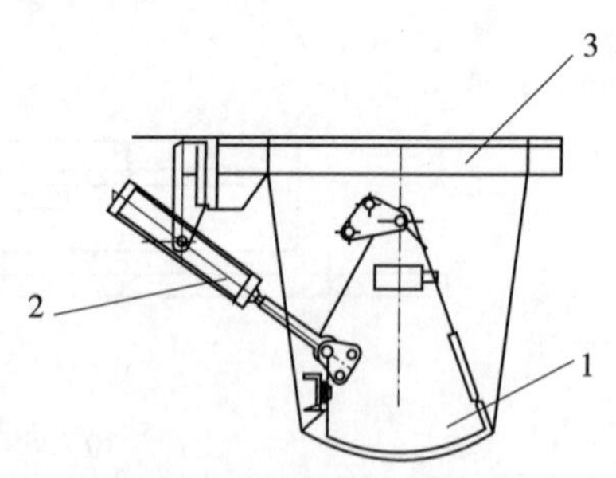

图 8.13　卸料门偏心安置

1-卸料门;2-卸料气缸;3-机架

5)轴端密封及支承装置

卧轴拌和机的旋转轴由轴承支承,轴端采用浮动密封(图 8.14),有效地解决了轴端漏浆问题,防止砂浆对轴承的侵蚀和磨损。工作时,浮动密封的两个浮动环的端面相互密贴(由于浮动密封的两个弹性密封圈的压紧力作用),并作相对转动而形成密封功能,端面磨损后能通过浮动环的轴向移动进行自动补偿。浮动环端面之间必须建立起润滑作用的油膜,以提高密封性能,图中,A 注油即起润滑作用。砂浆进入浮动密封会使密封面发生剧烈磨损,会影响弹性密封圈的弹性和浮动的浮动性,从而使密封失效,所以在浮动密封前面还需加一道环形缝隙密封,并注入油脂以封堵砂浆,防止砂浆进入浮动密封,或依靠油脂压力将已入侵的砂浆挤出,图中,B 注油即起封堵和挤出作用。

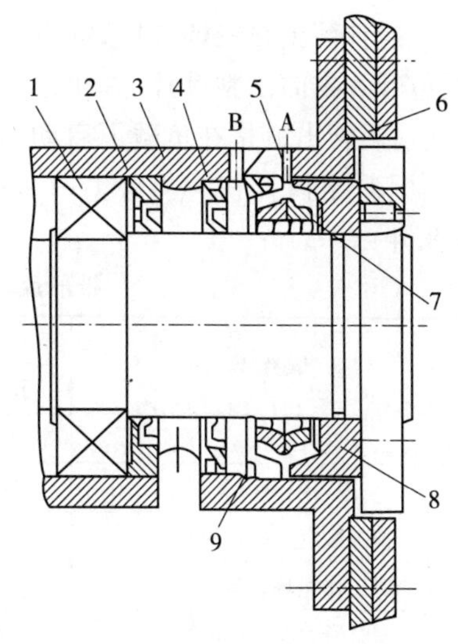

图 8.14 卧轴拌和机轴端密封

1-轴承;2-浮动密封;3-支承座;4-油封;5-O 形圈;6-轴承法兰;7-浮封环;8、9-浮封座

另外,还有一种新颖的轴端密封,是注入具有一定压力的空气进行封堵砂浆,不需消耗大量黄油。

二、自落式混凝土拌和机

1. 锥形反转出料拌和机

锥形反转出料拌和机是一种小型的自落式拌和机,通过搅拌筒的旋转进行搅拌。搅拌筒(图 8.15)为双锥形筒体,内壁焊有两对交叉布置的高位叶片和低位叶片,分别与搅拌筒轴线成一定夹角。搅拌筒旋转时,叶片在使物料提升下落的同时,还使物料轴来回窜动,所以搅拌作用比淘汰的鼓筒拌和机强烈,缩短了搅拌时间,提高了生产率和拌和物的匀质性。

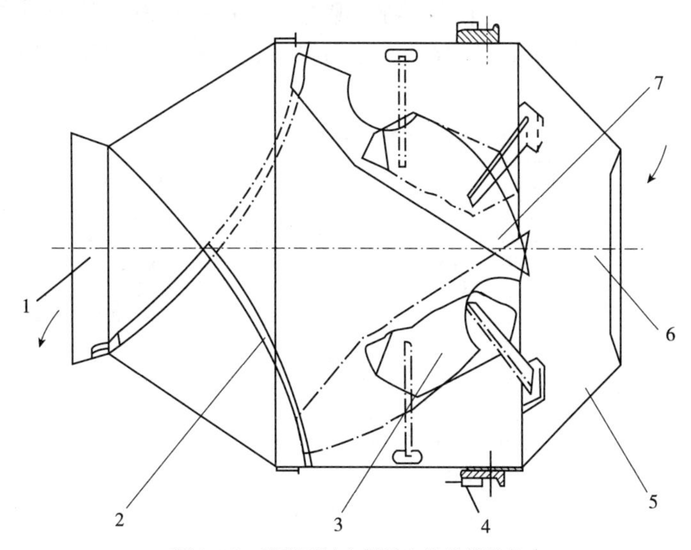

图 8.15 锥形反转出料拌和机的搅拌筒

1-出料口;2-出料叶片;3-高位叶片;4-驱动齿圈;5-搅拌筒体;6-进料口;7-低位叶片

在搅拌筒出料锥体内壁，焊有一对出料叶片。改变搅拌筒的旋转方向，混凝土拌和物即由低位叶片推向出料叶片，并排出筒外。反转出料省掉了一套倾翻机构，结构简单，操作方便，但是反转出料是在负载下启动，启动电流大，不易做成大容量。

《混凝土搅拌机》(GB/T 9142—2000)规定了锥形反转出料拌和机型号及基本参数(表8.4)。

锥形反转出料拌和机型号及基本参数表 表8.4

基本参数	型号					
	JZ150	JZ200	JZ250	JZ350	JZ500	JZ750
出料容量(L)	150	200	250	350	500	750
进料容量(L)	240	320	400	560	800	1 200
搅拌额定功率(kW)	3	4	4	5.5	10	15
每小时工作循环次数，不少于	30	30	30	30	30	30
集料最大粒径(mm)	60	60	60	60	80	80

2. 锥形倾翻出料拌和机

锥形倾翻出料拌和机是一种大型的自落式拌和机，通过搅拌筒的旋转进行搅拌。

搅拌筒(图8.16)为双锥形筒体，固定在两个圆锥内壁的叶片均向中部倾斜，左面叶片上的拌和物向右滑下，右面叶片上的拌和物向左滑下，在中部形成交叉料流，所以搅拌作用也比较强烈。由于拌和物在这种拌和机中提升高度不大时即沿叶片滑下，即使在使用大直径搅拌筒或拌制大集料混凝土时，叶片和筒壁也不易被撞坏，所以这种拌和机适用于大容量、大集料。出料靠倾翻结构使搅拌筒倾翻，同时搅拌筒继续旋转，所以出料迅速干净。

图8.16 锥形倾翻出料拌和机的搅拌筒

这种拌和机一般做成一端装料，另一端出料，所以搅拌筒必须水平装置。也有做成一端封闭，装料和卸料在同一端的“梨形”拌和机。搅拌筒允许5°~15°倾斜安置，提高了容积利用率。《混凝土搅拌机》(GB/T 9142—2000)规定了锥形倾翻出料拌和机型号及基本参数(表8.5)。

锥形倾翻出料拌和机基本参数表 表8.5

基本参数	型号									
	JF50	JF100	JF150	JF250	JF350	JF500	JF750	JF1000	JF1500	JF3000
出料容量(L)	50	100	150	250	350	500	750	1 000	1 500	3 000
进料容量(L)	80	160	240	400	560	800	1 200	1 600	2 400	4 800
搅拌额定功率(kW)	1.5	2.2	3	4	5.5	7.5	11	15	20	40
每小时工作循环次数，不少于	30	30	30	30	30	30	30	25	25	20
集料最大粒径(mm)	40	60	60	60	80	80	80	120	150	250

3. JZ350 锥形反转出料拌和机的基本构造

JZ350 拌和机是公称容量为 350L 的锥形反转出料拌和机。按驱动筒的方式可分为齿轮传动的 JZC350 型和摩擦传动 JZM350 型两种。下面介绍 JZC350 的整机基本构造以及 JZM350 的搅拌结构。

JZC350 由拌和机构、搅拌出料机构、供水系统、电气系统和底盘等部分组成(图 8.17)。具有独特完成混凝土搅拌的操作能力,可作为单机使用。其主要技术参数如表 8.6 所示。

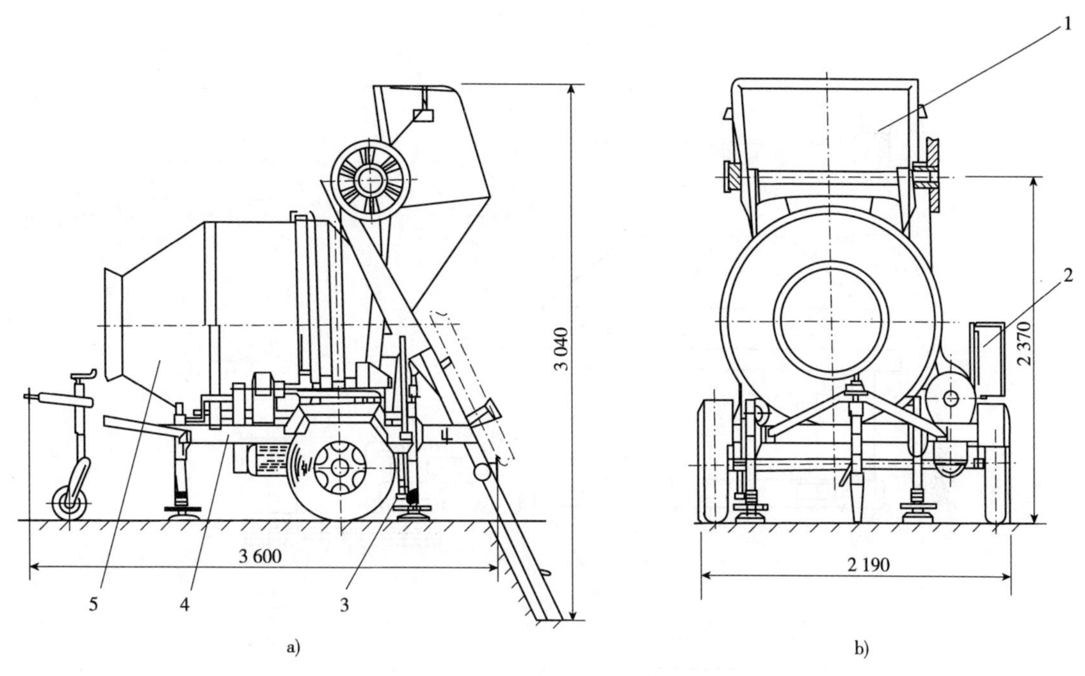

图 8.17 JZC350 拌和机(尺寸单位:mm)

1-进料机构;2-电气系统;3-供水系统;4-底盘;5-搅拌出料机构

JZC350 搅拌和机主要技术参数 表 8.6

公称容量	350L	搅拌轴转速	26r/min
进料容量	560L	搅拌筒转速	14.5r/min
生产率	12 ~ 14m³/h	出料高度	1 000 ~ 1 250mm
搅拌时间	35 ~ 45s	外形尺寸	3 600 × 2 190 × 3 040mm
集料最大粒径	60mm	主机质量	2 000kg

1)JZC350 搅拌出料机构

搅拌和出料机构由搅拌筒、托带轮和传动系统组成,传动系统由电机、皮带传动、减速器、小齿轮和大齿轮组成,如图 8.18 所示。

搅拌筒的构造和工作原理简述。搅拌筒正转(从出料方向看为顺时针)时,进行出料。

搅拌筒中段的两段焊有滚道,由四个托带轮支承。搅拌筒中段装有大齿轮,与减速器输出轴上的小齿轮啮合。搅拌筒由电机驱动,经一级三角皮带传动($i_1 = 2.44$)、二级圆柱齿轮减速器传动($i_2 = 6.04$)和一级开式齿轮传动($i_3 = 6.74$)减速而旋转。电机转速为 1 440r/min,经传动系统总传动比 $i = i_1 \cdot i_2 \cdot i_3 = 99.33$ 减速后,搅拌筒的转速为 14.5/min。搅拌筒的正反转由电机换向实现,第一级皮带传动可减少换向时的冲击。最后一级开式传动采用齿圈动不会打滑,因此不受外界条件的影响,工作可靠。

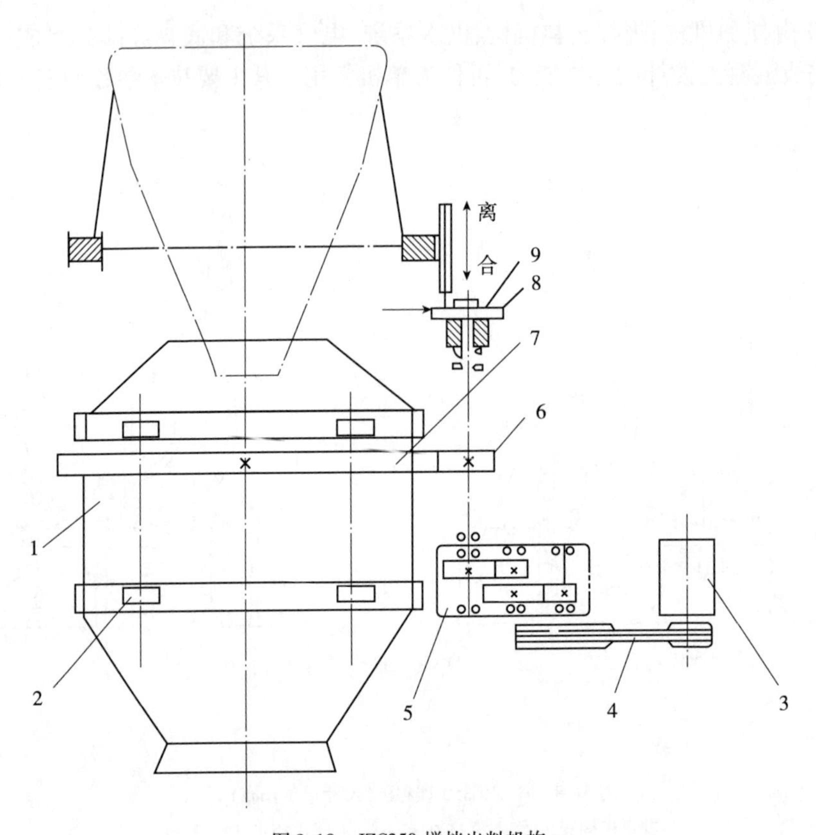

图 8.18　JZC350 搅拌出料机构

1-搅拌筒;2-托带轮;3-电机;4-皮带传动;5-减速器;6-小齿轮;7-大齿轮;8-制动器;9-进料离合器

2)JZC350 拌和机搅拌出料机构的传动的传动系统

该传动系统如图 8.19 所示。其特点是最后一级开式传动为摩擦传动,即支承搅拌筒的四个橡胶托带轮只有一对是主动轮,而另一对是从动轮。这对驱动托带轮由减速器输出轴直接驱动。托带轮和搅拌筒的滚道形成一对开式摩擦传动。这种传动系统的优点是结构简单,省掉了大齿圈,但传动易受外界条件的影响,甚至会打滑。

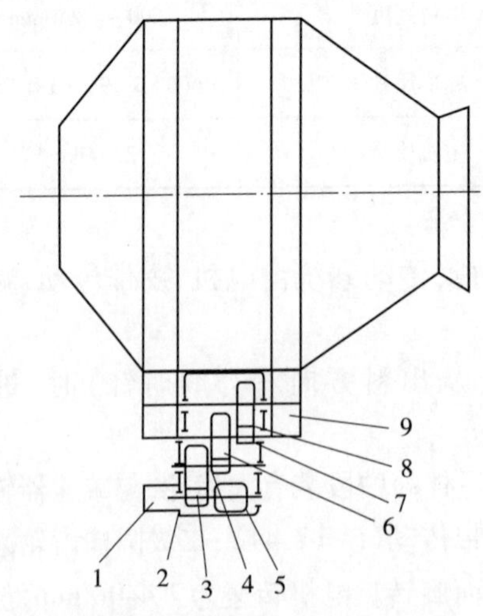

图 8.19　JZC350 搅拌出料机构传动系统

1-电机;2-齿轮Ⅰ;3-齿轮轴Ⅰ;4-齿轮轴Ⅱ;5-进料离合器;6-齿轮Ⅱ;7-齿轮轴Ⅲ;8-齿轮Ⅲ;9-托带轮

3)JZC350 拌和机进料机构

进料机构由进料斗、上料机架和卷扬机构组成(图 8.20)。

上料机架由上轨道架、接长轨道和落地轨道组成。使用落地轨道时,须挖地坑,使料斗口与地面平齐,进料方便,减轻劳动强度。

进料斗为爬翻式料斗,由小车架和料斗组成(图 8.21)。小车架由上部回转支承、角钢框架、下走轮轴总成以及装有缓冲橡皮垫的料斗托座组成。料斗的斜底搁置在小车的回转支承铰接。料斗斜底搁置在小车架托座的橡皮垫上。料斗被钢丝绳提升时,带着小车架一起沿上料架轨道爬升，当升到上部极限位置时，料斗便离开橡皮垫绕上走轮轴轴线向上翻转，将所装的材料卸入搅拌筒内。

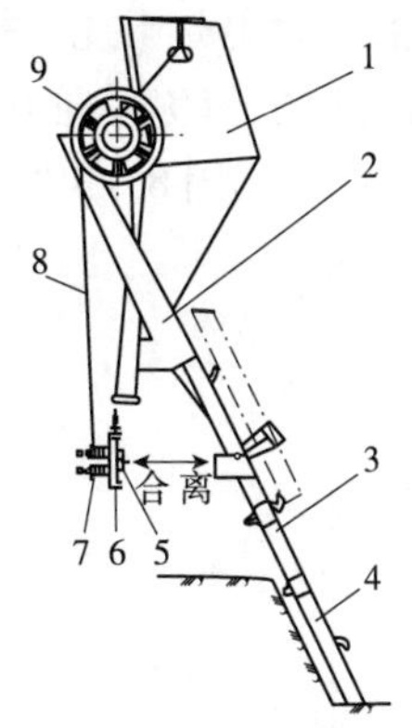

图 8.20　JZC 进料机构

1-进料斗；2-上轨道架；3-接长轨道；4-落地轨道；5-进料离合器；6-制动器；7-活动卷筒；8-钢丝绳；9-吊轮

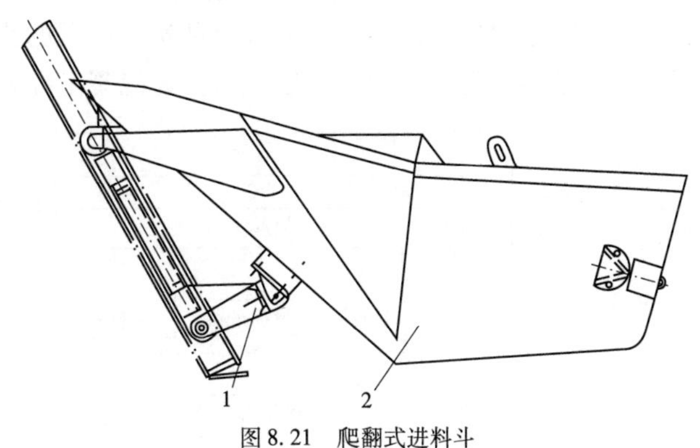

图 8.21　爬翻式进料斗

1-小车架；2-料斗

进料斗的升降、反转动作由卷扬机构完成。卷扬机构由进料离合器、制动器、活动卷筒、钢丝绳、吊轮和左、右旋卷筒(图 8.20 中未表示，参见图 8.18)组成。活动卷筒由搅拌出料机构的同一台电机集中驱动。将操纵手柄扳至正向极限位置时，离合器合上，制动器松开，电机通过皮带传动和减速器传动，驱动活动卷筒旋转，并带动进料斗作上升运动。将操作手柄推至反向极限位置，离合器和制动器松开，进料斗在自重作用下作下降运动。将操纵手柄置于中间位置时，离合器松开，制动器刹住，进料斗在轨道上被制动停留。操纵机构装有机械式自动限位装置，当料斗上升到上止点时，自动限位装置使离合器自动脱开，并刹住制动器，料斗立即停止上升，实现限位作用。

4) JZC350 拌和机供水系统

该机的供水系统由水泵和时间继电器组成。水泵的流量在出厂时已由节流阀调节合适，搅拌所需的水量是通过时间继电器控制水泵运转时间而得到保证的。按供水的时间预先设定好时间继电器的指针，供水时只需按下水泵启动按钮，水泵即开始运转供水，时间继电器同时动作，当时间继电器指针到零位时，供水电路自动切断，水泵停止转动，供水结束。另有手动停止按钮，可随时停止供水。

第二节　水泥混凝土搅拌站

混凝土拌和站(楼)是由供料、储料、配料、出料、控制等系统及结构部件组成，用于生产混凝土拌和物的成套设备。

用混凝土拌和站(楼)进行集中搅拌具有许多优越性：

(1)混凝土的集中搅拌便于对混凝土配合比较作严格控制，保证了质量。从根本上改变了现场分散搅拌配料不精确的情况。

(2)混凝土的集中搅拌有利于采用自动化技术，可使劳动生产率大大提高，节省劳动力，降低成本。

(3)采用集中搅拌不必在施工现场安装搅拌装置、堆放沙石、储存水泥,从而节约了场地,避免了原材料的浪费。

混凝土拌和站(楼)按照集料在混凝土生产流程中需要提升的次数分为混凝土搅拌楼和混凝土拌和站。集料经一次提升而完成全部生产流程的称为混凝土搅拌楼,俗称单阶式,如图8.22所示,集料提升二次或二次以上的称为混凝土拌和站,俗称双阶式,如图8.23所示。

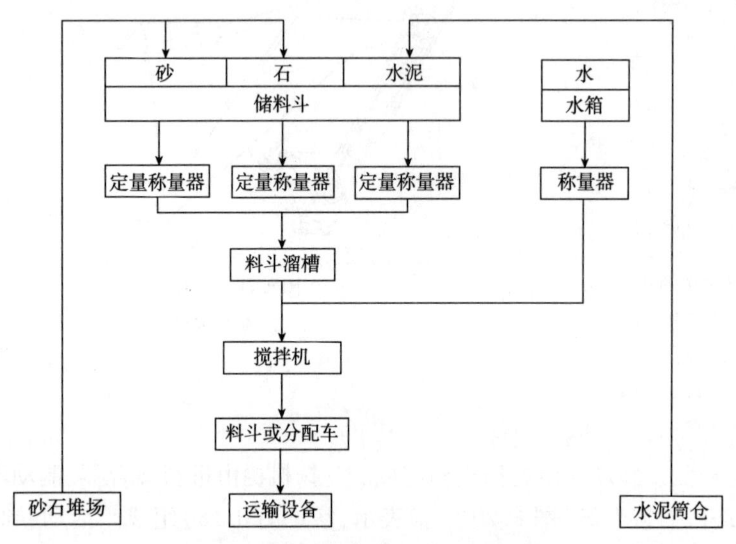

图8.22 单阶式混凝土拌和站集料流程图

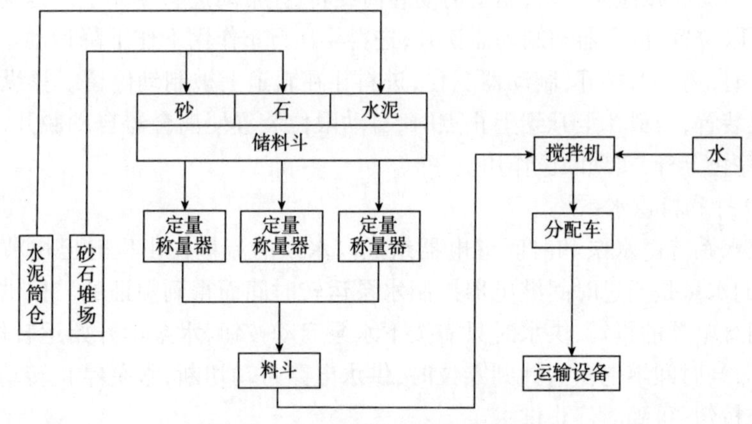

图8.23 双阶式混凝土拌和站集料流程图

混凝土搅拌楼(单阶式)从储料开始全部靠自重材料下落经过各个工序,所以自动化程度高,效率高,但是产房结构高度大,要配备大型运输设备,一次性投资大,建设周期长。适用于产量大的固定式。

混凝土拌和站(双阶式)高度小,只需配备小型运输设备,投资小,建设快,平面布置灵活,但效率和自动化程度一般都较低。适用于中小产量的拆装式和移动式。特殊情况下也可用于产量大的拆装式和移动式,例如大型水利、桥梁、公路等的"线性工程"。

混凝土搅拌楼和拌和站又按照配套主机的形式分为锥形反转出料拌和站、锥形倾翻出料拌和站(楼)、涡浆式拌和站(楼)、行星式拌和站(楼)、单卧轴式拌和站(楼)、双卧轴式拌和站(楼)。

混凝土拌和站(楼)主要由集料供储系统、水泥供储系统、配料系统、搅拌系统和控制系统等组成。

搅拌楼的工艺流程已基本定型,其设备配置也大同小异;拌和站可有各种不同的工艺流程和设备配置方式。

一、集料的供料和储料系统

集料供储系统包括集料运输设备(参见图 8.24 中的 7)和集料储料仓(参见图 8.24 中的 8)。集料运输设备是把料场上的砂土材料运送到各相应的集料储料仓的设备。储料仓是用以直接向称量斗(参见图 8.24 中的 9)供料的中间仓库,它只需存放少量材料保证称量不中断。储料仓中装有料位指示器(料满和料空两个指示器或连续料位指示器),以实现自动供料。当料满时,料满指示器发出指令使运输设备停车;当储料仓中的料面下降到最低位置后,料空指示器发出指令使运输设备启动,向储料仓中装料。储料仓的卸料口装有气动式扇形闸门,控制卸料口开启程度,以调节给料量。粗集料储料仓常用两个反向回转的扇形闸门构成颚式闸门,以减小操作力。砂子储料仓外壁还需加装附着式振动器,用来破坏形成的砂拱。集料的供储方案很多,主要有以下几种。

1. 带式输送机(或斗式提升机)和钢储料仓

带式输送机(图 8.24 中的 7)或斗式提升机(图 8.25 中的 1)运送高度大,能满足大产量连续作业的要求,所以混凝土搅拌楼均采用这种形式。同时由于这种运输设备操作简单可靠,维修方便,所以在产量较大的拌和站中也被应用,见图 8.26。这种形式的缺点是不能自己上料,必须用其他设备为它上料,或者把它的受料部分装在地坑里,由装卸卡车直接卸入。

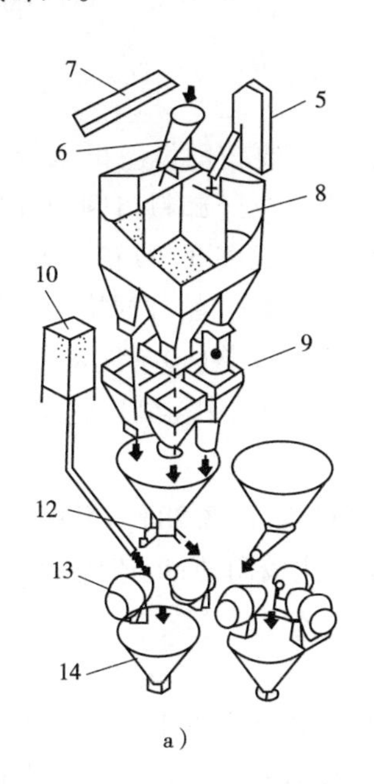

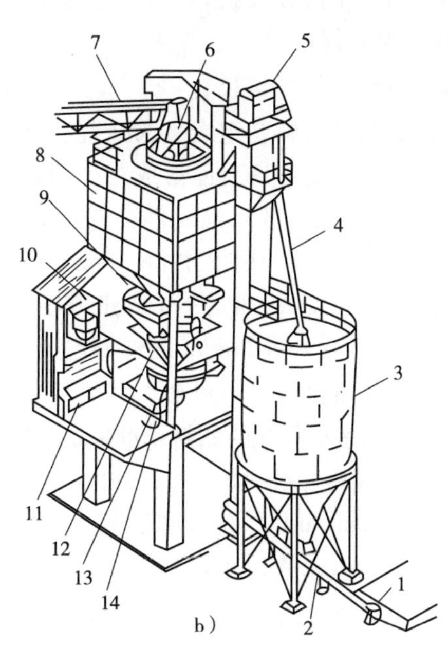

图 8.24　混凝土拌和站

a)2 ~3 台装机的锥形倾翻出料式拌和站;b)1 台装机的涡浆式拌和楼

1-水泥受料口;2-螺旋输送机;3-水泥筒仓;4-水泥溜管;5-斗式提升机;6-回转分料器;7-集料带式输送机;8-储料仓;9-称量装置;10-水箱;11-操纵台;12-集中漏斗;13-搅拌机;14-混凝土储料斗

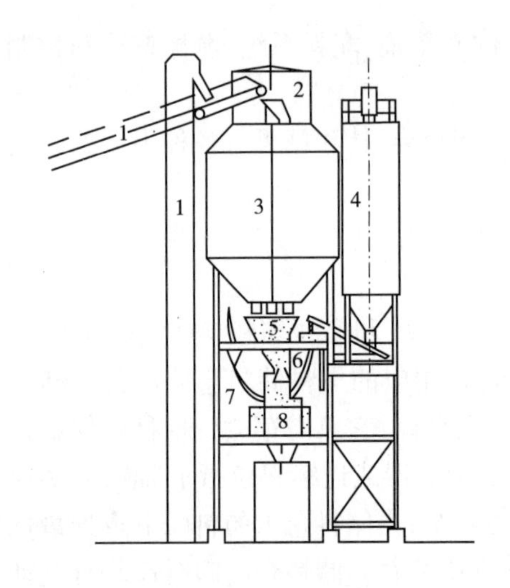

图 8.25 水泥单独进入拌和机的混凝土拌和站

1-集料斗式提升机(或带式输送机);2-回转分料器;
3-集料储存仓;4-水泥储存仓;5-集料称量装置;
6-水泥称量装置;7-水称量装置;8-搅拌机

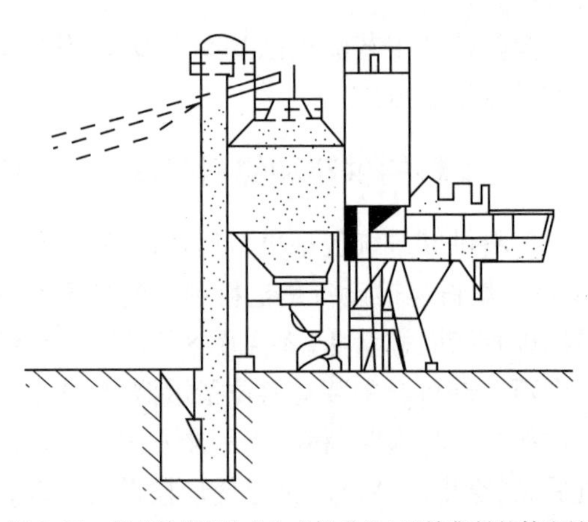

图 8.26 带式输送机(或斗式提升机)运输集料的拌和站

带式输送机比斗式提升机工作平稳,噪声小,而且速度快,连续作业生产率高,但占地面积比斗式提升机大。两者可根据实际情况进行选择。

与这种运输设备相配的是钢制储料仓(大型搅拌楼中也有采用钢筋混凝土料仓)。它被分割成多个隔仓(图 8.24 中的 8),利用上面的回转分料器(图 8.24 中的 6)把带式输送机(或斗式提升机)运送上来的不同种类、规格的集料装入相应的隔仓中,这种料仓做成防尘防潮隔声的密封式,输送带也安装防护罩,所以材料不受外界影响,也为冬季加热提供方便。

2. 悬臂拉铲与星形料仓

悬臂拉铲与星形料仓组合的形式见图 8.27。悬臂拉铲不需要辅助设备可自行垛料爬升,把材料堆高,在受料口上面形成一个活料区,这部分材料靠自重经卸料口闸门卸出。星形料仓既是料场(死料区),又是储存仓(活料区),用挡料墙分隔成多仓,节省了大量钢材。由于堆料高,星形料仓的扇形角大(一般为 210°),所以集料储存量大,品种规格多。悬臂拉铲的缺点是劳动强度大,满足不了大批量连续生产的需要;转移和安装(包括设备和挡料墙)较麻烦,而且材料受外界影响。这种形式在中等产量的拆装式拌和站中得到广泛应用。

3. 链斗式输送机和星形料仓

与链斗式输送机相配的储料仓也是星形料仓,但不需要挡料墙(图 8.28)。集料围绕拌和站散堆堆放,并且堆料无死角,可百分之百利用,设备拆装运输比较简便;但速度慢,效率低。应用于产量在 $30m^3/h$ 以下的拌和站中。

4. 装载机和小容量钢储料仓

装载机可以自装自卸,机动灵活,但装载机运送高度较小,只适用于小产量的移动式拌和站。同时这种形式也使拌和站本身轻巧灵活,便于转移。这种输送形式配于小容量的钢储仓。图 8.29a)为锥形钢料仓,占地面积小,但高度稍大,从地面到料仓需要搭设坡道;图 8.29b)为直列式钢料仓,料仓高度很小,便于装载机装料,而且料仓移动安装方便,但占地面积大,称量装置宜采用与料仓相适应的皮带。

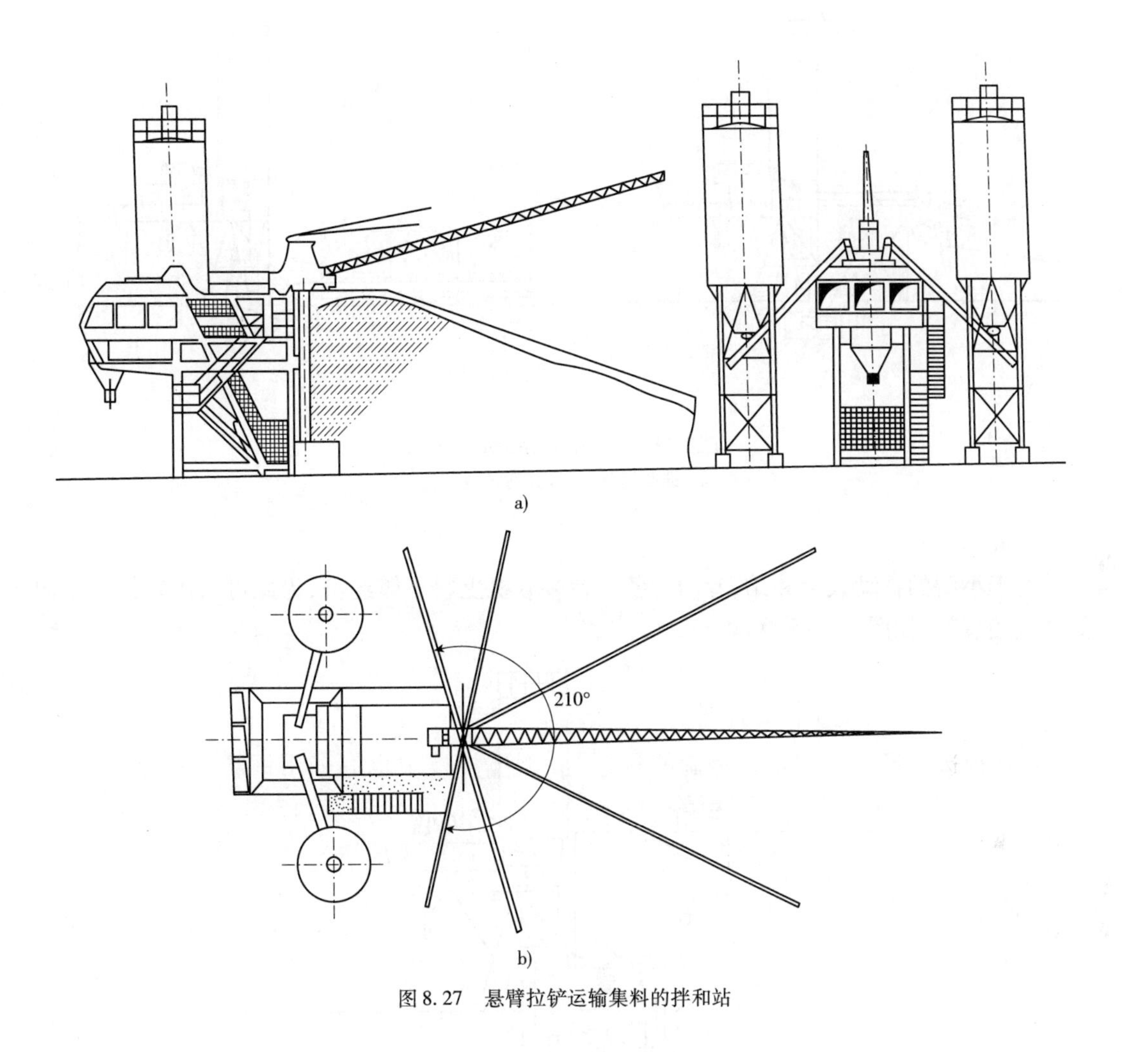

图 8.27　悬臂拉铲运输集料的拌和站

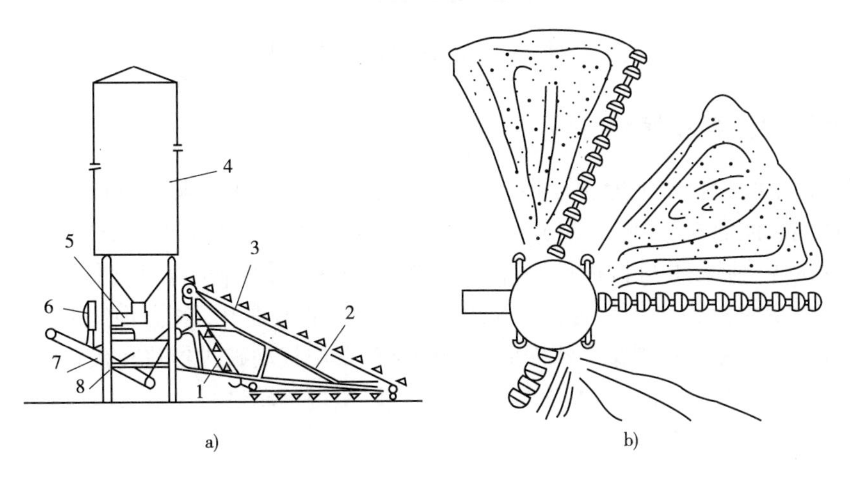

图 8.28　链斗式输送机运输集料的拌和站

1-接受钢带;2-旋转支架;3-斗式环形输送带;4-水泥筒仓;5-螺旋输送机;6-读数盘;7-输送带;8-称量斗

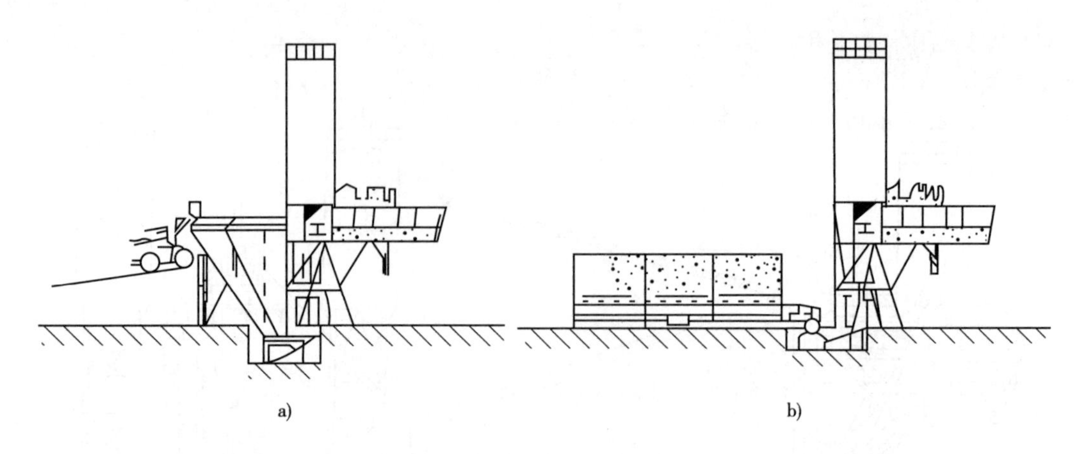

图 8.29　装载机运输集料的拌和站

a）锥形钢料仓；b）直列式钢料仓

5. 其他形式

对于小型的移动式拌和站，专门配备一台装载机上料不够经济，为此可采用装卸卡车向低仓直接装料，如图 8.30 所示。

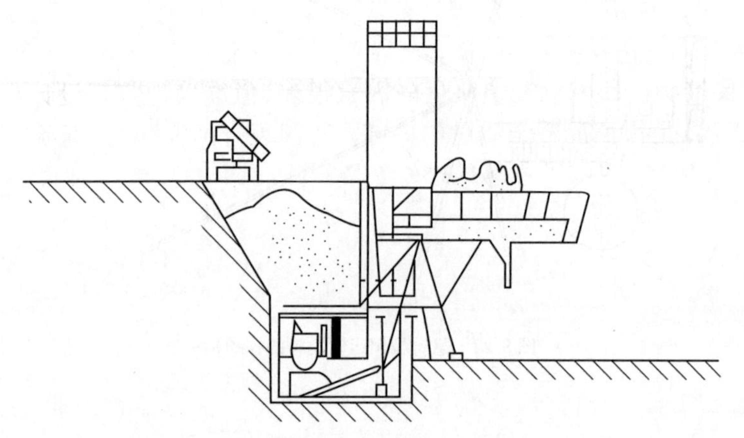

图 8.30　向低仓直接装料的拌和站

二、水泥的供料和储料系统

水泥供储系统包括水泥输送设备、水泥筒仓和水泥储料斗。水泥筒仓中的水泥通过输送设备运送到水泥储料斗（图 8.24），或直接运送到水泥称量斗中（图 8.25）。为了使水泥均匀地卸入称量斗，应采用给料机作为配料装置，一般采用螺旋输送机兼作配料和运输用。图 8.25水泥供储系统由一条与集料分开的独立的密闭通道提升、称量而单独进入搅拌机内，从根本上改变了水泥飞扬现象。水泥筒仓和储料斗采用气动破拱器进行破拱。与集料储料仓一样，水泥筒仓和储料斗内也装有料位指示器，以实现自动供料。

水泥输送设备分机械输送和气力输送两大类。

1. 机械输送

机械输送又分以下两种。

（1）由作水平输送的螺旋输送机（图 8.24 中的 2）和作垂直输送的斗式提升机（图 8.24 中的 5）组成。

(2)采用集水平和垂直于一体的倾斜式输送机(图 8.25 和图 8.26),机械输送可靠,但投资大。

2. 气力输送

气力输送由输送泵、输送管道、收尘器组成。水泥在输送泵中被压缩空气吹散呈悬浮状态,混合其他沿管道输送到目的地,再又吸尘器把水泥从气流中分离出来。

气力输送设备简单,占地面积小,工艺布置灵活,没有噪声,但能耗大。

从筒仓到储料斗或称量斗的输送,大多采用机械输送。散装水泥车向水泥筒仓卸料采用气力输送,水泥筒仓上装有一跟输送管道和收尘器,利用散装水泥车上的输送泵即可把水泥输送到筒仓内。当使用袋装水泥时,需要一套袋装水泥气力抽吸装置进行气力输送。如果筒仓到储料的输送上采用斗式提升机(图 8.24 中的 5),那么只需搬动提升机上部的翻板,即可改变提升机上部的出口通道。袋装水泥在水泥受料口 1 拆包后,由螺旋输送机 2 和斗式提升机 5,经水泥溜管 4 送入水泥筒仓 3 中。

三、配料系统

配料系统是对混凝土的各种组成材料进行配料称量,用于控制混凝土配合比的系统。配料系统由配料装置(给料闸门或给料器等)、称量和控制部分组成。

1. 称量装置的基本要求

(1)称量要准确。影响混凝土质量的因素很多,但准确地实现设计的配合比(特别是其中的水灰比)是保证混凝土质量的关键。我国现行国家标准《混凝土搅拌站(楼)》(GB/T 10171—2005)规定了各种材料的称量精度(表 8.7),其中对水泥和水的称量精度提出了较高的要求。为此,除了提高称量装置的本身精度外,还应有落差自动补偿和砂含水率的测定补偿。

称 量 精 度 表 8.7

配 料	在大于称量 1/2 量程范围内单独配料称量或累计配料称量精度	备 注
水泥	±1%	
水	±1%	一等品,合格品为 ±2%
集料	±2%	集料粒径≥80mm 时为 ±3%
掺和剂(粉煤灰)	±2%	当水泥与粉煤灰累计称量时,先称水泥后称粉煤灰,累计误差≤ ±1%
外加剂	±3%	

(2)称量要迅速,以满足拌和站(楼)工作循环的要求。

(3)称量值预选的种类要多,变换要方便,以适应多种配合比和不同容量的需要。

(4)称量装置应结构简单、操作容易、牢固可靠、性能稳定。

2. 称量过程

称量过程分为粗称和精称两个阶段。粗称以缩短称量时间,精称以提高称量精度。

先按配合比设定称量值。控制系统通过电磁气阀操纵汽缸来驱动储料仓的给料闸门完全打开,进行粗称。在称量时测定值不断与设定值比较,当接近设定值 85% ~90% 时,控制系统使储料仓给料闸门逐渐关小,进行精称。当达到设定值时,闸门完全关闭,并由显示部分显示测定值。

3. 称量装置的类型

拌和站(楼)称量装置的分类如下。

(1)按称量材料种数分有单独配料称量装置和累计配料装置。

单独配料称量精度高、称量时间短,但称量设备多,难以布置。所以这种形式用得不多,一般只用于搅拌楼中,以适应搅拌楼生产率高的特点。累计配料称量可以节省称量设备,但称量时间长,并易产生积累误差,所以累计配料只在称量时间限制的许可范围内部分地采用,一般多用于称量精度较低的集料称量。而大部分拌和站(楼)均采用单独配料称量和累计配料称量组合的形式(图8.25),在不影响拌和站(楼)工作循环和不影响称量精度的前提下尽量节省称量设备。

(2)按计量单位分有质量式称量装置和容积式称量装置。

①质量式称量装置的分类:

a. 按结构原理分为机械杠杆秤、传感器电子秤和机械电子秤。

b. 按材料种类分为集料秤、水泥秤和水秤。其中,集料秤按称量容器分又可以分为称量斗集料秤、提升斗集料秤和称量皮带集料秤。

②容积式称量装置按结构原理分为水表和量水筒。

质量式称量装置以质量为计量单位,由于混凝土配合比是质量比,所以这种装置称量精确,用于水泥、砂、石和水等各种材料的称量。容积式称量装置以容积为计量单位,不能精确控制配比,故很少采用,但因水或外界条件变化时容积变化很小,所以水(或外加剂)的称量除采用质量式称量装置(水秤)外,也允许采用容积式称量装置(水表、量水筒等)。

质量式称量装置按其构造又可分为机械杠杆秤、传感器电子秤和机械电子秤三种。

a. 机械杠杆秤

机械杠杆秤是利用杠杆系统传力进行称量的装置。最终测力有杠杆秤和弹簧秤两种。称量值的显示方法分别为秤砣杆刻度显示或指针表盘刻度显示。

机械杠杆秤牢固可靠、性能稳定、维修方便。但称量值的设定麻烦,配合比变换的种类不能太多,自动化程度低,难于满足大容量混凝土生产的需要,而且多级杠杆结构笨重,积累误差较大。

b. 传感器电子秤

传感器电子秤是利用拉力传感器传力进行称量的装置。称量时传感器输出一个与外力量值成正比的模拟点信号,此信号通过测量电桥与设定值比较测出被称材料的质量,或者A/D转换由微机处理实现计量。称量值的显示方式有指针表盘刻度显示和屏幕数字显示两种。称量值的设定方式有电位器方式、穿孔卡片方式和微机直接键入并存储方式三种。

传感器电子秤没有繁杂的杠杆系统,体积小、质量轻、结构简单、称量精度高、变换配合比方便且种类多;由于电子秤的输出是一个电信号,便于自动控制,生产能力较大;其中,微机控制形式便于按连续计量信号进行跟踪补偿,进一步提高了称量精度。但是传感器对空气的湿度、温度,周围环境的清洁度等有一定要求,操作过程中易发生故障,称量精度的稳定性受到影响。

c. 机械电子秤

机械电子秤一般采用一级杠杆和一个拉力传感器组合的形式。机械式指针表盘刻度显示和屏幕数字显示两种并存。这种形式既可减少复杂的杠杆机构,又可改善传感器的工作环境。虽然精度不如电子秤,但精度稳定性高。两种并存的显示方式具有互相监督对比的作用,而且在微电系统发生故障时,可独立运用机械显示系统采用手动控制进行生产。

集料秤的称量容器有公称量斗、称量皮带和提升斗兼用的三种形式。对于搅拌楼,只有称量斗一种形式(图 8.24)。对于拌和站,称量容器的形式与集料第二次提升形式有关。集料的第二次提升主要有两种形式:一种是卷扬提升机构,称量好的集料由提升斗做第二次提升,给搅拌机装料;另一种是采用带式输送机作集料第二次提升(图 8.31),称量好的集料由

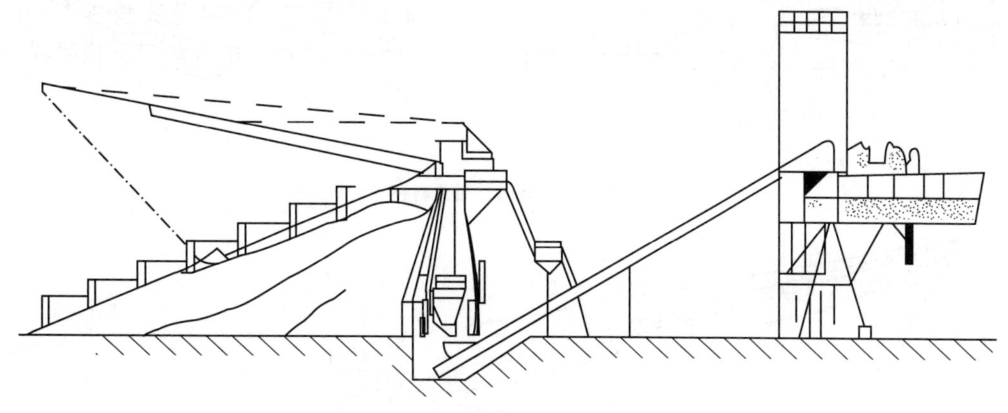

图 8.31　悬臂拉铲及带式输送机搅拌站

皮带输送机装入搅拌机内。这种形式比第一种形式紧凑,但能使拌和站布置更加灵活,对于悬臂拉铲作第一次集料提升的拌和站,可使星形料场的扇形角度增大至 330°,扩大了多品种拌和站的储存能力。拌和站的集料称量和二次提升组合形式有:

称量斗 + 卷扬提升机构[图 8.32a)];

称量斗 + 带式输送机[图 8.32b)];

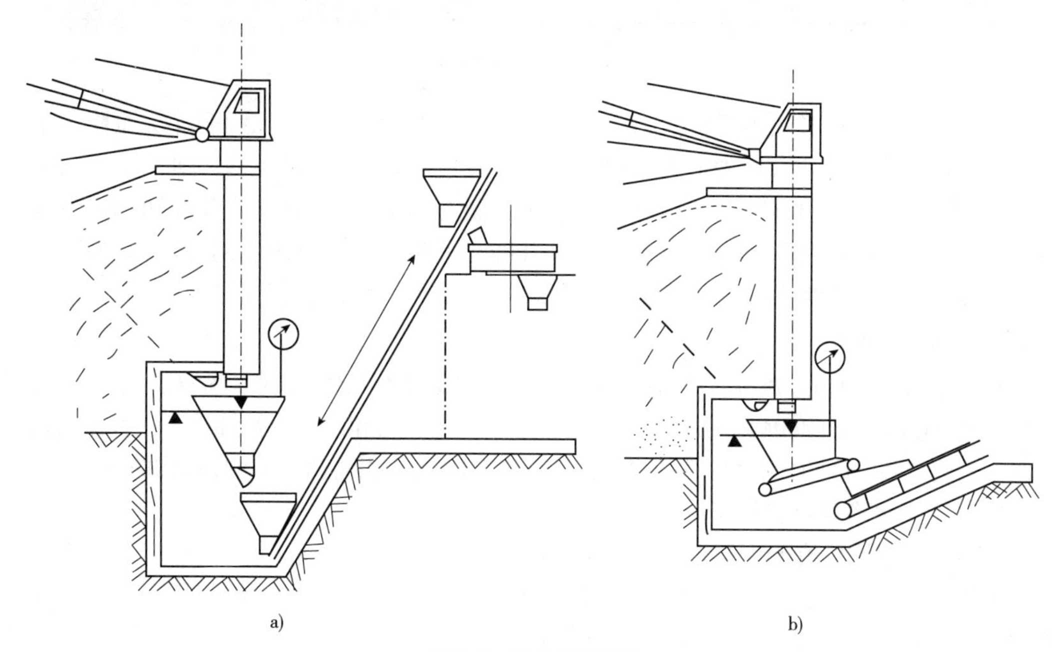

图 8.32　称量斗集料秤

称量皮带+卷扬提升机构[图8.33a)];
称量皮带带式输送机[图8.33b)];
提升斗兼作称量斗(图8.34)。

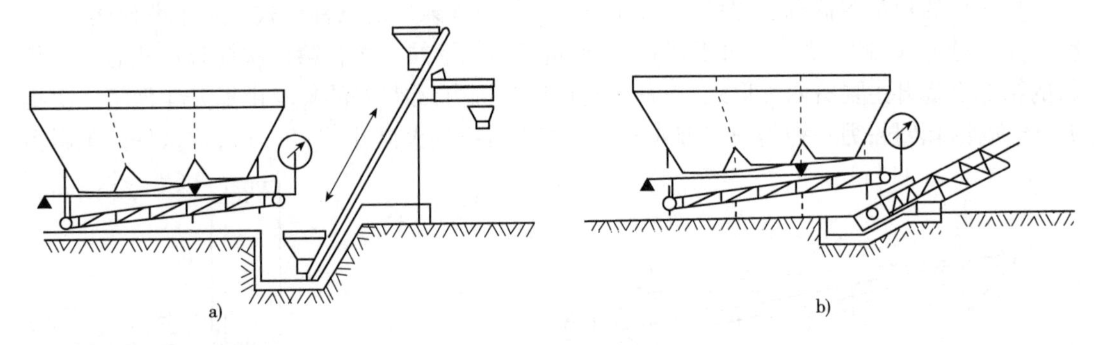

图8.33 称量皮带集料秤

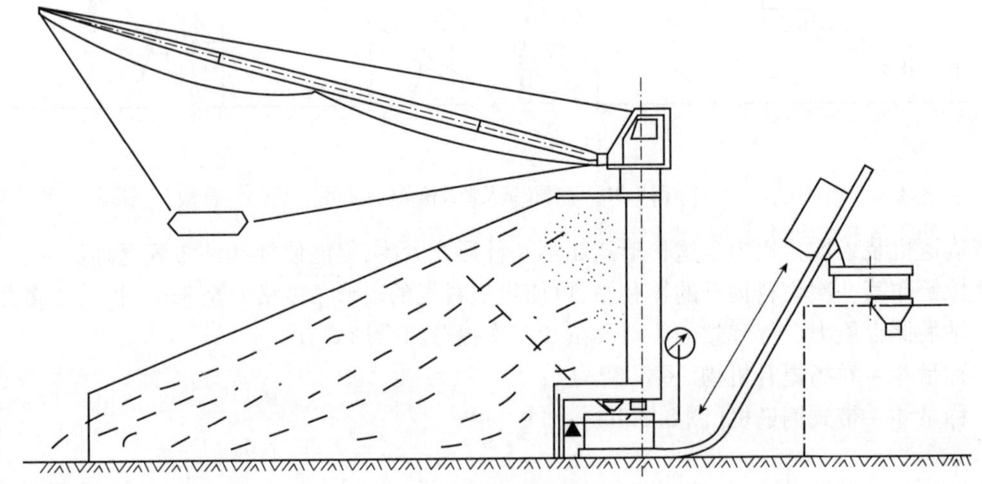

图8.34 提升斗集料秤

最后一种形式的卷扬提升机构,其下轨道固定在集料称量架上,当提升斗完全降入下轨道后即可进行称量工作。这种形式可以省掉一套称量斗,降低制造成本。但从使用角度分析,虽然省掉称量斗还可略降提升高度,节省了上料时间,但由于提升斗升降和称量不能同时进行,反而使循环时间增加,而且提升斗的升降会使整个称量系统受到冲击,影响称量精度。所以对称量斗和提升斗两种称量容器形式的选用应具体分析,权衡考虑。

4. 水的称量精度

在进行水量配制时,要考虑集料的含水率,特别是细集料(砂)的含水率波动很大,对混凝土的稠度有明显的影响,因此,必须根据砂的含水率对用水量和砂量进行补偿。一种方法是在砂储料仓出口测定砂的含水率,另一种方法是直接在搅拌机内测定混凝土拌和物的稠度。

1)砂的含水率测定和补偿

砂的含水率测定有预先测定和在线测定两种。

预先测定为烘干法,是利用干湿对比测定砂的含水率。这种方法只要操作仔细,仪器精确,结果是很准确的。但是由于这种方法是生产前的预先测定,然后作总的计量调整,而且这种方法需要时间较长,因此无法达到自动补偿的要求,这种方法目前使用仍较普遍。

在线测定是使用砂含水率测定仪在生产过程中进行测定,即对每一罐混凝土进行控制。在储料仓上装有测定探头,测得的含水率输入控制系统进行增砂减水。在线测定主要有中子法、电容法和电阻法等。中子法精度高,对颗粒中水分敏感,不受温度变化和水清洁度的影响。但反应时间较长,成本过高,安全保护措施要求严格,所以使用还不普遍。电容法和电阻法由于影响电容量和电阻量的因素较多,故精度较低,其中,材料密实度对其精度影响最大,所以国外采用取样经振动密实后的测定数据以及采用平均值的方法,其精度有明显提高且比较稳定,图8.35为取样装置。微机控制系统可以快速采取,多次平均,及时补偿,以消除随机误差。我国大部分采用电容法。

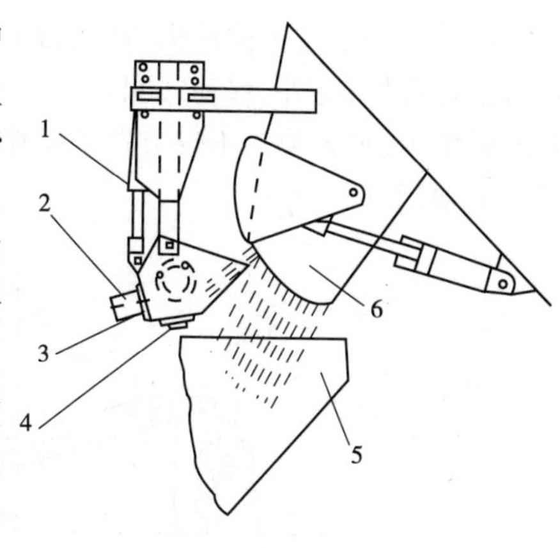

图8.35 取样装置

1-汽缸;2-振动器;3-取样斗;4-电极;5-砂计量斗;6-砂储料仓

2)直接测定混凝土拌和物的稠度

混凝土拌和物的稠度同搅拌机消耗功率(P)和拌和物的电阻(R)的关系曲线见图8.36。干硬性混凝土拌和物的维勃稠度的变化,对消耗功率影响不大,而对拌和物的电阻数有敏感的关系,所以测定干硬混凝土拌和物的稠度可用电阻法。塑性和流动性混凝土拌和物的坍落度K_1、K_2的变化对消耗功率比较敏感,坍落度越大,消耗功率越小,所以测定塑性和流动性混凝土拌和物的稠度用功率法。目前有适用于干硬性混凝土拌和物的稠度计E,适用于塑性和流动性混凝土拌和物的稠度计M以及适合所有稠度混凝土拌和物结合使用的稠度计EM。稠度计可焊接在搅拌机里,然后微机将所记录的数据与设定值相比较,以便调整加水量。

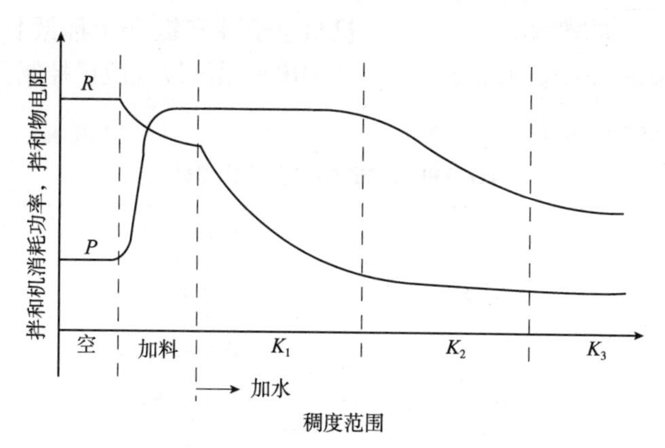

图8.36 混凝土拌和物的稠度同拌和机消耗功率(P)和拌和物电阻(R)的关系曲线

四、搅拌系统

自落式和强制式搅拌机均可作为拌和站(楼)的主机。

搅拌楼一般配2~4台搅拌机[图8.24a)表示2~3台搅拌机的布置形式],因为1台搅拌机不能发挥搅拌楼其他设备的效率,而且由于搅拌机故障或检修将使整座搅拌楼停产是很不经济的;而4台以上的搅拌机再称量时间方面一般是不许可的。对于拌和站,一般情况下只安装1台搅拌机,但也有安装2台的。

如拌和站不配置搅拌机，就成为中心配料站（图 8.37）。中心配料站利用混凝土搅拌运输车进行搅拌；另外，移动式配料站可与现场搅拌机配套作为组合式混凝土拌和站使用。配料站投资少，见效快。不仅节省了搅拌机设备的费用，而且降低了上料高度从而节省了上料设备的费用。

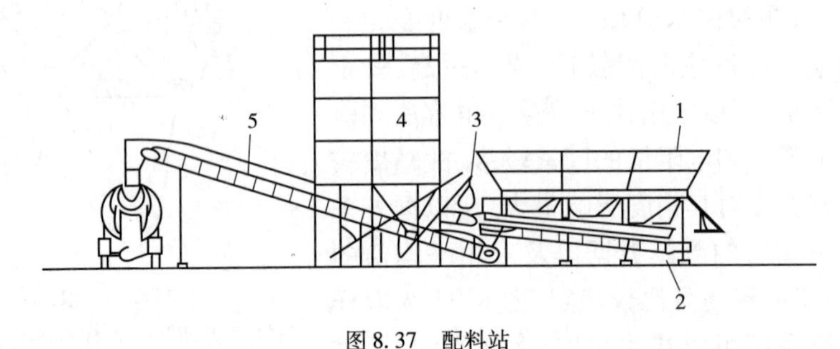

图 8.37　配料站

1-直列式集料储存仓；2-称量皮带集料秤（皮带秤）；3-水泥秤；4-水泥筒仓；5-带式输送机

搅拌机在拌和站中的位置见图 8.22 和图 8.23，但也有采用搅拌机进行爬升的特殊布置形式（图 8.38）。这种形式可以降低搅拌机的安装高度，有利于水泥筒仓的布置；此外，还可以使搅拌机一边提升一边搅拌，缩短了循环时间。但构造较复杂，只在小容量中进行。

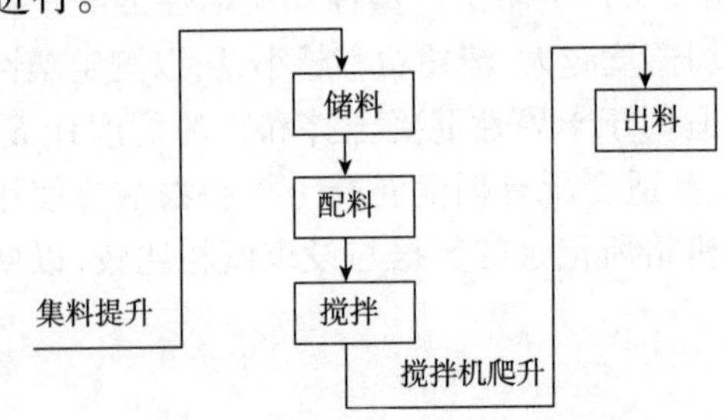

图 8.38　拌和机爬升的特殊布置形式

HZD 50 混凝土拌和站（图 8.27）的生产率为 $50m^3/h$，安装一台单卧轴搅拌机的混凝土拌和站。由悬臂拉铲和星形料仓（可储存六种集料）的集料供储系统，两个水泥筒仓和倾斜式螺旋输送机的水泥供储系统，水表和外加剂量筒，机械电子秤和提升斗称量装料的配料系统，搅拌和出料系统以及微机控制系统等组成。

1. 主要技术参数（表 8.8）

HZD50 拌和站的主要技术参数　　表 8.8

生产率	$50m^3/h$	集料称量范围	0 ~ 2 500kg
卸料高度	3.8m	集料计量精度	±2%
搅拌主机型号	JD1000	水泥称量范围	0 ~ 500kg
主机功率	33kW	水泥计量精度	±1%
悬臂拉铲生产率	$>50m^3/h$	水称量范围	0 ~ 250kg
铲斗容量	500L	水计量精度	±2%
拉铲工作半径	17.5m	外加剂计量精度	±3%
拉铲电机功率	15kW	整机质量（不含水泥筒仓）	24t

2. 拉臂拉铲的构造

悬臂拉铲如图 8.39 所示。由悬臂、拉铲、驾驶室、变幅机构、拉铲卷扬机构、驾驶座、操作手柄、回转机构、球轴承转台、脚踏刹车和钢绳导向装置等组成。由卷扬机构完成拉铲的径向往复运动，回转机构完成拉铲的圆周运动，使拉铲在210°的扇形范围内运送材料。

拉铲的悬臂与水平线的夹角为15°，一端与驾驶室铰接，另一端和中间点采用双吊点形式。双吊点的穿绳示意图如图8.39所示，由手动变幅机构(蜗轮减速器和卷筒组成)使悬臂变幅。

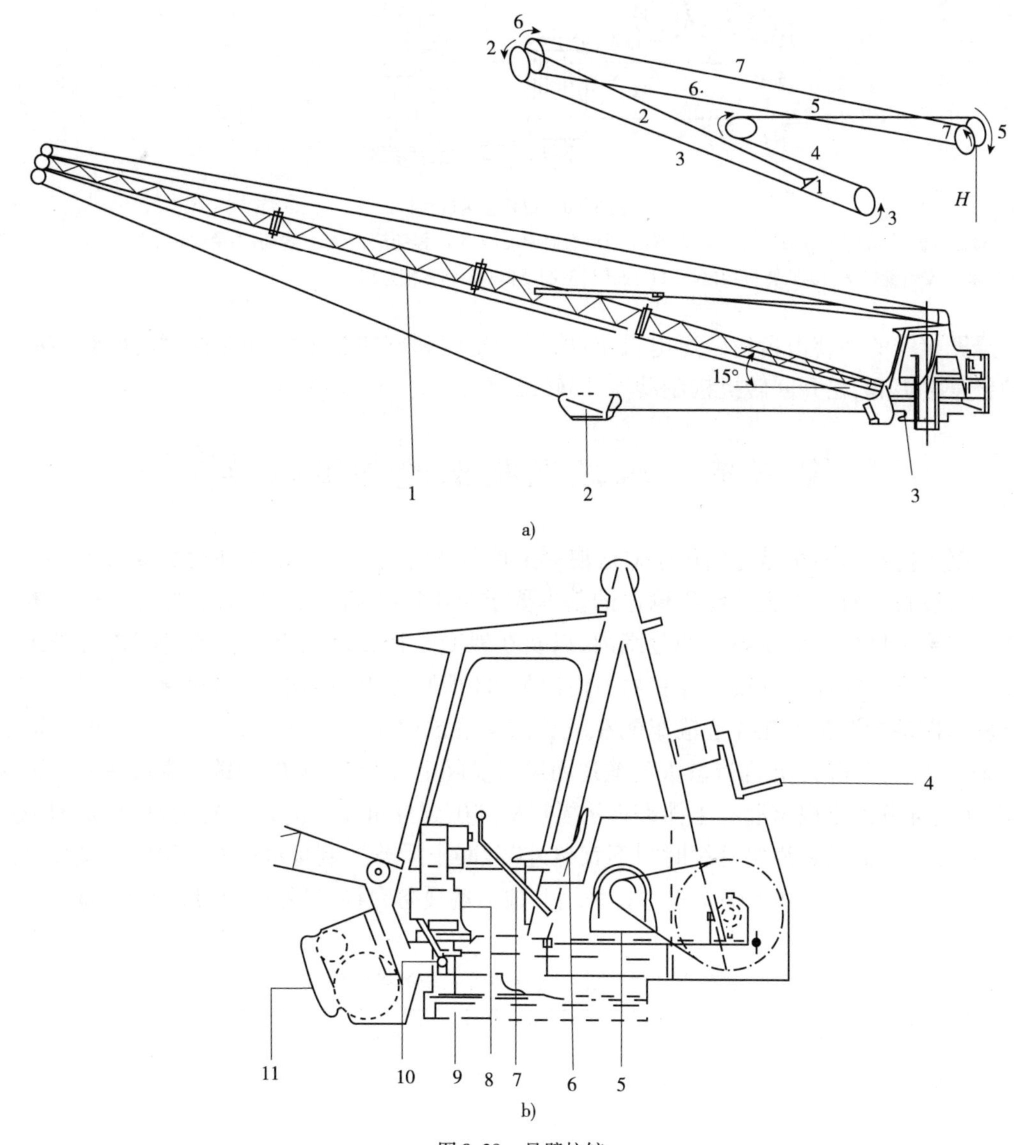

图8.39 悬臂拉铲

1-悬臂；2-拉铲；3-驾驶室；4-变幅机构；5-拉铲卷扬机构；6-驾驶座；7-操作手柄；8-回转机构；9-球轴承转台；10-脚踏刹车；11-钢绳导向装置

拉铲为一无底爬斗，牵引端有不高不低的孔，由于调节钢丝绳的连接位置，防止拉铲吃料过深或过浅。

拉铲卷扬机构如图8.40所示。由齿轮减速电机、链传动、回程卷筒离合器、回程卷筒制动器、回程卷筒、牵引卷筒、牵引卷筒制动器、牵引卷筒离合器等组成。齿轮减速电机经链传动带动双卷筒的轴空转，当需要拉铲动作时，操动右操作手柄(图8.39的7)，使牵引离合器闭合，牵引卷筒开始运转，带动拉铲动作。结束时操纵右脚踏刹车（图 8.39 的 10），使牵引离合器闭合，牵引制动器刹住，拉铲停止。注意左右两离合器不允许同时闭合。

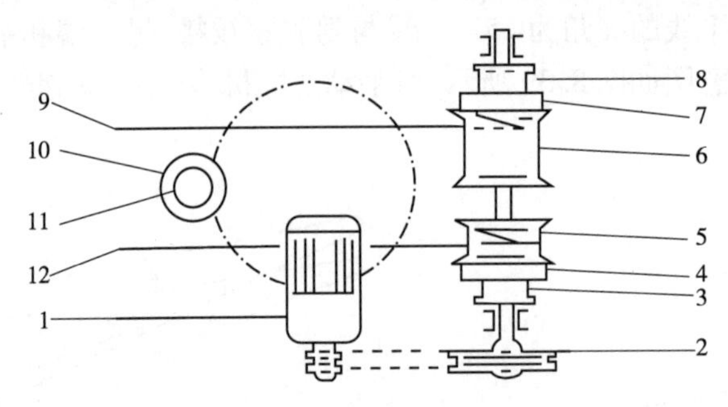

图 8.40　拉铲卷扬机构

1-齿轮减速电机；2-链传动；3-回程卷筒离合器；4-回程卷筒制动器；5-回程卷筒；6-牵引卷筒；7-牵引卷筒制动器；8-牵引卷筒离合器；9-牵引钢丝绳；10-回转机构电机；11-回转机构制动器；12-回程钢丝绳

悬臂拉铲的回转由齿轮减速电机驱动，回转角度和方向由电气开关控制。回转前必须将拉铲悬空提起，松开回转机构制动器，回转结束后应将制动器回位。

第三节　水泥混凝土搅拌运输车

混凝土搅拌运输车是专门用于输送混凝土拌和物的车辆。它是发展商品混凝土必不可少的配套设备。对混凝土拌和物输送的基本要求是不产生离析现象，保证配合比设计的混凝土拌和物稠度的波动在规定的范围内，以及在混凝土初凝之前有充分的时间进行浇筑和捣实。工厂集中搅拌的混凝土拌和物的输送距离（即服务半径）比现场分散搅拌大为增加，边行驶边搅动的混凝土搅拌运输车能在较长的运输过程中满足以上要求，它比其他运输设备（翻斗车、自卸车等）允许有较大的输送距离。实际上，规定最大的输送距离仅在很少国家采用，而大部分国家规定混凝土拌和物从搅拌机卸出到浇筑完毕的最大延续时间，我国采用后一种方法，即输送和浇筑延续时间不宜超过《混凝土质量控制标准》（GB 50164—2011）的规定（表 8.9），采用搅拌运输车输送比采用其他运输设备允许有较大的延续时间（即较大的输送距离）。

混凝土从拌和机卸出到浇筑完毕的延续时间　　表 8.9

气　温	延续时间（min）			
	采用搅拌车		采用其他运输设备	
	≤C30	>C30	≤C30	>C30
≤25℃	120	90	90	75
>25℃	90	60	60	45

混凝土搅拌运输车按两种不同的工艺进行工作：

（1）集中搅拌相配合的搅动输送工艺。搅拌运输车接受的是搅拌好的预拌混凝土，在运往现场的途中，搅拌筒不断地低速（1～3r/min）旋转，对混凝土拌和物进行搅动，以防止混凝土拌和物发生离析和初凝。

（2）集中配料相配合的搅拌输送工艺。经中心配料站称量的水泥、砂、石和水等原料装入搅拌运输车的搅拌筒内，然后在搅拌车驶向现场的途中，搅拌筒以 6～10r/min 的转速进行搅拌。如果浇筑现场距中心配料站较远时，则可在驶近现场时再注水搅拌。

第一种工艺由于配料和搅拌都是集中管理，所以一般来说更有利于混凝土质量的控制和提高，目前这种工艺用的较多。第二种工艺只有配料是集中管理，而搅拌是在途中或在工地分散管理，这样不仅有利于增加混凝土输送距离，而且能避免输送途中温度等各种不利因素对欲拌混凝土质量的影响。另外，由于可在途中搅拌，大大减少了能量消耗和搅拌筒叶片的磨损，并降低了重心。这些优点在路程遥远或输送时间难以控制的场合更为突出，所以有些国家侧重于第二种工艺，并在设备方面作了很大的改进和发展，从搅拌运输车的搅拌原理和自动化控制方面来保证混凝土拌和物的搅拌质量。

按以上两种工艺，搅拌运输车的容量除了几何容量（V_g）外，还可分搅动容量（V_d）和搅拌容量（V_b）。搅动容量是指输送车输送的匀质混凝土拌和物经捣实后得体积；搅拌容量是指输送车搅拌成的匀质混凝土拌和物和物经捣实后的体积。我国规定搅动容量作为搅拌运输车的主参数，例如 JC6 表示搅动容量 $6m^3$ 的搅拌运输车。

搅拌运输车的容量主要根据工程量和道路通过性情况而定。大容量可提高输送能力，降低输送成本，但受汽车底盘和交通条件的限制。从经济性和适应性综合考虑，容量为 $6m^3$ 的中型搅拌运输车最通用，是主流。此外，$3～12m^3$ 的各种容量的搅拌运输车均有生产。

一、混凝土搅拌运输车的类型、性能和应用

1. 混凝土搅拌运输车的类型

混凝土搅拌运输车的分类如图 8.41 所示。

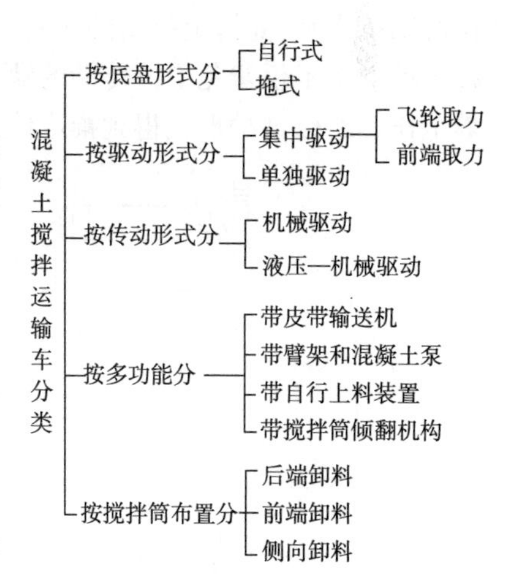

图 8.41　混凝土搅拌运输车的分类

2. 各种类型搅拌运输车的性能和应用

1）底盘选用

混凝土搅拌运输车的底盘除大容量车为了降低其重心而采用拖挂式的专用底盘外，一般都利用现有的汽车底盘或稍加改装的汽车底盘。

2）搅拌筒驱动形式

搅拌筒旋转动力源有两种形式：

（1）集中驱动，即搅拌筒旋转与汽车底盘共用一台发动机。汽车发动机取出动力主要采用飞轮取力[图 8.42a）]和前端取力[图 8.42b）]两种形式。集中驱动形式的优点是结构紧凑、造价低廉。缺点是道路条件的变化将直接引起搅拌筒转速的波动，从而影响混凝土拌和物的质量。由于汽车发动机动力被分流，必须选用动力储备能力大的载重汽车，所以集中驱动形式适用于中小容量的搅拌运输车。

（2）单独驱动，即搅拌筒单独设置一台发动机[图 8.42c）]。单独驱动形式的优点是可选用各种汽车底盘，不必改装；搅拌筒工作状态不受汽车底盘负荷的影响，更能保证混凝土输送质量；同时，底盘的行驶性能也不受上车的影响，有利于充分发挥底盘的牵引力。缺点是多了一台发动机，不仅制造成本提高，维修工作量增加，而且装机质量增大。所以单

独驱动形式只适用于大容量的自行式搅拌运输车和拖式搅拌运输车。

3)搅拌筒传动形式

搅拌运输车各工况(进料、搅动、搅拌、出料)对搅拌筒转速有不同的要求,由传动系统的调整功能和减速功能予以满足。

传动形式有机械传动和液压—机械传动两种。由于液压传动具有结构紧凑、装机质量小、操作方便、效率高、噪声小、工作平稳,并能无级调速等优点,所以机械传动搅拌运输车的比例已大大减小,大多采用液压—机械传动形式。图8.43表示了两种典型的液压—机械传动形式。

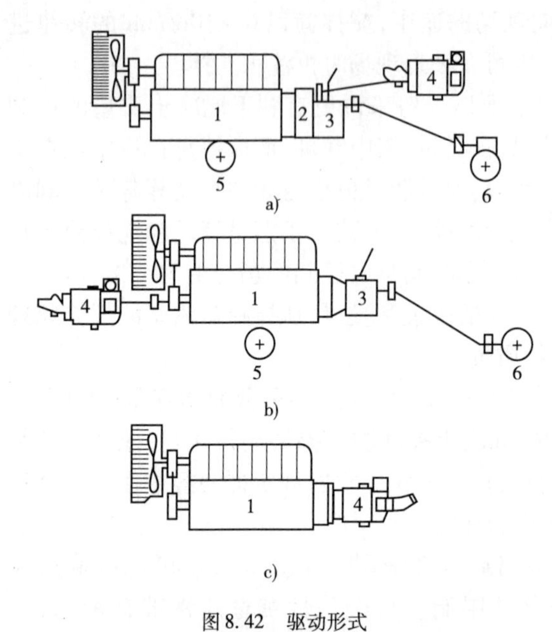

图8.42 驱动形式

a)飞轮取力;b)前端取力;c)单独驱动

1-汽车发动机;2-飞轮取力箱;3-汽车变速箱;4-液压泵;5-汽车前轮;6-汽车后轮

(1)变量泵→定量马达→减速器→链传动→搅拌筒[图8.43a)]。这种传动形式用链传动来弥补汽车行驶中因道路不平、底盘发生变形对搅拌筒传动的影响。但开式的链传动存在易磨损、噪声大、不安全等缺点。

(2)变量泵→定量马达→减速器→搅拌筒[图8.43b)]。这种传动形式取消了最后一级的链传动,采用了减速器直接驱动搅拌筒中心轴的所谓"直接传动"形式。搅拌筒中主轴采用调心轴承支承,允许搅拌筒的中心轴有一定的偏转,以弥补车辆行驶时底盘变形的影响。直接传动形式不仅避免了链传动的缺点,而且提高了传动效率,减少了机械零件和日常润滑保养工作。所以这种形式得到推广使用。

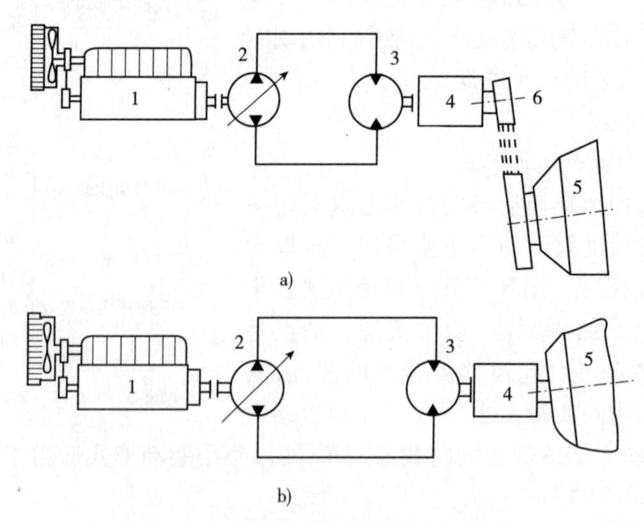

图8.43 液压—机械传动

a)链传动;b)直接传动

1-汽车发动机;2-变量液压泵;3-定量液压马达;4-减速器;5-搅拌筒;6-传动链

4)多功能的混凝土搅拌运输车

带皮带输送机的搅拌运输车,其车尾装有可折叠的皮带输送机,工作半径可达12m左右。带臂架和混凝土泵的搅拌运输车,其车尾装有一台混凝土泵,在驾驶室与搅拌筒之间装有臂架,把搅拌运输车与臂架式泵车合二为一。这两种输送车不仅能输送混凝土拌和物到现场,还能直接输送到浇筑点。对混凝土需用量很少的现场,专配塔吊或泵车浇筑混凝土是不经济的,而使用以上两种多功能的输送车是经济合理的。

带自行上料装置的搅拌运输车,其车尾装有四连杆提升机构料斗,可自行装入组合混凝土的各种材料。机动灵活、适用性强。

带搅拌筒倾翻机构的搅拌运输车是为了适应输送低坍落度混凝土拌和物的需要。把容量输大的输送车的搅拌筒作成油压顶升式的,使搅拌筒可倾翻20°左右,这样可大大加快低坍落度混凝土的卸料速度。

5)搅拌筒的布置形式

混凝土搅拌运输车的搅拌筒,以固定倾角斜置、反转出料的梨形搅拌筒具有更多的优越性,所以这种搅拌筒得到广泛应用。它在汽车底盘上有三种布置形式。

(1)后端卸料:筒口在车尾,混凝土拌和物从车尾进料和卸料,这是常用的布置形式。

(2)前端卸料:筒口在车前,在汽车前端进料和卸料。驾驶员可以在驾驶室内控制卸料和全过程,视野良好,能快速准确就位,因而产生率大大提高,还可节省劳动力。但搅拌筒必须超越驾驶室上方,机构比较复杂,只在大容量中使用。

(3)侧向卸料:搅拌筒随着整个上车可以回转,各种方向均可装卸料,使用灵活,但机构复杂,装车质量增加,一般较少采用。

二、JY-3000型混凝土搅拌运输车

图8.44为JY-3000型混凝土搅拌运输车结构总图,它由装卸料系统、搅拌筒及其驱动装置、操纵卸料装置、供水系统和机架等组成。

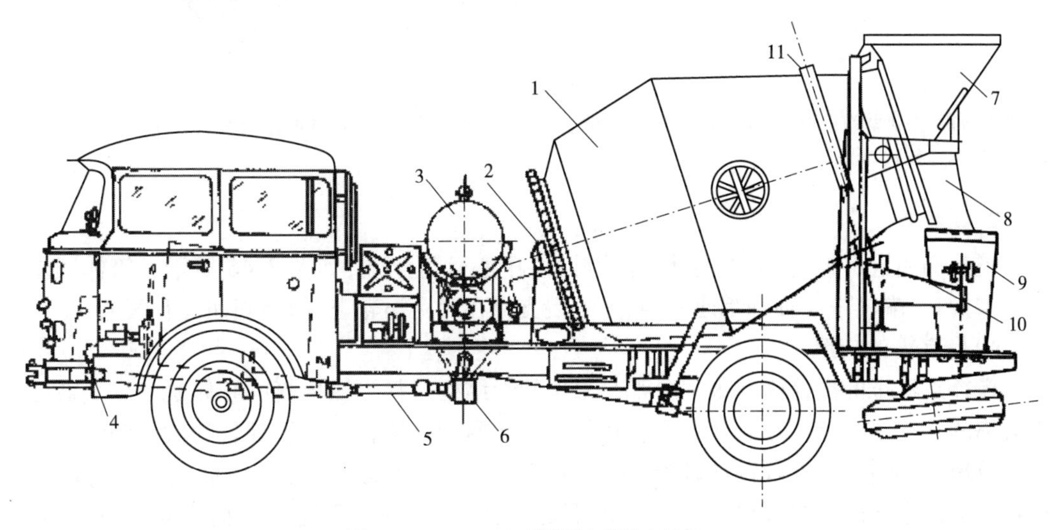

图8.44　JY-3000型混凝土搅拌车结构

1-搅拌筒;2-轴承座;3-水箱;4-分动箱;5-传动轴;6-下部伞齿轮箱;7-进料斗;8-卸料斗;9-引料槽;10-托带轮;11-滚道

搅拌筒通过支撑装置斜挂在机架上。可以绕其轴线转动,搅拌筒的后上方只有一个筒口分别通过进出料装置进料或排料。工作时,发动机通过液压传动系统及齿轮、链轮终端减速传动驱动搅拌筒,搅拌筒正转时进行装料或搅拌,反转时则卸料。搅拌筒的转速和转动方向是根据搅拌运输车的工序,由工作人员操纵液压阀手柄加以控制。

搅拌运输车的供水系统主要用于清洗搅拌装置。如要做干料注水搅拌运输,由于需要供给搅拌用水,故应适当增大水箱容积。

机架是由钢板成型后焊接的水平框架和垂直门形支架组成,搅拌装置的各部分都组装在它上面,形成一个整体。最后通过水平框架与运载底盘大梁用螺栓连接。由于整个搅拌装置是安装在汽车底盘上,并要求在载运中进行搅拌工作,因而这种搅拌装置与一般混凝土搅拌机比较,在结构和工作原理上都有它的一些特点。

1. 装卸料系统

装卸料系统由料斗、固定卸料槽及调节装置等组成,如图 8.45 所示。

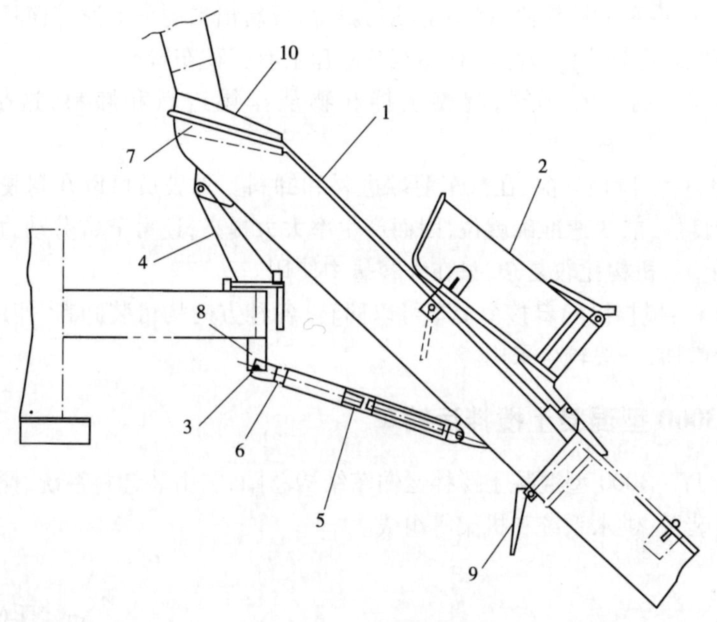

图 8.45　卸料槽

1-主卸料槽;2-辅助卸料槽;3-黄油嘴;4-活动转臂;5-螺杆导向;6-螺杆;7-卸料槽橡胶底板;8-连接轴;9-肘节;10-卸料槽橡胶接口

2. 搅拌筒

搅拌筒由进料导管、搅拌筒体、螺旋叶片、中心轴等组成,如图 8.46 所示。筒体倾斜置于车架上,一端由中心轴轴承座支撑,另一端支撑在两个滚轮上,筒体表面设有滚道。

1)搅拌筒的构造

搅拌运输车的搅拌筒绝大部分都是采用梨形结构。整个搅拌筒的壳体是一个变截面而不对称的双锥体,外形似梨,从中部直径最大处向两端对接着一个不等长的截头圆锥。底端锥体较短,端面封闭;上段锥体较长,端部开口。在搅拌筒底端面中心轴线上安装着中心支撑轴。上段锥体的过渡部分由一条环形滚道,它焊接在垂直于搅拌筒轴线的平面圆轴上。整个搅拌筒通过中心轴各环形滚道倾斜挂置,在固定于机架上的调心轴承和一对支撑滚轮所组成的三点支撑结构上,所以搅拌筒能平稳的绕其轴线转动。在搅拌筒底端面上安装着传动件，与驱动装置相接。在搅拌筒滚道圆轴上部，通常设有钢带护绕，以限制搅拌筒在汽车颠簸行驶时向上跳动。

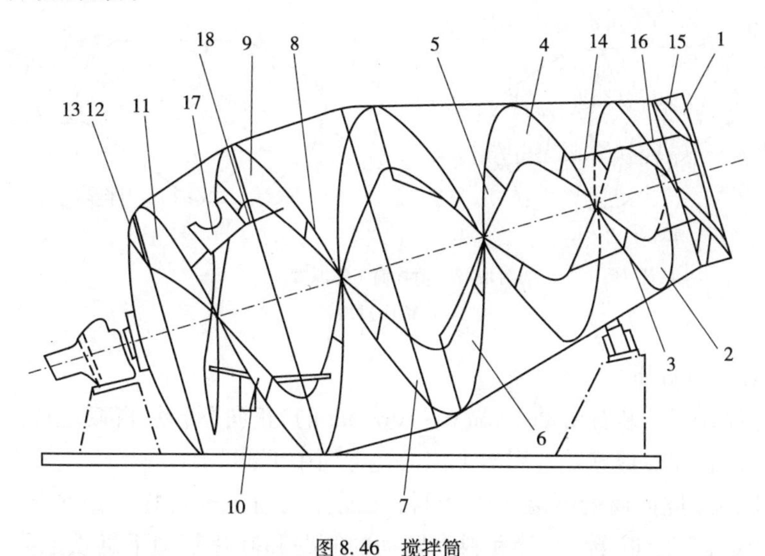

图 8.46 搅拌筒

1～13-搅拌叶片；14-密封叶片；15-筒口叶片；16-进料导管；17、18-辅助叶片

搅拌筒的内部结构如图 8.47 所示，搅拌筒从筒口到内壁对称地焊接着两条连续的带状螺旋叶片，当搅拌筒转动时，两条叶片即被带动作围绕搅拌筒轴线的螺旋运动，这是搅拌筒对混凝土进行搅拌或卸料的基本装置。当搅拌筒正传时，叶片起搅拌作用；当搅拌筒逆转时，叶片则将搅拌好的混凝土输送出筒外。

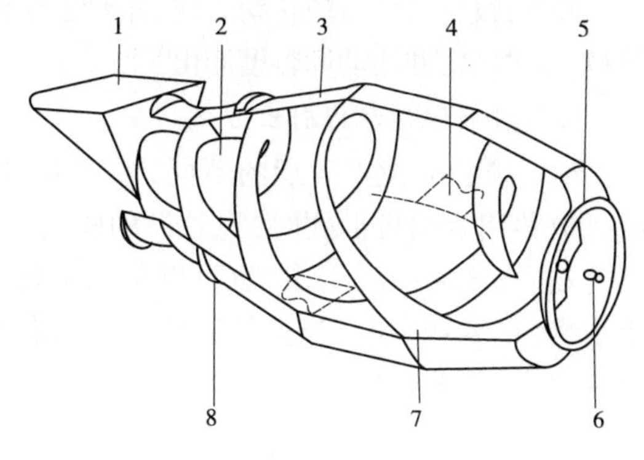

图 8.47 搅拌筒的内部结构

1-加料斗；2-进料导管；3-壳体；4-辅助搅拌叶片；5-链轮；6-中心轴；7-带状螺旋叶片；8-环形滚道

2）搅拌筒的工作原理和工作过程

图 8.48 是通过搅拌筒轴线的纵剖面示意图。图 8.48a）和 b）分别为被剖搅拌筒的两部分，图中斜线表示剩余部分的螺旋叶片，α 为其螺旋升角，β 为搅拌轴线与底盘平面的夹角。

工作时，搅拌筒绕其自身轴线转动，混凝土因与筒壁和叶片的摩擦力和内在的黏着力而被转动的筒壁沿圆周带起，达到一定高度后，在其自重力的作用下向下翻跌和滑移。由于搅拌筒连续的转动，所以混凝土即在不断的被提升而又向下跌滑的运动中，同时受筒壁和叶片所确定的螺旋形滚道的引导，产生沿搅拌切向和轴向的复合运动，使混凝土一直被推移到螺旋叶片终端。

如搅拌筒按图 8.48a）所示方向的“正向”转动，混凝土将被叶片连续不断的推送到搅拌筒的底部，显然，到达筒底的混凝土势必由被搅拌筒的端壁顶推翻转回来，这样在上述运动的基础上又增加了混凝土上、下层的轴向翻滚运动，混凝土就在这种复杂的运动状态下得到搅拌。如搅拌筒按图 8.48b）所示“反向”转动，叶片的螺旋运动方向也相反，这时混凝土即被叶片引导向搅拌口方向移动，直至筒口卸出。总之，搅拌筒的转动，带动连续的螺旋叶片所产生的螺旋运动,使混凝土获得“切向”和“轴向”的复合运动,从而使搅拌筒具有搅拌或卸料的功能。

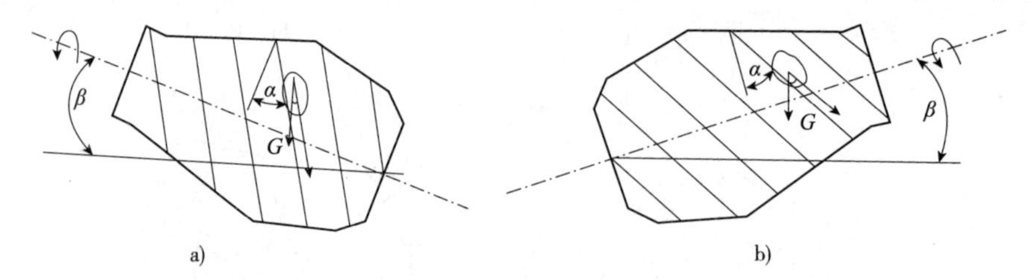

图 8.48　搅拌筒工作原理图

a)正转;b)反转

搅拌筒工作过程如下。

装料:搅拌筒在驱动装置带动下,做 6 ~ 10r/min 的“正向”转动,混凝土或拌和料经料斗从导管进入搅拌筒,并在螺旋叶片引导下流向搅拌筒中下部。

搅拌:对于加入搅拌筒的混凝土拌和料,在搅拌运输车驶运途中或现场,使搅拌筒以 8 ~ 12r/min 的转速“正向”转动,拌和料在转动的筒壁和叶片带动下翻跌推移,进行搅拌。

搅动:对于加入搅拌筒的预拌混凝土,只需搅拌筒在运输途中以 1 ~ 3r/min 的转速“正向”转动。此时,混凝土只受轻微的扰动,以保持混凝土的均质。

卸料:改变搅拌筒的转动方向,并使之获得 6 ~ 12r/min 的“反转”转速。混凝土路流向筒口,通过固定和活动卸料槽卸出。

3. 搅拌筒驱动动力引出方式

根据搅拌筒搅拌容积的不同,可选取共同动力或专用发动机两种形式。当搅拌装置采取共用发动机形式时,搅拌筒的驱动动力可自汽车发动机曲轴前端[图 8.49a)]或飞轮端[图 8.49b)]引出,也可以从汽车底盘传动系统中的分动箱或专设的动力输出轴上引出[图 8.49c)];当搅拌装置设专用发动机时,动力一般都从专用发动机的曲轴输出端引出[图 8.49d)]。

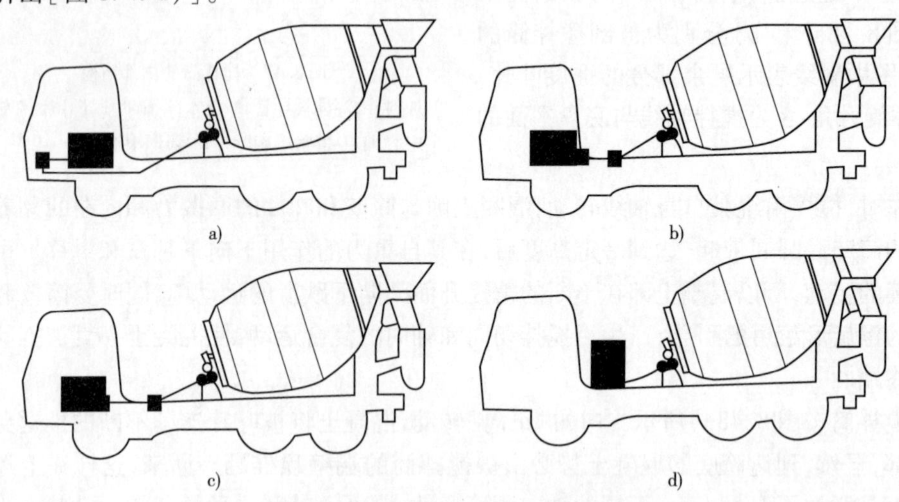

图 8.49　驱动装置的动力引出形式

a)汽车发动机前端取力;b)汽车发动机飞轮端取力;

c)汽车分动箱或专设动力输出轴上取力;d)专用发动机的曲轴输出端取力

搅拌筒的驱动装置：以 ACL－606 型搅拌运输车为例，进料时须将搅拌筒转至进料口朝上，卸料时，须使拌筒转动而排料。此时的动力是电动机通过液压泵、液压马达而使搅拌筒转动的。运行时，驱使搅拌筒转动的动力传递是：车轴→油泵→油马达→齿轮减速箱→链传动→搅拌筒。两者间的转换由手动液压阀控制。

4. 液压系统

ACL－606 型搅拌运输车液压系统如图 8.50 所示。电机驱动时为闭式系统。辅助液压泵有三个作用：向主回路低压区补油，向主轴泵变量伺服缸供油，经溢流阀向主油泵和液压马达壳体供油以冷却。此系统采用手动伺服变量。液压马达回路具有过载补油功能和使拌筒转速稳定的功能。

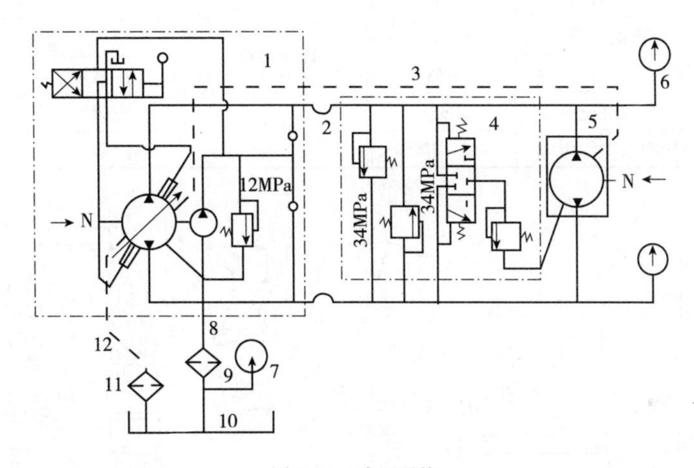

图 8.50 液压系统

1-柱塞泵；2-主回路；3-管路；4-集成阀块；5-柱塞马达；6-压力表；7-真空表；8-补油吸油管路；9-滤油器；10-油箱；11-冷却器；12-回油管路

5. 供水系统

供水系统可为清洗搅拌筒和湿式搅拌运输提供用水，如图 8.51 所示。由水泵向水箱内加水，并向水箱内引入液压使压力水进入搅拌筒内，另有一个开关及软管、喷嘴以冲洗卸料槽及整机外部。

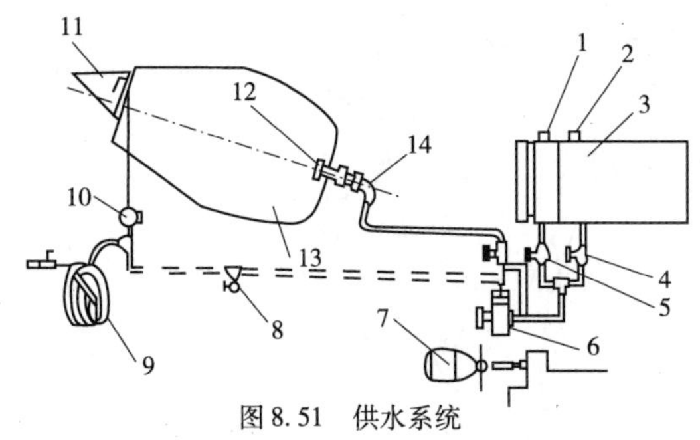

图 8.51 供水系统

1-"E"盖；2-"F"盖；3-搅拌水箱；4-"A"阀；5-"B"阀；6-水泵；7-发动机；8-排水龙头；9、12-过载补油阀；10-液压马达；11-行星传动；13-搅拌筒；14-管接头

三、JC6 混凝土搅拌运输车

JC6 搅拌运输车系搅动容量为 $6m^3$ 的飞轮取力混凝土搅拌运输车。该车由上车（混凝土搅拌部分）和下车（汽车底盘部分）组成。上车由搅拌筒 3，进出料装置 5、6、8，供水系统工程，传动系统 2、9、10，操作系统 4 和机架等组成（图 8.52）。其主要技术参数如表 8.10 所示。

JC6 搅拌运输车主要技术参数 表 8.10

<table>
<tr><td rowspan="2">汽车发动机</td><td>额定功率</td><td>208kW</td><td colspan="2">行星齿轮减速器传动比</td><td>123.3</td></tr>
<tr><td>额定转速</td><td>2 200r/min</td><td rowspan="4">搅拌筒作业转速</td><td>进料</td><td>1 ~ 10r/min</td></tr>
<tr><td colspan="2">搅动容量</td><td>$6m^3$</td><td>搅动</td><td>0.6 ~ 4r/min</td></tr>
<tr><td colspan="2">搅拌容量</td><td>$4.5m^3$</td><td>搅拌</td><td>6 ~ 10r/min</td></tr>
<tr><td colspan="2">搅拌筒几何容量</td><td>$8.9m^3$</td><td>出料</td><td>1 ~ 10r/min</td></tr>
<tr><td colspan="2">水箱容量</td><td>220L</td><td colspan="2">集料最大粒径</td><td>40mm</td></tr>
<tr><td colspan="2">油箱容量</td><td>35L</td><td colspan="2">外形尺寸(长×宽×高)</td><td>7 800mm×2 500mm×3 700mm</td></tr>
<tr><td rowspan="7">液压系统</td><td>油泵形式</td><td>双向变量</td><td colspan="2">进料斗上口尺寸(长×宽)</td><td>950mm×1 000mm</td></tr>
<tr><td>理论排量</td><td>0 ~ ±87mL/r</td><td colspan="2">进料斗上口离地高度</td><td>3 450mm</td></tr>
<tr><td>油马达形式</td><td>定量</td><td colspan="2">整车质量</td><td>27t</td></tr>
<tr><td>理论排量</td><td>87mL/r</td><td rowspan="2">前轴负荷</td><td>空载</td><td>3 700kg</td></tr>
<tr><td>主系统工作压力</td><td>21MPa</td><td>满载</td><td>5 370kg</td></tr>
<tr><td>辅助泵理论排量</td><td>23mL/r</td><td rowspan="2">后轴负荷</td><td>空载</td><td>6 120kg</td></tr>
<tr><td>辅助泵工作压力</td><td>1.5 ~ 3MPa</td><td>满载</td><td>19 265kg</td></tr>
</table>

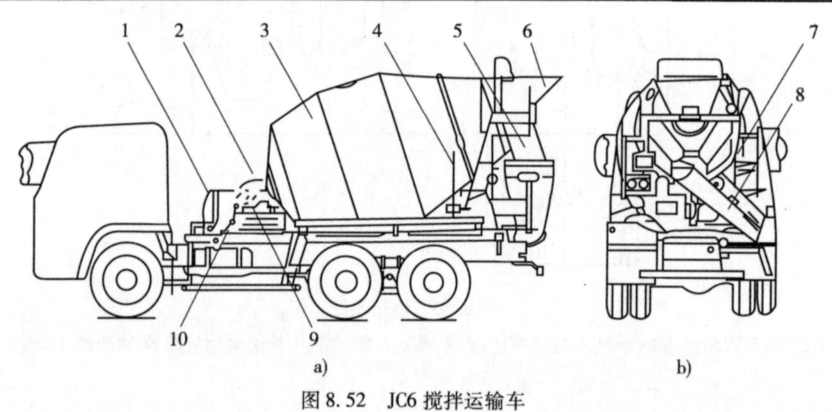

图 8.52 JC6 搅拌运输车

1-水箱;2-减速器;3-搅拌筒;4-操作手柄;5-固定卸料槽;6-进料斗;7-托带轮;8-活动卸料槽;9-液压马达;10-液压泵

1. 搅拌筒

搅拌筒的形式为固定倾角斜置的反转出料梨形结构,如图 8.53 所示。

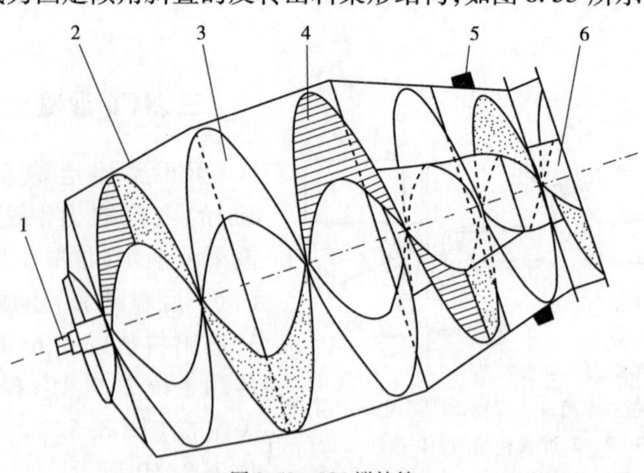

图 8.53 JC6 搅拌筒

1-中心轴;2-搅拌筒体;3、4-螺旋叶片;5-环形滚道;6-进料导管

搅拌筒通过底端中心轴和环形滚道支承在机架上。这种三点支承结构简单可靠、稳定性好,便于搅拌筒的驱动。调心轴承支承允许搅拌筒的中心轴有一定的偏转,以弥补车辆行驶时底盘变形的影响。

搅拌筒只有上方一个筒口,连接进料口和卸料槽。搅拌筒从筒口到筒底沿内壁对称焊接两条连续的带状螺旋叶片 3 和 4(叶片 4 的不同标记表示各分段的不同厚度),筒口部位沿两条螺旋叶片的内边缘焊接一段进料导管。搅拌筒正转时,混凝土拌和物(或原料口)从进料导管内侧进料,沿切向被叶片带起,并靠自重落下,同时由于螺旋叶片的推进作用,物料还沿轴向运动。搅拌筒反转时,混凝土拌和物沿轴向推向筒口,从进料导管外侧出料。

螺旋叶片曲线的形状影响搅拌质量和出料速度。20 世纪 60 年代初生产的搅拌车,叶片是按等螺距设计的,物料的下滑角度随着搅拌筒直径的不同而变化,愈靠近出料口,下滑角愈小,因此在出料口常常发生堵塞现象。这种叶片改用对数螺旋后,各处的物料下滑角是一个常数,到筒口处的下滑角不会因为直径减小而变小,有的甚至在出料口处设计成更大的下滑角,这样混凝土拌和物就不易黏结在叶片上和搅拌筒口处,加快了出料速度。

2. 进出料装置

JC6 进出料装置如图 8.54 所示。

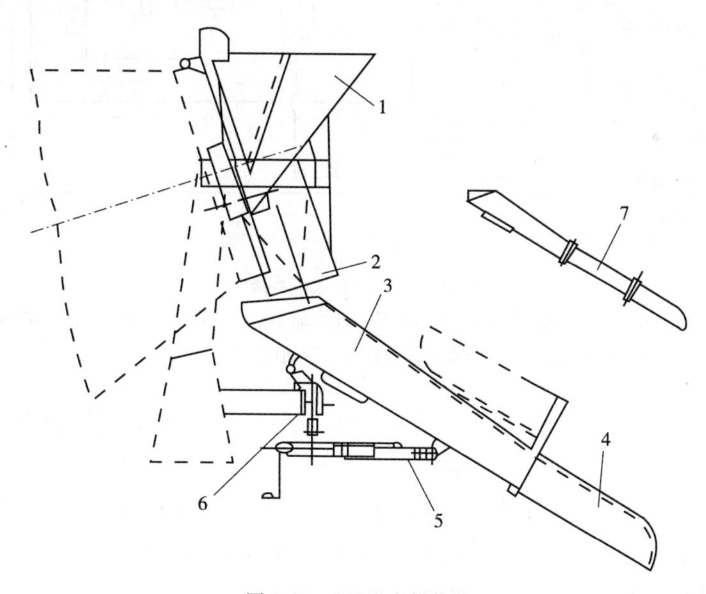

图 8.54　JC6 进出料装置

1-进料斗;2-固定卸料溜槽;3-活动卸料溜槽;4-接长卸料溜槽;5-伸缩机构;6-摆动机构;7-中间加长溜槽

进料斗在搅拌筒口上面,下斗口插入搅拌筒口的进料导管内,物料经进料斗在自重和转动的搅拌筒螺旋叶片作用下快速地进入筒内。进料斗在上部与机架铰接,可以绕铰接轴向上反转,便于对搅拌筒进行清洗和维护。

V 形设置的一对固定卸料溜槽位于搅拌筒口的两侧下方,从搅拌筒卸出的混凝土拌和物经此槽流入活动卸料溜槽。活动卸料溜槽、中间加长溜槽和接长卸料溜槽由销轴互相连,起导向作用,避免混凝土拌和物离析。通过摆动机构可以使活动溜槽部分在水平面内摆动,又借助于伸缩机构使活动溜槽部分在垂直平面内作一定角度仰俯,从而使卸料溜槽适应不同的卸料位置。图示伸缩机构由手摇柄通过丝杠进行伸缩；另一种伸缩机构是利用压缩弹簧伸出，依靠自动缩回，操作人员只须较小的力即可把定位销锁定在不同的位置。

3. 传动系统

该车采用“直接传动”的液压—机械传动形式，即变量轴向柱塞泵—定量轴向柱塞马达—行星齿轮减速器—搅拌筒的传动形式。该传动系统能满足搅拌筒在各工况下所需要的转速。此外，通过汽车发动机油门加速还能扩大调速范围。搅拌筒各工况的转速为：进料 1 ~ 10r/min（常用 4 ~ 6r/min）；搅动 0.6 ~ 4r/min（常用 1 ~ 3r/min）；搅拌 6 ~ 10r/min（常用 8r/min）；出料（反转）1 ~ 10r/min（常用 6 ~ 8r/min）。

液压系统如图 8.55 所示，该系统具有以下特点：

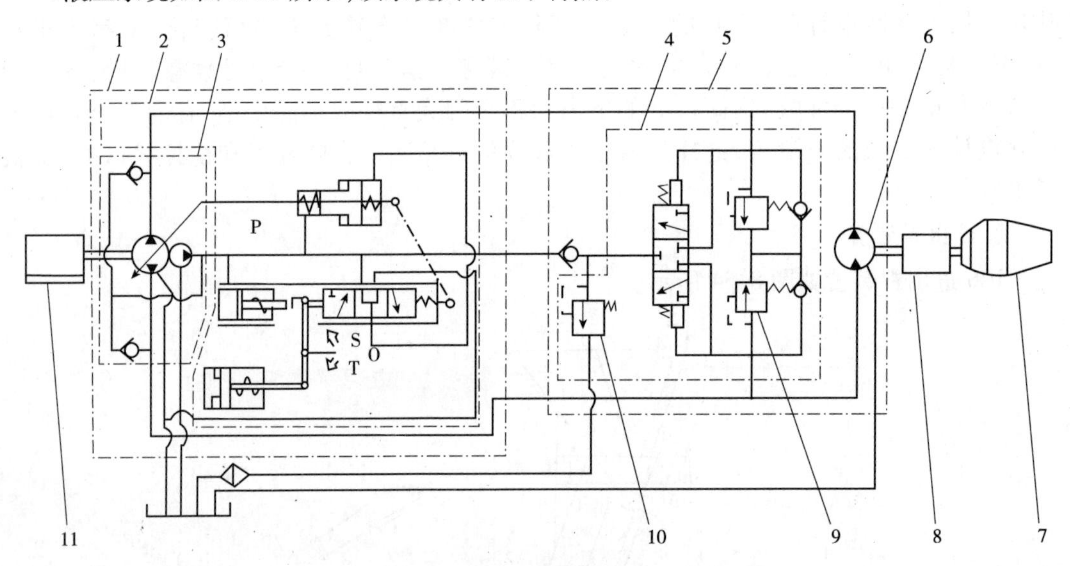

图 8.55 JC6 液压系统

1-泵组；2-手动伺服变量机构；3-变量轴向柱塞泵；4-过载补油及冷却油路控制阀组；5-液压马达阀组；6-定量轴向柱塞马达；7-搅拌筒；8-行星齿轮减速器；9-过载阀；10-低压溢流阀；11-汽车发动机

(1) 主系统采用闭式回路，结构紧凑、传动平稳。两个高压溢流阀对主回路起过载保护作用。与主泵（变量轴向柱塞泵）同轴设置的一台辅助泵（齿轮泵）另组成辅助低压开式回路，由低压溢流阀保持低压区压力，一方面为手动伺服变量机构供油，另一方面通过泵组内的两个补油单向阀补偿主回路中的泄漏，并可改善主回路的散热条件。液控换向阀确保工作时给主回路低压区提供一个溢流通道。

(2) 搅拌筒转速的调节是通过操纵手动伺服变量机构来改变斜轴向柱塞泵（简称斜轴泵）的斜轴角实现的。由辅助泵向手动伺服变量机构供油，因而能实现双向变量。通过改变斜轴角 α 大小，从而改变油泵的排 q_1，即改变油泵的流量 $Q = q_1 \cdot n_1$（即油马达的输入流量），达到改变马达转速 $n_2 = Q/q_2$ 的目的。改变斜轴角 α 的方向，从而改变压力油的流向，达到改变油马达旋转方向的目的。图示 S 方向为正转变量（进料、搅拌、搅动），T 方向为反转变量（出料）。当操纵杆转向 S 方向，即随动阀芯向左移，差动油缸的活塞在两边压力差的情况下失去平衡，也向左移，推动泵的斜轴摆动使用斜轴角 α 增大，同时随动阀体随活塞一起左移，随动阀在新的位置达到了平衡。由于随动机构的原理，使操作力很小。

(3)有些产品的液压系统装有自动恒速装置。因为搅拌筒驱动是飞轮取力形式，与汽车底盘共用一台发动机，车辆行驶负荷的变化会引起发动机转速的变化，也就引起搅拌筒转速的波动，从而影响混凝土拌和物的质量。该装置的基本原理是，当泵的转速 n_1 降低时，使排量 q_1 自动增加，并使排量 q_1 与转数 n_1 的乘积，即流量 Q 保持在某一定值。恒速的过程如下：当行驶负荷减小，汽车发动机的转速上升时，变量泵的转速 n_1 上升，则泵的流量 $Q=q_1\cdot n_1$ 上升，这时，辅助泵回路中的液压油流速 v 上升，则液压油流经节流孔前后的压力差 ΔP 亦上升，辅助泵排出压力 P 上升(发动机转速升高到大约 1 500r/min 时，P 升高的值能克服弹簧力)，这时，恒速装置油缸的活塞右移，自动控制伺服机构的随动阀芯右移，差动油缸活塞右移，泵的斜轴角 α 减小，导致泵的排量 q_1 下降，而 $Q=q_1\cdot n_1$ 保持不变，则马达转速 $n_2=Q/q_2$ 保持不变，则搅拌筒转速保持不变。

自动恒速装置的特性如图 8.56 所示。

4. 操纵系统

搅拌筒的正转(进料、搅动、搅拌)、反转(出料)、停止、加速等动作均用一根操纵手柄来加以控制，如图 8.57 所示。由于液压系统主泵流量的变化是连续的，因而对以上各动作可以实现无级调速。但为便于准确掌握不同工况时搅拌筒需要的转速，一般操纵手柄的面板上相应注明进料、搅拌、搅动、空挡、卸料四个具体位置，以指示手柄应该操纵的幅度。这种液压传动的搅拌筒，其调速操纵十分简单方便，而动作又可以十分灵敏、平顺。

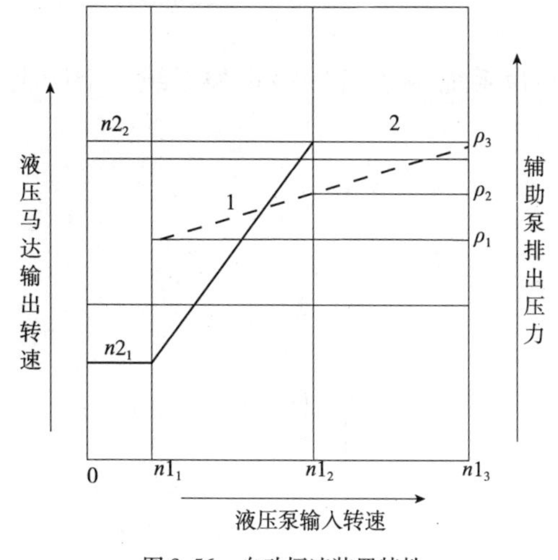

图 8.56 自动恒速装置特性

1-辅助泵排出压力曲线；2-液压马达输出转速曲线

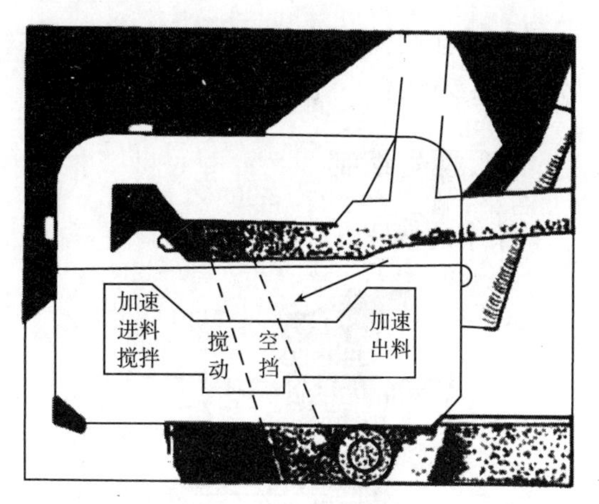

图 8.57 JC6 操纵系统

该车在驾驶室内，车辆后部左右两侧以及上部进料斗旁共四处装设操纵手柄，可以在任一处操纵这种手柄完成各工况。

5. 供水系统

搅拌车的供水系统见图 8.58，主要用于清洗。如作干料注水搅拌输送用水时，则应适当增大水箱容量。水泵由电机带动，通过水泵开关操纵。水箱内的水由水泵供应到各处。当使用清洗喷嘴时，应打开喷嘴阀；通过进料斗向搅

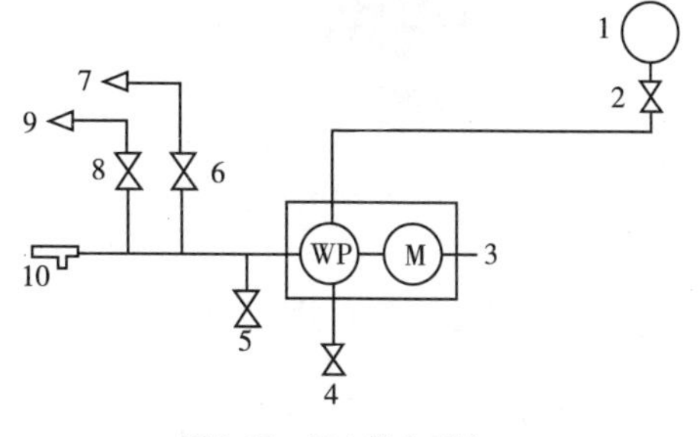

图 8.58 JC6 供水系统

1-水箱；2-截止阀；3-水泵；4-小旋塞；5-排水阀；6-阀 1；7-通向进料斗；8-阀 2；9-通向卸料口；10-喷嘴

拌筒内注水时,应打开阀1;需冲洗卸料口的叶片时,应打开阀2。

第四节 水泥混凝土输送设备

混凝土输送泵是利用管道输送混凝土的一种设备。在现场浇灌钢筋混凝土结构的施工中,混凝土的运输和供应,约占其总耗工时的1/3。混凝土泵主要用于大型的高层或超高层建筑工程、大型桥梁工程、隧道工程等。通过混凝土泵把混凝土泵送到一定距离和高度位置进行浇灌,与其他方法相比,既可减轻繁重的体力劳动,又能进行连续作业,从而缩短工期,降低了造价,施工更加文明。

按混凝土泵的驱动方法分类,有活塞式和挤压式,目前大部分是活塞式。另外,还有水压隔膜式和气罐式泵等形式。

在活塞式混凝土泵中,按混凝土泵的传动方式分类,分为机械式活塞泵和液压式活塞泵,目前大都是液压式活塞泵。而液压式活塞泵按推动活塞的介质不同,又可以分为水压式和油压式两种,大多数为油压式。

按泵体能否移动分类,有拖式水泥混凝土输送泵(拖泵)、汽车式水泥混凝土输送泵(车载泵)和水泥混凝土输送泵车(泵车)三种。本节重点介绍泵车。

一、水泥混凝土输送泵车的总体结构

泵车在结构上可大致分为底盘、臂架系统、泵送系统、液压系统及电控系统五个组成部分(图8.59)。

二、型号编制

泵车的型号如图8.60所示。

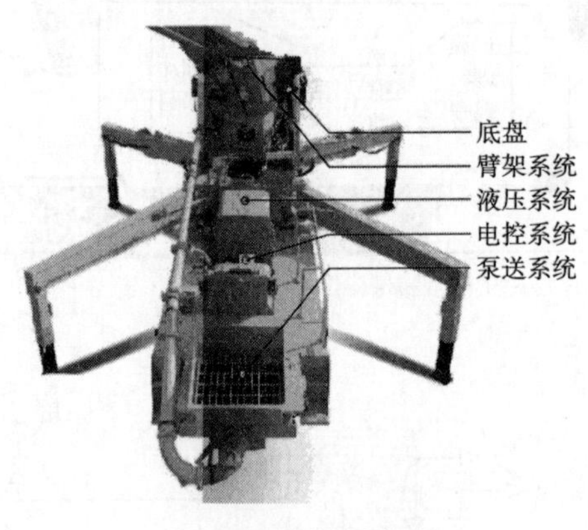

图8.59 泵车基本构造

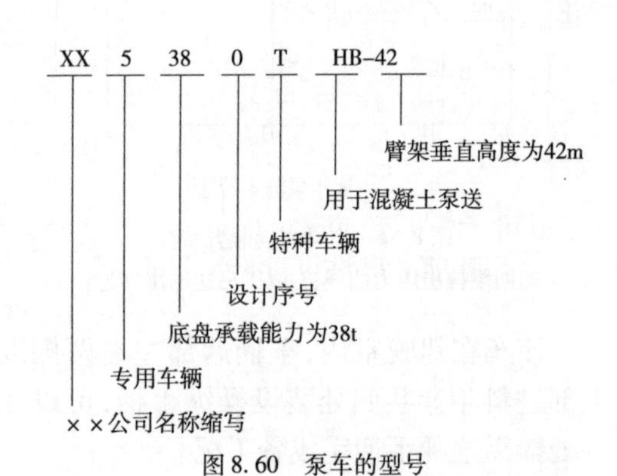

图8.60 泵车的型号

三、工作装置的组成及特点

1. 泵送系统

泵送系统是混凝土泵车的执行机构,用于将混凝土拌和物沿输送管道连续输送到浇筑现场。泵送系统由料斗、泵送机构、S阀总成(闸板阀)、摆摇机构和输送管道组成。

S 阀混凝土泵由柴油机(或电动机)带动液压泵产生压力油驱动,两个主油缸带动两个混凝土输送缸内的活塞产生交替往复运动。

图 8.61 为 S 阀混凝土泵送的工作原理,泵送机构由两只主油缸、水箱、两只混凝土缸、两只混凝土活塞,分别与主油缸的活塞杆连接,主油缸在液压油的作用下,作往复运动,一缸前进,另一缸后退,混凝土进出口与出料口连通,分配阀的右端是出料口,另一端在摆阀油缸的作用下,分配阀的右端是出料口,另一端在摆阀油缸的作用下左右摆动,分别与混凝土出口连通。

泵送混凝土时,在主油缸的作用下,左活塞前进,右活塞后退。此时左摆阀油缸处于伸出状态,右摆阀油缸处于后退状态,通过摆臂作用 S 阀接通左混凝土缸,左混凝土缸里面的混凝土在左活塞的推动下,由 S 阀进入输送管道。而料斗里的混凝土被不断后退的右活塞吸入右混凝土缸,当左活塞前进,右活塞后退到位以后,控制系统发信号,使左摆阀油缸缩回、右摆阀油缸伸出,左摆阀油缸后退,摆阀油缸换向到位后,发出信号,使左右主油缸换向,推动右活塞前进,左活塞后退,上一轮吸进右输送缸里的混凝土被推入 S 阀进入输送管道,同时,左输送缸吸料。如此反复动作完成混凝土料的泵送。

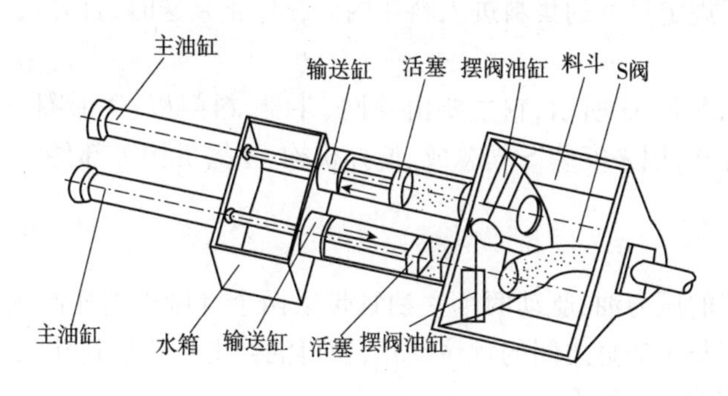

图 8.61　S 阀泵送系统

反泵时,通过反泵操作使吸入行程的混凝土缸与 S 阀连通,使处在推送行程的混凝土与料斗连通,从而将管路中的混凝土泵回料斗。

S 阀的主要优点是摆动的管口为平面,既便于加工,磨损后又易于调节,同时省去了 Y 形管,降低了压力损失,且它的密封性能很好,所以 S 阀泵比同规格的闸板阀泵泵送高度高。S 阀采用抛物线原理进行设计,使料流最为合理,进一步降低了阻力,其内表面均用高耐磨材料堆焊而成,提高了使用寿命;采用能自动调整间隙的浮动切割环,保证了 S 阀的密封性能,降低了换向时的冲击。但 S 阀体必须在料斗中,给搅拌轴的布置带来麻烦。

闸板阀的主要优点是构造简单、维修方便、换向力大、吸料性好,对混凝土的要求无 S 阀拖泵高,可泵送自拌混凝土(适应于低坍落度混凝土的泵送);但闸板阀需要复杂的密封结构,难以清除残留物,它还不可避免地需用 Y 形管去连接混凝土泵的双缸体和输送管,而 Y 形管是主要的压力损失部件。另外,采用闸板阀泵输送时,要求在垂直输送管道的前方安装一个水平输送管段,其长为混凝土提升高度的二分之一,因为闸板对混凝土垂直方向产生的流体压力所造成的回流有很大的敏感性,形成液压阻力,而这种阻力将会降低混凝土的输送高度,这也是闸板阀混凝土泵的输送高度受到限制的主要因素之一,见图 8.62。

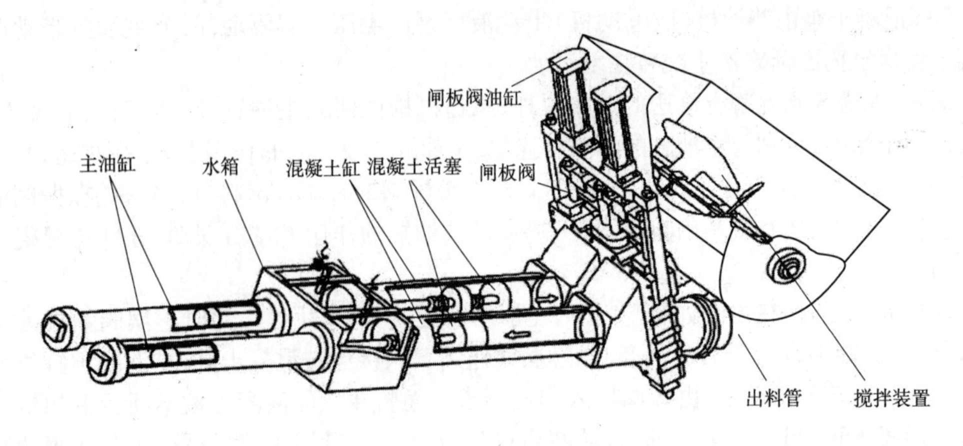

图 8.62　闸板阀泵送系统

1)料斗

料斗主要用于储存一定量的混凝土,保证泵送系统吸料时不会吸空和连续泵送。通过筛网可以防止大于规定尺寸的集料进入料斗内。在停止泵送时,打开底部料门,可以排除余料和清洗料斗。

料斗的结构如图 8.63 所示,它主要由筛网、斗身、料门板、O 形圈、小轴等零部件组成。料斗上有多个安装孔,用来安装 S 阀总成、搅拌机构、摆摇机构等部件,以保证泵送机构正常工作。

2)泵送机构

来自液压系统的压力油,驱动两个主油缸带动两个混凝土输送缸内的活塞产生交替往复运动。通过 S 阀与主油缸之间的顺序动作,使得混凝土不断从料斗被吸入输送缸,并通过 S 阀和输送管道送到施工现场。

泵送机构的结构如图 8.64 所示,它主要由主油缸、水箱、活塞体、连接杆、盖板、吊耳输送缸、蝶形螺杆等零部件组成。

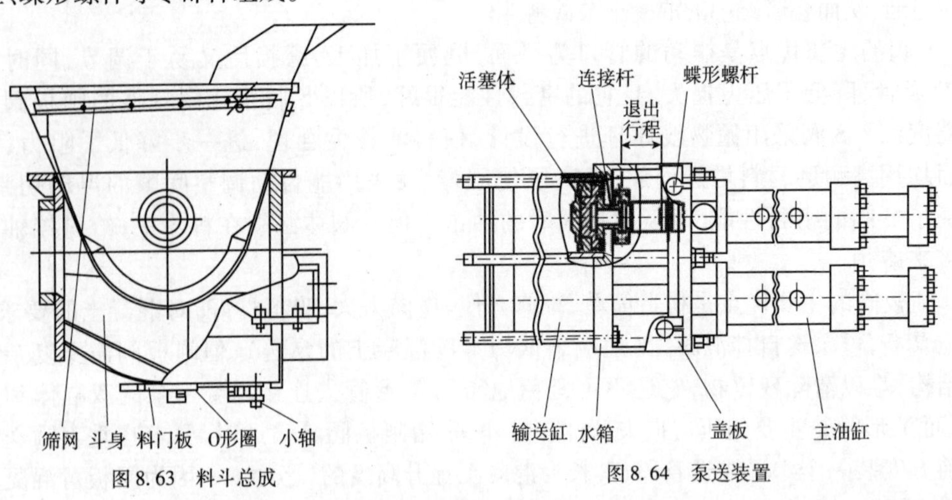

图 8.63　料斗总成

图 8.64　泵送装置

工作时,主油缸带动输送缸的混凝土活塞作往复运动,两个输送缸活塞的运动方向相反。当混凝土活塞向右移动时,输送缸从料斗中吸入混凝土;混凝土活塞向左移动时,输送缸通过泵送阀的管道压送出混凝土。两输送缸交替输出混凝土,使泵送机构泵出混凝土不间断。

水箱中存有水，当输送缸活塞向左移动压送混凝土时，水跟在活塞后进入输送缸内，起到冷却、润滑和清洗的作用；当活塞右移吸料时，水就被活塞挤回水箱。水箱中的水可通过放水螺塞放出，以便更换干净的水。

3）S 阀总成

S 阀总成是以 S 管的摆动来达到混凝土吸入和排出的目的，它具有两位（吸料和排料）三通（通两个混凝土输送缸、输送管）的机能。S 管置于料斗中，其本身即输送管的一部分，它一端与输送管接通，另一端可以摆动，泵送时，其管口与两个输送缸的缸口交替接通，对准哪一个缸口，哪一个缸就向管道内排料，同时另一个缸则从料斗内吸料。

S 阀是目前应用最广泛的一种混凝土分配阀，其主要特点如下：

（1）结构简单，流道畅通，混凝土流动阻力小。

（2）密封性能好，泵送压力高。

（3）使料斗的离地高度降低，便于混凝土搅拌运输车向料斗卸料。

（4）换向速度快，噪声小。

S 阀总成的结构如图 8.65 所示。

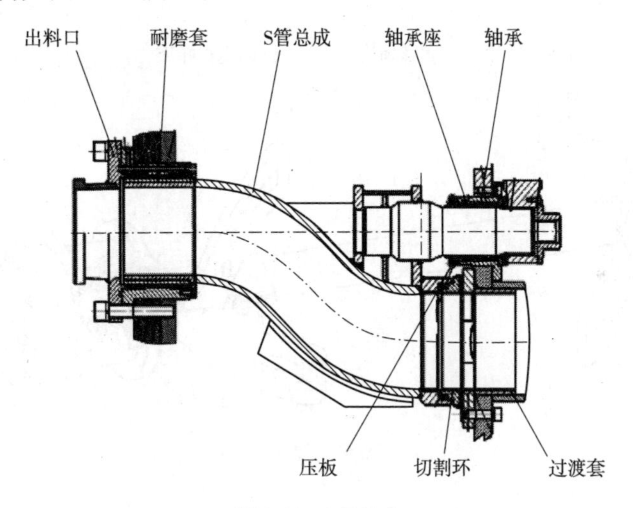

图 8.65　S 阀总成

S 阀是在摆摇机构的操纵下，以图 8.7 中的上轴线为轴心左右摆动，使切割环的孔对准眼镜板的排料孔，使左右输送缸泵送出的混凝土进入 S 阀而送到输料管内。

4）摆摇机构

摆摇机构中摆阀油缸通过液压系统的控制，保持与主油缸的顺序动作，驱动摇臂，从而带动 S 管，使 S 管与主油缸协调动作。保证 S 管的切割环口与泵送混凝土的输送缸对准。

摆摇机构的结构如图 8.66 所示，它主要由左油缸座、承力板、油杯、下球面轴承、限位挡板、摇臂、上球面轴承、球头挡板、摆阀油缸、右油缸座等零部件组成。

2. 搅拌系统

搅拌机构用于对料斗中的混凝土进行再次搅拌，以防止混凝土泌水离析和坍落度损失，保证其可泵性。

搅拌机构的结构如图 8.67 所示，它主要由端盖、轴承座、左搅拌叶片、搅拌轴、右搅拌叶片、搅拌轴、液压马达等零部件组成。

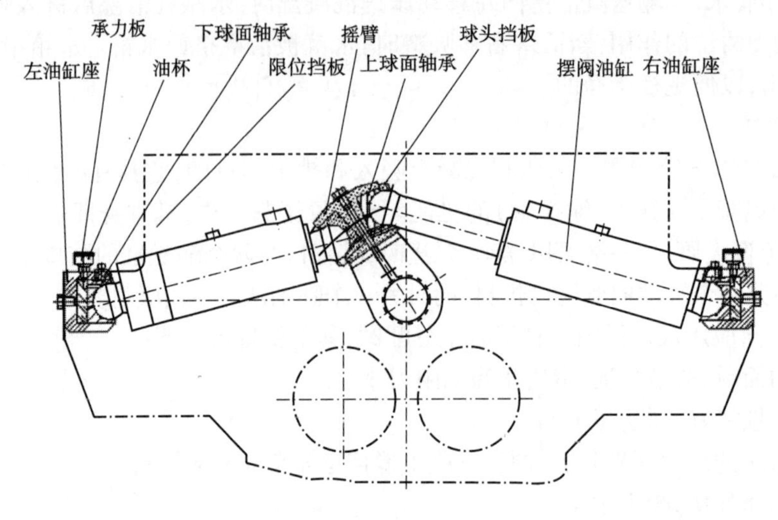

图 8.66　摆摇机构

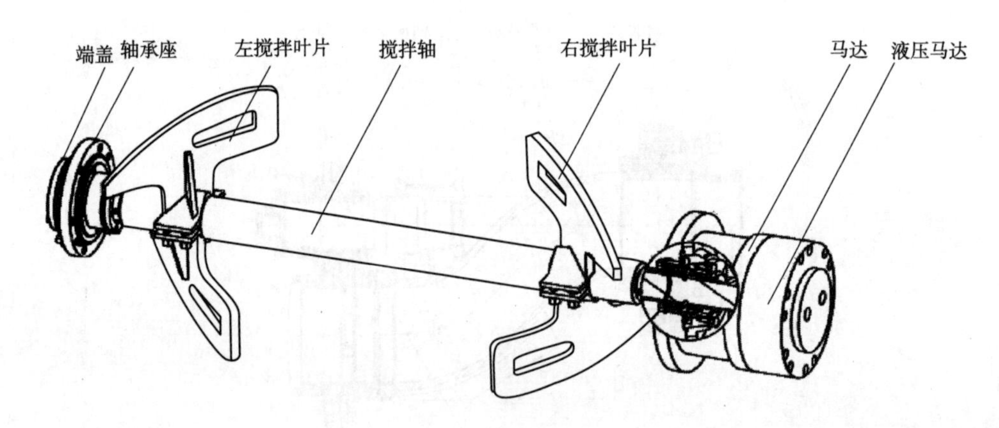

图 8.67　搅拌系统

3. 冷却系统

液压油的冷却有水冷和风冷两种方式。

水冷：水冷却器安装在主阀块至油箱的主油泵回油路中。直接冷却主油泵的回油，具有良好的冷却效果。泵送工作时，必须接通冷却水源。当油温达到50℃时，打开冷却器进水闸阀，使之冷却液压油。

风冷：风冷却器安装在覆盖件顶部，主要冷却辅助油泵的回油和主油泵的泄漏油，当达到55℃时，电磁阀动作，风冷却液压马达旋转，系统自动开启，加强液压油的冷却。

4. 润滑系统

润滑系统由手动润滑脂泵、干油过滤器、单向四通阀、片式分油器、润滑中心和管道组成（图 8.68）。

5. 臂架系统

臂架系统用于混凝土的输送和布料。通过臂架油缸伸缩、转台转动，将混凝土经由附在臂架上的输送管，直接送达臂架末端所指位置，即浇筑点。

臂架系统由多节臂架、连杆、油缸和连接件等部分组成，具体结构如图 8.69 所示。

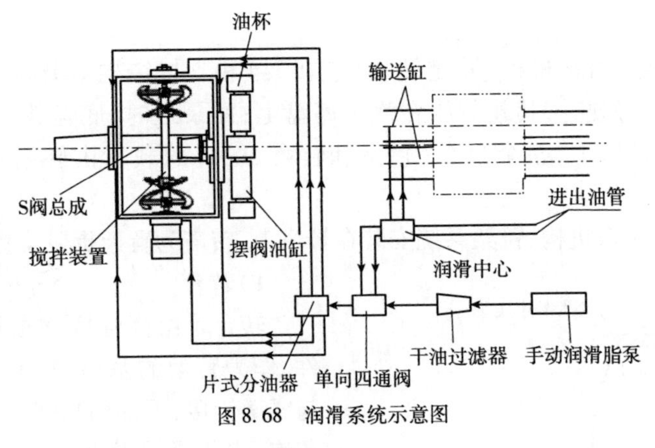

图 8.68　润滑系统示意图

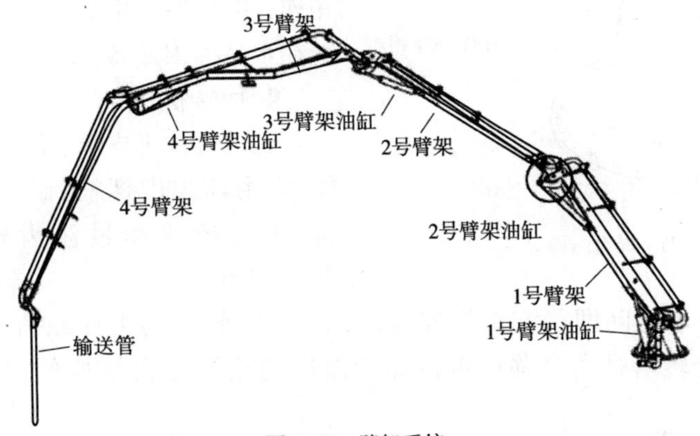

图 8.69　臂架系统

臂架系统主要由多节臂、连接件铰接而成的可折叠和展开机构组成,根据各臂架间转动方向和数序的不同,臂架有多种折叠形式,如 R 形、Z 形、(或 M 形)、综合型等。各种折叠方式都有其独到之处。R 形结构紧凑;Z 形臂架在打开和折叠时动作迅速;综合型则兼有前两者的优点而逐渐被广泛的采用。由于 Z 形折叠臂架的打开空间更低,而 R 形折叠臂架的结构布局更紧凑等各自的特点,臂架的 Z 形、R 形及综合型等多种折叠方式均被广泛采用。具体结构形式如图 8.70 所示。

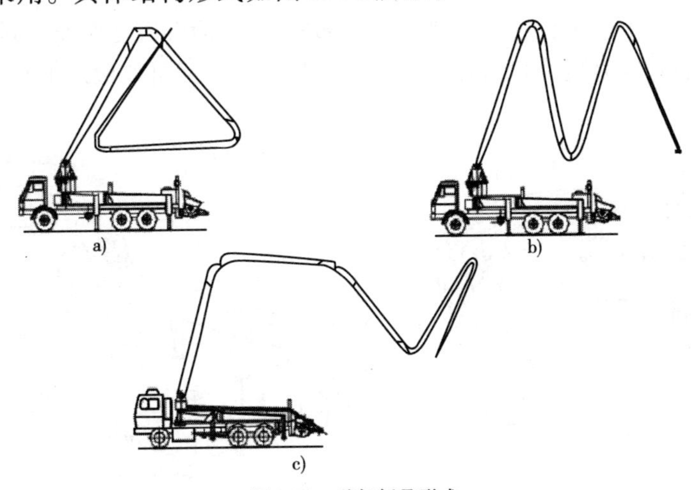

图 8.70　臂架折叠形式

a)R 形;b)Z 形(或 M 形);c)综合型

6. 转塔

转塔主要由转台、回转机构、固定转塔(连接架)和支撑结构等几部分组成。转塔安装在汽车底盘中部,行驶时,其载荷压在汽车底盘上;而泵送时,底盘轮胎脱离地面,底盘和泵送机构也挂在转塔上,整个泵车(包括和转塔自身)的载荷由转塔的四条支腿传给地面。

转塔结构底盘、泵送机构、臂架系统安装在转塔上,转塔为臂架提供支撑。

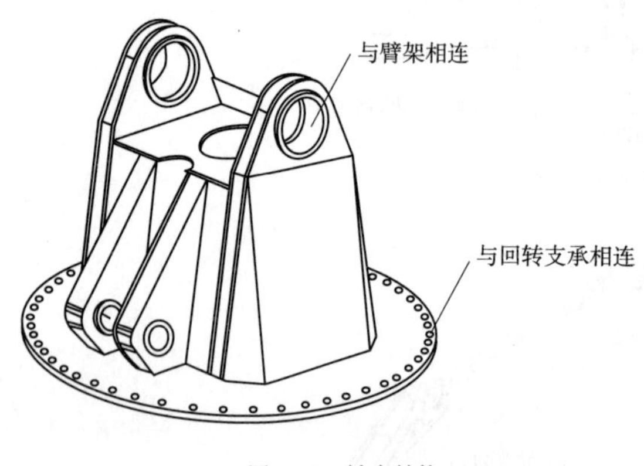

图 8.71 转台结构

1)转台

转台是由高强度钢板焊接而成的结构件,作为臂架的基座,它上部用臂架连接套与臂架铰接,下部用高强度螺栓与回转支承相连,主要承受臂架载荷,同时可随臂架一起在水平面内旋转,结构如图 8.71所示。

2)回转机构

回转机构集支承、旋转和连接功能于一体,它由高强度螺栓、回转支承、回转减速机、主动齿轮和过渡齿轮组成,结构如图 8.72所示。

转台与固定转塔之间即可实现低速运动,而臂架、转台的工作载荷通过回转支承传给固定转塔。固定转塔是由高强度钢板焊接而成的箱形受力结构件,是臂架、转台、回转机构的底座。

回转减速机带动主动齿轮,经过渡齿轮(某些车型无此件)驱动回转支承外圈,实现回转支承内外圈之间的慢速旋转。回转支承的外圈与上部转台、内圈与下部固定转塔用高强度螺栓相连,内外圈之间由交叉滚子(或钢球)连接。因此,它上部连接的臂架、转台和固定转塔之间可实现低速旋转,而臂架、转台的工作载荷通过回转支承传递给固定转塔。混凝土泵车臂架的回转支承常用的还有另一种驱动方式:带齿条的旋转驱动油缸往复运动,驱动与转台联成一体的齿圈,从而使臂架随转台一起转动。

3)固定转塔结构

固定转塔是混凝土泵车行驶时主要承受上部的重力,而混凝土泵车泵送时主要承受整车的重力和臂架的倾翻力矩,同时高强度钢板围焊的空间,又可作液压油箱或水箱,结构如图 8.73 所示。

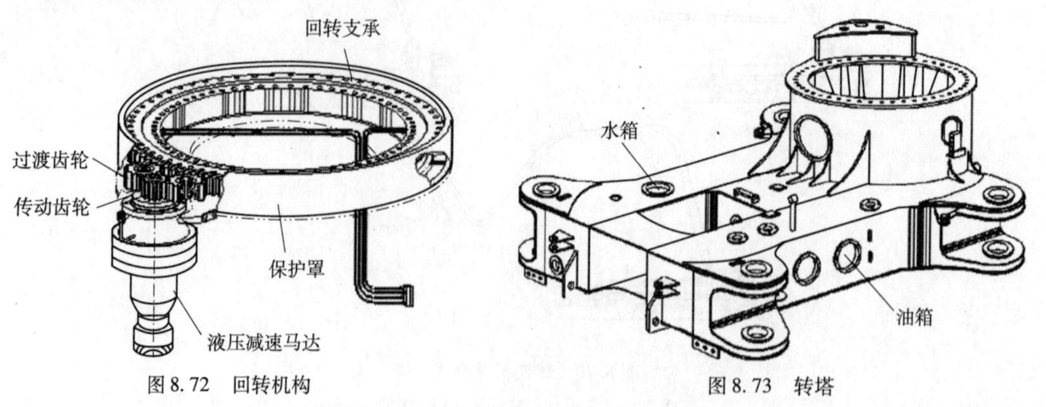

图 8.72 回转机构

图 8.73 转塔

4)支撑结构

支撑结构的作用是将整车稳定的支撑在地面上,直接承受整车的负载力矩和质量。支撑结构如图 8. 74 所示。

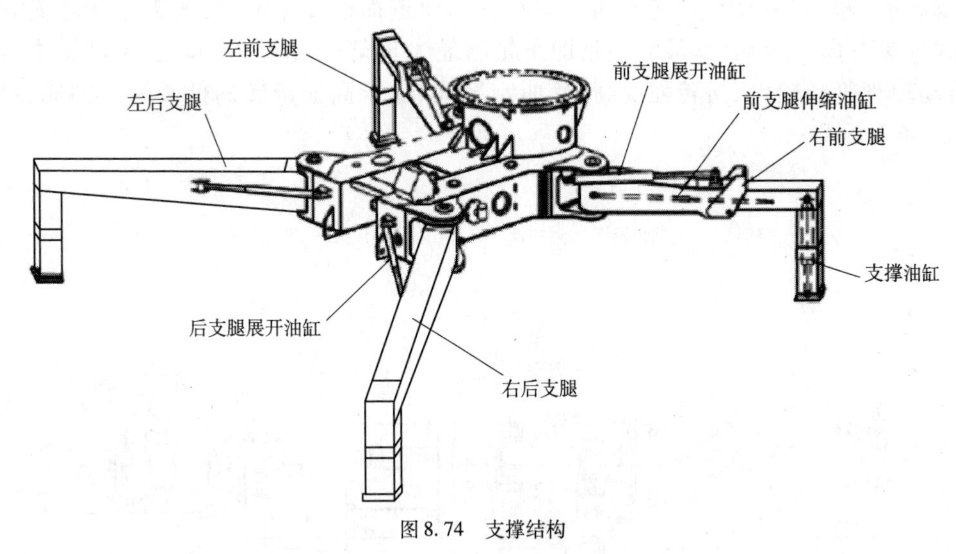

图 8. 74　支撑结构

其中,四条支腿、前后支腿展开油缸、前支腿伸缩油缸和支撑油缸构成大型框架,将臂架的倾翻力矩、泵送机构的反作用力和整车的自重安全地由支腿传入地面。泵送腿收拢时与底盘同宽,展开支撑时能保证足够的支撑跨距。工地上的占地空间和整车的支撑稳定性由负载力矩、结构质量、支撑宽度、结构力学性能、支撑地面状况等因素决定。因此,它应具有合理的结构形式、足够的结构力学性能和有效的支撑范围,保证其承载能力和整车的抗倾翻能力,确保泵车工作时的安全稳定性。同时,应将支腿支撑在有足够强度的或用其他材料按一定要求垫好的地面上,且整车各个方向倾斜度不超过 3°,为此,在混凝土泵车左右两侧各装有一个水平仪来辨别倾斜度。

四、传动系统组成及原理

混凝土泵车底盘主要用于泵车移动和工作时提供动力。通过气动装置推动分动箱中的拔叉,拨叉带动离合套,可将汽车发动机的动力经分动箱切换。切换到汽车后桥使泵车行驶,切换到液压泵则进行混凝土的输送和布料。

底盘部分由汽车底盘、分动箱、传动轴等几部分组成。

分动箱如图 8. 75 所示。

泵车处于正泵状态,离合套将输入轴和输出轴连通,直接将发动机的扭矩传递到后桥,使混凝土泵车处于行驶状态;当操作员将翘板开关扳到泵送位时,此时气缸动作,带动拨叉件向左移动,离合套件在拨叉的作用下也向左移动,将输入轴件和空套齿轮件连通。同时空套齿轮件带动两轴齿轮传动,两轴齿轮带动三轴齿轮传动,三轴齿轮通过花键带动三轴,三轴左端直接带动臂架泵工作的同时,右端本身带动主油泵工作,使混凝土泵车处于泵送状态。通过汽缸的作用使混凝土泵车在泵送和行驶状态转换。

万向节传动用动力。前置发动机后轮驱动的汽车在行驶过程中,由于悬架的不断上下跳动,变速器与驱动桥的相对位置也在不断变化,因此它们之间需要用可伸缩的万向传动轴连接。这时当连接的距离较近时，常采用两个万向节和一根可伸缩的传动轴；当距离较远而使传动轴的长度超过 1.5m 时，常将传动轴分成两根或三根，用三个或四个万向节，且后面一根传动轴可伸缩，中间传动轴应有支撑。对于既要转向又要驱动的转向驱动桥，左、右驱动车轮需要随汽车行驶的轨迹而改变方向，这时需采用球笼式或球叉式等速万向节传动，其最大夹角即车轮的最大转角可达 32°～42°。传动轴由万向节、传动轴管管径较大、扭转强度高、弯曲刚度大、适于高速旋转的低碳钢管制成，结构如图 8.76 所示。

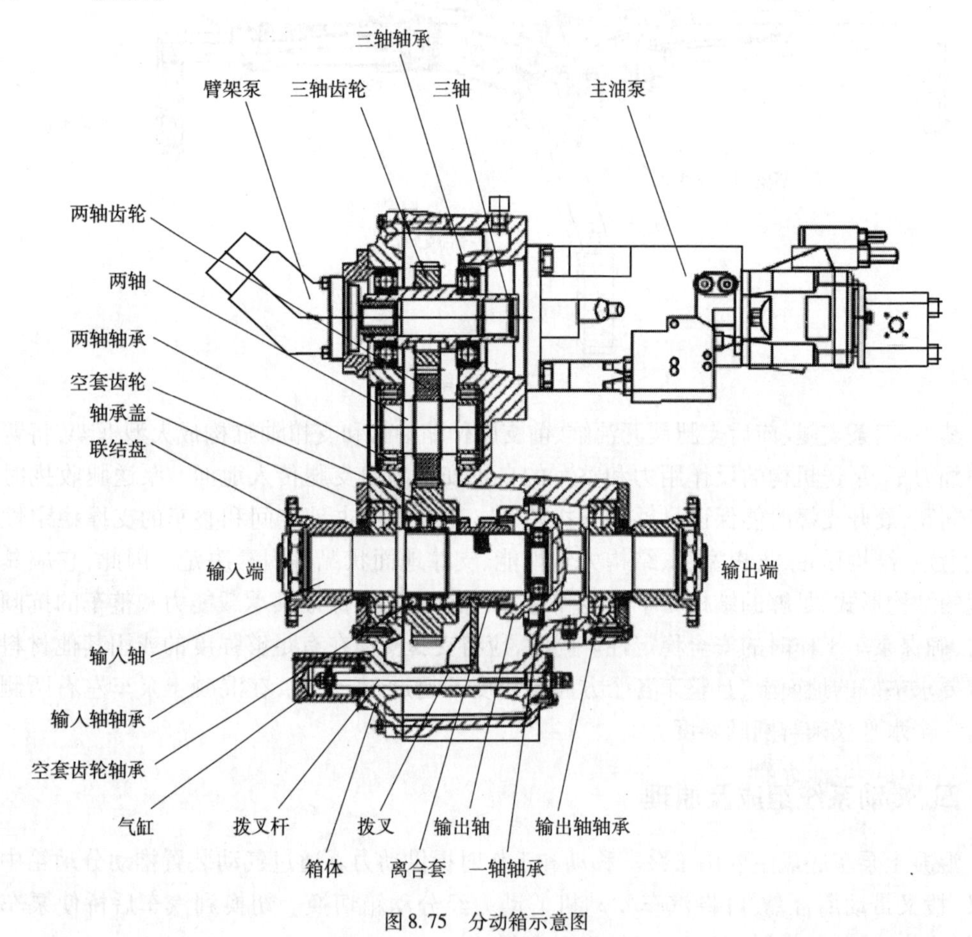

图 8.75　分动箱示意图

万向节
传动轴管
伸缩花键
平衡片

图 8.76　传动轴的机构

由于花键齿侧工作表面面积较小，在大的轴向摩擦力作用下将加速花键的磨损，引起不平衡及振动。应提高键齿表面硬度及光洁度，进行磷化处理、喷涂尼龙，改善润滑，可减少摩擦阻力及磨损。混凝土泵车上的传动。一定要注意避免破坏传动轴总成的动平衡。动平衡的不平衡度由点焊在轴管外表面上的平衡片补偿。

五、工作装置的操纵原理

泵车液压系统由三部分组成:泵送液压系统、臂架液压系统、支腿液压系统。

1. 泵送液压系统工作原理

泵送液压系统是混凝土泵车、混凝土拖式泵和混凝土车载泵的最主要的工作系统,系统的功能是,把料斗中的混凝土泵送到作业范围内指定的位置。

按油液循环方式,该液压系统分为开式液压系统和闭式液压系统。

(1)图 8.77 是开式泵送系统结构示意图。在开式回路中,液压泵从液压油箱吸油,泵出的高压油通过换向阀供给主油缸,主油缸出油回到油箱。

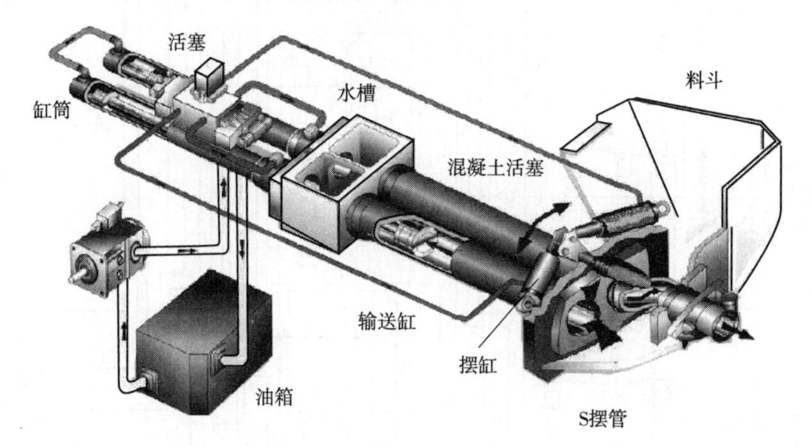

图 8.77　开式泵送系统结构示意图

开式回路主要优点是:结构较简单、散热条件好。缺点是振动较大、效率稍低。

混凝土拖式泵和混凝土车载泵常采用开式液压系统。

(2)图 8.78 是闭式泵送系统结构示意图。在闭式回路中,主油泵泵出的高压油进入主油缸进油口,主油缸的回油不是回油箱,而是回到液压泵吸油口。主油缸的换向通过主油泵改变斜盘倾角的正负来实现。

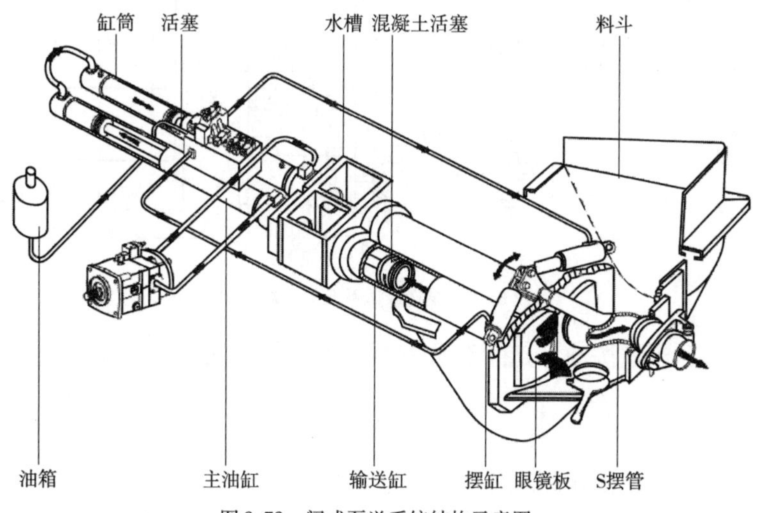

图 8.78　闭式泵送系统结构示意图

闭式回路的主要特点是:换向平稳,振动小,效率较高。

图 8.79 是泵车泵送液压系统的原理图。

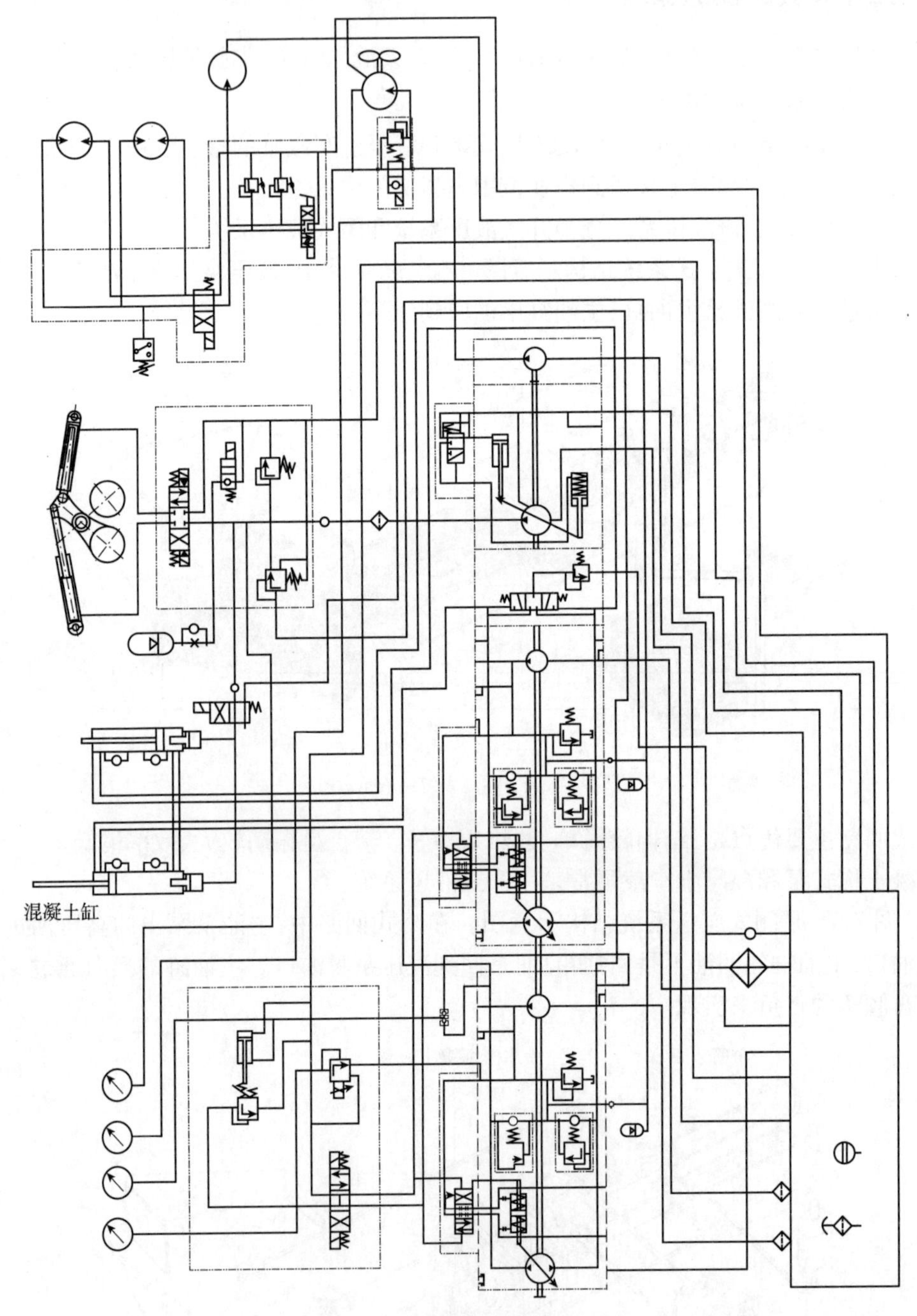

图 8.79　泵送液压系统的原理图

泵送液压系统的组成按动力元件不同,该液压系统可分为泵送回路、分配回路、搅拌(供水、冷却)回路。

1)泵送回路

泵送系统泵送回路的液压原理如图 8.80 所示。

泵送回路的动力元件是两个油路并联的双向变量柱塞泵,使用两个油泵可以增大流量,提高执行元件的工作速度。执行元件为两个主油缸,工作中交替吸入、泵出混凝土。在主油泵和主油缸之间,没有其他液压元件,只有管路相连。

图 8.80 中管路的连接方式称为低压泵送状态,即主油泵的进出油口与主油缸有杆腔相连,两主油缸无杆腔相连。这种连接方法,由于高压油作用面积小,混凝土出口压力低,泵送高度低、泵送距离近,但可以提供较快的泵送速度,最大理论泵送速度可达 150m³/h。泵车通常采用低压泵送连接方式。

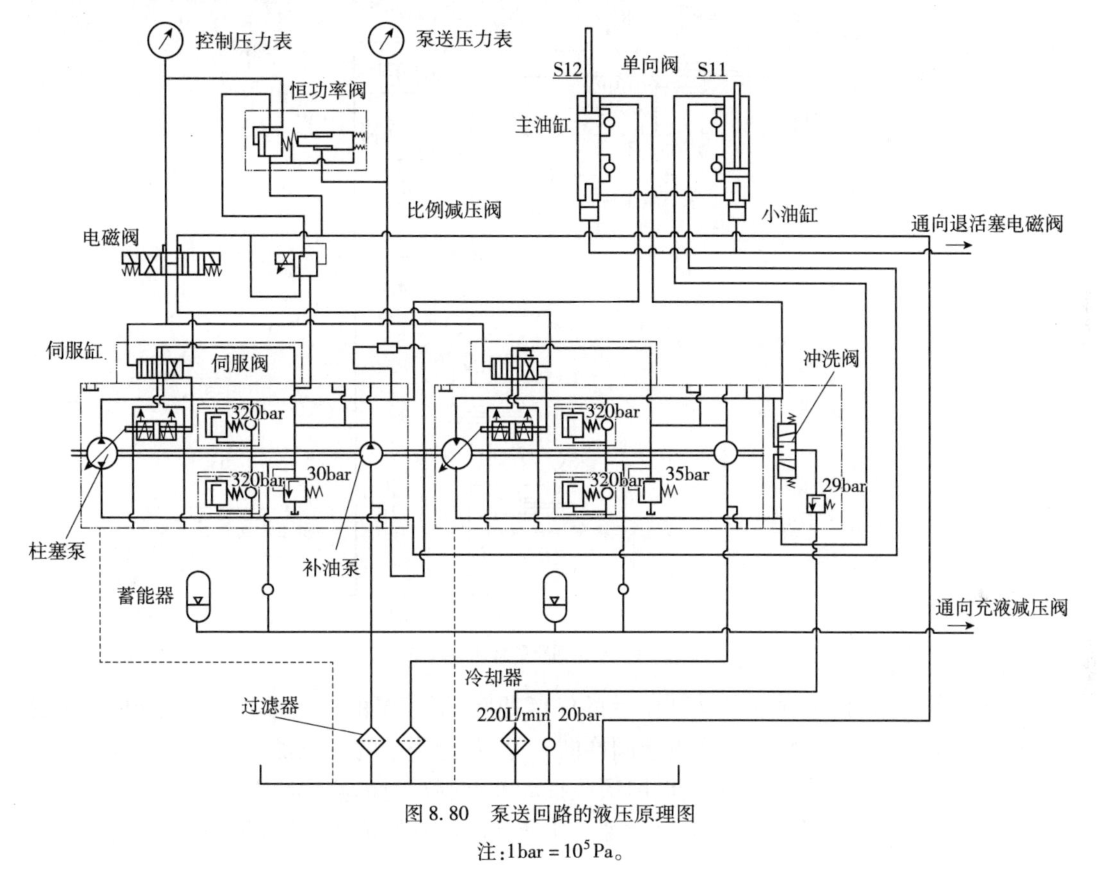

图 8.80　泵送回路的液压原理图

注:1bar = 10^5 Pa。

如果主油泵的进出油口与主油缸无杆腔相连,两主油缸有杆腔相连,这种管路连接方式称为高压泵送状态。

要想使主油缸交替进行泵送动作,必须使主泵斜盘倾角进行正负交替摆动,其控制路线如下:

主油缸吸入混凝土到位→接近开关感知混凝土活塞到位信号→控制器输出控制电流→电磁阀换向→伺服阀阀芯位移方向反转→伺服阀阀套位移方向反转→伺服缸活塞位移方向反转→斜盘倾角方向反转→主泵压油口、吸油口转换。

2)分配回路

泵送系统分配回路的液压原理如图 8.81 所示。

正泵工作时,配合主油缸泵送动作,交替切换 S 摆管与两个输送缸的出口接合,保证主油缸打出的混凝土进入输送管。反泵工作时,配合主油缸泵送动作,交替切换 S 摆管与两个输送缸的出口接合,保证输送管中的混凝土被吸入主油缸。

恒压泵泵出的液压油,经高压过滤器和单向阀,进入下游油路,如果电磁球阀电磁铁未得电,恒压泵处于卸荷状态,此时虽然恒压泵以最大排量供油,但系统压力为零。只有电磁球阀电磁铁得电,恒压泵泵出的液压油才能进入工作机构。

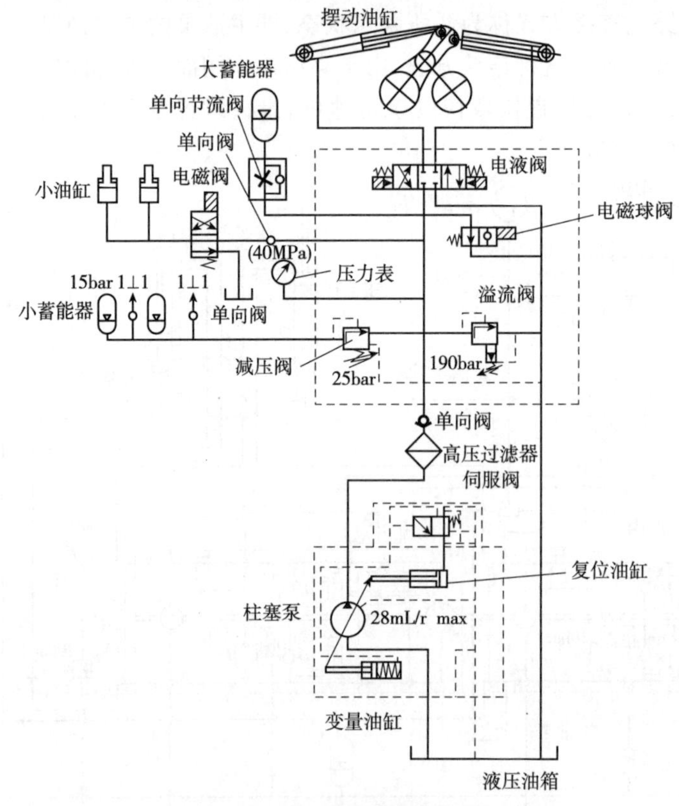

图 8.81 分配回路的液压原理图

泵送工作时,在摆动油缸摆动到位后的停留期间,恒压泵的压力油进入大蓄能器,油液压缩已充气的皮囊,储存能量。当电液阀换向时,大蓄能器中的液压油迅速补充到摆动油缸里,使摆动油缸带动 S 阀快速换向,同时吸收摆动油缸制动时的液压冲击。

可见大蓄能器的设置可以作为摆动油缸快速换向的临时油源,配合恒压泵的使用,可以达到节约能源的目的。

3)搅拌、供水及冷却回路

泵送系统中,搅拌、水洗及冷却回路共用一个齿轮泵作为动力元件,回路的液压原理如图 8.82 所示。

齿轮泵输出的液压油首先经过冷却器开启阀或冷却马达,然后进入下游油路。当温度传感器感受到的油液温度低于60℃时,冷却器开启阀上的电磁球阀不通电,液压油经电磁球阀的常态位通向下游;当温度传感器感受到的油液温度高于60℃时,冷却器开启阀上的电磁球阀通电,液压油被迫经冷却马达通向下游,同时冷却马达运转,驱动风扇转动,强制空气对流进行散热。当油温高于60℃且冷却马达出现故障不转动时,液压油经冷却器开启阀上的安全阀流向下游。

冷却器开启阀或马达串联于齿轮泵出口油路上,是下游工作油路的串联负载。

当手动换向阀居于中位时,由冷却器开启阀或马达出来的液压油经手动换向阀回油箱,搅拌、供水马达均不工作,液压泵卸荷;当手动换向阀居于左位时,搅拌马达工作;当手动换向阀居于右位时,水泵马达工作。

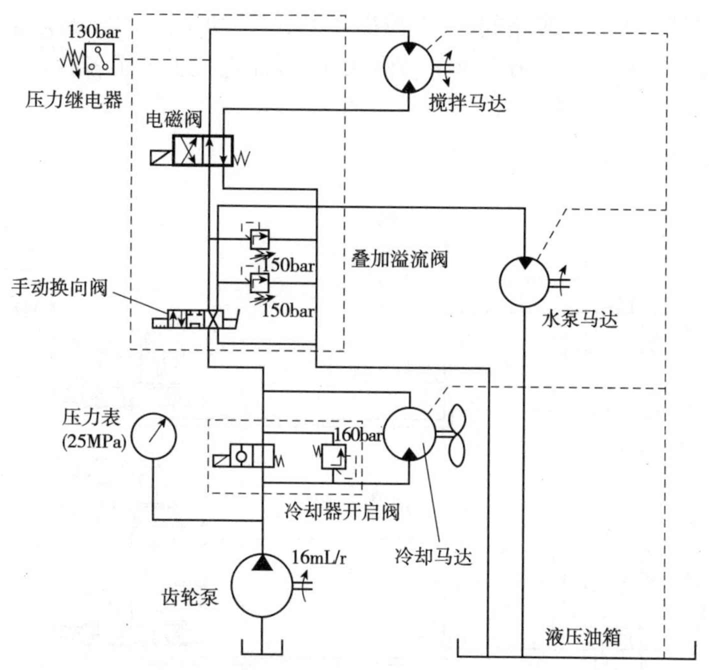

图 8.82　搅拌、供水及冷却回路的液压原理图

当手动换向阀居于左位时，正常情况下，液压油经换向阀进入搅拌马达上部油口，马达在压力油作用下转动，驱动搅拌轴转动，马达回油由下部油口流出，再经换向阀回油箱。马达的这种转动方向可以防止集料在输送缸出口下部堆积，并使混凝土料搅拌得更均匀。

搅拌马达进油口工作压力与搅拌阻力大小有关，当搅拌阻力足够大时(如搅拌叶片被卡住)，使进油口压力达到压力继电器设定值为 130bar 时，压力继电器给出电信号，经控制电路使换向阀得电换向，搅拌马达进出油口液流方向颠倒，马达反向旋转，延迟 5s 后，换向阀失电复位，搅拌马达恢复正转。这是搅拌回路的自我清障功能，可使搅拌叶片被卡住后，自动反转清除障碍物，混凝土料总是处于正常搅拌状体。

搅拌回路的最高工作压力由叠加溢流阀限定，由于该溢流阀在不超压时，没有油液溢流，所以叠加溢流阀起安全阀作用。当搅拌马达进口工作压力达到 150bar 时，液压油经安全阀溢流回油箱。

当手动换向阀居于右位时，液压油进入水泵马达，马达在压力油作用下转动，驱动水泵转动，马达出油直接回油箱。

马达进油路最高工作压力也由叠加溢流阀限定，当因故障马达或水泵卡住不转且进口压力达到 150bar 时，液压油经安全阀溢流回油箱。

2. 臂架液压系统工作原理

该系统由一个臂架泵供油，压力油经高压过滤器通向比例多路阀，然后由比例多路阀分配到支腿液压系统、臂架液压系统。

臂架泵的压力油，进入臂架多路阀，由各联比例换向阀控制相应执行元件的动作。多路阀的第二联用于控制转台的回转运动，第三、四、五、六、七联用于控制臂架总成第一、二、三、四、五节臂的收放动作，回转与收放协同工作，可使出料口到达需要浇筑混凝土的地方。

臂架多路阀是一个比例多路阀,可电控操作,也可手动操作。电磁铁电流的大小或操作手柄的摆动角度的大小决定了液压油的流量大小,因此也就决定了各执行元件的运动速度。图 8.83 是臂架液压系统原理图。

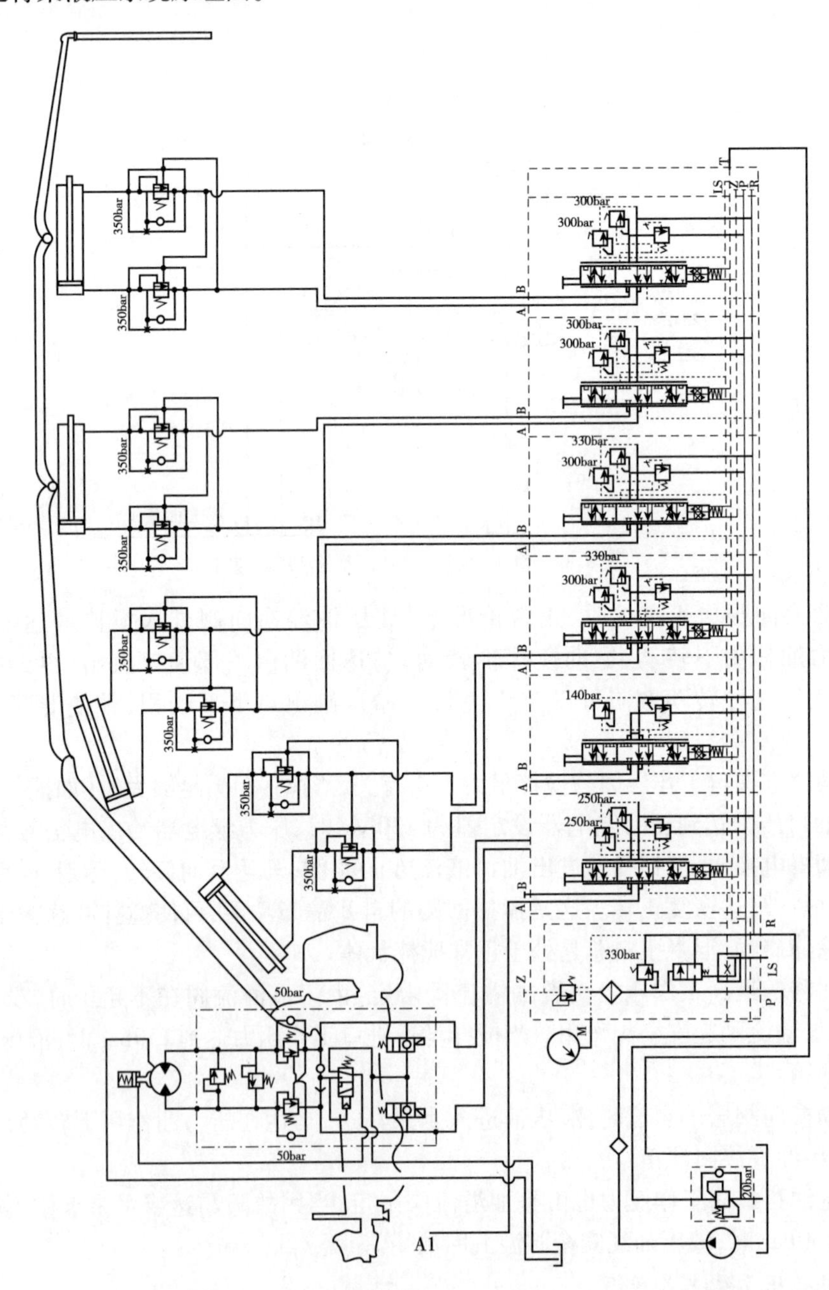

图 8.83　臂架液压系统原理图

臂架多路阀主溢流阀设定压力为 330bar。每一联换向阀上都设有溢流阀,用于设置二次溢流压力。回转机构溢流阀设定压力为 140bar。各变幅油缸有杆腔和无杆腔进油溢流压力是根据各油缸所需控制压力的不同而设定的,数值有 300bar 和 330bar 两种。

1)转台回转机构回路

比例阀第二联换向阀的出油经回转缓冲阀进入回转马达,驱动液压马达转动,经回转减速机减速，由小齿轮带动回转支承的齿圈旋转，促使转台顺时针或逆时针转动，使布料杆到达指定的方向。马达回油经回转缓冲阀回到换向阀，再经回油背压阀回到油箱。

2）臂架收放控制回路

各节臂的动作是在相应的执行元件——变幅油缸带动下完成的。在每个变幅油缸的有杆腔和无杆腔油口上，都安装了一个单向平衡阀，在油缸动作时，油液不受阻碍进入油缸，出油则必须经过回油侧平衡阀主阀芯的节流口才能回到换向阀，然后回到油箱。图 8.84 是泵车变幅油缸控制回路液压原理图。

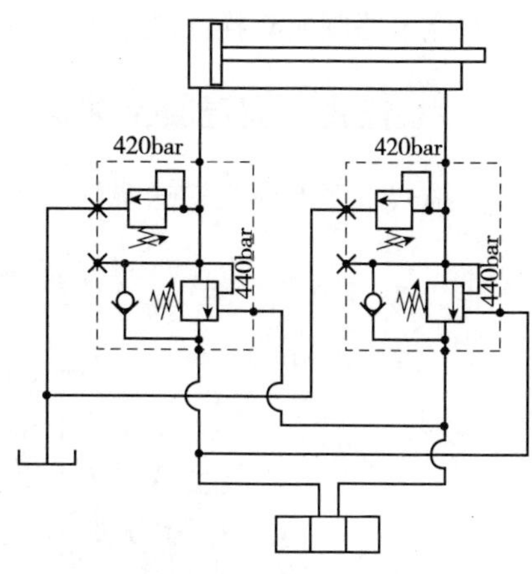

图 8.84　变幅油缸控制回路液压原理图

3. 支腿液压系统工作原理

支腿液压系统原理如图 8.85 所示。

支腿液压系统的工作油液来自于比例多路阀的第一联出油口（只有当第一联操纵手柄有动作或比例电磁铁有控制电流时，第一联出油口才有压力油输出），压力油先到右侧支腿多路阀，然后再到左侧支腿多路阀，两侧多路阀均设有各自的回油口，回油直回油箱。支腿多路阀为手动换向阀，通过控制手柄的摆动角度，可以控制液压缸的收放速度。每个支腿多路阀均配有一个溢流阀，设定压力都是 200bar。

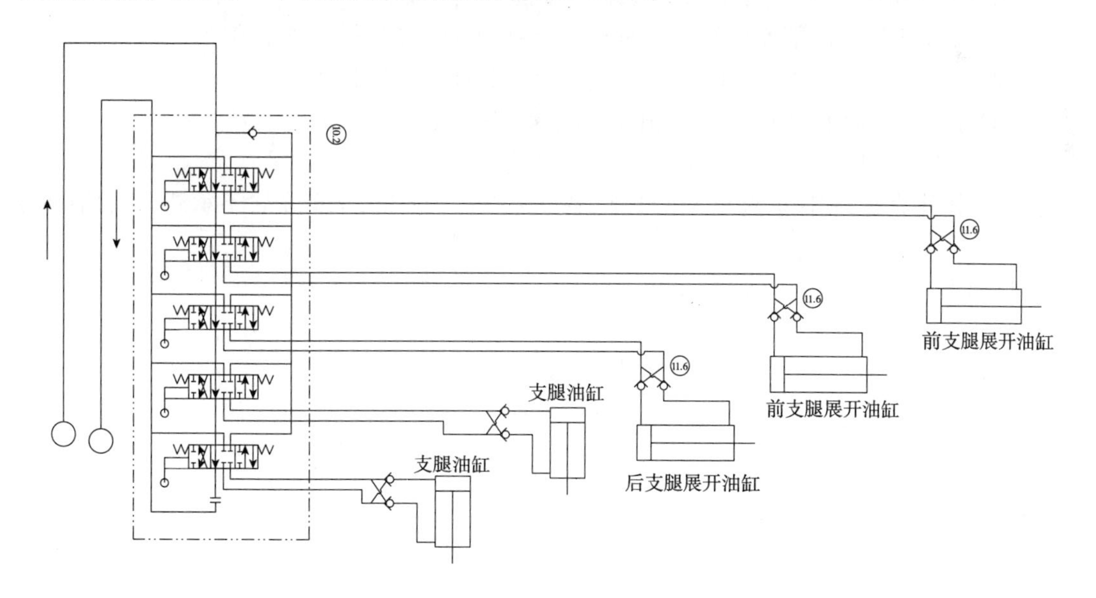

图 8.85　支腿液压系统原理图

每侧多路阀的总进液口与各联换向阀进液口相通，总回液口与各联换向阀回液口相通，每侧各联之间组成并联换向回路。因此，每侧支腿多路阀所控制的五个液压缸可以任意几个同时供油，但总是负载轻的液压缸先动作。

左边支腿多路阀总进液口与右边支腿多路阀各联换向阀中位回液口相通，使右侧支腿多路阀有优先控制权，即当右侧多路阀任何一联换向阀动作时，左侧多路阀均无供油，只有当右侧多路阀所有换向阀不动作时，左侧多路阀才能实现支腿的动作。

六、拖式水泥混凝土输送泵

拖式水泥混凝土输送泵的基本构造如图 8. 86 所示。

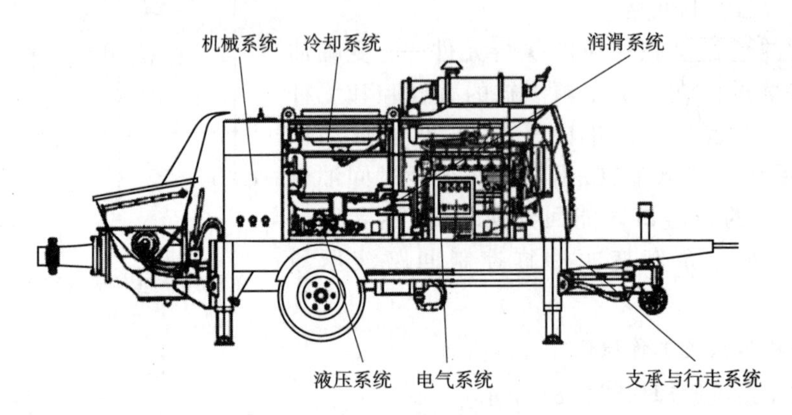

图 8. 86　拖式水泥混凝土输送泵

支承与行走系统包括底架、车桥(含行走轮)、导向轮和支腿。

汽车在拖动混凝土泵时，应先将导向轮，支腿上收，行驶速度在二级公路上不大于 15km/h，三级公路不大于 8km/h。

混凝土泵作业时，由支腿支承整机，放下支腿方法如下：

(1)操作导向轮的升降手柄，使导向轮向上缩回，前拖架下降，整车前倾。

(2)放下后支腿，插好支腿定位销，并将定位销的防松机构锁紧。

(3)使导向轮向下顶出，前拖架顶起，放下前支腿，插好定位销并锁紧。

(4)导向轮缩回。

以上操作完毕，须保证整车大致水平，各支腿都在实地上，保证车轮不承载，最后缩回导向轮。

以相反方式操作导向轮收回支腿。

其他系统与混凝土泵车相同。

拖式水泥混凝土输送泵的产品型号编制如图 8. 87 所示。

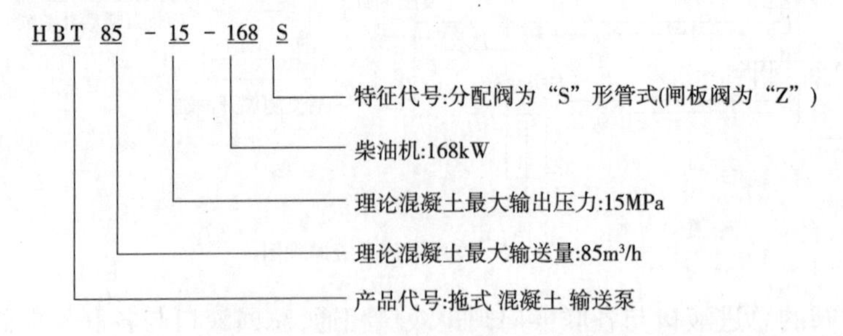

图 8. 87　拖式水泥混凝土输送泵的产品型号编制

七、车载式混凝土输送泵

车载式混凝土输送泵的结构如图 8. 88 所示。

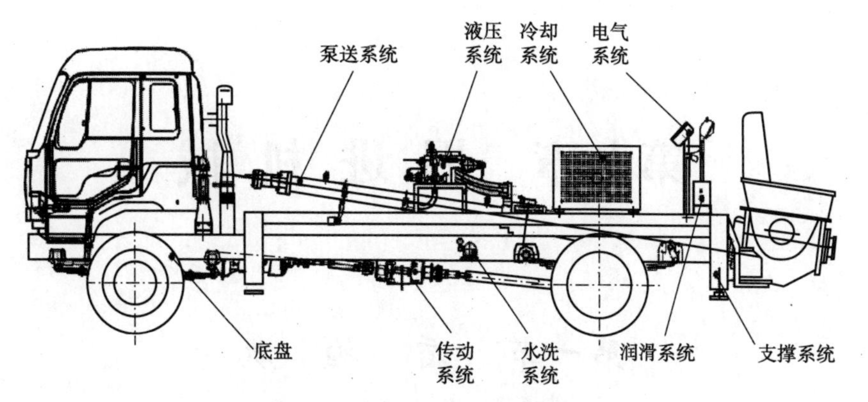

图 8.88　车载式混凝土输送泵的结构

第九章　掘 进 机 械

第一节　盾　构　机

一、概述

盾构法是暗挖隧道的专用机械在地面以下建造隧道的一种施工方法。盾构是与隧道形状一致的盾构外壳内,装备着推进机构、挡土机构、出土运输机构、安装衬砌机构等部件的隧道开挖专用机械。采用此法建造隧道,其埋设深度可以很深而不受地面建筑物和交通的限制。近年来,由于盾构法在施工技术上的不断改进,机械化程度越来越强,对地层的适应性也越来越好。城市市区建筑公用设施密集,交通繁忙,明挖隧道施工对城市生活干扰严重,特别在市中心,若隧道埋深较大,地质又复杂时,用明挖法建造隧道则很难实现。而盾构法施工城市地下铁道、上下水道、电力通信、市政公用设施等各种隧道具有明显优点。此外,在建造水下公路和铁路隧道或水工隧道中,盾构法也往往以其经济合理而得到采用。

盾构法是一项综合性的施工技术。盾构法施工的概貌如图9.1所示。构成盾构法的主

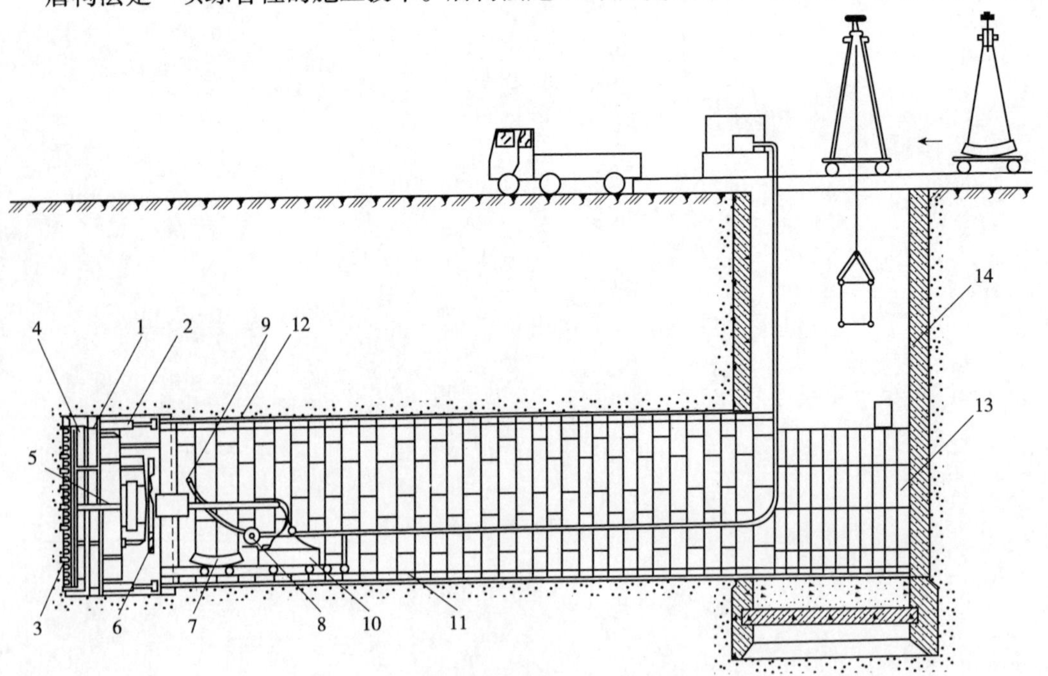

图9.1　盾构法施工概貌示意图(网格盾构)

1-盾构;2-盾构千斤顶;3-盾构正面网格;4-出土转盘;5-出土皮带运输机;6-管片拼装机;7-管片;8-压浆泵;9-压浆孔;10-出土机;11-由管片组成的隧道衬砌结构;12-在盾尾空隙中的压浆;13-后盾装置;14-竖井

要内容是:先在隧道某段的一端建造竖井或基坑,以供盾构安装就位。盾构从竖井或基坑的墙壁预留孔处出发,在地层中沿着设计轴线,向另一竖井或基坑的设计预留孔洞推进。盾构推进中所受到的地层阻力,通过盾构千斤顶传至盾构尾部已拼装的预制衬砌,再传到竖井或基坑的后靠壁上。盾构是一个能支承地层压力,又能在地层中推进的圆形、矩形、马蹄形及其他特殊形状的钢筒结构,其直径稍大于隧道衬砌的直径,在钢筒的前面设置各种类型的支撑和开挖土体的装置,在钢筒中段周圈内安装顶进所需的千斤顶,钢筒尾部是具有一定空间的壳体,在盾尾内可以安置数环拼成的隧道衬砌环。盾构每推进一环距离,就在盾尾支护下拼装一环衬砌,并及时向盾尾后面的衬砌环外周的空隙中压注浆体,以防止隧道及地面下沉,在盾构推进过程中不断从开挖面排出适量的土方。

盾构是进行土方开挖正面支护和隧道衬砌结构安装的施工机具,它还需要其他施工技术密切配合才能顺利施工。主要有:地下水的降低;稳定地层、防止隧道及地面沉陷的土壤加固措施;隧道衬砌结构的制造;地层的开挖;隧道内的运输;衬砌与地层间的充填;衬砌的防水与堵漏;开挖土方的运输及处理方法;配合施工的测量、监测技术;合理的施工布置等。此外,采用气压法施工时,还涉及医学上的一些问题和防护措施等。

二、盾构的外形和材料

1. 盾构的外形

盾构的外形就是指盾构的断面形状,有圆形、双圆、三圆、矩形、马蹄形、半圆形或与隧道断面相似的特殊形状等。例如:将人行隧道筑成矩形,最大地利用了挖掘空间;将水利隧道筑成马蹄形,使流体的力学性能达到最佳状态;将穿山隧道筑成半圆形,可以使底边直接与公路连接等。但是,绝大多数盾构还是采用传统的圆形。

2. 制造盾构的材料

盾构在地下穿越,要承受水平载荷、垂直载荷和水压力,如果地面有构筑物,还要承受这些附加载荷,盾构推进时,还要克服正面阻力,所以,要求盾构具有足够的强度和刚度。盾构主要用钢板单层厚板或多层薄板制成,钢板一般采用 A3 钢。钢板间连接可采用焊接和铆接两种方法,大型盾构考虑到水平运输和垂直吊装的困难,可制成分体式,到现场进行就位拼装,部件的连接一般采用定位销定位,高强度螺栓连接,最后焊接成型。

三、盾构的基本构造

盾构的基本构造主要分为盾构壳体、推进系统、拼装系统三大部分,简单的手掘式盾构的基本构造如图 9.2 所示。

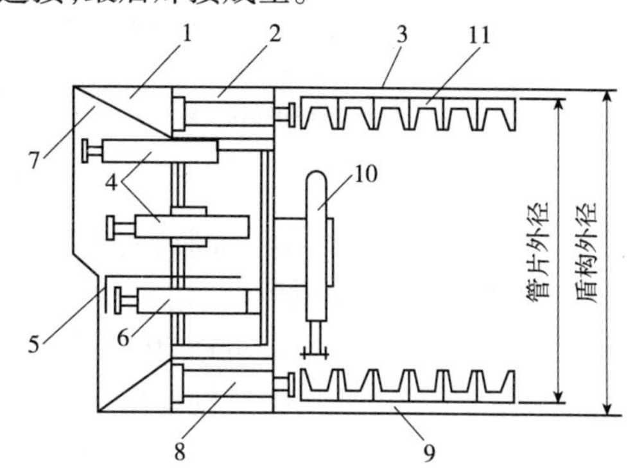

图 9.2　盾构基本构造示意图

1-切口环;2-支承环;3-盾尾;4-支承千斤顶;5-活动平台;6-平台千斤顶;7-切口;8-盾构千斤顶;9-盾尾空隙;10-管片拼装机;11-管片

1. 盾构壳体

从工作面开始可分为切口环、支承环和盾尾三部分。

1)切口环

切口环位于盾构的最前端,起开挖和挡土作用,施工时最先切入地层并掩护开挖作业,部分盾构切口环前端还设有刃口以减少切入地层的扰动。切口环保持工作面的稳定,并作为把开挖下来的土砂向后方运输,因此,采用机械化开挖、土压式、泥水加压式盾构时,应根据开挖下来土砂的状态,确定切口环的形状、尺寸。

切口环的长度主要取决于盾构正面支承、开挖的方法,就手掘式盾构而言,考虑到正面施工人员、挖土机具有回旋的余地等。大部分手掘式盾构切口环的顶部比底部长,犹如帽檐,有的还设有千斤顶控制的活动前沿,以增加掩护长度;对于机械化盾构切口环内按盾构种类安装各种机械设备。

如泥水盾构,在切口环内安置有切削刀盘、搅拌器和吸泥口;土压平衡盾构,安置有切削刀盘、搅拌器和螺旋输送机;网格式盾构,安置有网格、提土转盘和运土机械的进口;棚式盾构,安置有多层活络平台、储土箕斗;水力机械盾构,安置有水枪、吸口和搅拌器。

在局部气压、泥水加压、土压平衡等盾构中,因切口内压力高于隧道内,所以在切口环处还需布设密封隔板及人行舱的进出闸门。

2)支承环

支承环紧接于切口环,是一个刚性很好的圆形结构。地层压力、千斤顶的反作用力以及切口入土正面阻力、衬砌拼装时的施工载荷等于作用在盾构上的全部载荷。

在支承环外沿布置有盾构千斤顶,中间布置拼装机及部分液压设备、动力设备、操纵控制台。当切口环压力高于常压时,在支承环内要布置人行加、减压舱。

支承环的长度应不小于固定盾构千斤顶所需的长度,对于有刀盘的盾构还要考虑安装切削刀盘的轴承装置、驱动装置和排土装置的空间。

3)盾尾

盾尾主要用于掩护管片的安装工作。盾尾末端设有密封装置,以防止水、土及压注材料从盾尾与衬砌间隙进入盾构内。盾尾密封装置损坏、失效时,在施工中途必须进行修理更换,盾尾长度要满足上述各项工作的进行。

盾尾厚度应尽量薄,可以减小地层与衬砌间形成的建筑空隙,从而减少压浆工作量,对地层扰动范围也小有利于施工,但盾尾也需承担土压力,在遇到纠偏及隧道曲线施工时,还有一些难以估计的载荷出现。所以其厚度应综合上述因素来确定。

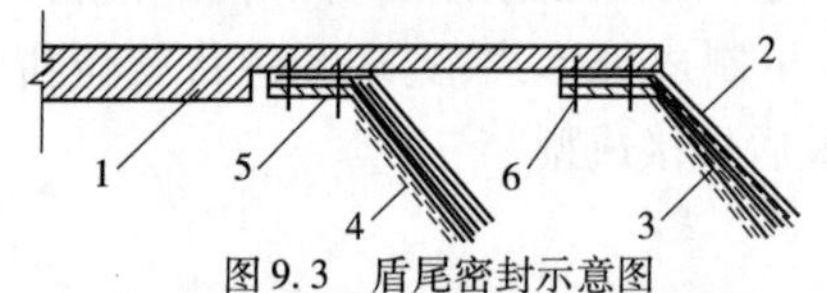

图 9.3 盾尾密封示意图

1-盾壳;2-弹簧钢板;3-钢丝束;4-密封油脂;5-压板;6-螺栓

盾尾密封装置要能适应盾尾与衬砌间的空隙,由于施工中纠偏的频率很高,因此,要求密封材料要富有弹性、耐磨、防撕裂等,其最终目的是要能够止水。形式多种,目前常用的是采用多道、可更换的盾尾密封装置,盾尾的道数根据隧道埋深、水位高低来定,一般取 2 ~ 3 道,如图 9.3 所示。

由于钢丝束内充满了油脂,钢丝又为优质弹簧钢丝,使其成为一个即有塑性又有弹性的整体,油脂保护钢丝免于生锈损坏。采用专用的盾尾油脂泵加注油脂,这种盾尾密封装置使用后效果较佳,一次推进可达 500m 左右,这主要取决于土质情况,在砂性土中掘进,盾尾损坏较快,而在黏性土中掘进则使用寿命较长。

盾尾的长度必须根据管片宽度及盾尾的道数来确定,对于机械化开挖式、土压式、泥水加压式盾构,还要根据盾尾密封的结构来确定,必须保证管片拼装工作的进行;修理盾构千斤顶和在曲线段进行施工等因素,故必需有一些余量。

2. 推进机构

盾构掘进的动力是靠液压系统带动千斤顶的推进机构,它是盾构重要的基本构造之一。

1）盾构千斤顶的选择和配置

盾构千斤顶的选择和配置应根据盾构的灵活性、管片的构造、拼装管片的作业条件等来决定。选定盾构千斤顶必须注意以下事项：

（1）千斤顶要尽可能地轻，且经久耐用，易于维修保养和调换。

（2）采用高液压系统，使千斤顶机构紧凑。目前使用的液压系统压力值为30～40MPa。

（3）千斤顶要均匀地配置在靠近盾构外壳处，使管片受力均匀。

（4）千斤顶应与盾构轴线平行。

2）千斤顶数量

千斤顶的数量根据盾构直径、千斤顶推力、管片的结构、隧道轴线的情况综合考虑。一般情况下，中小型盾构每只千斤顶的推力为600～1 500kN，在大型盾构中每只千斤顶的推力多为2 000～2 500kN。

3）千斤顶的行程

盾构千斤顶的行程应考虑到盾尾管片拼装及曲线施工等因素，通常取管片宽度加上100～200mm的余量。

另外，成环管片有一块封顶块，若采用纵向全插入封顶时，在相应的封顶块位置应布置双节千斤顶，其行程约为其他千斤顶的一倍，以满足拼装成环所需。

4）千斤顶的速度

盾构千斤顶的速度必须根据地质条件和盾构形式决定，一般取50mm/min左右，且可无级调速。为了提高工作效率，千斤顶的回缩速度要求越快越好。

5）千斤顶块

盾构千斤顶活塞的前端必须安装顶块，顶块必须采用球面接头，以便将推力均匀、分布在管片的环面。其次，还必须在顶块与管片的接触面上安装橡胶或柔性材料的垫板，对管片环面起到保护作用。

3. 管片拼装机

管片拼装机俗称举重臂，是盾构的主要设备之一，常以液压为动力。为了能将管片按照设计所需要的位置，安全、迅速地进行拼装，拼装机在钳捏住管片后，还必须具备沿径向伸缩、前后平移和360°（左右叠加）旋转等功能。

拼装机的形式有环形、中空轴形、齿轮齿条形等，一般常用环形拼装机。这种拼装机安装在支承环后部，或者盾构千斤顶撑板附近的盾尾部，它如同一个可自由伸缩的支架，安装在具有支承滚轮的、能够转动的中空圆环上的机械手。该形式中间空间大，便于安装出土设备。

4. 真圆保持器

盾构向前推进时管片就从盾尾部脱出，管片受到自重和土压的作用会产生变形，当该变形量很大时，已成环管片与拼装环在拼装时就会产生高低不平，给安装纵向螺栓带来困难，为了避免管片产生高低不平的现象，就有必要让管片保持真圆，该装置就是真圆保持器。真圆保持器支柱上装有上、下可伸缩的千斤顶和圆弧形的支架，它在动力车架挑出的梁上是可以滑动的。当一环管片拼装成环后，就将真圆保持器移到该管片环内，支柱的千斤顶使支架圆弧面密贴管片后，盾构就可进行下一环的推进。盾构推进后圆环不易产生变形而保持着真圆状态。

四、盾构基本参数的选定

1. 盾构直径

盾构直径必须根据管片外径、盾尾空隙和盾尾钢板厚度等设计要素确定，而盾尾空隙应根据管片的形状尺寸、隧道的平面形状、纠偏、盾尾密封结构的安装等进行确定。

盾构直径是指盾壳的外径，而与刀盘、稳定翼、同步注浆用配管等突出部分无关。

所谓盾尾空隙是指盾壳钢板内表面与管片的外表面的空隙。

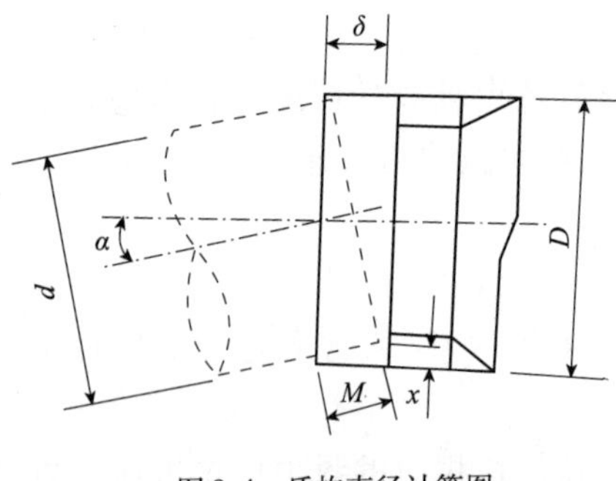

图 9.4　盾构直径计算图

根据隧道限界和结构尺寸要求，在确定衬砌外径之后，可按施工要求或经验确定盾构直径。下面根据图 9.4，介绍两种计算方法。

1）第一种方法

$$D = d + 2(x + \delta) \tag{9.1}$$

式中：D——盾构直径，mm；

d——隧道外径，mm；

x——盾尾空隙，mm；

δ——盾尾钢板厚度，mm。

为了满足盾构曲线段施工或推进施工时纠偏所需要间隙，盾尾空隙可由下式计算：

$$X = ML/d \tag{9.2}$$

式中：M——盾尾和管片的搭接长度，mm；

L——盾尾内衬砌环顶端能够转动的最大水平距离，也称盾尾最大覆盖衬砌长度，mm。

根据实际经验，盾尾空隙一般取 20 ~ 30mm。

2）第二种方法

$$D = d_{内} + 2(\delta + x + T + T' + e) \tag{9.3}$$

式中：$d_{内}$——隧道内径，mm；

T——隧道衬砌厚度，mm；

T'——隧道内衬厚度，mm；

e——最小余量，mm；

其他符号意义同前。

上面两式中均有一个盾尾钢板厚度 δ，此值应通过计算求得，可是计算工作较为复杂，所以通常采用经验公式或类比法相近选取。

$$\delta = 0.02 + 0.01(D - 4) \tag{9.4}$$

式中：D——盾构外径，m。

当 $D > 4$m 时，式中的第二项为零。

2. 盾构长度和灵敏度

盾构长度主要取决于地质条件、隧道的平面形状、开挖方式、运转操作、衬砌形式和盾构的灵敏度（即盾壳总长 L 与盾构外径 D 之比）。一般在盾构直径确定后，灵敏度值有一些经验数据可参考：

小型盾构（$D = 2 \sim 3$m），$L/D = 1.50$；

中型盾构（$D = 3 \sim 6$m），$L/D = 1.00$；

大型盾构（$D > 6$m），$L/D = 0.75$。

盾构总长度由切口环、支承环、盾尾三部分组成，它不包括盾构内设备超出盾尾的部分，如后方平台、螺旋输送机等。

盾构长度计算公式：

$$L = L_w + L_c + L_t \tag{9.5}$$

1）切口环长度 L_w

机械化盾构仅考虑能容纳开挖机具即可。

在手掘式盾构中，要考虑到人工开挖的方便，L_w 可以较长些，所以正面土体稳定时 L_w 最大值为：

$$L_w = D \cdot \tan\varphi \quad 或 \quad L_w \leqslant 2\text{m} \tag{9.6}$$

式中：φ——开挖面坡度与水平面的夹角一般取45°。

在棚式盾构中，其分层是按人的高度分隔：

$$N = D/H \tag{9.7}$$

式中：N——层数（计算后数值归整）；

H——人的高度，m。

由于分了层的 H 值比 D 小得多，所以这时的切口环长度为：

$$L_w = H \cdot \cot\varphi \tag{9.8}$$

注意：式中 H 值应取层高的最大值 H_{max}。

有些盾构根据需要将另设前檐，其长度为300～500mm，具体取多少要按盾构直径大小适当选取。

2）支承环长度 L_c

该部分长度取决于盾构千斤顶、切削刀盘的轴承和驱动装置、排土装置等空间，而盾构千斤顶的长度与预制衬砌的宽度有关。

$$L_c = W_c + l_c \tag{9.9}$$

式中：W_c——最宽衬砌宽度，包括楔形环、加宽环；

l_c——余量，一般取200～300mm，主要考虑到盾构千斤顶的修理因素。

3）盾尾长度 L_t

盾尾长度取决于管片的形状和宽度：

$$L_t = K \cdot W_c + L_s + C \tag{9.10}$$

式中：K——常数，一般取1.5～2.5，这与是否需调换损坏的衬砌及盾尾密封装置有关；

W_c——衬砌环宽度，m；

L_s——千斤顶顶块厚度，m；

C——施工余量，一般取80～200mm，选取时应考虑拼装衬砌时环面清洗工作，以及穿拼装螺栓，特别是首尾相接的纵向螺栓等工作的方便。

3.盾构的推力

盾构向前行进是靠安装在支承环周围的千斤顶顶力，各千斤顶顶力之和就是盾构的总推力，在计算推力时，一定要考虑周全，要将盾构的施工全过程中可能遇到的阻力都要计算在内。

盾构的总推进力必须大于各种推进阻力的总和，否则盾构无法向前推进。盾构的各种推力和计算公式如下。

（1）盾构外壁周边与土体之间的摩擦力或黏结力 F_1。

①砂性土

$$F_1 = \mu_1 \pi DL(P_m + W) \quad (kN) \tag{9.11}$$

②黏性土

$$F_1 = C\pi DL \quad (kN) \tag{9.12}$$

(2)推进中切口插入土的贯入阻力 F_2。

$$F_2 = l \cdot t \cdot K_p \cdot P_m \quad (kN) \tag{9.13}$$

(3)工作面正面阻力 F_3。

$$F_3 = P_f \cdot \pi D^2/4 \quad (kN) \tag{9.14}$$

①盾构在人工开挖、半机械化开挖时为工作面支护阻力。

②盾构采用机械化开挖时,为作用在切削刀盘上的推进阻力。

(4)管片与盾尾之间的摩擦力 F_4。

$$F_4 = \mu_2 \cdot G_2 \quad (kN) \tag{9.15}$$

(5)变向阻力 F_5(曲线施工/纠偏等因素的阻力)。

$$F_5 = R \cdot S \quad (kN) \tag{9.16}$$

(6)后方台车的牵引阻力 F_6。

$$F_6 = \mu_3 \cdot G_1 \quad (kN) \tag{9.17}$$

式中:μ_1——钢与土的摩擦系数;

μ_2——钢与钢或混凝土的摩擦系数;

μ_3——车轮与钢轨之间的摩擦系数;

D——盾构直径,m;

L——盾构长度,m;

W——盾构重量,kN;

G_1——后方台车重量,kN;

G_2——管片(成环)重量,kN;

P_m——作用在盾构上的平均土压,kPa;

P_f——工作面正面压力(支护千斤顶反力、作用在隔墙上的土压力、泥浆压力等),kPa;

C——黏聚力,kPa;

K_p——被动土压力系数;

R——地层抗力(承载力、被动土压力等),kPa;

l——工作面周边长度,m;

t——刃脚贯入深度,m;

S——抵抗板在推进方向的投影面积,m^2。

总推力:

$$\sum F = F_1 + F_2 + F_3 + F_4 + F_5 + F_6 \tag{9.18}$$

盾构总推力也可由以上 $F_1 + F_2 + F_3 + F_4$ 的总和再乘以 2 来求出。盾构总推力也可按经验公式求得:

$$F_j = P_j \pi D^2/4 \tag{9.19}$$

式中:F_j——盾构的总推力,kN;

p_j——开挖面单位截面积的推力,kN。

(1)人工开挖、半机械化开挖盾构、机械化开挖盾构:

$$P_j = 700 \sim 1\,100 kPa$$

(2)封闭式盾构、土压平衡式盾构、泥水加压式盾构：

$$P_j = 1\,000 \sim 1\,300\text{kPa}$$

五、盾构的分类及其适用范围

盾构是修建隧道的正面支护掘进和衬砌拼装的专用机具，盾构类型的区别主要是盾构正面对土体支护开挖的方法工艺不同而言，为此盾构的种类按其结构特点和开挖方法来分。

1. 手掘式盾构

手掘式盾构是结构最简单、配套设备少、因而造价也最低，制造工期短。

其开挖面可以根据地质条件决定，全部敞开式或用正面支撑开挖，一面开挖一面支撑。在松散的砂土地层，可以按照土的内摩擦角大小将开挖面分为几层，这时的盾构就被称为手掘式盾构，见图9.5。

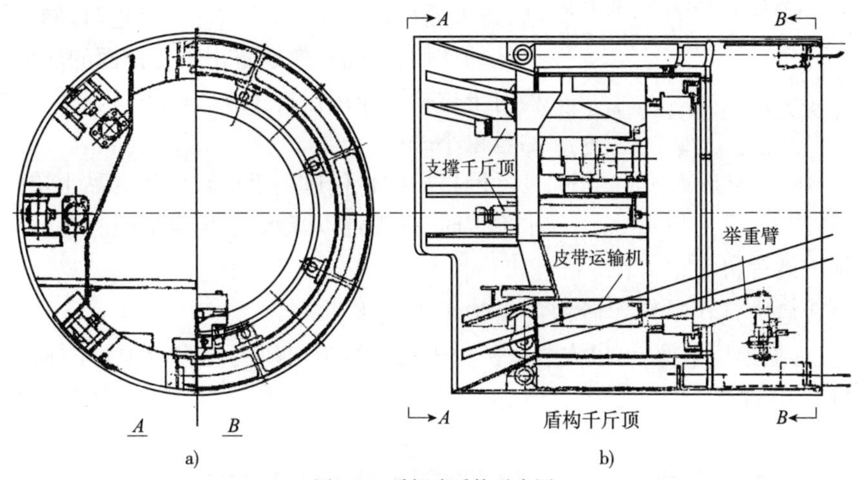

图9.5　手掘式盾构示意图

手掘式盾构的主要优点：

(1)正面是敞开的，施工人员随时可以观测地层变化情况，及时采用应付措施。

(2)当在地层中遇到桩、大石块等地下障碍物时，比较容易处理。

(3)可向需要方向超挖，容易进行盾构纠偏，也便于曲线施工。

(4)造价低，结构设备简单，易制造，加工周期短。

手掘式盾构的主要缺点：

(1)在含水地层中，当开挖面出现渗水、流沙时，必须辅以降水、气压等地层加固等措施。

(2)工作面若发生塌方时，易引起危及人身及工程安全事故。

(3)劳动强度大，效率低、进度慢，在大直径盾构中尤为突出。

手掘式盾构尽管有上述不少缺点，但由于简单易行，在地质条件良好的工程中仍广泛应用。

2. 挤压式盾构

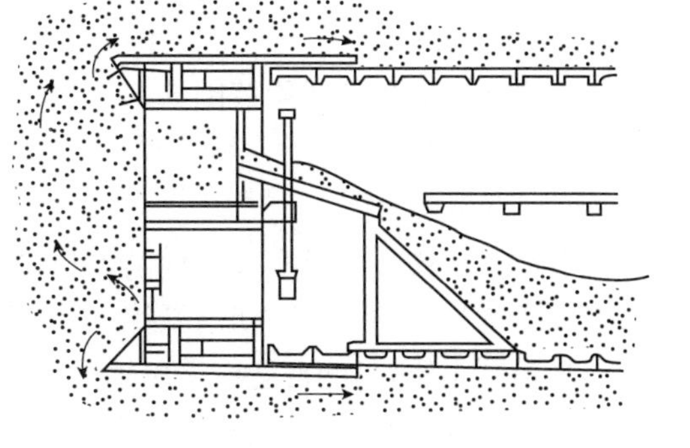

图9.6　挤压式盾构示意图

挤压式盾构(图9.6)的开挖面用胸板封起来，把土体挡在胸板外，对施工人员是比较安全、可靠,没有塌方的危险,当盾构推进时,让土体从胸板局部开口处挤入盾构内,然后装车外运,不必用人工挖土,劳动强度小,效率也成倍提高。在特定条件下可将胸板全部封闭推进,那就是全挤压推进。

挤压式盾构仅适用于松软可塑的黏性土层,适用范围较狭窄。在挤压推进时对地层土体扰动较大,地面产生较大的隆起变形,所以在地面有建筑物的地区不能使用,只能在空旷的地区或江河底下、海滩处等区域。

网格式盾构是一种介于半挤压和手掘之间的盾构形式,见图9.7。这种盾构在开挖面装有钢制的开口格栅,称为网格。当盾构向前掘进时土体被网格切成条状,进入盾构后运走;当盾构停止推进时,网格起到支护土体的作用,从而有效地防止了开挖面的坍塌。网格盾构对土体挤压作用比挤压式盾构小,因此引起地面变形的量也小一些。

网格盾构也仅适用于松软可塑的黏土层,当土层含水率大时,尚需辅以降水、气压等措施。

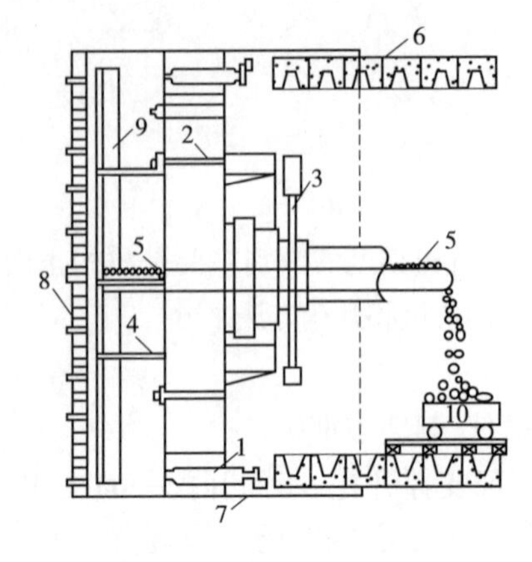

图9.7 网格式盾构示意图

1-盾构千斤顶(推进盾构用);2-开挖面支撑千斤顶;3-举重臂(拼装装配式钢筋混凝土衬砌用);4-堆土平台(盾构下部土块由转盘提升后落入堆土平台);5-刮板运输机,土块由堆土平台进入后输出;6-装配式钢筋混凝土衬砌;7-盾构钢壳;8-开挖面钢网格;9-转盘;10-装土车

3. 半机械式盾构

半机械式盾构是在手掘式盾构正面装上机械来代替人工开挖,根据地层条件,可以安装反铲挖土机或螺旋切削机(图9.8)。土体较硬可安装软岩掘进机。

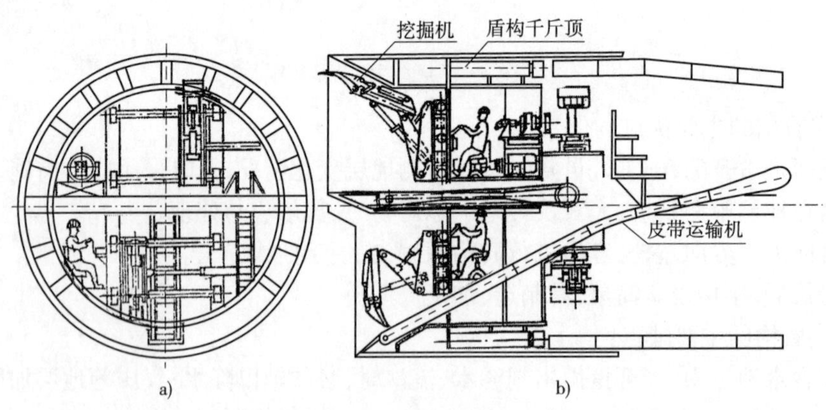

图9.8 半机械式盾构

半机械式盾构的适用范围基本上和手掘式一样,其优点除可减轻工人劳动强度外,其余均与手掘式相似。

4. 机械式盾构

机械式盾构是在手掘式盾构的切口部分装上一个与盾构直径一般大小的大刀盘,用它来实现盾构施工的全断面切削开挖。

当地层土质好,能自立或采用辅助措施亦能自立,则可用开胸式的机械盾构,反之如地层土质差,又不能采用其他地层加固方法,此时,采用闭胸机械式盾构比较合适。

现在介绍三种常用的机械式盾构:

1)局部气压式盾构(图9.9)

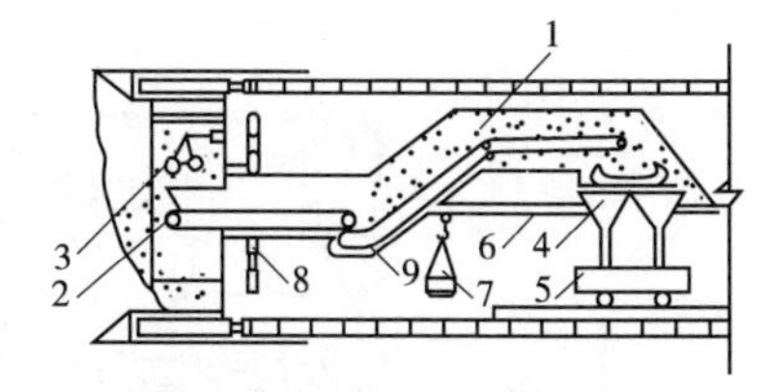

图9.9 局部气压式盾构示意图

1-气压内出土运输系统;2-皮带运输机;3-排土抓斗;4-出土斗;5-运土车;6-运管片车辆;7-管片;8-管片拼装机;9-伸缩接头

这种盾构系在开胸机械式盾构的切口环和支承环之间装上隔板,使切口环部分形成一个密封舱,舱中输入压缩空气,以平衡开挖面的土压力,保证正面土体自立而不坍塌。气压是为了疏干地下水,改变土体的物理性能,有利于施工,用盾构法进行隧道施工,首先是要解决切口前开挖面的稳定,加局部气压是使正面土体稳定的方法,从而代替了在隧道内加气压的全气压施工方法。这样,衬砌拼装和隧道内其他施工人员,就可不在气压条件下工作,这无疑有很大的优越性。

但局部气压盾构的一些技术问题目前未得到很好的解决,这主要是:

(1)从密封舱内连续向外出土的装置,还存有漏气和使用寿命不长的问题。

(2)盾尾密封装置还不能完全阻止压力舱内的压缩空气通过开挖面,经盾构外表至盾尾处泄漏。

(3)衬砌环接缝防止不了压力舱内的气体经过盾构外表,通至盾构后部管片缝隙渗入隧道内。

以上三处的漏气,就影响到正面压力舱内的压力控制,由于压力舱容量小,加上这三处防漏气技术尚未彻底解决,因此压力舱内压力值上下波动较大,当正面遇到有问题需要处理,须有工人进入压力舱工作,这种施工条件对人的生理影响很大。而正常施工中,舱内压力控制不好,正面土体稳定就没有保证,也将直接影响施工。故目前该形式盾构使用已不多。

2)泥水式盾构和泥水加压平衡盾构(图9.10)

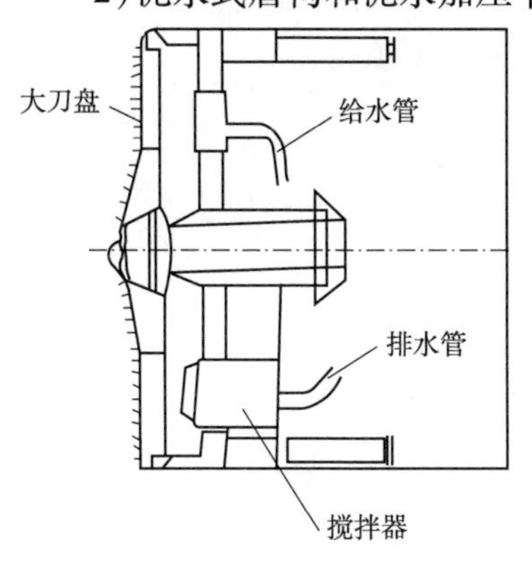

图9.10 泥水加压盾构示意图

前面叙述了局部气压盾构的技术难题是连续出土与压缩空气的泄漏问题。在地层压力差及土质同样条件下,漏气量要比漏水量大80倍之多。因此,若在上述局部气压的密封舱内用泥水或泥浆来代替压缩空气,这样既可利用泥水压力来支撑开挖面土体,又可大大减少泄漏。刀盘切削下来的土在泥水中经过搅拌机搅拌,用杂质泵将泥浆通过管道输送到地面集中处理,这样就解决了连续出土的技术难题,泥水盾构的优点是显而易见的。

但泥水盾构的辅助配套设备多,首先要有一套自动控制和泥水输送系统,其次还要有一套泥水处理系统,所以泥水盾构的设备费用较大。这是它的主要缺点,但反而言之,像泥水处理系统这样的辅助设备可重复利用,经济上还是可行的。

3)土压平衡式盾构(图9.11)

这种盾构又称削土密封式或泥土加压式盾构,是在上述两种机械式盾构的基础上发展起来的适用于含水饱和软弱地层中施工的新型盾构。

该盾构的前端也是一个全断面切削刀盘,在盾构中心或下部有一个长筒形螺旋输送机的进土口,其出口在密封舱外。

所谓土压平衡,就是盾构密封舱内始终充满了用刀盘切削下来的土,并保持一定压力平

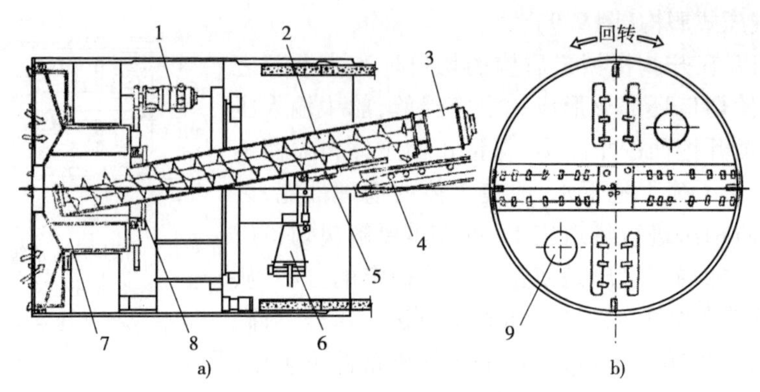

图 9.11　土压平衡盾构示意图

1-刀盘用油马达;2-螺旋机;3-螺旋机马达;4-皮带运输机;5-闸门千斤顶;6-管片拼装机;7-刀盘支架;8-隔壁;9-排障进入口

衡开挖面的土压力。

螺旋输送机靠转速来控制出土量,出土量要密切配合刀盘的切削速度,以保持密封舱内充满泥土而又不致过于饱和。这种盾构避免了局部气压盾构的主要缺点,也省略了泥水加压盾构投资较大的缺点,土压平衡盾构与泥水加压平衡盾构,已成为比较成熟、可靠的新型设备,广泛地在隧道施工中予以应用。

六、盾构选型

盾构法施工的地层都是复杂多变的,因此对于复杂的地层,要选用较为经济的盾构是当前的一个难题。

在选择盾构时,不仅要考虑到地质情况、盾构的外径、隧道的长度、工程的施工程序、劳动力情况等,而且还要综合研究工程施工环境、基地面积、施工引起对环境的影响程度等。选择盾构的种类要求掌握不同盾构的特征,同时,还要逐个研究以下项目:

(1)开挖面有无障碍物。

(2)气压施工时开挖面能否自立稳定。

(3)用气压其他辅助施工法后开挖面能否稳定。

(4)挤压推进、切削土加压推进时,开挖面能否自立稳定。

(5)开挖面在加水压、泥压、泥水压作用下,能否自立稳定。

(6)经济性。

盾构选型时通常需要判别盾构工作面是否稳定,一种较为实用的判别方法称布诺姆氏试验法。

在松软地层中,设盾构工作面开有一个进土门,地层的垂直力为 $\gamma \cdot H$,垂直力所产生的侧向土压作用在进土门处,然后以土体是否向盾构内部流动作为判别盾构的工作面是否稳定的条件。试验的结果表明,在软土地层中,垂直作用于进土门上的土压 σ_a 与进土门部位的覆土 H、土体重度 γ 及地层的不排水抗剪强度 C_u 存在如下关系:

$$\sigma_a = \gamma \cdot H - (6 \sim 8) C_u \qquad (9.20)$$

当进土门向盾构外部推动时,作用在进土门上的土压为:

$$\sigma_P = \gamma \cdot H - (6 \sim 8) C_u \qquad (9.21)$$

式中的系数(6 ~8)与土质无关,只与进土门的形状或盾构工作面的支承条件有关。当 $\sigma_a \leqslant 0$ 时,工作面支承条件不能达到上式条件时,盾构工作面就不能保持稳定。因此,在黏性土体中，作用于盾构工作面处的土体垂直力 $\gamma \cdot H$、气压强度 P_0 以及土体的不排水剪切强度 C_u 存在如下关系：

$$\gamma_H - P_0 \leqslant 6C_u \tag{9.22}$$

若满足以上条件，则认为盾构工作面是稳定的。但是，以上条件也不是绝对的，在实际工程中常有不符合判别式的情况，需要工程技术人员根据经验进一步地判断。

七、盾构施工准备

1. 盾构法施工的前期准备

1）始发井土建结构完成

盾构的始发井土建结构完成后方可进行盾构施工，始发井内须预留盾构出洞的洞门，洞圈一般为钢结构，以便安装盾构出洞的止水装置。盾构出洞前洞门须由钢板、钢板桩或地下连续墙围护。

2）盾构选型

根据隧道所经过的地层地质及地面构筑物情况、施工进度、经济性等条件进行盾构选型，确定所用的盾构类型。

3）管片生产

根据管片设计图纸及技术要求，设计出制造管片钢模的图纸，加工钢模，然后进行管片生产。由于管片钢模，加工工艺复杂，故加工周期较长。

在盾构出洞之前，必须生产一定数量的管片，以满足施工需要。

2. 技术准备

1）熟悉施工图纸和有关的设计资料

学习工程建设单位提供的工程图纸设计和有关的地质资料、施工验收规范和有关的技术规定，通过学习充分了解和掌握设计人员的设计意图、结构特点和技术要求，在开工前或分项工程实施前，应有设计单位进行设计交底。

2）了解隧道沿线的地下管线、构筑物及地质情况

对地下管线及地下构筑物，需要了解管线种类结构、类型、埋深等，与隧道的相互关系等情况，对于地面建筑物，需要了解建筑物的种类、结构、基础埋深与隧道的相互关系等情况，然后采取相应的保护措施。

3）熟悉施工用机械的特点

熟悉盾构机的主要施工参数及相应的盾构施工工法，掌握施工要领。

4）编制施工组织设计

编制施工组织设计是施工准备工作的重要组成部分，隧道施工的施工组织编写要求根据隧道施工的特点，确定各个关键工序的施工技术，合理地布置施工场地，科学地制订施工方案。在隧道施工组织设计中，以下工序必须明确：

（1）施工现场总平面布置。

（2）盾构基座及后靠布置形式。

（3）盾构出洞时洞门密封的方式。

（4）盾构出洞地基加固方式。

（5）材料垂直、水平运输的方式及隧道断面布置。

（6）盾构推进的方案、工艺流程。

(7)隧道注浆方法及控制地面沉降的技术措施。

(8)经过特殊路段的施工技术措施。

(9)盾构进洞地基加固方案及盾构进洞方案。

(10)测量方法等。

编写规范的施工组织设计还应包括以下内容:

(1)组织管理体系。

(2)质量标准及质量保证措施。

(3)安全生产措施。

(4)文明施工措施。

(5)工程用料及施工用料使用计划。

(6)劳动力使用计划。

(7)施工进度计划。

3. 生产物资的准备

生产物资主要包括材料、构件、施工机械。

材料的准备主要是根据图纸和施工组织设计的有关要求,并按施工进度、材料名称、规格、数量、使用时间、消耗量编制出材料需要量计划,组织货源、运输、仓储、现场堆放及运输,保证施工顺利进行。

构件的准备主要指管片的预生产,并落实运输、堆放,保证按时按量供应。

施工机械的准备,根据所采用的施工方案、施工进度,确定施工机械的类型、数量、进场时间、运输安装方式、放置的位置等,编制施工机械的需要量计划,保证施工顺利进行。

4. 劳动力的准备

根据施工组织设计中所确定的劳动力使用计划,组织劳动力进场,根据需要对施工人员进行相关的技术培训,同时进行安全、消防和文明施工等方面的教育,安排好职工的生活,向施工人员进行技术交底和质量交底,保证施工质量和进度。

5. 施工现场准备

1)盾构拼装式拆卸的工作井

作为拼装式拆除盾构的井,其建筑尺寸应满足盾构拼装、拆除的施工工艺要求,一般井宽应大于盾构直径1.6~2.0m,井的长度(盾构推进方向),主要考虑到盾构设备安装余地,以及盾构出洞施工所需最小尺寸。

2)盾构基座

盾构基座设置于工作井的底板上,用作安装及搁置盾构,更重要的是通过设在基座上的导轨,使盾构在出洞前就有正确的导向。因此导轨要根据隧道设计轴线及施工要求定出平面、高程、坡度来进行测量定位。

盾构基座可采用钢筋混凝土结构(现浇或预制)或钢结构。导轨夹角一般为60°~90°,图9.12为常用的钢结构基座。盾构基座除承受盾构自重外,还应考虑盾构切入土层后,进行纠偏而产生的集中载荷。

3)盾构后座(后盾)

在工作井中盾构向前推进,其推力要靠工作井后井壁来承担,因此在盾构与后井壁之间要有传力设施,此设施称为后座,通常由隧道衬砌、专用顶块、顶撑等组成。

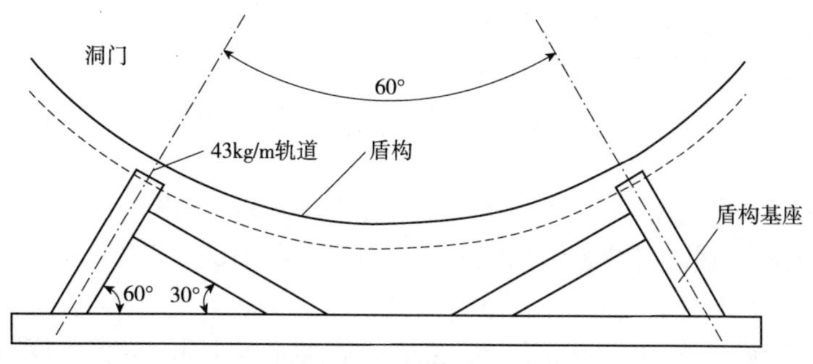

图 9.12　盾构基座示意图

后座不仅作为推进顶力的传递,还是垂直水平运输的转折点。所以后座不能成环,应有开口,以作垂直运输通口。而开口尺寸需按盾构施工的出进设备材料尺寸决定,第一环闭口环在其上部要加有后盾支撑,以保盾构顶力传至后井壁。

由于工作井平面位置的施工误差会影响到隧道轴线与后井壁的垂直度,为了调正洞口第一环管片与井壁洞口的相交尺寸,后盾管片与后井壁之间应产生一定间隙,间隙采用混凝土填充,可将盾构推力均匀地传给后井壁,也为拆除后盾管片提供方便。

4)人行楼梯和井内工作平台搭设

在盾构出洞阶段施工期内,还没有形成长隧道,盾构设备无法按正常布置,有一个施工转换过程,在此过程中,设备需放在井内,需在井内设置施工平台以放置各种设备。并应在合理位置安装上下楼梯,以供施工人员上下作业面工作。

5)盾构施工地面辅助设施

为了确保盾构正常施工,根据盾构的类型和具体施工方法,配备必要的地面辅助设施:

(1)做好施工场地的控制网测量,保证施工质量。

(2)做好三通一平,根据施工组织设计中的平面布置,设计施工围墙、场区道路、管片堆场,铺设水管、电缆、排水设施、布置场地照明等。

(3)要有一定数量管片堆放场地,场内应设置行车或其他起吊和运输设备,以便进行管片防水处理,并能安全迅速地运到工作面。还可根据工程或施工条件,搭设大型工棚或移动式遮雨棚,还应设置防水材料仓库和烘箱。

(4)拌浆间:拌制管片壁后注浆的浆体,并配有堆放原材料的仓库。

(5)配电间:应由两个电源的变电所供盾构施工用电且两路电源能互相迅速切换,以免电源发生故障而造成工程的安全事故。

(6)充电间:负责井下电机车的蓄电池充电,要配有电瓶箱吊装的设备,充电量要满足井下运输电箱更换所需,对充电间地坪等设施应防硫酸处理。

(7)空压机房:若采用气压施工,应设置提供必要用气量的空气压缩机和储气筒,管路系统要安置有符合卫生要求的滤气器、油水分离器等设备。并由两路电源以保证工作面安全。

(8)水泵房:若采用水力机械掘进或水力管道运土、进行井点降水措施的施工工程,应设水泵房,泵房应设于水源丰富处。

(9)地面运输系统:主要通过水平垂直运输设备,将盾构施工所需材料、设备、器具运入工作井的井底车场。还应包括供车辆运输的施工道路,整个系统的组成形式较多;如:垂直运输可采用行车、大吊车、电动葫芦等起重设备,地面水平运输可采用铲车、汽车、电瓶车等。

根据施工现场的实际条件,结合所配备的起吊机械、运输设备组成合适的盾构施工地面运输系统较理想的形式。将工作井、管片防水制作场地、拌浆间、充电间等布置连成一线，并合理确定行车的数量，实现水平和垂直运输互为一体的系统；

(10)盾构出土的配套：盾构法施工掘进是其主要工序之一，所以出土系统设施对盾构施工是至关重要的。

干出土可采用汽车运输，并配有集土坑来确保土体外运，不影响井下盾构施工。水力机械掘进运土，需要有合适的排放容量的沉淀池。对泥水盾构，还应考虑泥浆拌制及泥水分离等设施。

(11)其他生产设备：一般包括油库、危险品仓库、设备料具间、机械维修间等。

(12)通信设备：为了确保盾构施工安全，隧道施工特点为线长，所以各作业点之间通信必不可少的，目前通信采用电话，井下使用的电话必须是防潮、防爆的，在气压施工闸墙内外还须有信号联系。

(13)隧道断面布置：隧道断面布置主要考虑隧道内的水平运输，水平运输包括车架的行走以及管片、土箱等的运输，隧道内通常采用轨道运输，在断面布置时，要确定轨枕的高度、轨道的轨距等主要尺寸，轨道的安装必须规范，压板、夹板必须齐全，防止轨距变化引起车辆出轨。对于水力机械出土的盾构来说，隧道断面布置还必须考虑进出水管的布置及接力泵的安装部位，布置时要考虑管路接头方便，便于搬运和固定，上述装置不得侵入轨道运输的界限。人行通道所用的走道板宽度要大于50cm，与电机车的安全距离大于30cm，净空高度大于1.8m。隧道断面还要布置隧道的照明及其供电、盾构动力电缆、通风管路及接力风机、隧道内清洗及排污的管路等。

(14)车架转换：对于工作井空间较小，车架不能一次到位的环境，需要采取车架转换措施，即盾构出洞阶段车架与盾构分离，通过转换油管、电缆等连接车架与盾构，待盾构推进一段距离，隧道内能容纳车架长度时，再拆除转换管路，将车架吊入隧道与盾构相连，达到正常施工的状态。

(15)井底车场的布置：待盾构出洞，推进一定距离后，管片与土体的摩擦力能平衡盾构的推进反作用力时，即可拆除后盾支撑和后盾管片，充分利用井内的空间，在井底形成一个井底车场，通过搭建平台，铺设双轨等措施来提高水平运输的能力，加快施工进度。

第二节　水平定向钻

一、概述

水平定向钻机是在不开挖地表面的条件下，铺设多种地下公用设施（管道、电缆等）的一种施工机械，它广泛应用于供水、电力、电讯、天然气、煤气、石油等管线铺设施工中，它适用于砂土、黏土、卵石等地况，我国大部分非硬岩地区都可施工。工作环境温度为 -15 ~ +45℃。水平定向钻进技术是将石油工业的定向钻进技术和传统的管线施工方法结合在一起的一项施工新技术，它具有施工速度快、施工精度高、成本低等优点，广泛应用于供水、煤气、电力、电讯、天然气、石油等管线铺设施工工程中。水平定向钻进设备，在十几年间也获得了飞速发展，成为发达国家中新兴的产业。目前其发展趋势正朝着大型化和微型化、适应硬岩作业、自备式锚固系统、钻杆自动堆放与提取、钻杆连接自动润滑、防触电系统等自动化作业功能、超深度导向监控、应用范围广等特征发展。该种设备一般适用于管径

$\phi300\sim\phi1\ 200$mm的钢管、PE 管，最大铺管长度可达 1 500m，适应于软土到硬岩多种土壤条件，应用前景广阔。因此，对水平定向钻的研究意义十分重要。

二、水平定向钻机的相关产品与关键技术及分类

1. 国内外相关产品的发展特点

国内有徐工的 ZD1245/ZD1550/ZD2070/ZD25100 系列水平定向钻机，ZD 系列水平定向钻机在国内首次采用了电液比例控制技术、机电液一体化 PLC 控制技术、动力头闭式回路节能、防触电报警等多项先进技术。在钻杆自动装卸钻杆、自动锚固、自动润滑、自动钻进和回拖、触电保护等方面具有创新点，主要技术性能指标达到了国外同类产品的先进水平，在提高工作效率，安全防护，减轻劳动强度等方面居国内同类型产品的领先水平。为目前国内技术最先进，自动化程度最高的钻机。中国地质科学院勘探技术研究所、连云港黄海机械厂、北京土行孙非开挖技术有限公司生产的 DDW80、DDW100、DDW200 系列水平定向钻，中联重科、深圳钻通公司生产的 ZT10、ZT12、ZT15、ZT20 系列水平定向钻。在以上国内钻机中，目前以徐工的 ZD 系列水平定向钻机的配备为最好，该系列产品在国内首次采用了电液比例控制技术、机电液一体化 PLC 控制技术、动力头闭式回路节能、防触电报警等多项先进技术。在钻杆自动装卸钻杆、自动锚固、自动润滑、自动钻进和回拖、触电保护等方面领先，主要技术性能指标达到了国外同类产品的先进水平，在提高工作效率，安全防护，减轻劳动强度等方面居国内同类型产品的领先水平。

国外的 DitchWitch 公司是世界上生产非开挖定向钻机较先进的公司，具有先进的控制技术和良好的通信设备，技术性能先进、操作性能良好，目前生产的系列产品有 JT520、JT920L、JT1720MI、JT4020MI、JT7020MI 和广普型钻机 JT2720AT、JT4020AT 等中小型钻机。DitchWitch 的钻孔资料处理系统，可进行钻孔轨迹设计，进行相关钻孔数据的记录。其中，DitchWitch 公司 JT2720/JT2720M、JT4020/JT4020M 型定向钻是其在我国销售的主导产品。VERMEER 公司是世界上另一非开挖设备的著名生产厂家，其水平定向钻机从迷你型钻机到大型钻机有多种型号，主要有：PL8000、D7 × 11A、D10 × 15A、D16 × 20A、D18 × 22、D24 × 26、D24 × 40、D33 × 44、D40 × 40、D50 × 100、D80 × 120、D100 × 120、D150 × 300、D200 × 300、D300 × 500 等；美国 CASE 公司生产的 60 系列五种型号，美国凯斯公司是发展水平定向钻产业较晚的公司，产品有凯斯 6010、凯斯 6030 等型号的新型定向钻，但生产的产品性能先进，尤其是在 PLC 控制、自动更换钻杆等方面有其独特的先进性和优越性。其中，凯斯 6030 型定向钻是其在我国销售的主导产品，主轴最大扭矩 5 423N · m，主轴三速旋转，最大进给力与回拖力均为 13.6t，满载钻杆整机质量 7.8t，可满足一般施工工程的需要。典型的施工工程有上海信息港工程、黄浦江工程等。另外，生产水平定向钻机的国外公司还有美国的 AUGERS 公司，INGERSOLL RAND 公司，德国的 FLOWTEX、HUTTE 公司，英国的 POWERMOLE、STEVE VICK 公司，瑞士的 TERRA 公司，加拿大的 UTILX 公司和意大利的 TECNIWELL 公司等。目前国外水平定向钻的产品大都具有以下几个技术特点：主轴驱动齿轮箱采用高强度钢体结构，传动扭矩大，性能可靠；全自动的钻杆装卸存取装置；大流量的泥浆供应系统和流量自动控制装置；先进的液压负载反馈，多种电气逻辑控制系统，高质量的 PLC 电子电路系统确保长时间地工作可靠性；高强度整体式钻杆以及钻进和回拖钻具；快速锚固定位装置；先进的电子导向发射和接收系统。

综合国外水平定向钻机的特点主要有：

(1)中小型定向钻机多采用橡胶履带底盘,具有自行走功能,减小对人行道和草坪的损坏。带钻杆自动装卸装置,可方便地装卸钻杆,减轻操作者的劳动强度,提高工作效率;大型钻机带随车吊,便于吊装钻杆。

(2)系列化程度高,从2t到600t,适合不同口径和长度,各类地层的施工;具有多种硬岩施工方法,如泥浆马达、顶部冲击、双管钻进,能进行软、硬岩层的施工。

(3)液压系统采用电液比例控制技术,或负荷传感系统,液压元件采用了国际先进成熟的产品。

(4)应用先进的PLC控制和电液比例控制技术,主要实现四个方面的自动控制功能:自动钻进,自动回拖、自动锚固,和行走时的无级变速控制和转向控制,自动化程度高。

(5)作业安全和舒适,具有驾驶室,具有无线(或有线)导向控制系统、地下电缆与管道探测技术、防触电安全保护技术、远程控制紧急停机技术等安全措施,确保机器和人员的安全。

(6)先进的钻进规划设计软件:如VERMEER公司的ATLAS BORE PLANNER软件和美国十方公司的DRILLSMART软件等,专为HDD(水平定向钻进)施工而开发,可根据施工要求和资料,模拟生成设计施工路线和报告。

国内外同类技术及厂家比较表如表9.1、表9.2所示。

国内外同类技术比较表 表9.1

性　能	CASE6030	沟神JT2720	威猛D24×40A	廊坊GPS10	徐工ZD1245
最大回拖/进给力(kN)	136/136	120/120	108/108	150/70	122/108
动力头最大扭矩(N·m)	5 423	3 660	5 415	6 000	4 500
主轴最大转速(r/min)	三速	215	260	80	210
自动装卸钻杆	有	有	有	无	有
最大钻进长度(m)	300	300	300	300	300
自动锚固	有	有	有	无	有

国内外同类厂家比较表 表9.2

企　业	主 要 产 品	目前的规模	特　点
北京土行孙公司	DDW80、DDW100、DDW150、DDW200、DDW250、DDW320	已形成系列化、批量化,年产量已达160余台	拖式、自行走式均有,液控,钻杆手工装卸,无自动化
深圳钻通	ZT-8、ZT-10、ZT-15、ZT-20、ZT-25	已形成系列化,批量化,年产量已达130余台	拖式、自行走式均有,液控,钻杆手工装卸,无自动化
中联重科	KSD15、KSD25	已批量生产,年产量达20余台	自行走,动力系与主机两单元体,干湿两用,全负荷敏感控制,英国技术,回拖力150~250kN
连云港黄海机械厂	FDP-30、FDP-120、FDP-245、FDP-550、FDP-1000	已形成系列化,批量化,年产量已达50余台	拖式、自行走式均有,液控,钻杆手工装卸,无自动化,回拖力80~360kN
廊坊华元机电	HY-3000、HY-2000、HY-1300、HY-800	主要从事大型定向钻机的生产,已形成小规模	行走方式拖式,液压系统进口,动力系统与主机两单元体,回拖力800~3 000kN

续上表

企　业	主 要 产 品	目前的规模	特　点
凯斯(美国)	CASE6010、CASE6030、CASE6060、CASE6080、CASE60100、CASE60120	批量进口,年销量20~30台	电子控制,自动化程度高,动力强劲,可靠性高
DitchWitch(美国)	JT920、JT1720、JT2720、JT4020、JT7020	批量进口,年销量20~30台	电子控制,自动化程度最高,动力强劲,可靠性高;钻岩技术先进,注重人身保护
VERMEER公司	PL8000、D7×11A、D10×15A、D16×20A、D18×22、D24×26、D24×40、D33×44、D40×40、D50×100、D80×120、D100×120、D150×300、D200×300、D300×500	批量进口,年销量20~30台	电子控制,自动化程度高,动力强劲,可靠性高
德国海瑞克	NPD800、NPD1000	进口数台	技术成熟,底盘分模块式、拖式、履带式多种,回拖力1 000~6 000kN

2.水平定向钻机分类

按照水平定向钻机所提供的推拉力和扭矩的大小,可将定向钻机分为大、中、小型三大类。各类钻机的主要性能参数和应用范围见表9.3。

水平定向钻机分类　　表9.3

分　类	小　型	中　型	大　型
推拉力(kN)	<100	100~450	>450
扭矩(kN·m)	<3	3~30	>30
功率(kW)	<100	100~180	>180
钻杆长度(m)	1.5~3.0	3.0~9.0	9.0~12.0
铺管直径(mm)	50~350	350~600	600~1 200
铺管长度(m)	<300	300~600	600~1 500
铺管深度(m)	<6	6~15	>15

3.水平定向钻的关键技术

1)中空动力头

中空动力头的设计的实现:中空动力头是水平定向钻的关键作业部件,其可靠性及质量的好坏将直接影响整机的正常使用,该部件应实现钻进和输送泥浆的功能,同时要考虑齿轮的润滑、泥浆输送系统的密封等。动力头一般由低速大扭矩马达驱动减速机,由减速机驱动减速箱机构,由减速箱输出轴驱动钻杆转动,输出轴中空,输出轴一端接有旋转接头,通过旋转接头注入泥浆。另外目前在国内市场上12~15吨级的水平定向钻机,进口的主要有美国凯斯公司的6030、威猛公司的D24×40A、沟神公司的JT2720,国内厂家有北京土行孙的DDW-150、连云港黄海的FDP-15、深圳钻通的ZT-15、徐工集团的ZD1245等。国内外动力头性能参数对比见表9.4。从表9.4的动力头的性能参数对比来看,国内动力头在推拉力、旋转扭矩、转速及泥浆通流量等参数基本相同,国外各厂家为了适应不同的用户市场,主要参数各有所差别,有的侧重于大的旋转扭矩,有的侧重于大的推拉力。一般而言,最大输出扭矩的多少决定了钻机扩孔能力的大小,最大拉力的大小决定了拖拉管道的长度。事实上,如果扩孔质量好,钻机不需要很大的拉力就能将管线拉动。还应清楚动力头采用的中、低速液压马达驱动,驱动方式目前主要有三种:选用通孔式低速大扭矩马达直接驱动,泥浆直接从中间通孔输入,输出轴直接连接钻具。此种方式受液压马达的限制,仅限于小型钻机中应用;选用低速大扭矩液压马达经齿轮箱驱动,根据回转扭矩的需要,可以由一个液压马达驱动,也可以由两个甚至是三个液压马达驱动。液压马达可以在齿轮箱的前后对称,也可以环绕输出轴成环形或扇形布置。马达有选用法国波克兰公司的径向柱塞马达,如CASE、威猛的钻机;由于摆线马达价格较低,国内厂家多选用摆线马达。齿轮箱一般需一级齿轮减速。此种方式应用较普遍;液压马达通过减速机再经齿轮减速箱驱动。液压马达为高速马达,可以是一个或两个,减速机选用行星齿轮减速机。齿轮箱一般需两级齿轮减速。由于高速马达、行星减速机比较成熟,二者结合使动力头的转速范围更宽,且其价格和低速大扭矩方案差不多,径向尺寸相对较小。

国内外动力头性能参数对比表 表9.4

钻 机 型 号	最大扭矩(N·m)	最大转速(r/min)	最大回拖力(kN)	泥浆流量(L/min)
黄海 FDP-15	0~4 500	120	150	150
土行孙 DDW-150	4 200	80	150	250
钻通 ZT-15	5 000	100	150	250
凯斯 6030	5 420	245	135	151
威猛 D33×44A	5 957	260	149	189
沟神 JT2720MI	4 338	225	122	180
徐工 ZD1245	4 500	210	122	180

2)导向定位

导向定位检测与控制系统:导向定位检测与控制系统是该钻机的主要辅助作业部件,该部件采用无线或有线探头发射装置及地面接收显示装置,探测深度一般为10~15m,且可连续显示测量顶角及钻头面向角。

3)自动装卸装置

钻杆柔性自动装卸装置及控制:该装置可较方便地装卸钻杆,减轻操作者的劳动强度,提高工作效率。该装置采用柔性进给装置,协调性要求较高。需对钻杆的升降、梭臂的伸缩、动力头的位置、装卸完成的检测等功能进行逻辑控制,实现多动作间的自动切换,提高整机的机械自动化程度。

4)钻进导向仪

定向钻进导向仪:该装置是一套完整的信息系统。它包括智能型的无线抗干扰双频探头或有线探头发射装置、手提液晶显示仪及远距离同步显示器,探测深度一般为10~16m,可连续显示钻头的深度、面向角、温度,电池状况等信号,以保证施工的顺利完成。

5)管线探测仪

地下管线探测仪(探地雷达):地下管线探测仪是一种重要的辅助探测设备,它由一台发射机和一台接收机构成。用于探测工作区内的地下管线分布情况,为用户设计钻进轨迹提供重要的参考依据。目前,国内外普遍采用的探测方式有:激光、GPS、超声波、CT(X光断层扫描)、CCTV同轴电缆可视化检测、陀螺仪等。进口探测仪采用了双水平线圈和垂直线圈电磁技术,以超声波的形式对地下管线进行断层扫描,根据多点探测结果可立体地绘制出地下管线分布图。

6)电气系统与液压系统

液压系统的先进性与可靠性:关键件选用国外先进、可靠的液压元件,以确保液压系统的可靠性。水平定向钻的电气系统主要分为:发动机部分、油门控制、泥浆泵控制、自动润滑控制、地面行走控制、虎钳控制、钻杆的自动装卸控制、自动钻进控制、动力头双速控制、钻机的故障诊断功能、防高压电保护、钻进监控等几个部分。电器件一般由左控制台、右控制台、继电器箱、辅助控制台、设置控制台、行走控制盒、备用控制盒组成。

三、水平定向钻机常用结构

水平定向钻整机主要有底盘、动力头、钻架、发动机系统、钻杆自动存取装置、钻杆自动润滑装置、虎钳、锚固装置、钻具、液压系统、电气系统及泥浆系统等部件组成。

1.底盘的结构

水平定向钻机的底盘是指机体与行走机构相连接的部件,它把机体的重量传给行走机构,并缓和地面传给机体的冲击,保证水平定向钻机行驶的平顺性和工作的稳定性,底盘是水平定向钻机的骨架,用来安装所有的总成和部件,使整机成为一个整体。水平定向钻机底盘目前的结构一般为液压驱动,刚性连接式车架,底盘主要包括车架及行走装置,车架为框架焊接结构,上面有发动机、油水散热器、燃油及液压油箱、操纵装置等的安装支架;底盘的行走装置主要包括驱动轮、导向轮、支重轮、托链轮、履带总成、履带张紧装置及行走减速机、纵梁等组成。行走装置中,左、右纵梁分别整体焊接后,与中间整体框架式车架用高强度螺栓连接成为一个整体车架。底盘的车架后端可两个蛙式支腿或两个垂直的支腿,可有效降低支腿部分质量及简化结构,水平定向钻机工作时支腿支起,增强整车的稳定性。底盘的行走减速机目前一般用进口的内藏式行星减速机(包括马达)或两点式变量马达减速机,也可进口其他厂家的产品,行走时能够实现行走快慢双速,输出扭矩大、结构紧凑。底盘的行走装置主要包括履带张紧装置、橡胶履带总成、驱动轮、导向轮、支重轮及行走减速机等。底盘的橡胶履带有两种结构方式可选择,一种可采用BRIGESTONE公司的整体式橡胶履带;另一种可采用BERCO公司的组合式橡胶履带的结构,二者相比,前者结构简单,节距较小,车架高度较低,但后者强度高,可承受更大的载质量,损坏后可以更换,驱动轮、导向轮、支重轮、履带张紧装置都可直接配套。底盘的履带张紧装置由张紧油缸、张紧弹簧、导向轮、油杯等组成。

2.发动机系统的结构

水平定向钻机的发动机系统一般包括发动机、散热器、空滤器、消声器、燃油箱等组成。一般水平定向钻机设计时,发动机选用国外的John Deere增压水冷发动机或选用美国康明斯公司的增压中冷发动机,为了适应不同用户的需求,也可选装国内的二汽东风的康明斯发动机及玉柴等厂的发动机。其水散热器、空滤器等附件选用国产配套件,燃油箱自制。

3.动力头的结构

水平定向钻动力头的结构一般由一个高速马达驱动减速机,由减速机驱动动力头,由减速箱输出轴驱动钻杆转动,输出轴中空。动力头有以下功能:驱动钻杆钻头回转;承受钻进、回拖过程中产生的反力;泥浆进入钻杆的通道。目前国内水平定向钻的动力头结构基本一样,不同点在于:减速机的选型不一样,同吨位的水平定向钻选不到完全相同的减速机,所以各厂家的减速比和性能参数有所变动;动力头的减速比不一样,由于减速机传动比的改变,所以动力头的减速比也有变动。目前,动力头的传动方式主要有链传动和齿轮传动,如CASE钻机动力头的传动方式为链传动,链传动的优点是结构简单,制造容易,缺点是传动平衡性差、寿命短、输出扭矩小。DitchWitch公司钻机动力头的传动方式为齿轮传动,齿轮传动的优点是传动平衡、使用寿命长、输出扭矩大,缺点是制造要求精度高。另外,动力头推拉装置是动力头回拉或进给运动的执行机构,一般由一对低速大扭矩马达驱动一对减速机,由减速机驱动链轮链条机构,由链轮链条机构向动力头提供进给力或回拉力。动力头推拉装置目前各厂家不同,如:DitchWitch公司的链轮条机构,该机构的优点是工作速度快,工作平稳,结构紧凑,成本适中;缺点是链轮链条受力较大;CASE公司的链轮链条倍力机构,该机构的优点是链条受力是推拉的一半,工作平稳,缺点是工作速度慢,结构尺寸大,成本高;国内廊坊双油缸机构,该机构的优点是回拖力大于钻进力,成本较低;缺点是结构尺寸太大,工作的平稳性差,使用寿命低,不能用于自动化要求高和自行走的机型上等。

4. 钻杆装卸的结构

目前,水平定向钻机钻杆装卸机构一般由钻杆、钻杆箱、钻杆起落、能伸出缩回的梭臂、钻杆列数自动选择装置等组成。国内外各厂家的结构不尽相同,主要在钻杆的存取、输送上有差别,有的采用人工存取钻杆,人工装卸钻杆方式作业不仅效率低而且增加了操作人员的劳动强度;有的采用四连杆机构存取钻杆,但它们普遍利用弹簧的回缩力作为夹紧力,经常出现钻杆脱落等事故,工作不可靠,不但影响作业效率,而且可能引起已钻孔的坍塌、埋钻等重大事故;有的采用旋转结构输送钻杆,该机构可较方便地装卸钻杆,减轻操作者的劳动强度,提高工作效率。该机构采用柔性进给装置,协调性较高。需对钻杆的升降、梭臂的伸缩、动力头的位置、装卸完成的检测等功能进行逻辑控制,实现多动作间的自动切换,控制系统采用先进的PLC控制;总之,上述的动作过程及逻辑控制基本相似,以DitchWitch公司的最为先进,沟神的液压抓手、梭臂液压止动、丝扣油自动涂抹、列数自动选择装置等功能,已被作为钻杆存取的速度、可靠性、效率方面的行业标准。

5. 虎钳的结构

水平定向钻的虎钳位于钻机的前部,由前、后虎钳组成。前、后虎钳都可由液压油缸径向推动卡瓦来夹持钻杆,且后虎钳可在液压油缸的作用下与前虎钳产生相对旋转,前后配合以便钻杆拆卸。国内除沟神公司外各厂家的结构相似,沟神公司的整个虎钳是装在浮动支撑座上,以保护虎钳在钻杆装卸时免受冲击。

6. 锚固装置的结构

水平定向钻的锚固装置的作用是在作业时对整机起稳定、锚固作用,提高整机作业稳定性,该部件位于整机的前端。目前各厂家普遍采用的是螺旋钻进机构;用低速大扭矩马达驱动螺旋杆,用液压油缸施加推、拉力进行钻进或钻出,各厂家在具体结构上略有差别。另外,水平定向钻机锚固装置配合整机外形的设计上,一般采用了两种方案:地锚阀放在锚固装置,结构布置方便,布管容易;地锚阀另行放置,如放在发动机罩内等,但彻底改变了主机的造型和外观。

7. 导向系统

水平定向钻的目前导向系统有手持式跟踪系统和有缆式导向系统。前者经济，使用方便，但要操作人员直接到达钻头上方的地面，易受地形、电磁干扰及探测深度的限制，多在中小型钻机上使用；后者可跨越任意地形，不受电磁干扰，但复杂，使用麻烦，效率低，价格高。目前国内市场上主要有 DCI 公司的 Digitrak 导向装置、雷迪公司的 RD386 型导向仪等，以 DCI 的应用最为广泛，精度和数据处理速度更快，技术较为先进，用户反应较好。

8. 泥浆系统的结构

水平定向钻的泥浆系统由随车泥浆系统与泥浆搅拌系统组成；泥浆搅拌系统用于泥浆混配、搅拌、向随车泥浆系统提供泥浆，随车泥浆系统将泥浆加压，通过动力头、钻杆、钻头打入孔内，以稳定孔壁，降低回转扭矩、拉管阻力，冷却钻头。发射探头，清除钻进产生的土屑等。随车泥浆泵采用液压马达驱动方式，选用 FMC 公司的活塞泥浆泵或国产的衡阳的活塞泥浆泵，最大流量 450L/min，泥浆流量大，可确保泥浆要求。泥浆搅拌系统的要求：搅拌系统应具有搅拌快速均匀、提供大流量泥浆、可调节泥浆配比、搅拌与输送同时进行等功能；搅拌系统装置包括料斗、汽油机泵、搅拌罐、车载泥浆泵、相关管路等；泥浆搅拌泵可选用日本等公司的产品。泥浆罐容量为 2 000L 和 4 000L 两种泥浆系统，用户还可选用两个泥浆罐并联，一个搅拌一个供应泥浆。

四、水平定向钻机的施工工艺

水平定向钻机施工工艺顺序是：现场勘察工艺；钻进轨迹设计工艺；钻进先导孔工艺；扩孔铺管工艺。

1. 现场勘察工艺

（1）首先对施工工程及工地的已有相关资料进行查阅，勘察现场。主要检查工地的进场路径、土质和地层条件、地表地形、有无障碍物、地下管线分布、交通状况、跟踪定位系统的干扰源（如钢筋条，铁轨等）、供水条件等情况。

（2）详细检查施工图纸及作业步骤，确保在回扩钻孔和回拉管线作业中考虑到钻孔孔径会扩大这一影响因素。检查设计中有关参数，如：开孔倾角、最小深度、最小造斜距离等。

（3）与其他公用管线公司联系，让其对地下现有管线进行定位并做上标记。

（4）检测回拖材料的质量和刚性，了解该材料弯曲半径是否与设计路径有出入。再检查一下是否有合适的回拖器具。

（5）做好安全保护措施，如交通管制，紧急救护措施，验明地下危险物，明确划定工地范围，避免围观者入内。

（6）选择开孔、终孔位置时应考虑以下情况。

①泥浆搅拌站应置于水平位置。应考虑开孔角度会影响钻机的安装、钻杆的弯曲、不会导致泥浆流出孔外。

②必须注意周围的机动车和行人，在开孔、终孔位置周围应留有至少 3m 的缓冲区。

③检查开孔、终孔位置周围是否有足够的空地保证钻杆逐渐弯曲。

④考虑荫地、风向、烟雾和场地其他特性。尽量向下坡方向钻孔，以免泥浆倒流。

2. 钻进轨迹设计工艺

导向孔的轨迹一般由三段组成：第一造斜段 AB、水平段 BC 和第二造斜段 CD，如图9.13所示。

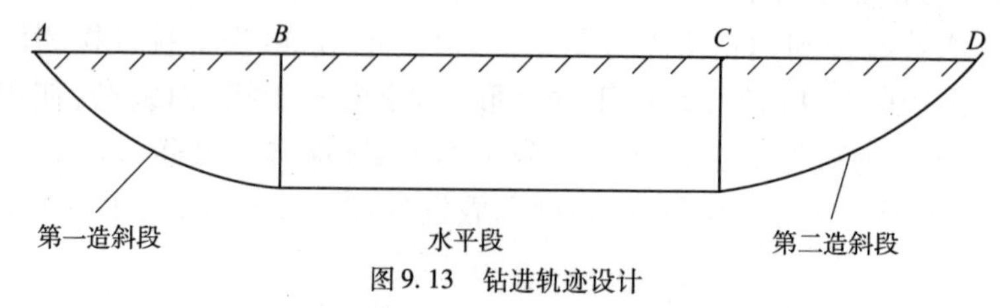

图9.13 钻进轨迹设计

直线长度是管线穿越障碍物的实际长度，第一造斜段是钻杆进入铺管位置的过渡段，第二造斜段是钻杆出露地的过渡段。因此，对典型的导向钻进铺管施工，其导向孔的轨迹由以下几个基本参数决定：

(1)穿越起点；

(2)穿越终点；

(3)铺管深度；

(4)第一造斜段的曲率半径；

(5)第二造斜段的曲率半径。

以上五个参数确定后，其他各项参数均可用作图法或计算法来确定。

设计钻进轨迹时要考虑工程要求、地层条件、钻杆的最小曲率半径、管线的允许曲率半径、施工现场的条件、铺管深度等多方面因素，最后设计出最佳的轨迹曲线，有条件的还可利用现有的设计规划软件进行优化设计。

3. 钻进先导孔工艺

首先调整钻进倾角，下固地锚，钻进时同时驱动泥浆泵泵送泥浆，以供钻进护壁、钻头散热需要。钻进导向是通过地表接收器接收无线探头体内的探测头发出的信号，测出钻头位置。需要调整方向时，动力头停止旋转，调整倾斜钻头板的方向朝所需方向，只进给而不旋转，此时地面接收器接收信号，监视进给方向，待方向正确后，继续钻进，整个钻进过程可多次调整方向，直至钻进结束。

4. 扩孔铺管工艺

钻进结束后，根据铺管直径及种类的不同，换上不同的回扩钻头，一次或多次回扩，直至达到所需孔径。最后一次回扩时，通过万向节与铺管相连，边回扩边拖管，直至铺管结束，如图9.14所示。

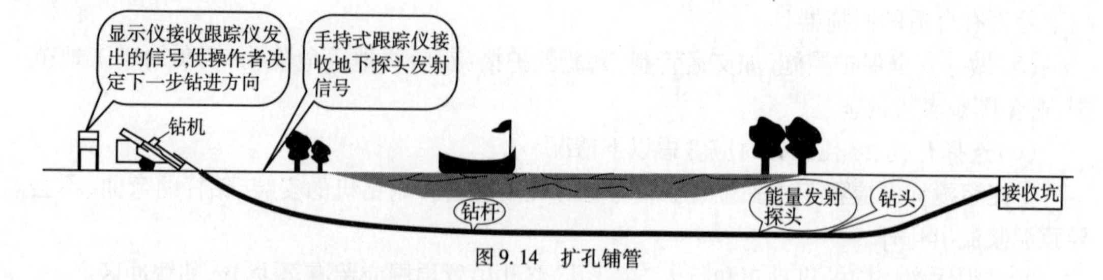

图9.14 扩孔铺管

5. 泥浆用量的经验估算方法

任何一种型号的定向钻机所配置泥浆泵流量是一定的，在钻进时，泥浆用量相对较少，可调整泥浆泵在小流量状态;在回扩或回拖过程中,由于钻孔直径较大,所需泥浆量相对较多。泥浆泵要调整为大流量。操作者应掌握合适的钻进或回扩速度,以保证有足够的泥浆,形成良好的钻孔。国外有关泥浆公司对此进行了量化,总结出一套泥浆用量的经验公式,用户可根据该公式进行初步计算每分钟泥浆用量、回拖用时、工程所用泥浆总量等相关参数。

用 Q 表示泥浆用量(L/m),用 D 表示回扩头直径(m),则每米泥浆用量可以按以下公式计算:

$$Q = (D^2/13) \times K \times 10^4$$

式中:K——系数,通常在 2 ~ 5 之间,根据土质条件的不同从中选择,如:在黏性土壤中,K 取 2 ~ 3,而在砂石或泥浆漏失严重的地质条件下,K 取 4 ~ 5。

以上计算值为初步估算值,实际应用时泥浆用量比估算值稍大。

6. 钻液的配置原则

钻液的配置取决于钻孔时所面临的土壤状况。通常将土壤分为粗土和细土,粗土一般没有吸水性,可以使水自由流过颗粒,它一般包括砂土和砾石,细土一般包括黏土和页岩,它可阻止水渗透到地层,吸水膨胀。但是,实际施工时所面临的土质界限并不明显,可能变化很大或多种土质混合出现,因此,没有哪一种钻液在任何土质中都是最好的,只能配置较好的钻液。大致的原则是,在粗土中使用膨润土,在细土中使用聚合物。有时,甚至同一个工程中使用多种钻液。下面是国外某公司生产的膨润土产品混合配比,见表 9.5。

某国产品品牌膨润土产品混合配比表 表 9.5

	产品	推荐用量(每 1 000L)	马氏漏斗黏度(s)
一般地层			
砂层	Hydraul – EZ(易钻)	(30 ~ 36kg)	45 ~ 50
砂砾石层	Hydraul – EZ(易钻)/SuperPac(帮手)	(36 ~ 42kg/1.25 ~ 2.5L)	50 ~ 55
黏土层	Hydraul – EZ(易钻)/Insta – visPlus(万用王)	(12 ~ 18kg/1.25 ~ 2.5L)	35 ~ 40
未知层	Hydraul – EZ(易钻)/SuperPac(帮手)	(30 ~ 42kg/1.25 ~ 2.5L)	45 ~ 55
复杂地层			
卵砾石层	Hydraul – EZ(易钻)/SuperPac(帮手)/Suspend – It(速浮)	(30 ~ 42kg/1.25 ~ 2.5L/1.2 ~ 2.4kg)	70 ~ 90
膨胀性黏土	在泥浆中添加 Insta – VisPlus(万用王)	(2.5 ~ 5L)	35 ~ 40
黏胶土	在泥浆中添加 Drill – Terge(洁灵)	(5 ~ 7.5L)	35 ~ 40
改善水质			
低 pH 值水质	加入纯碱调整至 8 ~ 10	(0.3 ~ 0.6kg)	

第十章 桩 工 机 械

第一节 概 述

桩工机械是用于各种桩基础、地基改良加固、地下挡土连续墙、地下防渗连续墙施工及其他特殊地基基础等工程施工的机械设备,其作用是将各式桩埋入土中,以提高基础的承载能力。

现代建桥用的基础桩有两种基本类型:预制桩和灌注桩。前者用各种打桩机将其沉入土中,后者用钻孔机钻出深孔以灌注混凝土。

根据预制桩和灌注桩的施工,可把桩工机械分为预制桩施工机械和灌注桩施工机械两大类。

1. 预制桩施工机械

(1)打桩机。打桩机由桩锤和桩架组成,靠桩锤冲击桩头,使桩在冲击力的作用下贯入土中,故又称冲击式打桩机。

根据桩锤驱动方式不同,可分为蒸汽、柴油和液压三种打桩机。

(2)振动沉拔桩机。振动沉拔桩机由振动桩锤和桩架组成。振动桩锤利用机械振动法使桩沉入或拔出。

(3)静力压拔桩机。静力压拔桩机采用机械或液压方式产生静压力,使桩在持续静压力作用下被压入或拔出。

(4)桩架。桩架是打桩机的配套设备,桩架应能承受自重、桩锤重、桩及辅助设备等质量。由于工作环境的差异,桩架可分为陆上桩架和船上桩架两种。由于作业性能的差异,桩架有简易桩架和多能桩架(或称万能桩架)。简易桩架具有桩锤或钻具提升设备,一般只能打直桩;多能桩架具有多种功能,即可提升桩、桩锤或钻具,使立柱倾斜一定角度,平台回转360°,自动行走等。多能桩架适用于打各种类型桩,由于行走机构不同,桩架可分为滚管式、轨道式、轮胎式、汽车式、履带式和步履式等。

2. 灌注桩施工机械

灌注桩的施工关键在于成孔,其施工方法和配套的施工机械有以下几种:

(1)全套管施工法。即贝诺特法(Benoto),使用设备有全套管钻机。

(2)旋转钻施工法。采用的设备是旋转钻机。

(3)回转斗钻孔法。使用回转斗钻机。

(4)冲击钻孔法。使用冲击钻机。

(5)螺旋钻孔法。常使用长螺旋钻机和短螺旋钻机。

第二节　桩工机械的结构及工作原理

1. 柴油打桩机

柴油打桩机由柴油桩锤和桩架两部分组成。桩架有专用的，也有利用挖掘机或起重机上的长臂吊杆加装龙门架改装而成的。柴油桩锤按其动作特点分导杆式和筒式两种。导杆式桩锤冲击体为汽缸，它构造简单，但打桩能量小；筒式桩锤冲击体为活塞，打击能量大，施工效率高，是目前使用较广泛的一种打桩设备。下面以筒式桩锤为例，介绍柴油桩锤的构造及工作原理。

筒式柴油桩锤依靠活塞上下跳动来锤击桩，其构造如图 10.1 所示。它由锤体、燃料供给系统、润滑系统、冷却系统和起动系统等组成。

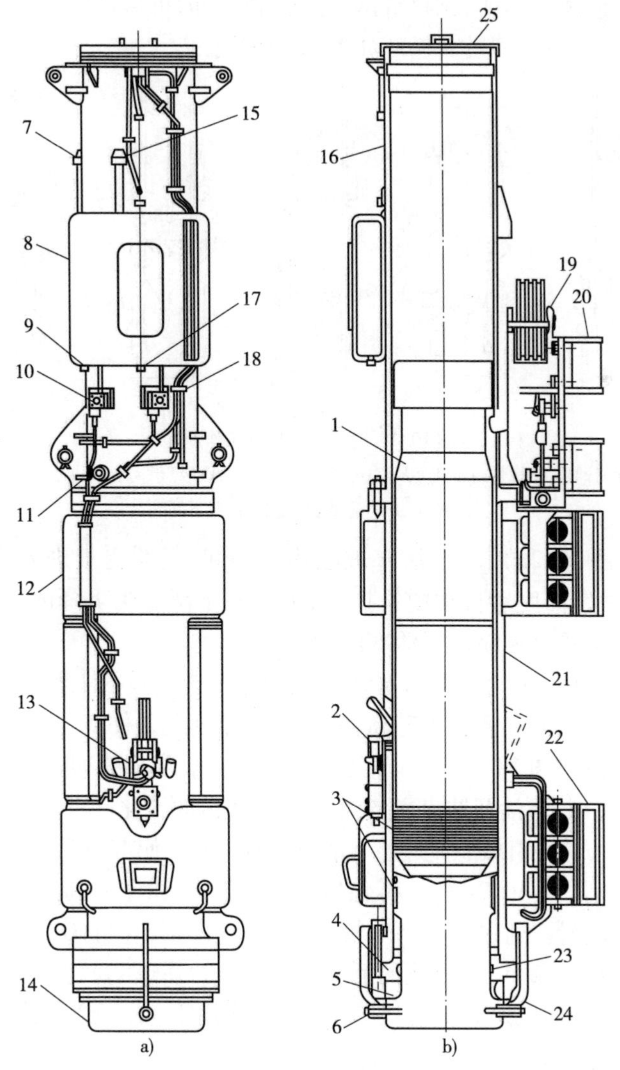

图 10.1　D72 型筒式柴油桩锤构造

1-上活塞；2-燃油泵；3-活塞环；4-外端环；5-缓冲垫；6-橡胶环导向；7-燃油进口；8-燃油箱；9-燃油排放旋塞；10-燃油阀；11-上活塞保险螺栓；12-冷却水箱；13-燃油和润滑油泵；14-下活塞；15-燃油进口；16-上汽缸；17-导向缸；18-润滑油阀；19-起落架；20-导向卡；21-下汽缸；22-下汽缸导向卡爪；23-铜套；24-下活塞保险卡；25-顶盖

锤体主要由上汽缸、导向缸、下汽缸、上活塞、下活塞和缓冲垫等组成。导向缸在打斜桩时为上活塞引导方向,还可防止上活塞跳出锤体。上汽缸是上活塞的导向装置。下汽缸是工作汽缸,它与上、下活塞一起组成燃烧室,是柴油桩锤爆炸冲击工作的场所。上、下汽缸用高强度螺栓连接。在上汽缸外部附有燃油箱及润滑油箱,通过附在缸壁上的油管,将燃油与润滑油送至下汽缸上的燃油泵与润滑油泵。上活塞和下活塞都是工作活塞,上活塞又称自由活塞,不工作时位于上汽缸的下部,工作时可在上、下汽缸内跳动,上、下活塞都靠活塞环密封,并承受很大的冲击力和高温高压作用。

在下汽缸底部外端环与活塞冲头之间装有一个缓冲垫(橡胶圈)。它的主要作用是缓冲打桩时下活塞对下汽缸的冲击。这个橡胶圈强度高、耐油性强。

在下汽缸四周,分布着斜向布置的进、排气管,供进气和排气用。

柴油桩锤启动时,由桩架卷扬机将起落架吊升,起落架钩住上活塞提升到一定高度,吊钩碰到碰块,上活塞脱离起落架,靠自重落下,柴油桩锤即可启动。

筒式柴油桩锤的工作原理及其循环如图 10.2 所示。

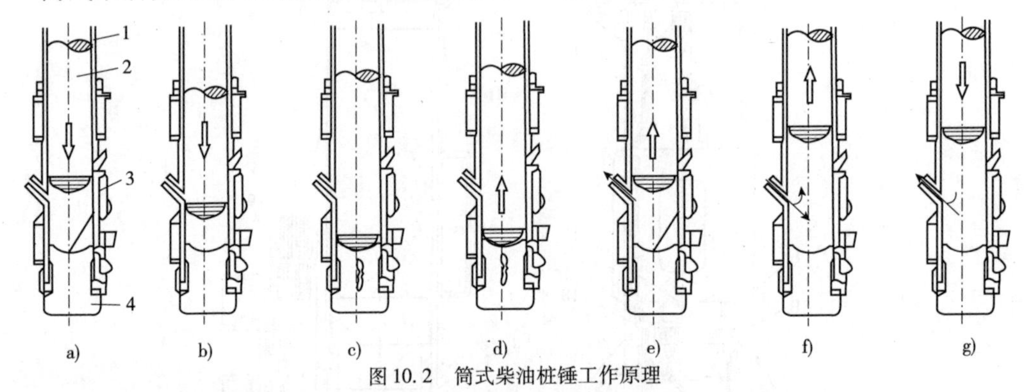

图 10.2　筒式柴油桩锤工作原理

a)喷油;b)压缩;c)冲击、雾化;d)燃爆;e)排气;f)吸气;g)活塞下行并排气

1-汽缸;2-上活塞;3-燃油泵;4-下活塞

(1)喷油过程[图 10.2a)]。上活塞被起落架吊起,新鲜空气进入汽缸,燃油泵进行吸油。上活塞提升到一定高度后自动脱钩掉落,上活塞下降。当下降的活塞碰到燃油泵的压油曲臂时,即把一定量的燃油喷入下活塞的凹面。

(2)压缩过程[图 10.2b)]。上活塞继续下降,吸、排气口被上活塞挡住而关闭,汽缸内的空气被压缩,空气的压力和温度均升高,为燃烧爆炸创造条件。

(3)冲击、雾化过程[图 10.2c)]。当上活塞快与下活塞相撞时,燃烧室内的气压迅速增大。当上、下活塞碰撞时,下活塞冲击面的燃油受到冲击而雾化。上、下活塞撞击产生强大的冲击力,大约有 50% 的冲击机械能传递给下活塞,通过桩帽,使桩下沉,被称为“第一次打击”。

(4)燃烧爆炸过程[图 10.2d)]。雾化后的混合气体,由于受高温和高压的作用,立刻燃烧爆炸,产生巨大的能量。通过下活塞对桩再次冲击(即第二次打击),同时使上活塞跳起。

(5)排气过程[图 10.2e)]。上跳的活塞通过排气口后,燃烧过的废气便从排气口排出。上活塞上升越过燃油泵的压油曲臂后,曲臂在弹簧作用下,回复到原位,同时吸入一定量的燃油,为下次喷油作准备。

(6)吸气过程[图 10.2f)]。上活塞在惯性力作用下,继续上升,这时汽缸内产生负压,新鲜空气被吸入汽缸内。活塞跳得越高,所吸入的新鲜空气越多。

(7)活塞下行并排气过程[图 10.2g)]。上活塞的动能全部转化为势能后,又再次下降,一部分的新鲜空气与残余废气的混合气由排气口排出直至重复喷油过程,柴油桩锤便周而复始地工作。

2. 液压打桩机

液压打桩机由液压桩锤和桩架两部分组成。液压桩锤利用液压能将锤体提升到一定高度,锤体依靠自重或自重加液压能下降,进行锤击。从打桩原理上可分为单作用式和双作用式两种。单作用式即自由下落式,冲击能量较小,但结构比较简单。双作用式液压桩锤在锤体被举起的同时,向蓄能器内注入高压油,锤体下落时,液压泵和蓄能器内的高压油同时给液压桩锤提供动力,促使锤体加速下落,使锤体下落的加速度超过自由落体加速度。双作用式液压桩锤冲击能量大,结构紧凑,但液压油路比单作用式液压桩锤要复杂些。

液压桩锤由锤体部分、液压系统和电气控制系统等组成,如图 10.3 所示。图 10.4 为液压桩锤的结构简图。

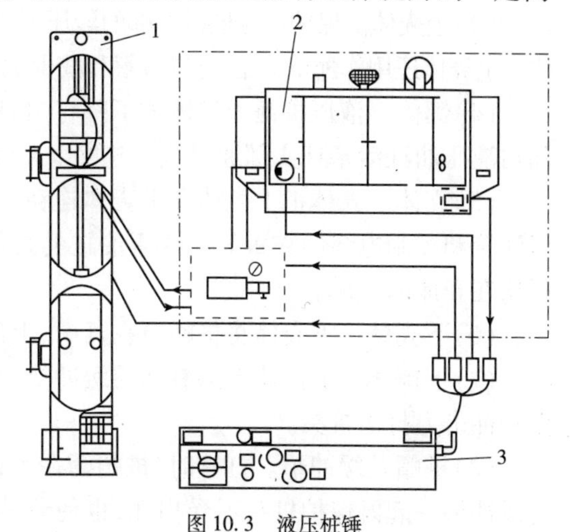

图 10.3 液压桩锤
1-锤体部分;2-液压系统;3-电气控制系统

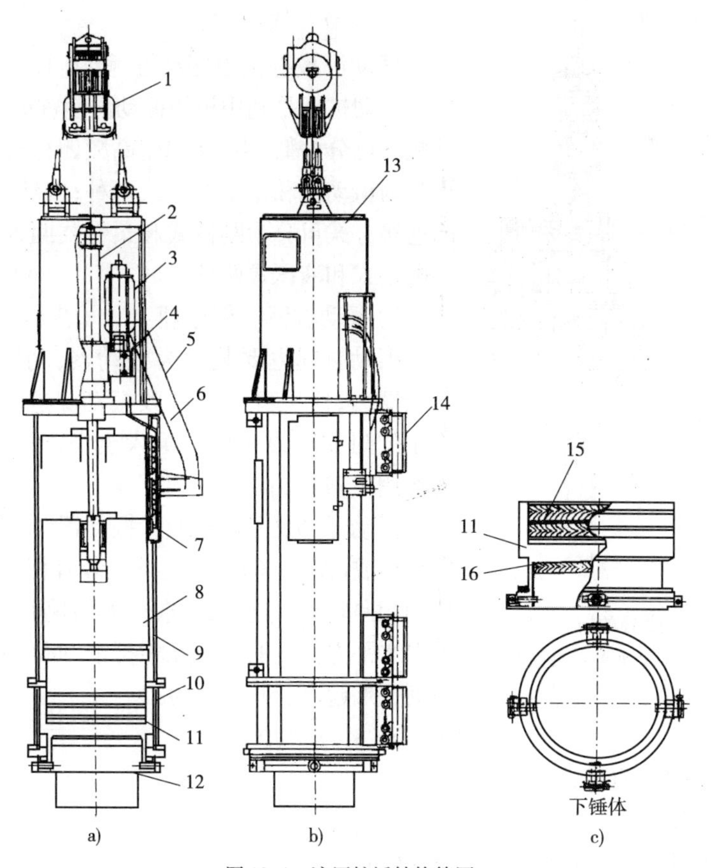

图 10.4 液压桩锤结构简图
1-起吊装置;2-液压油缸;3-蓄能器;4-液压控制装置;5-油管;6-控制电缆;7-无触点开关;8-锤体;9-壳体;10-下壳体;11-下锤体;12-桩帽;13-上壳体;14-导向装置;15、16-缓冲垫

(1)起吊装置。起吊装置主要由滑轮架、滑轮组与钢丝绳组成,通过桩架顶部的滑轮组与卷扬机相连。利用卷扬机的动力,液压桩锤可在桩架的导向轨上上下滑动。

(2)导向装置。导向装置与柴油桩锤的导向卡基本相似,它用螺栓将导向装置与壳体和桩帽相连,使其与桩架导轨的滑道相配合,锤体可沿导轨上下滑动。

(3)上壳体。保护液压桩锤上部的液压元件、液压油管和电气装置,同时连接起吊装置和壳体。上壳体还用作配重使用,可以缓解和减少工作时锤体不规则的抖动或反弹,提高工作性能。

(4)锤体。液压桩锤通过锤体下降打击桩帽,将能量传给桩,实现桩的下沉。锤体的上部与液压油缸活塞杆头部通过法兰连接。

(5)壳体。壳体把上壳体和下壳体连在一起,在它外侧安装着导向装置、无触点开关、液压油管和控制电缆的夹板等。液压油缸的缸筒与壳体连接,锤体上下运动锤击沉桩的全过程均在壳体内完成。

(6)下壳体。下壳体将桩帽罩在其中,上部与壳体的下部相连,下部支在桩帽上。

(7)下锤体。下锤体上部有两层缓冲垫,与柴油桩锤下活塞的缓冲垫作用一样,防止过大的冲击力打击桩头。

(8)桩帽及缓冲垫。打桩时,桩帽套在钢板桩或混凝土预制桩的顶部,除起导向作用外,与缓冲垫一起既保护桩头不受损坏,也使锤体及液压缸的冲击载荷大为减小。在打桩作业时,应注意经常更换缓冲垫。

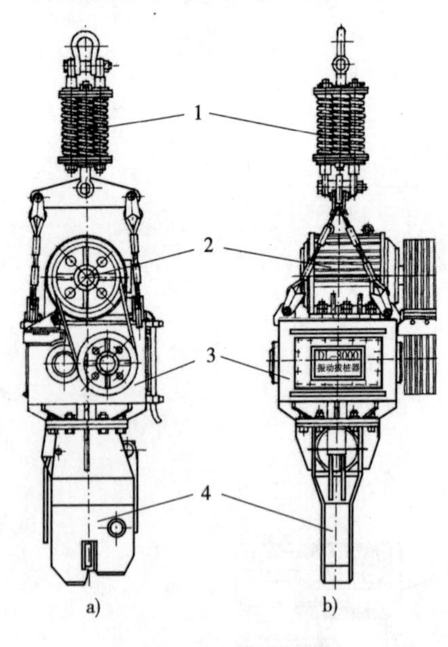

图 10.5 振动桩锤的构造

1-吸振器;2-电动机;3-振动器;4-夹桩器

3. 振动沉拔桩机

振动沉拔桩机由振动桩锤(图 10.5)和通用桩架组成。振动桩锤是利用机械振动法使桩沉入或拔出。按振动频率可分为低、中、高和超高频四种形式;按作用原理可分为振动式和振动冲击式两种;按动力装置与振动器的连接方式可分为刚性式和柔性式两种;按动力源可分为电动式和液压式两种。

1)振动桩锤工作原理

振动桩锤主要装置为振动器,利用振动器所产生的激振力,使桩身产生高频振动。这时桩在其自重或很小的附加压力作用下沉入土中,或是在较小的提升力作用下被拔出。

振动器都是采用机械式振动器,由两根装有偏心块的轴组成(图 10.6)。两根轴上装有相同的偏心块,但两根轴相向转动。这时,两根轴上的偏心块所产生的离心力在水平方向上的分力互相抵消,而其垂直方向上的分力则叠加起来。其合力为:

$$P = 2mr\omega^2\sin\varphi \quad (\mathrm{N})$$

式中:m——偏心块的质量,kg;

ω——角速度,1/s;

r——偏心块质心至回转中心的距离,m。

合力 P 一般称为“激振力”。就是在这一激振力的作用下,桩身产生沿其纵向轴线的强迫振动。

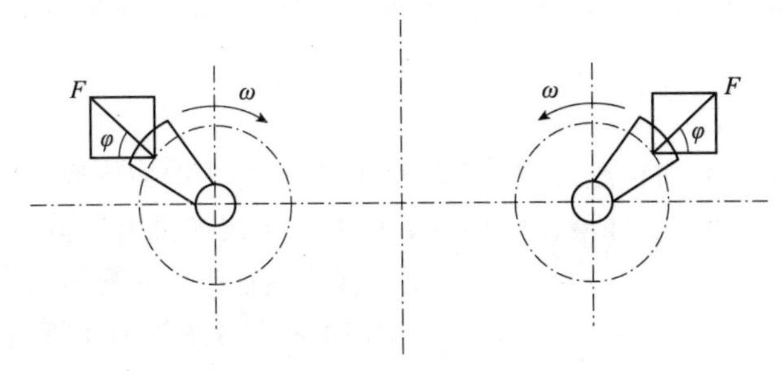

图 10.6　振动原理图

2）电动式振动沉拔桩机

电动式振动沉拔桩机是将振动器产生的振动，通过与振动器联成一体的夹桩器传给桩体，使桩体产生振动。桩体周围的土壤由于受到振动作用，摩擦阻力显著下降，桩就在振动沉拔桩机和自重的作用下沉入土中。在拔桩时，振动可使拔桩阻力显著减小，只需较小的提升力就能把桩拔出。

电动式振动沉拔桩机由振动器、夹桩器、电动机等组成。电动机与振动器刚性连接的，称为刚性振动锤[图 10.7a）]；电动机与振动器之间装有螺旋弹簧的，则称为柔性振动锤[图 10.7b）]。

振动器的偏心块可以用电动机以三角皮带驱动，振动频率可调节，以适应不同土壤打不同桩对激振力的不同要求。

夹桩器用来连接桩锤和桩。分液压式、气压式、手动（杠杆或液压）式和直接（销接或圆锥）式等。

图 10.7c）为振动冲击式振动锤。沉桩时既靠振动又靠冲击。振动器和桩帽经由弹簧相连。两个偏心块在电动机带动下，同步反向旋转时，在振动器作垂直方向振动的同时，给予冲击凸块以快速的冲击，使桩迅速下沉。

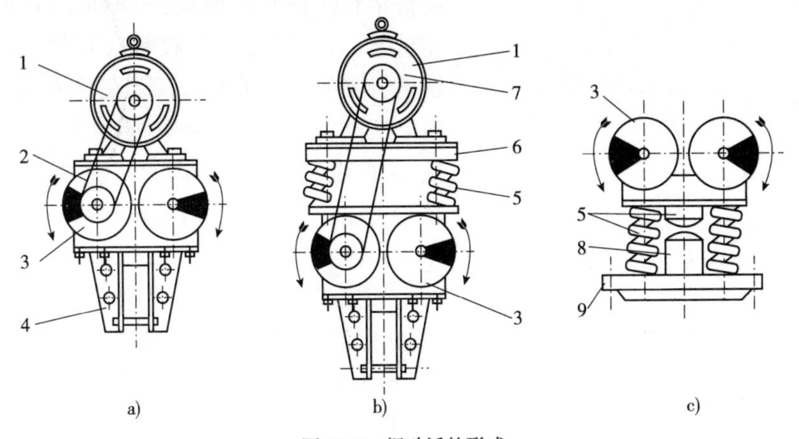

图 10.7　振动锤的形式

a）刚性振动锤；b）柔性振动锤；c）振动冲击式振动锤

1-电动机；2-传动机构；3-振动器；4-夹桩器；5-弹簧；6-电机底座；7-皮带；8-冲击凸块；9-桩帽

这种振动冲击式桩锤，具有很大的振幅和冲击力，其功率消耗也较少，适用于在黏性土壤或坚硬的土层中打桩。其缺点是冲击时噪声大，电动机受到频繁的冲击作用易损坏。

3）液压式振动沉拔桩机

液压式振动沉拔桩机采用液压马达驱动。液压马达驱动能无级调节振动频率，还有启动力矩小、外形尺寸小、质量轻、不需要电源等优点。但其传动效率低，结构复杂，维修困难，价格高。

4. 静力压拔桩机

依靠持续作用静压力，将桩压入或拔出的桩工机械，称为静力压拔桩机。

静力压拔桩机分为机械式和液压式两种。机械式压拔桩机由机械方式传递静压力，液压式用液压油缸产生的静压力来压桩或拔桩。

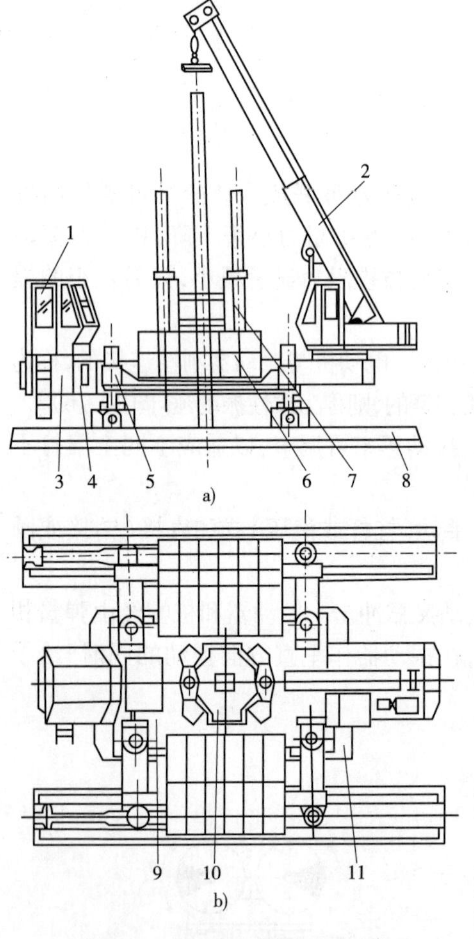

图 10.8　液压静力压桩机结构组成图

1-驾驶室；2-起重机；3-液压系统；4-电器系统；5-支腿；6-配重；7-导向压桩架；8-横移机构；9-平台机构；10-夹持机构；11-纵移机构

图 10.8 为液压静力压桩机的结构组成图，主要由驾驶室、起重机、液压系统、电器系统、支腿、导向压桩架、横移机构、夹持机构、纵移机构等组成。

由支腿实现纵移机构、横移机构的离地、接地和机身的调平，为压桩作准备。导向压桩架与夹持机构通过四个夹桩油缸、一对主压桩油缸及一对副压桩油缸实现夹桩与压桩功能。起重机用于吊桩和其他辅助吊运工作。

液压静力压桩机工作时噪声低、振动小、无污染，与冲击式施工方式比较，桩身不受冲击应力，不易损坏，施工质量好，效率高。

5. 桩架

大多数桩锤或钻具都要用桩架支持，并为之导向，桩架的形式很多，这里主要介绍通用桩架，即那些能适用于多种桩锤或钻具的桩架。目前通用桩架有两种基本形式：一种是沿轨道行驶的万能桩架，另一种是装在履带式底盘上的桩架。沿轨道行驶的万能桩架因其要在预先铺好的水平轨道上工作，机构庞大，占用场地大，组装和搬运麻烦，因而近年来已很少使用。而履带式桩架发展较为迅速。这里仅介绍这种桩架。

1）悬挂式履带桩架

悬挂式履带桩架是以履带式起重机为底盘，用吊臂悬吊桩架立柱，桩架立柱下面与机体通过支撑杆相连接，如图 10.9 所示。由于桩架、桩锤的质量较大，重心高且前移，容易使起重机失稳，所以通常要在机体上增加一些配重。立柱在吊臂端部的安装比较简单。为了能方便地调整立柱的垂直度，立柱下端与机体的连接一般都采用丝杠或液压式等伸缩可调的机构。

悬挂式桩架的缺点是横向稳定性较差，立柱的悬挂不能很好地保持垂直。这一点限制了悬挂式桩架不能用于打斜桩。

2）三支点式履带桩架

三支点式履带桩架同样是以履带式起重机为底盘，但在使用时必须作较多的改动。首先拆除吊臂，增加两个斜撑，斜撑下端用球铰支持在液压支腿的横梁上，使两个斜撑的下端在横向保持较大的间距，构成稳定的三点式支撑结构，如图 10.10 所示。

三支点式桩架在性能上是比较理想的，工作幅度小，具有良好的稳定性，另外还可通过斜撑的伸缩使立柱倾斜，以适应打斜桩的需要。

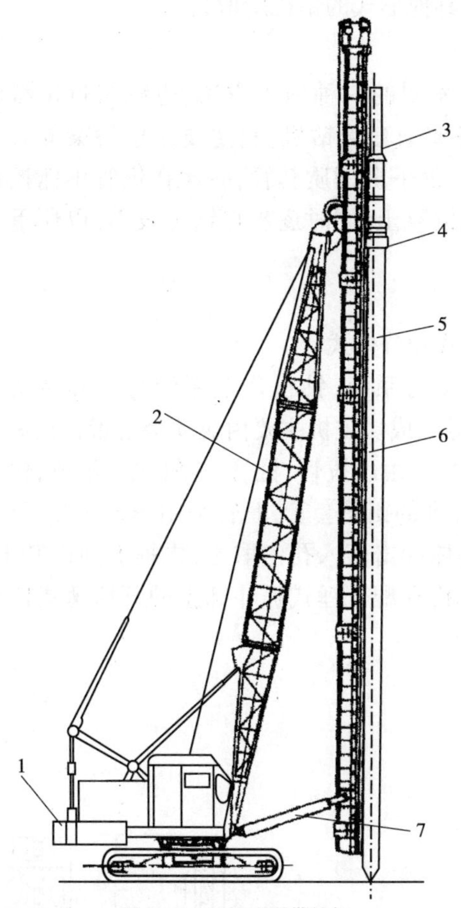

图 10.9 悬挂式履带桩架

1-机体；2-吊臂；3-桩锤；4-桩帽；5-桩；6-桩架立柱；7-支撑杆

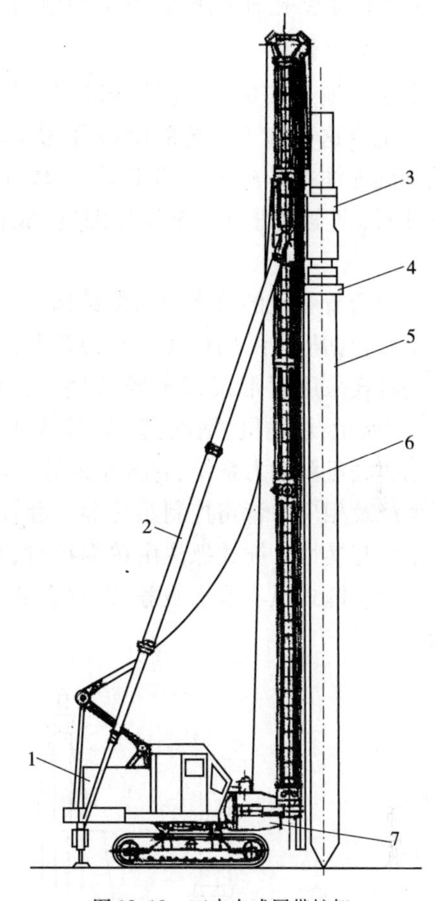

图 10.10 三支点式履带桩架

1-机体；2-斜撑；3-桩锤；4-桩帽；5-桩；6-桩架立柱；7-支撑杆

6. 冲击钻机

冲击式钻机是灌注桩基础施工的一种重要钻孔机械，它能适应各种不同地质情况，特别是在卵石层中钻孔。同时，用冲击式钻机钻孔，成孔后，孔壁四周会形成一层密实的土层，对稳定孔壁，提高桩基承载能力，均有一定作用。

目前，常用的冲击钻机有 CZ 系列(表 10.1)，其所有部件均装在拖车上，包括电动机、传动机构、卷扬机和桅杆等。冲击钻孔是利用钻机的曲柄连杆机构，将动力的回转运动变为往复运动，通过钢丝绳带动冲锤上下运动。通过冲锤自由下落的冲击作用，将卵石或岩石破碎，钻渣随泥浆(或用掏渣筒)排出。

CZ 型冲击钻机主要技术性能 表 10.1

型 号	钻孔直径(m)	钻孔深度(m)	冲击次数(次/min)	提吊力(kN)	主机质量(t)	钻具质量(t)	外形尺寸(m)
CZ-22	0.6	300	40~50	20	7.5	1.3	8.6×2.3×2.3
CZ-30	1.3	500	40~50	30	13.67	2.5	10×2.7×3.5

冲锤(图 10.11)有各种形状,但它们的冲刃大多是十字形的。

由于冲击式钻机的钻进是将岩石破碎成粉粒状钻渣,功率消耗大,钻进效率低。因此,除在卵石层中钻孔时采用外,其他地层的钻孔已被其他形式的钻机所取代。

7. 全套管钻机

全套管施工法是由法国贝诺特公司(Benoto)发明的一种施工方法,也称为贝诺特施工法。配合这种施工工艺的设备称为全套管设备或全套管钻机,它主要用于桥梁等大型建筑基础灌注桩的施工。施工时,在成孔过程中一面下沉钢质套管,一面在钢管中抓挖黏土或砂石,直至钢管下沉至设计深度,成孔后灌注混凝土,同时逐步将钢管拔出,以便重复使用。

1)全套管钻机的分类及总体结构

全套管钻机按结构形式可分为两大类,即整机式和分体式。

整机式采用履带式或步履式底盘,其上装有动力系统、钻机作业系统等。其结构如图 10.12所示,由主机、钻机、套管、锤式抓斗、钻架等组成。主机主要由驱动全套管钻机短距离移动的底盘和动力系统、卷扬系统等组成。钻机主要由压拔管、晃管、夹管机构组成,包括液压系统及相应的管路控制系统等。套管是一种标准的钢质套管,套管采用螺栓连接,要求有严格的互换性。锤式抓斗由单绳控制,靠自由落体冲击落入孔内取土,再提上地面卸土。钻架主要为锤式抓斗取土服务,设置有卸土外摆机构和配合锤式抓斗卸土的开启锤式抓斗机构。

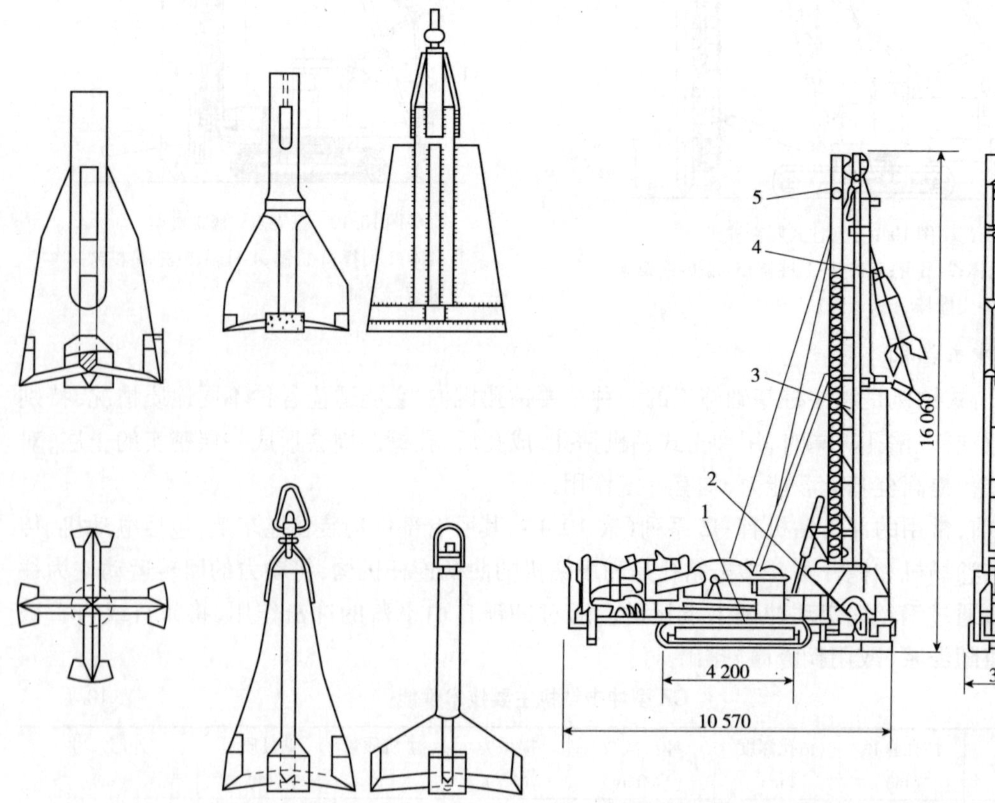

图 10.11 冲锤形式及尺寸

图 10.12 整机式全套管钻机(尺寸单位:mm)
1-主机;2-钻机;3-套管;4-锤式抓斗;5-钻架

分体式全套管钻机是以压拔管机构作为一个独立系统,施工时必须配备其他形式的机架(如履带式起重机),才能进行钻孔作业,其结构如图10.13所示。分体式全套管钻机主要由起重机、锤式抓斗、锤式抓斗导向口、套管、钻机等组成。起重机为通用起重机,锤式抓斗、导向口、套管均与整机式全套管钻机的相应机构相同,钻机是整套机构中的工作机,它由导向及纠偏机构、晃管装置、压拔管液压缸、摆动臂和底架等组成。

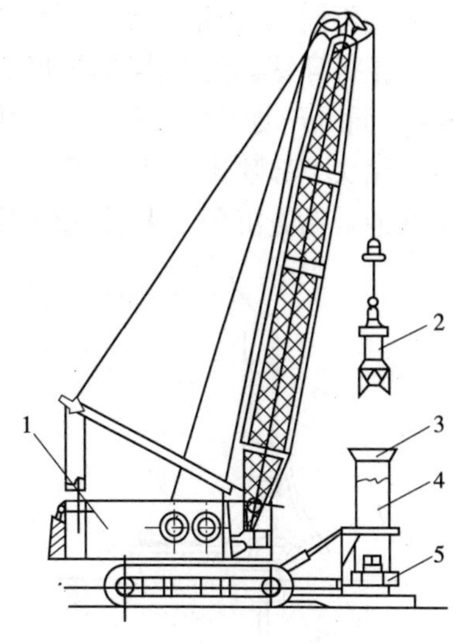

图10.13 分体式全套管钻机

1-起重机;2-锤式抓斗;3-锤式抓斗导向口;4-套管;5-钻机

2)全套管钻机的工作原理

全套管钻机一般均装有液压驱动的抱管、晃管、压拔管机构。成孔过程是将套管边晃边压,进入土壤之中,并使用锤式抓斗在套管中取土。抓斗利用自重插入土中,用钢绳收拢抓瓣。这一特殊的单索抓斗可在提升过程中完成向外摆动、开瓣卸土、复位、开瓣下落等过程。成孔后,在灌注混凝土的同时逐节拔出并拆除套管,最后将套管全部取出(图10.14)。

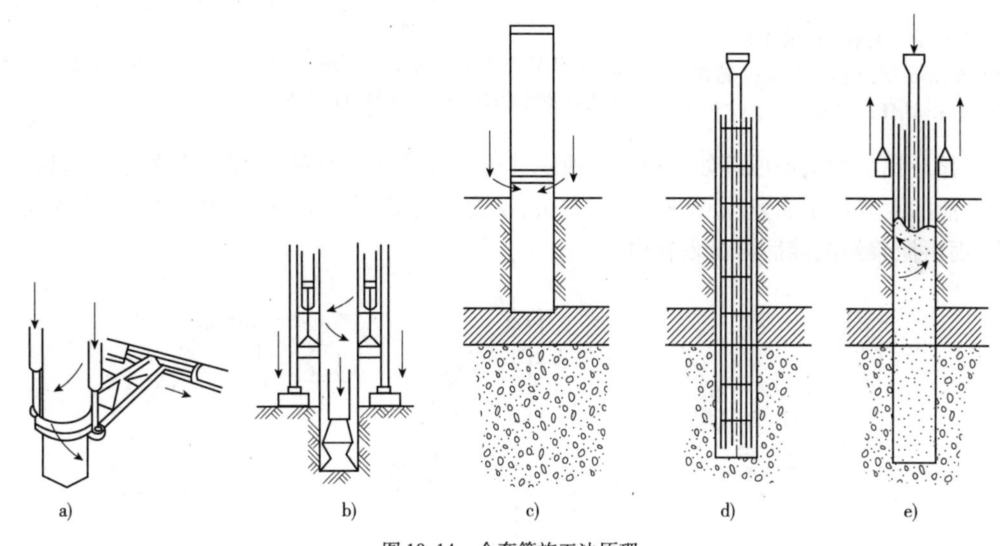

图10.14 全套管施工法原理

(1)用套管工作装置将套管一面沿圆周方向往复晃动,一面压入地层中。

(2)用锤式抓斗取土。

(3)接长套管。

(4)当套管达到预定高程后,清孔并插入钢筋笼及混凝土导管。

(5)灌注混凝土,灌注的同时拔出套管直到灌注完毕。

8. *旋转钻机*

旋转钻机如图10.15所示,由带转盘的基础车(履带式或轮胎式)、钻杆回转机构、钻架、工作装置(钻杆和钻头)等组成。

旋转钻机是利用旋转的工作装置切下土壤,使之混入泥浆中,排出孔外。根据排出渣浆的方式不同，旋转钻机分为正循环和反循环两类，常用反循环钻机。

正循环钻机的工作原理如图 10.16 所示。钻机由电动机驱动转盘带动钻杆、钻头旋转钻孔，同时开动泥浆泵对泥浆池中的泥浆施加压力，使其通过胶管、提水龙头、空心钻杆，最后从钻头下部喷出，冲刷孔底，并把与泥浆混合在一起的钻渣沿孔壁上升经孔口排出，流入沉淀池。钻渣沉积下来后，较干净的泥浆又流回泥浆池，如此形成一个工作循环。

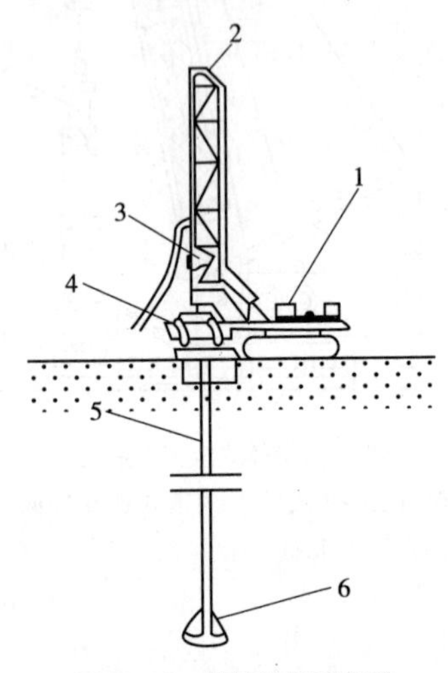

图 10.15　旋转钻机示意图

1-基础车；2-钻架；3-提水龙头；4-钻杆回转机构；5-钻杆；6-钻头

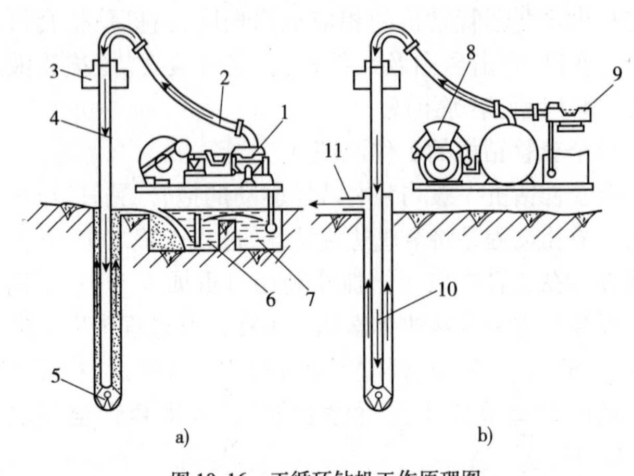

图 10.16　正循环钻机工作原理图

a）水或泥浆排渣；b）空气或泡沫排渣

1-泥浆泵；2-胶管；3-提水龙头；4-钻杆；5-钻头；6-沉淀池；7-泥浆池；8-空压机；9-泡沫喷射管；10-空气或泡沫；11-排渣管道

反循环钻机的工作原理如图 10.17 所示。这类钻机工作泥浆循环与正循环方向相反，夹带杂渣的泥浆经钻头、空心钻杆、提水龙头、胶管进入泥浆泵，再从泵的闸阀排出流入泥浆池中，而后泥浆经沉淀后再流入孔内。

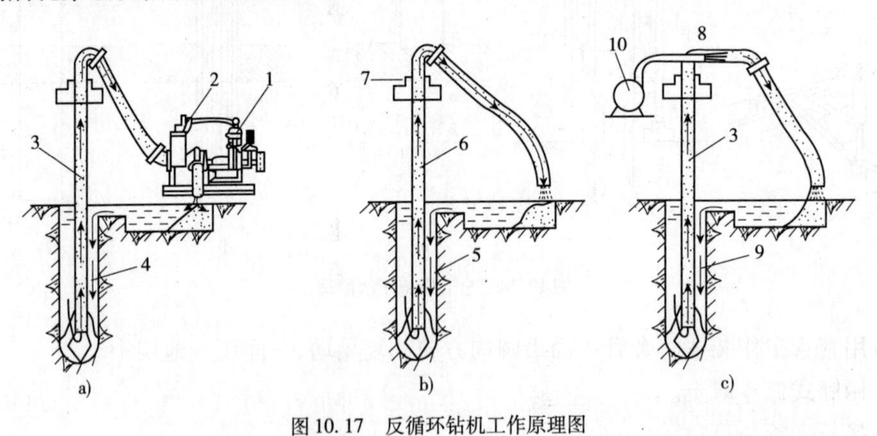

图 10.17　反循环钻机工作原理图

a）泵吸反循环；b）空气反循环；c）射流反循环

1-真空泵；2-泥浆泵；3-钻渣；4、5、9-清水；6-气泡；7-高压空气进气口；8-高压水进口；10-水泵

9. 螺旋钻孔机

螺旋钻孔机是灌注桩施工机械的主要机种。其原理与麻花钻相似，钻头的下部有切削刃，切下来的土沿钻杆上的螺旋叶片上升，排至地面上。螺旋钻孔机钻孔直径范围为 150 ~ 2 000mm，一次钻孔深度可达 15 ~ 20m。

目前,各国使用的螺旋钻孔机主要有长螺旋钻孔机、短螺旋钻孔机、振动螺旋钻孔机、加压螺旋钻孔机、多轴螺旋钻孔机、凿岩螺旋钻孔机、套管螺旋钻孔机、锚杆螺旋钻孔机等。这里主要介绍长螺旋钻孔机与短螺旋钻孔机。

1)长螺旋钻机

长螺旋钻机如图 10.18 所示,通常由钻具和底盘桩架两部分组成。钻具的驱动可用电动机、内燃机或液压马达。钻杆的全长上都有螺旋叶片,底盘桩架有汽车式、履带式和步履式。采用履带式打桩机时,和柴油桩锤等配合使用,在立柱上同时挂有柴油桩锤和螺旋钻具,通过立柱旋转,先钻孔,后用柴油桩锤将预制桩打入土中,这样可以降低噪声,提高施工进度,同时又能保证桩基质量。

用长螺旋钻机钻孔时,钻具的中空轴允许加注水、膨润土或其他液体进入孔中,并可防止提升螺旋时由于真空作用而塌孔和防止泥浆附在螺旋上。

2)短螺旋钻机

短螺旋钻机(图 10.19)钻具与长螺旋的钻具相似,但钻杆上只有一段叶片(为 2 ~6 个导程)。工作时,短螺旋不能像长螺旋那样直接把土输送到地面上来,而是采用断续工作方式,即钻进一段,提出钻具卸土,然后再钻进。此种钻孔机也可分为汽车式底盘和履带式底盘两种。

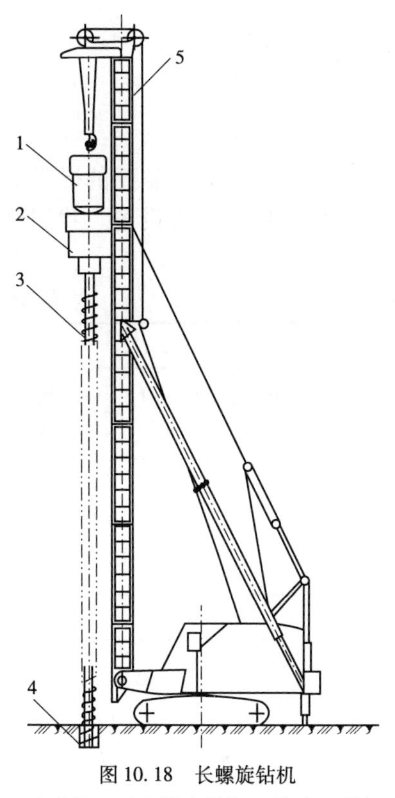

图 10.18 长螺旋钻机

1-电动机;2-减速器;3-钻杆;4-钻头;5-钻架

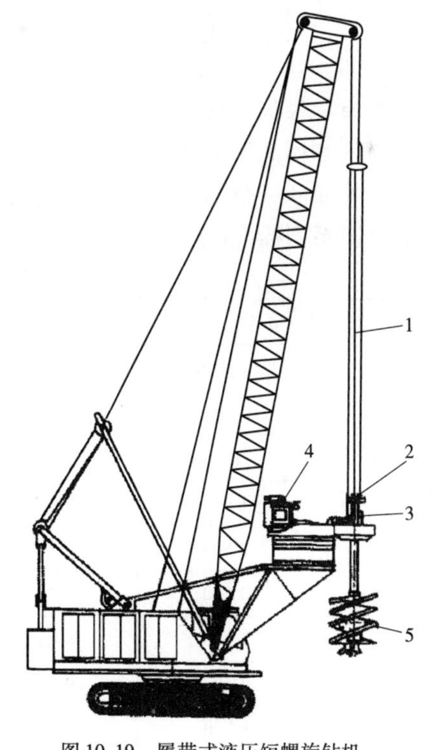

图 10.19 履带式液压短螺旋钻机

1-钻杆;2-加压油缸;3-变速器;4-发动机;5-钻头

短螺旋钻机由于一次取土量少,因此工作时整机稳定性好。但进钻时由于钻具质量轻,进钻较困难。短螺旋钻机的钻杆有整体式和伸缩式两种。前者钻深可达 20m,后者钻深可达 30 ~40m。

短螺旋钻机有三种卸土方式。一种方式是高速甩土[图 10.20a)],即低速钻进,高速提钻卸土,土块在离心力作用下被甩掉。这种方式虽然出土迅速,但因甩土范围大,对环境有影响。第二种方式为刮土器卸土[图 10.20b)],即当钻具提升至地面后,将刮土器的刮土板插入顶部螺旋叶片中间,螺旋一边旋转,一边定速提升,使刮土板沿螺旋刮土,清完土后,将刮土器抬离螺旋,再进行钻孔。另一种方式为开裂式螺旋卸土[图 10.20c)],即在钻杆底端设有铰销,当螺旋被提升至底盘定位板处时,开裂式螺旋上端的顶推杆与定位板相碰,开裂式螺旋即被压开,使土从中部卸出,如一次未能卸净,可反复进行几次。

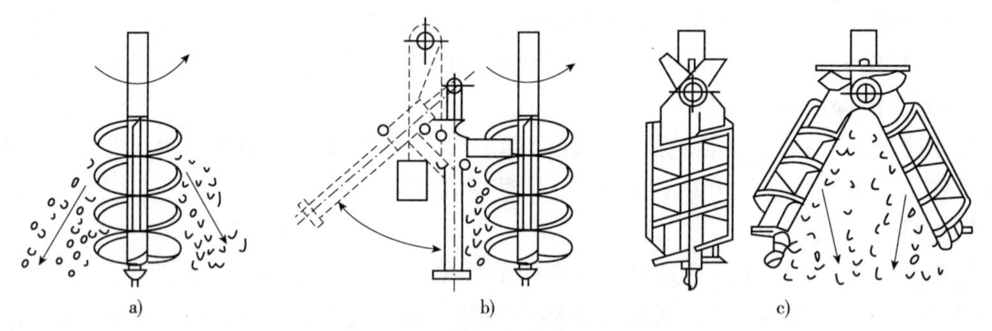

图 10.20　短螺旋钻机卸土原理图

a)高速甩土;b)刮土器卸土;c)开裂式螺旋卸土

第三节　桩工机械的使用技术

1. 柴油打桩机的应用

柴油桩锤构造简单,使用方便,它不像振动桩锤需要外接电源,它所需要的燃料就装在它的汽缸外面的一个油箱里。因此,柴油桩锤成为目前广泛采用的打桩设备。我国已制订了柴油桩锤系列标准(表 10.2)。

柴油桩锤系列标准　　表 10.2

型　号	项　目				
	冲击部分质量(kg)	桩锤总质量,不大于(kg)	桩锤全高,不大于(mm)	一次冲击最大能量,不小于(N·m)	最大跳起高度,不小于(m)
D8	800	2 060	4 700	24 000	3
D16	1 600	3 560	4 730	48 000	3
D25	2 500	5 560	5 260	75 000	3
D30	3 000	6 060	5 260	90 000	3
D36	3 600	8 060	5 285	108 000	3
D46	4 600	9 060	5 285	138 000	3
D62	6 200	12 100	5 910	186 000	3
D80	8 000	17 100	6 200	240 000	3
D100	10 000	20 600	6 358	300 000	3

柴油桩锤的另一特点是,地层越硬,桩锤跳得越高,这样就自动调节了冲击力。地层软时,由于贯入度(每打击一次桩的下沉量,一般用 mm 表示)过大,燃油不能爆发或爆发无力,桩锤反跳不起来,而使工作循环中断。这时只好重新启动,甚至要将桩打入一定深度后,才

能正常工作。所以,在软土地层使用柴油桩锤时,开始一段效率较低。若在打桩作业过程中发现桩的每次下沉量很小,而柴油桩锤又确无故障时,说明此种型号桩锤规格太小,应换大型号桩锤。过小规格的桩锤作业效率低,而用过大的油门试图增大落距和增大锤击力的做法,其生产率提高不大,而往往将桩头打坏。一般要求是重锤轻击,即锤应偏重,落距宜小,而不是轻锤重击。另外,柴油桩锤打斜桩效果较差。若打斜桩时,桩的斜度不宜大于30°。

2. 振动沉拔桩机的应用

振动沉拔桩机具有结构简单、辅助设备少、工作效率高、质量轻、体积小、对桩头的作用力均匀使桩头不易损坏等优点,还可以用来拔桩,因此得到广泛的使用,见图10.21和图10.22。

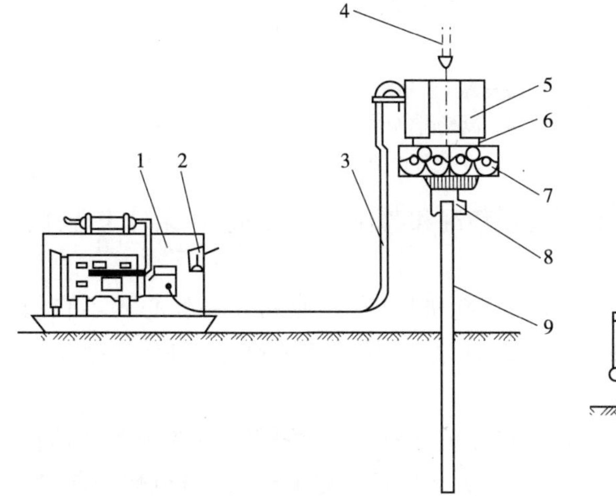

图10.21 振动沉桩作业图

1-动力装置;2-操纵杆;3-电缆;4-弹性悬挂装置;5-隔振器;6-电动机;7-不平衡块;8-夹紧装置;9-桩

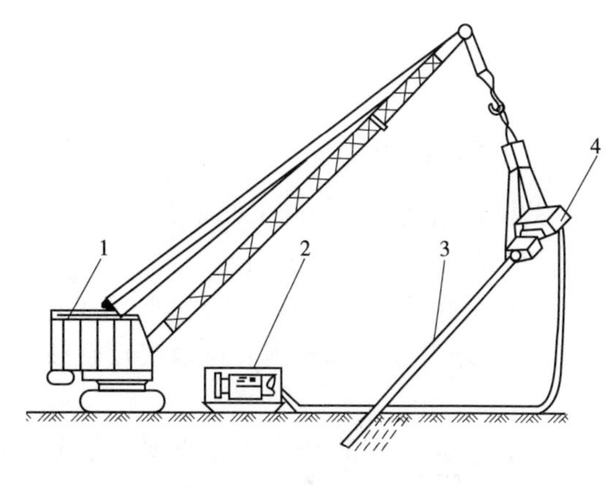

图10.22 振动沉斜桩作业图

1-起重机;2-动力装置;3-桩;4-打桩机

桥梁工程中广泛采用振动沉桩法施工来解决板桩、钢管桩、钢筋混凝土桩和管桩的施工问题。振动沉桩法的工作效率取决于振幅、离心力和静压力,振幅是决定沉桩速度的主要因素,理想的振幅是10~20mm。过大的振幅不但消耗动力多,而且机械工作不平稳。沉桩作业时,作用在桩身单位断面积上的静压力对桩的下沉也有很大的影响,只有当静压力(包括桩的自重)超过某值时才发生沉桩现象,振动沉拔桩机必须有足够的质量,必要时还应附加配重。

3. 钻孔灌注桩施工方法

钻孔灌注桩的施工,因其所选护壁形成的不同,有泥浆护壁施工法和全套管施工法两种。

1)泥浆护壁施工法

冲击钻孔、冲抓钻孔和回转钻削成孔等均可采用泥浆护壁施工法。该施工法的过程是:平整场地→泥浆制备→埋设护筒→铺设工作平台→安装钻机并定位→钻进成孔→清孔并检查成孔质量→下放钢筋笼→灌注混凝土→拔出护筒→检查质量。施工顺序如图10.23所示。

(1)施工准备

施工准备包括:选择钻机、钻具、场地布置等。

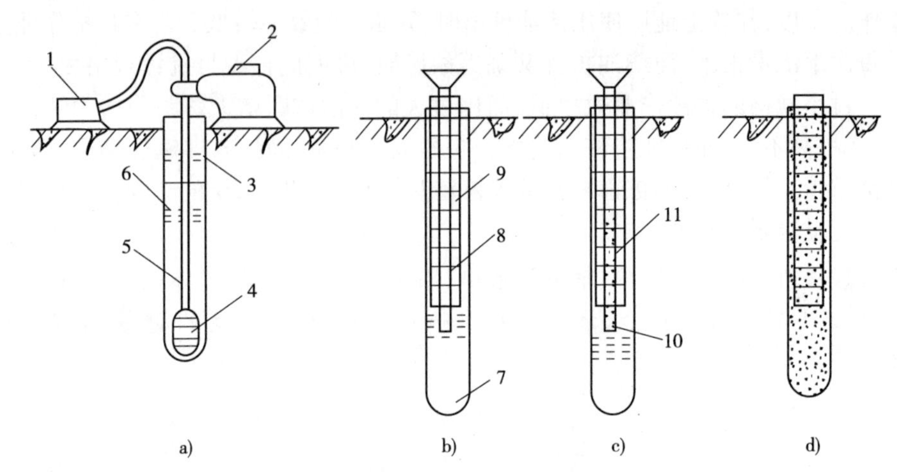

图 10.23　泥浆护壁钻孔灌注桩施工顺序图

a)钻孔;b)下钢筋笼及导管;c)灌注混凝土;d)成型

1-泥浆泵;2-钻机;3-护筒;4-钻头;5-钻杆;6-泥浆;7-沉淀泥浆;8-导管;9-钢筋笼;10-隔水塞;11-混凝土

钻机是钻孔灌注桩施工的主要设备,可根据地质情况和各种钻孔机的应用条件来选择。

(2)钻孔机的安装与定位

安装钻孔机的基础如果不稳固,施工中易产生钻孔机倾斜、桩倾斜和桩偏心等不良影响,因此要求安装地基稳固。对地层较软或有坡度的地基,可用推土机推平,再垫上钢板或枕木加固。

为防止桩位不准,施工中很重要的是定中心位置和正确地安装钻孔机,对有钻塔的钻孔机,先利用钻机本身的动力及附近的地锚,将钻杆移动大致定位,再用千斤顶将机架顶起,准确定位,使起重滑轮、钻头或固定钻杆的卡孔与护筒中心在一垂线上,以保证钻机的垂直度。钻机位置的偏差不得大于2cm。对准桩位后,用枕木垫平钻机横梁,并在塔顶对称于钻机轴线上拉上缆风绳。

(3)埋设护筒

钻孔成败的关键是防止孔壁坍塌。当钻孔较深时,在地下水位以下的孔壁土在静水压力下会向孔内坍塌,甚至发生流沙现象。钻孔内若能保持比地下水位高的水位,增加孔内静水压力,能稳定孔壁、防止坍孔。护筒除起到这个作用外,同时还有隔离地表水、保护孔口地面、固定桩孔位置和钻头导向作用等。

制作护筒的材料有木、钢、钢筋混凝土三种。护筒要求坚固耐用,不漏水,其内径应比钻孔直径大(旋转钻约大20cm,潜水钻、冲击或冲抓钻约大40cm),每节长度为2~3m。一般常用钢护筒。

(4)泥浆制备

钻孔泥浆由水、黏土(膨润土)和添加剂组成。具有浮悬钻渣、冷却钻头、润滑钻具,增大静水压力,并在孔壁形成泥皮,隔断孔内外渗流,防止坍孔的作用。调制的钻孔泥浆及经过循环净化的泥浆,应根据钻孔方法和地层情况来确定泥浆稠度,泥浆稠度应视地层变化或操作要求机动掌握,泥浆太稀,排渣能力小,护壁效果差;泥浆太稠会削弱钻头冲击功能,降低钻进速度。

(5)钻孔

钻孔是一道关键工序,在施工中必须严格按照操作要求进行,才能保证成孔质量。首先要注意开孔质量,为此,必须对好中线及垂直度,并压好护筒。在施工中要注意不断添加泥浆和抽渣(冲击式用),还要随时检查成孔是否有偏斜现象。采用冲击式或冲抓式钻机施工时,附近土层因受到振动而影响邻孔的稳固。所以钻好的孔应及时清孔、下放钢筋笼和灌注混凝土。

(6)清孔

钻孔的深度、直径、位置和孔形直接关系到成桩质量与桩身曲直。为此,除了钻孔过程中密切观测监督外,在钻孔达到设计要求深度后,应对孔深、孔位、孔形、孔径等进行检查。在终孔检查完全符合设计要求时,应立即进行孔底清理,避免隔时过长以致泥浆沉淀,引起钻孔坍塌。对于摩擦桩当孔壁容易坍塌时,要求在灌注水下混凝土前沉渣厚度不大于30cm;当孔壁不易坍塌时,不大于20cm。对于柱桩,要求在射水或射风前,沉渣厚度不大于5cm。清孔方法视使用的钻机不同而灵活应用。通常可采用正循环旋转钻机、反循环旋转钻机、真空吸泥机以及抽渣筒等清孔。其中,用吸泥机清孔,所需设备不多,操作方便,清孔也较彻底,但在不稳定土层中应慎重使用。图10.24为风管吸泥清孔示意图。其原理就是用压缩机产生的高压空气吹入吸泥机管道内将泥渣吹出。

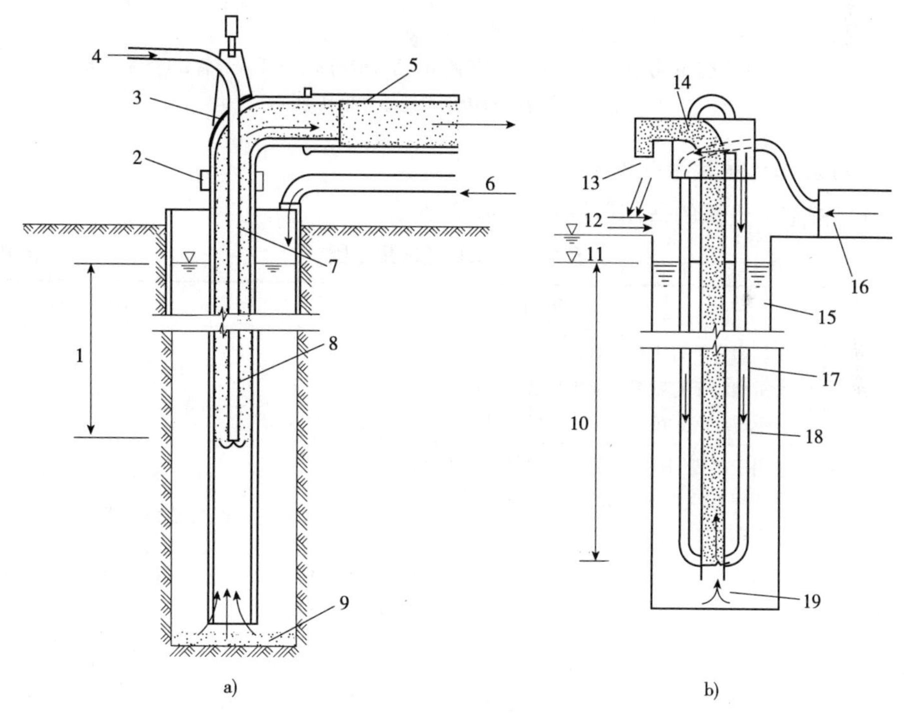

图10.24 吸泥机清孔示意图

a)内风管吸泥清孔;b)外风管吸泥清孔

1-高压风管入水深;2-弯管和导管接头;3-焊在弯管上的耐磨短弯管;4-压缩空气;5-排渣软管;6-补水;7-输气软管;8-ϕ25钢管长度大于2m;9-孔底沉渣;10-水面至导管进风管口;11-钻孔水面;12-地面;13-浆渣出口;14-接在导管上的弯管;15-钻孔;16-空压机;17-小风管;18-灌注混凝土导管;19-浆渣进口

(7)灌注水下混凝土

清完孔之后,就可将预制的钢筋笼垂直吊放到孔内,定位后要加以固定,然后用导管灌注混凝土,灌注时,混凝土不要中断,否则易出现断桩现象。

2)全套管施工法

全套管施工法的施工过程是:平整场地、铺设工作平台、安装钻机、压套管、钻进成孔、安放钢筋笼、放导管、浇注混凝土、拉拔套管、检查成桩质量(图 10.25)。

全套管施工法的主要施工步骤除不需泥浆及清孔外,其他的与泥浆护壁法都类同。压入套管的垂直度,取决于挖掘开始阶段的 5 ~ 6m 深时的垂直度。因此,应该随时用水准仪及铅垂校核其垂直度。

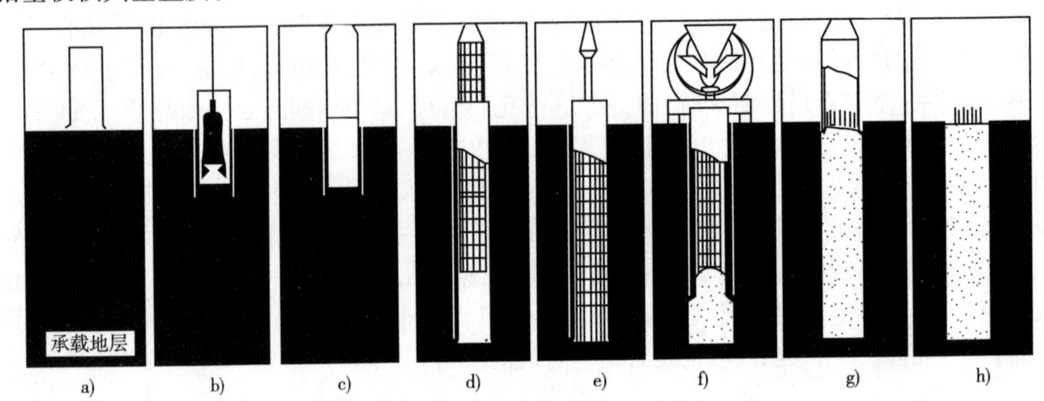

图 10.25 全套管施工法施工顺序图

a)压入第一根套管;b)挖掘;c)连接第二根套管;d)插入钢筋笼;e)插入导管;f)浇注混凝土;g)拉拔套管;h)结束就地灌注桩作业

4. 预制桩施工机械适用范围及选用

(1)预制桩施工机械的适用范围如表 10.3 所示。

预制桩施工机械适用范围 表 10.3

打桩机类别	适 用 范 围	特 点
柴油打桩机	①轻型宜于打木桩、钢板桩; ②重型宜于打钢筋混凝土桩、钢管桩; ③不适于在过硬或过软土层中打桩	附有桩架、动力设备,机架轻,移动方便,燃料消耗少,沉桩效率高
振动沉拔桩机	①用于沉拔钢板桩、钢管桩、钢筋混凝土桩; ②宜用于砂土、塑性黏土及松软砂黏土; ③在卵石夹砂及紧密黏土中效果较差	沉桩速度快,施工操作简易安全,能辅助拔桩
静力压拔桩机	①适用于不能有噪声和振动影响邻近建筑物的软土地区; ②适用压拔板桩、钢板桩、型钢桩和各种钢筋混凝土方桩; ③宜用于软土基础及地下铁道明挖施工中	对周围环境无噪声,无振动,短桩可接,便于运输。只适用松软地基,且运输安装不方便

(2)柴油桩锤的选用。桩锤是打桩机的核心部件,因此,柴油桩锤的正确选择,对提高工作效率至关重要。选择桩锤,必须考虑桩的规格、基础规格和土质条件等因素。一般选用柴油打桩机,当采用桩质量与锤质量之比为 0.7 ~ 2.5 时,则可提高工作效率。选择一般桩的适当打击次数,按表 10.4 的标准决定。采用适当质量的桩锤进行打桩,在接近打桩结束时,每次打击的贯入量应小于 2mm,这样可充分发挥桩的承载力。在确保承载力的条件下,也可采用比上述限值更大一些的贯入量。

各种桩的限制打击次数 表 10.4

桩 种	限制总打击次数	桩 种	限制总打击次数
钢桩	3 000 次以下	预应力混凝土桩	2 000 次以下
钢筋混凝土桩	1 000 次以下		

5. 灌注桩施工机械适用范围及选用

如前所述，灌注桩基础施工工艺过程繁多，在整个施工过程中，关键环节是钻孔。因此钻孔机械的选择尤为重要，其他工艺过程的机械随钻孔机械而进行配套。钻孔机械就是灌注桩基础施工的主导机械。

钻机的种类有：旋转式钻机、冲击式钻机、冲抓式钻机、全套管钻机等，各种钻机有其各自的工作特点和适用范围。因此钻机的选择往往是顺利完成施工的重要环节。钻机的选择根据如下原则进行。

(1)选择钻机类型时，必须根据所钻孔位的地质（土壤及土层结构）情况，结合钻机的适用能力而选型，见表10.5。

各种钻孔方法适用范围 表10.5

各类灌注桩适用范围		适用条件
护壁成孔灌注桩	冲击成孔	用于各种地质情况
	冲抓成孔	用于一般黏土、砂土、砂砾土
	旋转正、反循环钻成孔	用于一般黏土、砂土、砂砾土等土层，在砂砾或风化岩层中亦可应用机械旋转钻孔。但砾石粒径超过钻杆内径时不宜采用反循环钻孔
	潜水钻成孔	用于黏性土、淤泥、淤泥质土、砂土
干成孔灌注桩	螺旋钻成孔	用于地下水位以上黏性土、砂土及人工填土
	钻孔扩底	用于地下水位以上坚硬塑黏性土、中密以上砂土
	人工成孔	用于地下水位以上黏性土、黄土及人工填土
沉管灌注桩	锤击沉管	用于可塑、软塑、流塑黏性土、黄土、碎石土及风化岩
	振动沉管	
爆扩灌注桩	爆扩	用于地下水位以上黏性土、黄土、碎石土及风化岩

(2)钻机的型号应根据设计钻孔的直径和深度结合钻机钻孔能力而定。

(3)一台钻机配备有不同形式的钻头，而钻头的选择应根据地质结构情况而选择。

(4)钻机的选择还应考虑钻架设立的难易程度，钻机的运输条件及钻机安装场地的水文、地质，钻机钻进反力等情况，力求所选钻机结构简单，工作可靠，使用及运输方便。

(5)钻机的选择要考虑其生产率应符合工程进度要求，在保证工程质量和工作进度的前提下，生产率不宜过大。因为生产率高的钻机费用高，工程造价高。

总之，在钻机选型时，要综合考虑各种因素，力求经济实用。

第十一章　旋挖钻机

第一节　旋挖钻机的用途与分类

一、用途

旋挖钻机是一种取土成孔灌注桩施工机械，靠钻杆带动回转斗旋转切削土，然后提升至孔外卸土的周期性循环作业。

旋挖钻机采用的是多用途模块式设计，可用于多种桩的施工。

1. 灌注桩

旋挖钻机一般用于大口径短螺旋和旋挖斗施工，除此之外，还可配置长螺旋钻具、全套管与冲抓斗、液压抓斗、反循环钻具、高压旋喷机具、潜孔锤机具、液压锤和柴油锤、振动锤等，用于螺旋钻孔灌注桩、钻孔扩底灌注桩、潜水钻成孔灌注桩、钻斗钻成孔灌注桩、反循环钻成孔灌注桩、贝诺托灌注桩、中掘施工法桩、振动沉管桩、锤击沉管桩、振动冲击沉管桩等灌注桩的施工。

2. 咬合桩

随着高层建筑、地下工程的不断增加，旋挖钻机可配置短螺旋、钻斗、振动锤等工具，用于基坑支护咬合桩施工。

3. 地下连续墙

旋挖钻机还可配置液压抓斗，用于地下连续墙的施工。

二、分类

旋挖钻机的类型按以下不同方式进行分类。各类型可以是下述分类中的一种，也可以是下述分类中的不同组合。

1. 按动力驱动方式

(1)电动式旋挖钻机：动力源为电驱动的旋挖钻机。

(2)内燃式旋挖钻机：动力源为内燃机驱动的旋挖钻机。

2. 按行走方式

(1)履带式旋挖钻机：底盘为履带式的旋挖钻机。

(2)轮式旋挖钻机：底盘为轮式的旋挖钻机。

(3)步履式旋挖钻机：底盘为步履式的旋挖钻机。

旋挖钻机可广泛应用于城市高层建筑、铁路、公路、桥梁、机场、港口等桩基础工程的钻孔灌注桩成孔的施工，具有成桩速度快、施工效率高、环保节能等特点。

旋挖钻机的结构从功能上分，主要包括底盘和工作装置两大部分。根据使用底盘的不同又可分为履带式和汽车底盘式两种规格。

旋挖钻机的工作装置主要包括变幅机构、桅杆、主卷扬、辅卷扬、动力头、随动架、加压装置、钻杆、钻具等。采用了平行四边形变幅机构、自行起落折叠式桅杆；自动控制监测主机功率、回转定位及安全保护；自动检测、调整钻杆的垂直度；钻孔深度预置和监测等新技术。

彩色显示屏直观显示工作状态参数，整机操纵上采用先导控制、负荷传感，最大限度地提高了操作的方便性、灵敏性和安全舒适性，充分实现了人、机、液、电一体化。

旋挖钻机所配套的短螺旋钻头、普通钻斗、捞砂钻斗等钻具，可钻进黏土层、砂砾层、卵石层和中风化泥岩等不同地质。

第二节　工作原理

旋挖钻机钻进成孔工艺：旋挖成孔首先是通过钻机自有的行走装置和桅杆变幅机构，使得钻具能迅速到达桩位，利用桅杆导向下放钻杆，将底部带有活门的桶式钻头放置到孔位。

钻机动力头装置为钻杆提供扭矩、加压装置，通过加压动力头的方式将加压力传递给钻杆、钻头，钻头回转破碎岩土，并直接将其装入钻斗内，然后再由钻机提升装置和伸缩式钻杆将钻头提出孔外卸土，这样循环往复，不断地取土、卸土，直至钻至设计深度。

对黏结性好的岩土层，可采用干式或清水钻进工艺。而在松散易坍塌地层，则必须采用静态泥浆护壁钻进工艺。

旋挖钻机钻进工艺与正反循环钻进工艺的根本区别是：前者是利用钻头将破碎的岩土直接从孔内取出，而后者是依靠泥浆循环向孔外排除钻渣。

第三节　机械系统的基本构造

一、机械结构

旋挖钻机的结构从功能上可分为底盘和工作装置两大部分。钻机的主要部件有：底盘(行走装置、上车回转装置)、工作装置(变幅机构、桅杆总成、主卷扬、辅卷扬、动力头、随动架、钻杆、钻具等)(图11.1)。

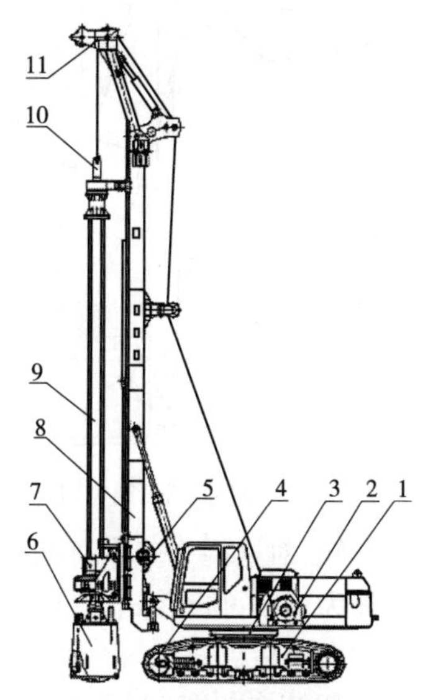

图11.1　旋挖钻机结构图

1-底架；2-转台总成；3-回转支承；4-行走机构；5-副卷扬总成；6-回转钻斗；7-动力头；8-桅杆；9-钻杆；10-提引器；11-滑轮架

二、底盘

底盘是钻机工作装置部分的安装基础，由行走机构、底架、上车回转组成。

行走机构的功能是实现钻机的行走和移位。主要由底座和履带支重轮架、液压马达、减速机、驱动轮及张紧装置、履带、支重轮、托带轮、引导轮等部件组成。行走装置通过液压系统控制，可实现前行、后行、左转弯、右转弯、原地水平旋转等动作。

X 形、箱式断面的底座提供出色的抗扭抗弯强度。履带支重轮架由冲压成型、五边形断面的型材组成，具有特别高的强度和使用寿命。

支重轮、托带轮、引导轮都是密封润滑，能够适用恶劣的工作环境和比较高的工作强度。延长了维修和更换的周期。

行走机构的履带具有张紧度调节功能。当履带过于松弛，影响正常工作时，需适当调整其张紧度。调整履带张紧度时，用手压黄油泵向张紧装置的张紧油缸注油口注入适量油脂。张紧油缸的注油口位于如图 11.1 所示中的 *A* 处。

底架用于安装和支承履带行走机构，内部装有液压油缸、液压系统的，中心回转接头。

上车的液压系统的液压油通过中心回转接头传输到履带行走机构和履带伸缩机构。

通过液压油缸的伸缩运动实现了履带行走机构的展宽和缩回。这一功能使钻机在工作时展宽履带，提高了整机工作的稳定性；在车载运输时缩回履带，减小整机宽度，适应了交通运输的要求。

回转台是工作装置部分的安装基础，发动机、液压系统、驾驶室、变幅机构、回转机构、配重等部件直接安装在其上。

三、工作装置

工作装置包括变幅机构、桅杆总成、随动架、动力头、主卷扬、辅卷扬、加压装置、钻杆、钻具等。

1. 变幅机构

变幅机构是桅杆的安装部件，由动臂、联结体、支撑杆、变幅油缸等组成，见图 11.2。

通过变幅油缸、桅杆油缸的作用，可以使桅杆远离或靠近机体和改变桅杆前后倾角，调节桅杆的工作幅度或运输状态的整机高度。

回转台、动臂、支撑杆、联结体通过销轴铰接，组成一个平行四边形机构。当变幅油缸伸缩而改变工作幅度时，桅杆和联结体只作上下和前后平行移动。满足了桅杆平移、升降的工况要求。

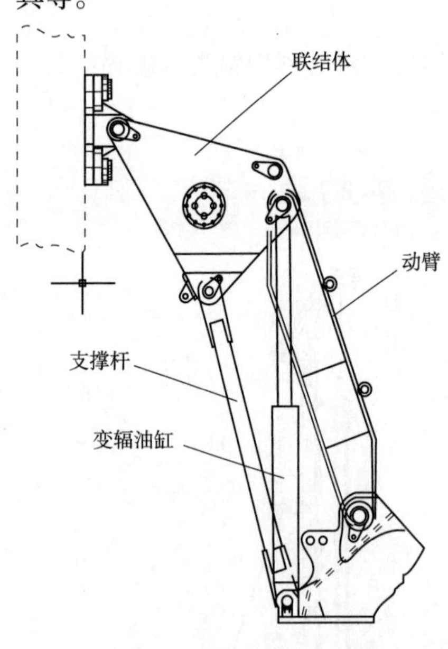

图 11.2　旋挖钻机变幅机构

2. 桅杆总成

桅杆总成由桅杆和滑轮架组成。

桅杆是钻机的重要机构，是钻杆、动力头的安装支承部件及其工作进给的导向部件。其上装有加压油缸，动力头通过加压油缸支承在桅杆上，桅杆左右两侧有矩形导轨，对这两个工作机构（动力头、随动架）的工作进给起导向作用。

桅杆为三段可折叠式。分为上段、中段、下段，运输状态时，将上段、下段折叠安装，以减小运输状态时整机长度。

滑轮架结构如图 11.3 所示，安装于桅杆的顶端，工作时，用螺栓与桅杆连接。滑轮架上的主卷扬滑轮和辅卷扬滑轮用以改变卷扬钢丝绳运动方向，是提升、下降钻杆和物件起吊的重要支撑部件。滑轮架为折叠式，运输时与桅杆铰接连接，以降低运输状态时整机的高度。

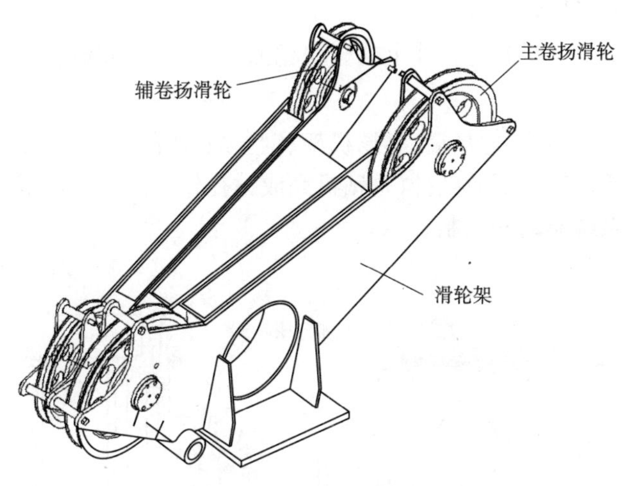

图 11.3 滑轮架结构图

3. 随动架

随动架是钻杆工作的辅助装置，结构如图 11.4 所示，一端装有轴承并与钻杆用螺栓连接，对钻杆起回旋支承作用；另一端设有导槽与桅杆两侧导轨滑动连接，运行于桅杆全长，是钻杆工作的导向部件，扶持钻杆正常工作。

4. 动力头

动力头是钻机最重要的工作部件，结构如图 11.5 所示，它由液压马达、行星减速机、动力箱、缓冲装置、滑移架、连接板、压盘组成。动力箱内有一组与回转支承固定在一起的齿圈，齿圈与轮毂固定，轮毂内壁有三组驱动键。

图 11.4 随动架

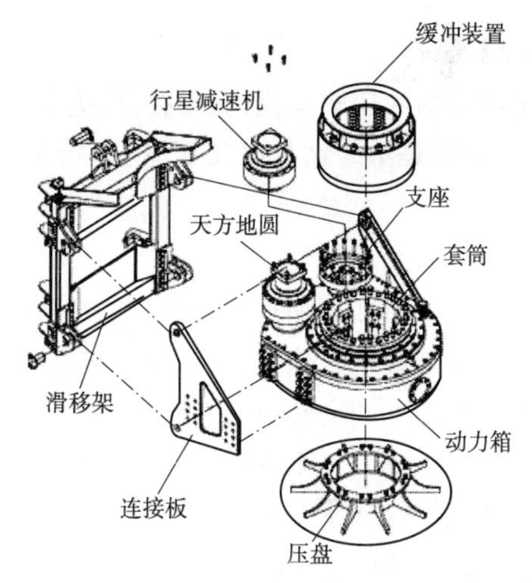

图 11.5 旋挖钻机动力头

液压马达的高速旋转通过减速机减速以后，减速机的动力输给动力箱中的齿轮轴，齿轮轴小齿轮与齿圈啮合，形成最后一级减速。与轮毂固定在一起的齿圈，在回转支承的支撑下被驱动旋转，轮毂上的键驱动钻杆旋转，实现钻机钻孔工作的旋转运动。

缓冲装置的作用：当钻孔深度超过第一层钻杆的长度时，下钻杆时会冲击动力头，特别是卡钻时的意外情况，冲击力更大，此缓冲装置可缓解对动力头的冲击，保护动力头不受到损坏。

滑移架是动力头的导向部件，通过连接板和销轴与动力箱固定，在对钻孔加压和对动力头起拔工况时,沿桅杆导轨导向。

压盘的作用是钻斗上提时与钻斗上的碰块相撞,打开钻斗卸渣。

5. 主卷扬

主卷扬由液压驱动机构、卷扬筒、卷扬机架、钢丝绳、压绳装置等组成,结构如图11.6所示。主卷扬的功能是提升或下放钻杆,是钻机完成钻孔作业的重要组成部分,其提升和下放钻杆的工作由液压系统驱动和控制。

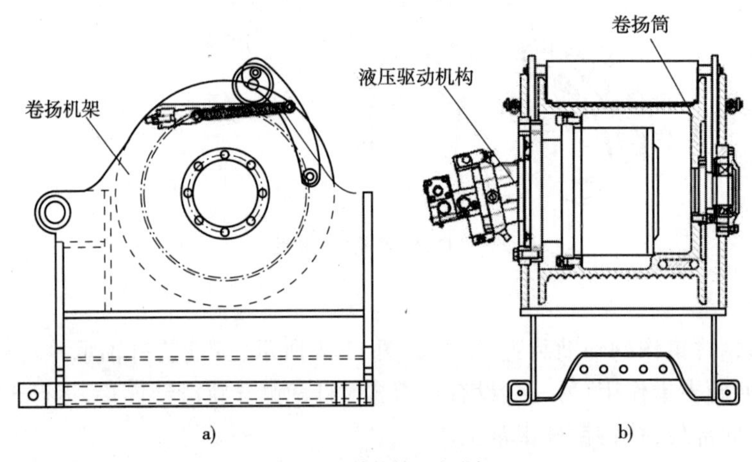

图11.6 旋挖钻机主卷扬

在钻机进行成孔作业时,须打开主卷扬制动器;使系统中主卷扬马达进、回油通道互相导通,卷扬机系统处于浮动状态,这样才能操作加压油缸对钻杆进行加压,以便钻杆顺利进行钻进。

6. 辅卷扬

辅卷扬由液压驱动机构、卷扬筒、卷扬支座、钢丝绳、压绳装置等组成。辅卷扬置于连接体内,其功能是吊装钻具以及其他不大于额定起重量的重物,是钻机进行正常工作的辅助起重设备。

7. 加压装置

加压装置由加压油缸和卷扬加压组成。

加压油缸固定于桅杆上,加压油缸活塞杆连接于动力头上。

摩阻式钻杆加压方式:由于钻杆作旋转运动,钻杆键侧与动力头轮毂的键产生正压力,正压力产生摩擦力,由于加压油缸对动力头的加压动作,此摩擦力实现钻杆钻孔工作的进给运动。

机锁式钻杆加压方式:加压油缸的加压力通过动力头的轮毂端面与钻杆加压点接触,实现钻杆钻孔工作的进给运动。由于此方式需解锁,有时解锁不彻底,容易造成卡钻,只有当钻孔进给阻力大时才可采用。

通过加压油缸活塞杆的伸出,实现钻孔时的进给加压。加压油缸活塞杆缩回,起拔动力头,在埋钻的情况下,也可以用来起拔。加压油路上装有平衡阀,在不向加压油缸供油的情况下,可以将动力头可靠地锁定在加压行程的任意位置上。

8. 钻杆

钻杆是钻机向钻具传递转矩和压力的重要部件。

根据钻孔时采用钻进加压方式的不同,钻杆分为三种类型:摩擦加压式钻杆(简称摩擦杆)、机锁加压式钻杆(简称机锁杆,又称凯式钻杆)和组合加压式钻杆(简称组合杆)。

摩擦加压式钻杆(图 11.7)一般用于较软地层的钻孔施工,可钻进淤泥层、泥土、(泥)砂层、卵(漂)石层。

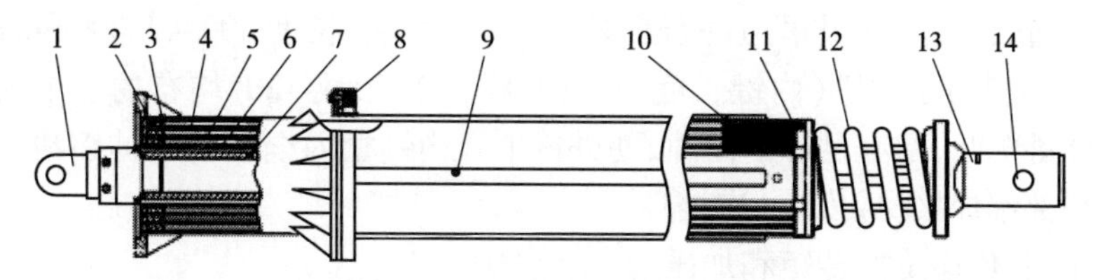

图 11.7　摩擦加压式钻杆

1-扁头;2-一杆挡环;3-第一节钻杆;4-第二节钻杆;5-第三节钻杆;6-第四节钻杆;7-第五节钻杆;8-减振器总成;9-一杆外键;10-一杆内键;11-弹簧座(托盘);12-钻杆弹簧;13-方头;14-销轴

摩擦加压式钻杆一般制成5节,1~4节杆每节钢管长13m。钻孔深度可达60m左右。

机锁加压式钻杆(图 11.8 和图 11.9)不但可用于软地层,也可用于较硬地层施工。机锁加压式钻杆可钻进淤泥层、泥土、(泥)砂层、卵(漂)石层和强风化岩层。

机锁加压式钻杆一般制成4节,1~3节杆每节钢管长13m。钻孔深度可达50m左右。

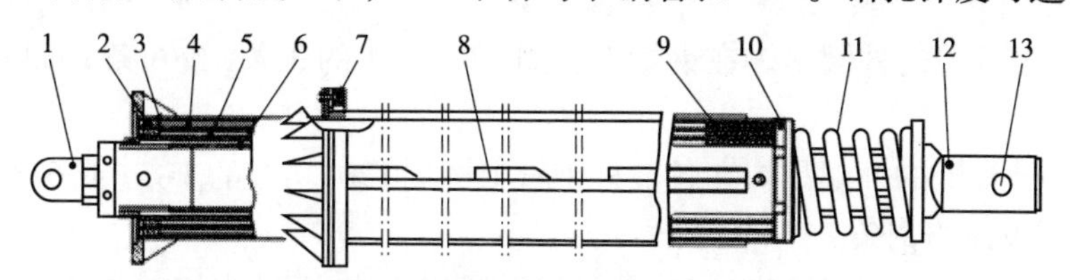

图 11.8　固定点分段加压机锁加压式钻杆

1-扁头;2-一杆挡环;3-第一节钻杆;4-第二节钻杆;5-第三节钻杆;6-第四节钻杆;7-减振器总成;8-一杆外键;9-一杆内键;10-弹簧座(托盘);11-钻杆弹簧;12-方头;13-销轴

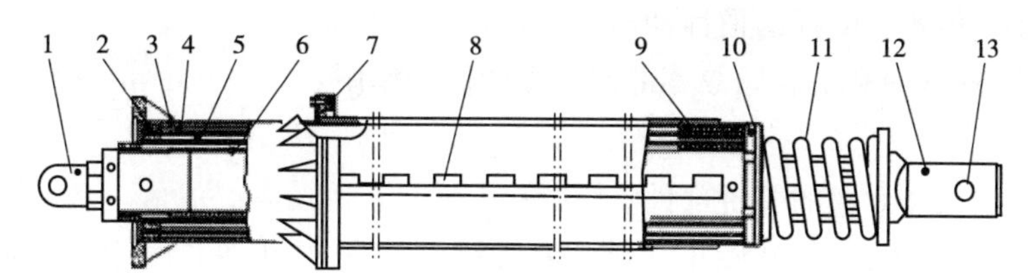

图 11.9　多点连续加压机锁加压式钻杆

1-扁头;2-一杆挡环;3-第一节钻杆;4-第二节钻杆;5-第三节钻杆;6-第四节钻杆;7-减振器总成;8-一杆外键;9-一杆内键;10-弹簧座(托盘);11-钻杆弹簧;12-方头;13-销轴

组合式钻杆(图 11.10)是近年来出现的一种机锁杆(如1、2、3节杆)和摩擦杆(如4、5节杆)组合在一起的钻杆,该钻杆在孔深0~30m范围可钻较硬地层。

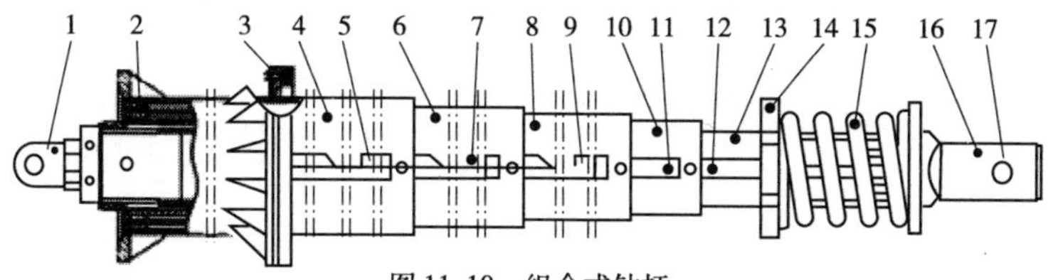

图 11.10　组合式钻杆

1-扁头;2-一杆挡环;3-减振器总成;4-第一节钻杆(机锁);5-一杆外键;6-第二节钻杆(机锁);7-二杆外键;8-第三节钻杆(机锁);9-三杆外键;10-第四节钻杆(摩擦);11-四杆外键;12-五杆外键;13-第五节钻杆(摩擦);14-弹簧座(托盘);15-钻杆弹簧;16-方头;17-销轴

在孔深30～60m范围内，组合式钻杆可用于软地层钻孔施工。该钻杆特别适用于上硬下软较深桩孔的钻孔施工。

旋挖钻机钻杆通常由直径大小不等的多节无缝圆钢管套装构成，每节杆钢管的外圆按120°均布焊有通长外键；除最里边一节杆外，每节杆下端（长度500～1 000mm）钢管内圆弧面上都焊接（或安装）了内键（内键长度500～900mm），形成120°均布的三个内键槽。与其相邻内杆的外键配装，留有足够的间隙，使外键能在内键槽内全长自由伸缩滑动；除1杆外，每节杆的上端部都焊接（或安装）有挡环。

外键的作用：传递旋挖转矩和加压力。

内键的作用：

（1）传递旋挖转矩和加压力。

（2）与相邻内杆钢管的径向定位。

挡环的作用：

（1）与相邻外杆钢管的径向定位。

（2）该杆完全从其外杆向下伸出时，挡环被其外杆内键上端面挡住，阻止该杆从其外杆下管滑落脱出。

摩擦杆各节杆上的外键是焊在钢管上圆周120°均布的3条（或6条）通长钢条，无台阶（无加压点）。

机锁杆各节杆上的外键是焊在各节杆钢管上圆周120°均布的3条（或6条）带有加压端面（有台阶）或齿面的钢条。

最里边一节杆上端部焊装有扁头，其与提引器相连接，通过旋挖钻机的主卷扬钢丝绳将钻杆吊起。其下端部焊装有方头，由它将动力头传来的旋挖扭矩和加压力传递给钻具。

在该杆的下部还装有减振弹簧和弹簧座（托盘），该零件托着其他各节钻杆，在提、放钻杆操作时减小其他各节钻杆的惯性冲击。

对提引器、钢丝绳和主卷扬等零部件起缓冲保护作用。

9. 钻具

钻具是决定成孔效率的关键部件。

钻具有捞砂斗、土钻斗、螺旋斗、筒钻、清底钻斗、扩孔钻头等。可根据不同地质情况配置不同的钻具。使钻机在大多数地质条件下都能高效作业。

参 考 文 献

[1] 中国工程机械工业协会标准. GXB/TY 0001—2011 工程机械定义及类组划分[S]. 北京:中国工程机械工业协会,2011.

[2] 中华人民共和国国家标准. GB/T 725—2008 内燃机产品名称和型号编制规则[S]. 北京:中国标准出版社,2008.

[3] 李战慧,何志勇,毛昆立. 沥青混合料摊铺机构造与拆装维修[M]. 北京:化学工业出版社,2011.

[4] 李自光. 公路工程机械[M]. 北京:人民交通出版社,2011.

[5] 李自光. 桥梁施工成套机械设备[M]. 北京:人民交通出版社,2005.

[6] 郑训,等. 路基与路面机械[M]. 北京:机械工业出版社,2001.

[7] 卢和铭. 现代铲土运输机械[M]. 北京:人民交通出版社,2003.

[8] 黄东胜. 现代挖掘机械[M]. 北京:人民交通出版社,2003.

[9] 周萼秋. 现代压实机械[M]. 北京:人民交通出版社,2003.

[10] 吴庆鸣,何小新. 工程机械设计[M]. 武汉:武汉大学出版社,2006.

[11] 吴永平,姚怀新. 工程机械设计[M]. 北京:人民交通出版社,2005.

[12] 秦四成. 工程机械设计[M]. 北京:科学出版社,2003.

[13] 杜海若. 工程机械概论[M]. 3 版. 成都:西南交通大学出版社,2010.

[14] 何挺继,朱文天,邓世新. 筑路机械手册[M]. 北京:人民交通出版社,1998.

[15] 张青,张瑞军. 工程机械概论[M]. 北京:化学工业出版社,2009.

[16] 唐经世,高国安. 工程机械[M]. 北京:中国铁道出版社,1996.

[17] 中国水利水电工程总公司. 工程机械使用手册[M]. 北京:中国水利水电出版社,1998.

[18] 李启月. 工程机械[M]. 长沙:中南大学出版社,2007.

参考文献